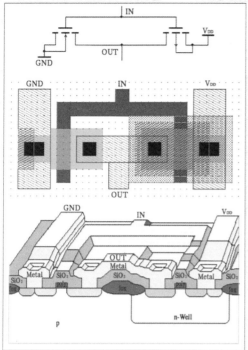

彩图1 电路、版图与工艺的三者关系

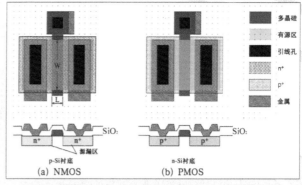

彩图2 NMOS和PMOS晶体管的平面与剖面结构示意图

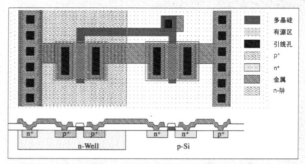

彩图3 NMOS和PMOS晶体管的平面与剖面结构示意图

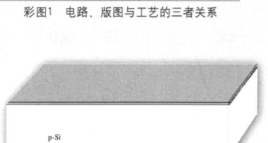

彩图4 硅衬底的初始氧化

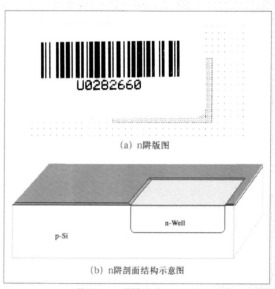

(a) n阱版图

(b) n阱剖面结构示意图

彩图5 n阱掺杂与再分布

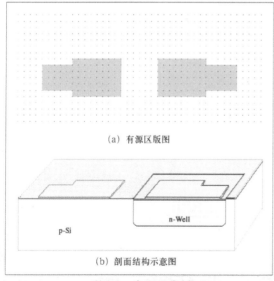

(a) 有源区版图

(b) 剖面结构示意图

彩图6 有源区光刻

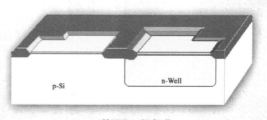

彩图7 场氧化

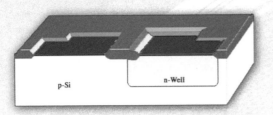

彩图8　栅氧化

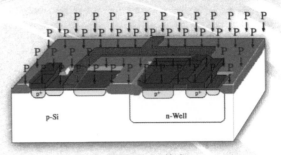

彩图12　n⁺掺杂

彩图9　沉积多晶硅

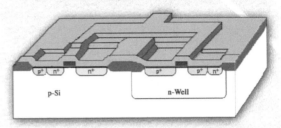

彩图13　低温沉积二氧化硅

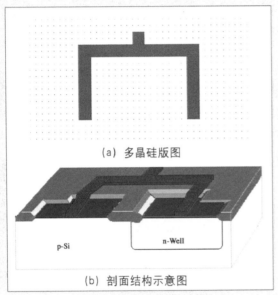

（a）多晶硅版图

（b）剖面结构示意图

彩图10　多晶硅光刻与刻蚀

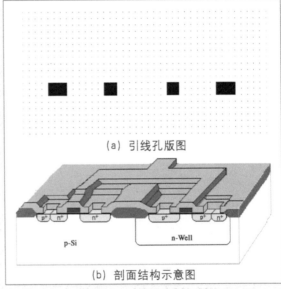

（a）引线孔版图

（b）剖面结构示意图

彩图14　引线孔光刻与刻蚀

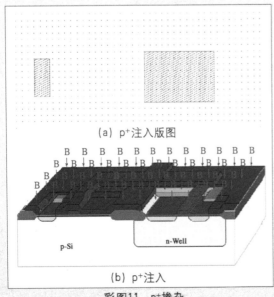

（a）p⁺注入版图

（b）p⁺注入

彩图11　p⁺掺杂

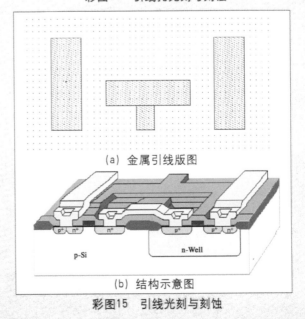

（a）金属引线版图

（b）结构示意图

彩图15　引线光刻与刻蚀

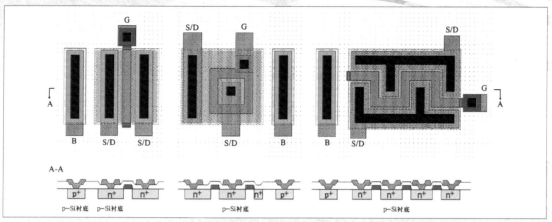

彩图16　NMOS管版图示例

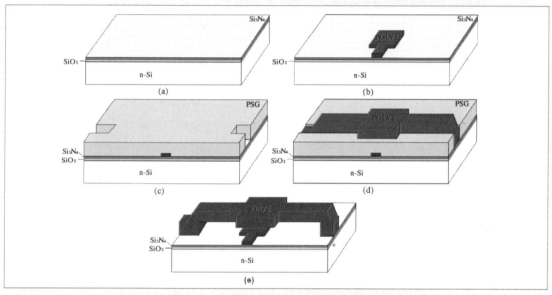

彩图17　变截面双端固支梁制造过程示意图

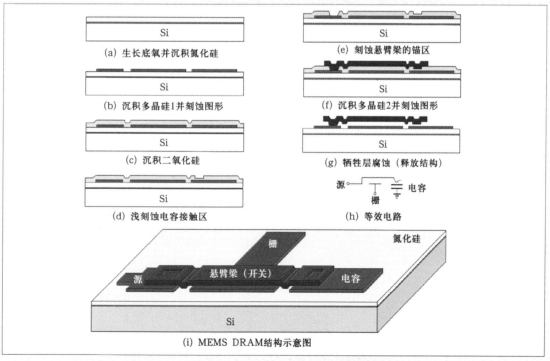

(a) 生长底氧并沉积氮化硅

(b) 沉积多晶硅1并刻蚀图形

(c) 沉积二氧化硅

(d) 浅刻蚀电容接触区

(e) 刻蚀悬臂梁的锚区

(f) 沉积多晶硅2并刻蚀图形

(g) 牺牲层腐蚀（释放结构）

(h) 等效电路

(i) MEMS DRAM结构示意图

彩图18　MEMS DRAM结构与工艺流程
参考文献［36］

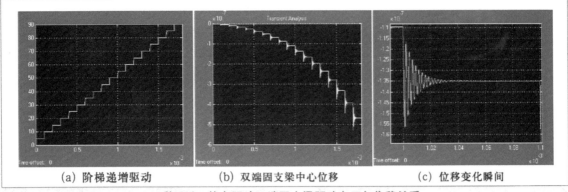

(a) 阶梯递增驱动　　　　　　(b) 双端固支梁中心位移　　　　　　(c) 位移变化瞬间

彩图19　静电驱动双端固支梁驱动电压与位移关系

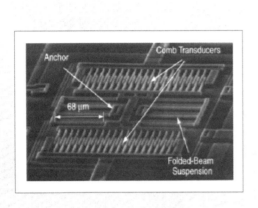

彩图20　梳状谐振器结构

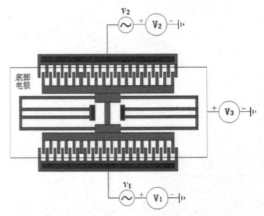

彩图21　梳状谐振器电信号连接

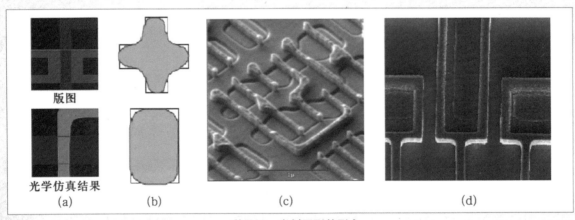

彩图22　光刻图形的形变

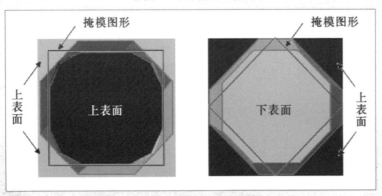

彩图23　各向异性湿法腐蚀结果与掩模

普通高等教育"十一五"国家级规划教材

电子科学与技术类专业精品教材

VLSI 设计基础

（第三版）

李伟华　编著

电子工业出版社

Publishing House of Electronics Industry

北京·BEIJING

内 容 简 介

本教材为"普通高等教育'十一五'国家级规划教材",全书共有10章。第1～3章重点介绍了VLSI设计的大基础,包括三个主要部分:信息接收、传输、处理体系结构及与相关硬件的关系;MOS器件、工艺、版图等共性基础,以及设计与工艺接口技术、规范与应用。第4～6章介绍了数字VLSI设计的技术与方法,其中第6章以微处理器为对象,综合介绍了数字系统设计方法的具体应用。第7章介绍了数字系统的测试问题和可测试性设计技术。第8章介绍了VLSIC中的模拟单元和变换电路的设计技术。第9章介绍了微机电系统(MEMS)及其在系统集成中的关键技术。第10章主要介绍了设计系统、HDL,对可制造性设计(DFM)的一些特殊问题进行了讨论。

本书可作为高等学校电类专业本科生"VLSI设计技术基础"课程教材,注重相关理论的结论和知识的应用,内容深入浅出。本教材也可作为微电子专业硕士研究生VLSI系统设计技术的参考书。同时,因本教材中涉及了较多的工程设计技术,也可供有关专业的工程技术人员参考。

图书在版编目(CIP)数据

VLSI设计基础 / 李伟华编著. —3版. —北京:电子工业出版社,2013.6
电子科学与技术类专业精品教材
ISBN 978-7-121-20591-0

Ⅰ. ①V… Ⅱ. ①李… Ⅲ. ①超大规模集成电路—电路设计—高等学校—教材 Ⅳ. ①TN470.2

中国版本图书馆CIP数据核字(2013)第118205号

责任编辑:陈晓莉
印　　刷:北京盛通数码印刷有限公司
装　　订:北京盛通数码印刷有限公司
出版发行:电子工业出版社
　　　　　北京市海淀区万寿路173信箱　邮编 100036
开　本:787×1 092　1/16　印张:18.5　字数:540千字　彩插:2
印　次:2024年6月第13次印刷
定　价:39.00元

第三版前言

《VLSI 设计基础》从 2002 年出版到现在已经过去了 10 年，在这 10 年中，微电子技术已经取得了巨大的发展，VLSI 的特征尺寸已经达到了几十纳米量级。新结构、新设计、新工艺、新材料等一系列新技术不断地为新产品提供了实现的基础与可能。VLSI 设计的基础水平已经得到提升，标准加工技术成为常规生产手段，系统集成已不再仅仅是电路体系，而是发展到多领域信息处理体系的集成。

微电子技术的飞速发展以及各学科之间的相互渗透使得 VLSI 电路及其相关技术不再仅仅是微电子学科的专门知识，它已成为电子与电气各相关学科需要掌握和了解的基础知识。经过对原教材的使用和教学实践，一方面感觉到教材内容应该补充和删减，另一方面感觉到内容体系本身也应该进行一些调整和完善。非常感谢电子工业出版社将《VLSI 设计基础》（第二版）推荐列入"普通高等教育'十一五'国家级教材规划"出版，为完善本教材提供了机会，也为更多的人学习、了解、掌握 VLSI 知识提供了必要的参考材料。

《VLSI 设计基础》（第三版）在原书的基础上结合多年教学环境的变化，技术的进步和发展进行了较大篇幅的修改、补充和完善，几乎每一章都进行了修订。修订篇幅较大的是第 1、2、3、6、8、10 章，对原先的第 9 章进行了大幅度的删减，并将其并入第 10 章，新编写的第 9 章着重介绍了微机电系统（MEMS）。

内容组织的基本宗旨是结合 VLSI 实际问题，根据系统信号链的组织、工程实践问题与要求、VLSI 设计的基本理念与方法、各相关部分的逻辑关系与内在联系，从发展的角度和对发展规律的总结出发，全面地、系统地介绍基本理论、基本方法、基本技术，以设计基础内容为对象，以 VLSI 问题为主线，在 VLSI 这个大纲下将其所涉及的各个主要方面组织到一起，成为综合性的基础教材。

本次修订，对主要章节增加了结束语，对章节内容进行了小结。除第 10 章外，每章增加了思考与练习题。除教学内容的作业与练习外，思考与练习题中还列入了上网查阅资料的要求，希望学生学会充分地利用网络资源，不断地自主扩充知识。

当教材文字写完的时候，还感到意犹未尽，因为确实有太多的内容、新技术的发展，总感到跟不上发展的速度和知识的扩充，专业技术课程教材编写的遗憾莫过于此。

在本书的修编过程中，得到了东南大学教务处、电子科学与工程学院和周围同事们，以及家人的帮助与支持，在此一并表示感谢。

李伟华

liwh@seu.edu.cn

2013 年 5 月于东南大学

第一版前言

微电子技术的飞速发展以及各学科之间的相互渗透使得超大规模集成电路及其相关技术不再仅仅是微电子学科的专门知识，它已成为电子与电气各相关学科需要掌握和了解的基础知识。正是在这样的背景下，根据教育部培养宽口径人才的精神，东南大学开设了跨二级学科选修课"VLSI 设计基础"课程，面向校内各相关弱电专业。我们通过授课实践，在有关讲义的基础上，通过补充、修改和完善，完成了本教材的编写。

考虑到作为教材必须做到科学性、先进性以及内容的完整性相结合，同时考虑到授课对象的知识背景，教材在内容组织上注重基础知识，注重先进技术，注重各部分内容的逻辑关系，力求使学生通过本教材的学习，对 VLSI 的相关技术有一个比较全面的了解，对 VLSI 所涉及的方方面面有一个基本认识。在注重基础方面，本教材侧重的是基本理论的有关结论、设计规则以及这些结论和规则在设计方面的应用；在注重先进技术方面，本教材注意组织先进的结构、先进的方法、先进的设计手段等内容；在注重各部分内容的逻辑关系方面，注意几个结合：器件与逻辑/电路的结合，工艺与逻辑/电路设计的结合，电路与版图的结合，单元模块与系统的结合。

本教材共分为 4 个部分：第一部分（第 1～3 章）在介绍了 VLSI 设计所涉及的主要的基本问题的基础上，重点介绍了 MOS 晶体管基础、工艺基础和有关的基本逻辑电路的设计基础。第二部分（第 4～7 章）主要介绍了 VLSI 设计方法和手段以及在 VLSI 设计中所需考虑的测试问题与相关技术，其中，第 6 章通过对微处理器主要模块设计的介绍，对第 4、5 两章所介绍的设计技术进行了综合。第三部分（第 8 章）介绍了在 VLSI 中的模拟集成电路单元的设计。第四部分（第 9 章、第 10 章）介绍了现代设计技术中的两个重要内容：硬件描述语言和设计系统。

在本书的编撰过程中，东南大学微电子中心的茅盘松教授、清华大学微电子所的周润德教授和西安电子科技大学微电子所的张鹤鸣教授提出了宝贵的修改意见和建议，在此表示深深的感谢。本书的编撰得到了东南大学微电子中心和东南大学其他各有关院系老师的支持和帮助，在此一并表示衷心的感谢。

VLSI 技术的发展日新月异，书中所介绍的知识难免有不足之处。由于作者水平有限，对书中的错误之处，恳请读者批评指正。

作　者

2002 年 6 月于东南大学

目　　录

第1章 VLSI设计概述

微电子学是源于并脱胎于固体物理学与无线电电子学的一门新兴技术学科,其发生发展历史并不是很长。从 1947 年 Bell Lab. 发明第一只晶体管到现在,也只经过了约 60 年,但微电子技术的飞速发展,已将现代社会推进到了信息时代。从第一块集成电路发明(1958 年),经历了约 40 年的时间,集成电路已从小规模集成(SSI)、中规模集成(MSI)、大规模集成(LSI)发展到超大规模集成(VLSI)、特大规模集成(ULSI),每个芯片已可以集成数亿个以上的晶体管。微电子技术的飞速发展推动了社会信息化的发展,反过来,社会信息化的进一步需求又促使微电子技术在设计技术和制造技术方面不断地进步。

1.1 系统及系统集成

一个完整的电子信息系统应该能够及时地捕捉信息、处理信息、传递信息。那么,信息是什么呢?显然,信息除了自然界的物理量,还包含了需求、方法、信息处理系统设计者的知识,甚至是文化背景。VLSI 系统根据信息和人们需要解决的问题,采用电子信息处理方式对信息进行感知和处理,将广义的信息转换成狭义的电子信息并进行处理。

信息和信息处理可以是链式的,也可以是并发的。对于并发信息与信息处理需要更大规模的硬件来实现。对于大多数的并发处理机制其局部体系通常还是以串行方式工作。目前大部分的 VLSI 系统信息及信息处理是链式的,但并发的或称为平行的处理模式是一个重要的发展方向。

1.1.1 信息链

通常的链式信息处理机制是和信息链的结构密切相关的,图 1.1 给出了一个信息链及其处理模块的关联图。

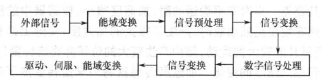

图 1.1 信息链及其处理模块关联图

外部信号主要是自然界的各种物理量,包括电、热、磁、声、光以及各种机械力等,它们属于不同能域的物理量;能域变换主要是将这些不同能域的物理量转换成电学量,以便统一进行进一步处理;由能域变换单元得到的电信号通常是比较微弱的模拟信号,这些信号要经过预处理模块进行放大或选择,使之成为具有一定幅度并且稳定可靠的信号;接下来是进行信号的变换,将模拟小信号变成满足信号处理要求的数字信号。对于收到的外部信号所代表的信息需要通过一定的方法进行判断与处理,这些方法通常是一些算法,而算法既可以由硬件来实现,也可以由软件来实现。但不论是硬件实现的算法或是软件实现的算法,目前只能是数字信号形式,因此,必须将外部的信号变换成可用的数字信号;因为输出的信息经常需要以大小、强弱、速度等模拟量进行表示,也常常需要以热、力、磁、声、光等信号形式进行表示,所以,数字信号处理的结果还需要进行转换,将数字信号再变为模拟信号,以满足对外输出的要求;最终,通过驱动、伺服或能域变换单元输出经过处理的信息。

以上是对于一般的信号链及其相关处理模块的介绍。根据这样的信号或信息关系,VLSI系统被大致分为了几大模块:感知信息模块;电信号处理与变换模块;算法模块;输出处理模块。

当今的 VLSI 系统主要是集成在硅材料基片之上的,为了能够实现工艺的兼容和设计的兼容,要求以上的这些模块都以硅及硅微加工技术为基础,所有的设计、加工、封装都必须在这个基础上进行。

1.1.2 模块与硬件

1. 感知信息模块

传感器是感知信息的一类器件,在 VLSI 中的传感器主要有半导体传感器和微机电(MEMS)传感器。

传感器的基本功能是完成不同能域的信号转换,所以,有时也将传感器称为换能器。在电子系统中主要是将非电量的信号转换为电量的信号。例如,将压力信号转换为电阻的变化,将湿度信号转换为电容的变化,将光强信号转换为电流的变化等。从设计角度看,这属于传感器设计范畴。

VLSI 中的半导体传感器主要工作原理是基于半导体的材料特性,例如硅的热学特性,PN结的温度特性、光伏特性、硅的压阻特性等,可以利用的半导体材料除了单晶硅外,还可以是多晶硅,还可以是其他与工艺兼容的硅合金材料,可以是体硅材料,也可以是薄膜材料。例如,普通的PN 结具有负的温度系数,即随着温度升高,PN 结的正向导通阈值会下降,可以利用 PN 结的这个特性进行环境温度传感。

微机电(MEMS)传感器则可以采用运动部件来进行传感。MEMS 是 Micro Electro Mechanical System 的缩写,它并不是宏观上的机电系统,而是利用微电子或其他非机械微加工技术实现的,具有特定功能的多能域工作的微型系统。MEMS 器件有别于一般微电子器件的重要特征是可以具有运动部件和可以多能域工作,但这并不表示 MEMS 器件一定是可动的。MEMS 传感器有许多种形式和结构,这里列举两个 MEMS 传感器来介绍:第一个例子是应用于汽车安全气囊中的加速度传感器。该传感器中有一个可以运动的质量块,当然,这个质量块非常轻,只有几毫克到十几毫克。当汽车平稳运动时,加速度很小,传感器中的质量块不发生相对运动或运动很小,但当汽车发生突然事故时,产生了很大的加速度(实际上是负的加速度),质量块由于惯性发生相对于基片的较大的运动,结构产生较大的位移并将这种变化转变为电量,如电阻或电容的变化,由此传感加速度的变化。加速度传感器将力学量转变成了电学量。第二个例子是 MEMS 风速计,设计的基本原理可以是通过检测风在单位时间内所带走的热量来传感。传感器中并没有可以运动的部件,它有一个被架空的发热元件,例如一个电阻条,被架空是为了减小热量对衬底的传递以提高敏感精度。在发热元件的两边各有一组感温元件。当没有风的时候,由发热元件所建立的热场使两边的感温元件得到相同的热量。当具有一定速度的风吹过的时候,热场的均衡被破坏,两边的感温元件可以检测出这种变化,显然,风速越大,带走的热量越多,两边的温度越失衡。两边这种温度的变化被转换成电压的变化,由此感知风速。

2. 电信号处理与变换模块

通常的电信号处理与变换模块完成模拟信号的放大或者是调制信号的检出、模拟信号到数字信号的转换(ADC)、数字信号到模拟信号的转换(DAC)、信号的调制等。主要内容属于模拟集成电路的设计范畴。

从传感器来的信号通常都比较微弱或者噪声很大,因此,电信号处理电路必须解决微弱信号放大或滤噪。但是,因为在整个系统中,算法模块部分占有了主要的和重要的位置,它占用了VLSI 系统的大部分资源,同时,因为以数字部分为主,模拟电路必须与数字部分工艺兼容,因此,VLSI 系统中的模拟信号放大部分实际上是比较简单的电路,但必须满足信号放大指标的要求。滤噪可以通过算法部分实现,这也部分地减轻了模拟电路的设计难度。

为克服 VLSI 系统中模拟电路的设计难度,使传感信号能够被有效检出,有时利用传感器的电量去调制载波。例如,传感器电量是以电容变化表现的,则可以采用调制振荡器频率的方式来传递信号,算法部分通过判读频率并进行处理,由此判断外部信号的意义。例如,在某些湿度传感器应用中,湿度改变了电容介质的介电常数,从而引起电容量的变化,而该电容决定了多谐振荡器的 RC 时间常数,当振荡器在规定时间内输出的方波个数被读取后,可以计算得到电容发生了多大的变化并进而得到湿度的大小。

ADC 完成将模拟信号变换为数字信号,DAC 则实现将数字信号转换成模拟信号。因为VLSI 系统大部分采用 MOS 工艺实现,所以,DAC 和 ADC 也常采用权电容或电荷分配方式工作,在高速信号处理方面则采用并行变换和过采样技术。

信号调制也是一种常用的变换形式,根据需要,可以将模拟信号调制到一个载波上。例如,一个报警系统,传感器感知了突发事件,处理模块判断了事件类型或性质,系统以电话通信方式远程传送信息。这时,需要将信息调制到电话系统所能够支持的传送模式,例如双音频方式。

3. 算法模块

毫无疑问,目前的算法模块以数字方式进行工作。它对应了数字硬件和算法软件或软硬协作。

微处理器的出现实现了用软件控制算术逻辑单元(ALU)完成算术运算和逻辑操作,将单一的硬件模块 ALU 变为可以实现一系列功能的可复用的逻辑模块,在软件(实际上是控制码)的控制下,ALU 或成为加法器,或成为逻辑门等。硬件乘法器的出现解决了用普通 ALU 进行乘法操作的长运算问题,使得一段软件代码变成一个操作步骤,在单指令周期或双指令周期内完成两个几十位的二进制数的乘操作。从这个例子,我们可以看到软件和硬件在完成特定工作中各有优势,因此,算法模块的设计需要综合考虑资源与效率的需求。

经典的逻辑设计技术在 VLSI 系统中得到了优化与提升。随着系统复杂程度的大大提高,传统的设计技术已不能满足 VLSI 系统的要求。

首先是描述方式,逻辑图、电路原理图的描述方式对 VLSI 系统已变得越来越困难,硬件描述语言(HDL)被用于了设计描述,目前的 HDL 既可以描述数字逻辑系统,也可以支持模拟电路的描述,具有代表性的 HDL 是 VHDL 和 VerilogHDL。

其次是设计方法,这里来看一个系统行为的描述,图 1.2 给出了一个普通的系统行为描述图。

将这个系统进一步分解,对其中的每一个子过程再进行描述,如图 1.3 所示。

显然,在这一步我们看到过程已经与子系统发生了联系,再进一步对子系统进行描述,得到图 1.4 所示的状态转换图。

从上面三个不同层次的描述可以看到,其非常像算法流程的描述,只不过这里没有具体描述每一个环节的具体行为。对这样的系统可以采用类似于软件的方式进行调试,可以采用模拟器对系统进行初步的验证。当调试验证通过后可以采用设计工具,例如综合工具,将行为描述“变成”为硬件。所谓的综合,是将行为描述与具体的硬件库或 IP(Intellectural Property)库相结合,直接生成硬件层的设计。目前,硬件库和 IP 库的单元设计仍采用了传统的设计方法。借助

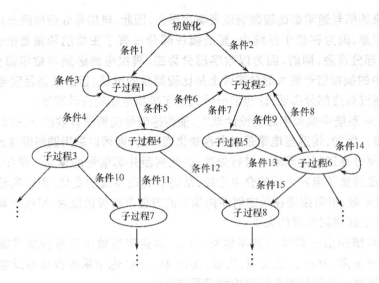

图 1.2 系统行为描述

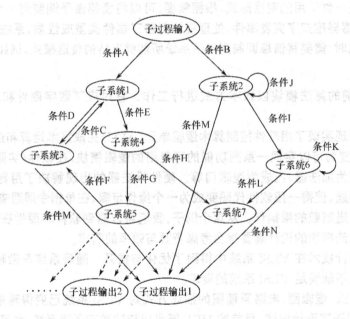

图 1.3 子过程描述

于这些设计工具和底层硬件单元,VLSI 系统设计被实现。为了能够提高设计效率,算法部分设计通常采用简单、规则、可重复或可重构的基本结构。

4. 输出处理模块

输出处理模块的任务是根据信息输出的需要,将信息转换成一定的输出形式或直接完成某些动作。例如,产生一定幅度的高压,产生某额度的电流,产生某些显示所规定的序列,甚至产生某些机械动作等。

我们来看一个例子:系统自带的液晶显示(LCD)驱动(假设尺寸为 4×34)。这样的 LCD 驱动器包括一个控制器,一个电压发生器,4 个公共(common)信号输出端口,34 个图段(segment)信号输出端口。要求有两种偏压模式(1/3 和 1/2 偏压)和三种占空比模式(1/4,1/3 和 1/2 占空比),它们都是可编程的。LCD RAM 是一个输入/输出双口 RAM,它不需要过程控制,能自动将

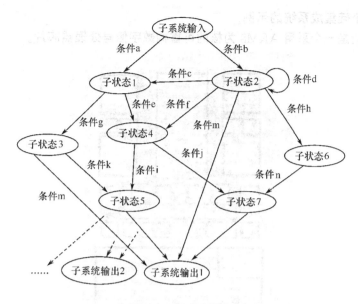

图 1.4　子系统描述

数据传送到 segment 输出。因此,除了需要设计相应的 RAM 单元、控制器单元、还需要设计专门的电压产生电路,图 1.5 给出了 1/4 占空比,1/3 偏压($V_{DD}=3.0V, V_1=4.5V, V_2=1.5V,$ GND=0V)要求下的波形图。从图上可以看到,电压产生电路需要在单电源 3V 下产生 4.5V 和 1.5V 的电压。

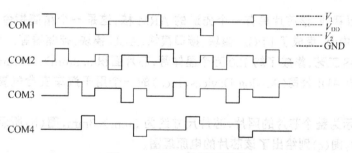

图 1.5　COMi 的波形要求

　　显然,这样的功能电路设计需要了解液晶显示的原理,了解如何控制液晶对应像素(或笔画)被点亮的原理,了解扫描控制的原理等知识。

　　以上所介绍的内容在一个特定的 VLSI 中并不一定都存在,例如,一般的微处理器的输入信息是数字信号,没有前后的相关模块。这里只是从一般信息链的角度进行了讨论,具体系统的组成应根据具体要求来组织。

　　从信息链的结构我们可以得到具体的设计分类,甚至可以具体到电路或逻辑设计。从上面的分析可以看到,根据具体的问题,当分析了信息链结构后,实际上已将一个信息描述问题分解为具体的硬件类型划分,继续分解或分析后又可以得到更具体的设计问题。这样的过程体现了一个由顶向下逐级分解直至可以有效设计的过程。

1.1.3　系统集成

　　所谓系统集成是指将系统所包括的模块单元集成到一个硅衬底材料(芯片)上。由于工艺限制,目前也有采用两片或三片芯片通过封装技术将其做成一个封装体的方法。

我们来看两个硅集成系统的示例。

图 1.6 显示的是一个采用 ARM8 为核的可重构数字信号处理器芯片。

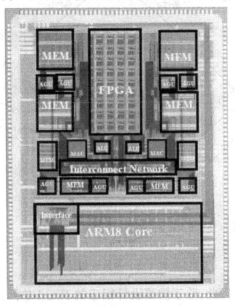

图 1.6　系统集成示例 1

参考：Marlene Wan：Design Methodology for Low Power Heterogeneous Reconfigurable Digital Signal Processors，University of California at Berkeley

从芯片上可以看到，该芯片具有一个先进的 ARM 核，这是一个精简指令系统（RISC）的处理器核，以此核为中心，集成了 FPGA 模块、接口模块、ALU 模块、存储器等。采用 $0.25\mu m$、6 层金属布线的 CMOS 工艺，集成了约 120 万个晶体管，芯片面积 5.2mm×6.7mm，低电源供电。

图 1.7 所示为 ADI 公司（Analog Devices，Inc.）的一个用于汽车安全气囊的加速度传感器芯片 ADXL—50。

图 1.7(a) 所示为整个芯片的照片，芯片尺寸约为 3mm×3mm，图（b）所示为在该芯片中集成的 MEMS 部件，图（c）则给出了该芯片的电原理图。

这个芯片和传统的集成电路芯片的最大不同就是其中集成了 MEMS 结构。该结构是一块可以运动的硅材料，悬浮在硅衬底之上约 $2\mu m$，其部分点被固定在衬底上，而大部分其他区域可以运动。在图（c）上可以看到一个用虚线框起来的结构，中间的一个标注为"BEAM"的极板正是表示了这个可以运动的部分，它与上下的两个极板形成了两个电容器。当中间极板未运动时，这两个电容器的大小相等，当中间极板由于某种原因偏离了平衡位置，两个电容器的大小发生了变化。在电容器的上下极板上各施加了一个大小相等、相位相差 180° 的脉冲信号，平衡时中间极板保持固定的电位。当中间极板偏离了平衡位置，则在中间极板上就得到了变化的脉冲，偏移量越大，脉冲的幅度也越大，即脉冲信号的幅度反映了位置偏移的大小，而脉冲信号的相位则反映了位移的方向。被检出的这个脉冲信号经后面电路的处理，输出有用的加速度信息。

从图（a）显示的芯片照片和图（c）给出的电路结构，可以看到在该芯片中集成了 MEMS 结构、脉冲信号发生器、电压跟随器、解调电路、前置放大器电路和缓冲放大器电路等多种电路部件。

从上面两个硅集成系统可以看出，VLSI 系统将是一个复杂的集成系统，除了每个模块的设计本身，还要考虑设计的兼容性、信号的兼容性、工艺的兼容性等诸多问题，因此，设计本身就是一个复杂的问题。

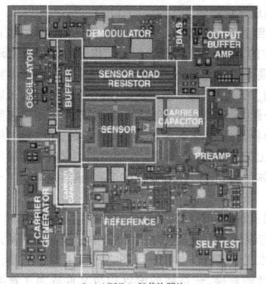

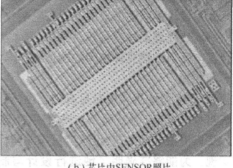

（a）ADXL—50芯片照片 （b）芯片中SENSOR照片

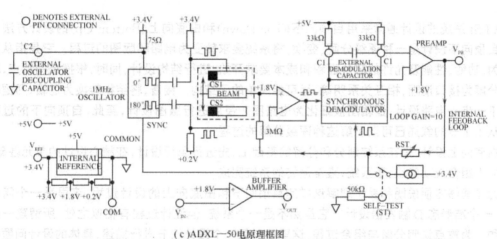

（c）ADXL—50电原理框图

图 1.7 系统集成示例 2

参考：Jack W Judy：Microelectromechanical systems（MEMS）：fabrication，design and applications，SMART
MATERIALS AND STRUCTURES

1.2 VLSI 设计方法与管理

1.2.1 设计层次与设计方法

面对 VLSI 系统的复杂性将如何进行设计呢？

在讨论设计方法之前，首先简要介绍在微电子技术范畴内，VLSI 系统设计的主要技术层次。第一个层次是硬件系统的设计，即从系统行为要求到具体的逻辑和电路，上面所讨论的系统级设计属于这个层次。第二个层次是版图设计，该部分工作的目的是将具体的逻辑或电路变成二维平面上的图形。版图设计是逻辑、电路到集成电路或集成系统的中间环节，是一个非常重要也非常困难的设计环节。第三个层次是工艺设计，所谓工艺设计是对微电子制造技术的选择与控制。正是通过工艺技术，在硅材料或其他半导体材料上将二维的平面版图"转变"为三维的立体器件结构,完成了逻辑、电路系统到半导体集成系统的转变。

彩图 1 表示了这三者的对应关系。图中,自上而下给出了 CMOS 倒相器的电路结构,n 阱 CMOS 版图,以及采用 n 阱 CMOS 工艺所制作的 CMOS 倒相器的剖面结构。版图作为上承电路下达工艺的一个重要中间环节,起着至关重要的作用。首先,版图以 MOS 晶体管的基本结构版图为基础,再考虑器件间连接关系、尺寸限制、工艺限制等一系列的问题,在二维的平面上以版图的形式描述电路。它要能够严格地与电路一致,同时也要严格地遵循制造技术规范。按照制造技术规范设计的版图就形成了对工艺制作边界的限定,工艺实现以 4 类主要的工艺技术,图形转移、掺杂、热处理及材料沉积为手段,对 4 类工艺进行组合与串联,在版图所定义的平面区间与图形范围内完成三维立体结构的构造,在半导体衬底上再现所要制作的电路,这里是再现了一个 CMOS 倒相器。

显然,三个技术层次各自具有独立性,而相互联系与制约又是十分的明确。

在当今的 VLSI 系统研制与开发中,工艺与设计已经分离,形成了设计中心和代工厂两大分支。代工厂提供标准工艺,设计者只需按照标准工艺流程与参数设计系统,代工厂就能够确保设计的实现。为能够准确明了地进行设计与制造的对接,一系列的设计规范文件成为了重要的接口。

VLSI 系统的设计通常采用自顶向下(Top Down)和由底向上(Bottom Up)的设计方法。

自顶向下设计是一种逐级分解、变换,将系统要求转变为电路和版图的过程。它是指从系统的行为、功能、性能及允许的芯片面积和成本要求开始,进行结构设计,同时,根据结构特点,将其逐级分解为接口清晰,相互关系明确,尽可能简单的子结构。接着,将结构转换为逻辑,即逻辑设计。下一步是电路设计,逻辑图被细化为电路图。最后进行版图设计,至此,自顶向下的过程结束。从 1.1 节的叙述已可以了解这种逐级分解的过程。

由底向上设计,是在系统划分和分解的基础上,先进行单元设计,在精心设计的单元基础上,逐级向上组合成功能块、子系统,直至最终的系统完成。

为了能够方便说明和易于理解这样的自顶向下和由底向上的设计过程,这里举一个简单的例子,一个准静态 D 触发器设计。它虽然不是一个系统,但设计过程有相似之处,所谓窥一斑而见全豹。为重点说明分解与组合过程,这里不对每一个设计细节进行描述,具体的设计问题在后续章节里有详细的介绍。设计分两个子过程,自顶向下的分解过程和由底向上的组装过程。

1. 功能描述

表 1.1 给出了一个简单 D 触发器的功能要求,这是设计的起点。

表 1.1　简单 D 触发器功能要求

时钟 CLK	数据输入 D	输出 Q(t+1)	输出非 QB(t+1)
1	X	Q(t)	QB(t)
0	X	Q(t)	QB(t)
↑	0	0	1
↑	1	1	0

分析上表可知,这是一个时钟上升沿触发的触发器。在时钟电平维持期间,输出处于保持状态,在时钟上跳时将上跳前的输入信号输出。因此,可采用主从两级寄存器级联结构的触发器,主寄存器存储输入的信号,从寄存器存储输出信号,由时钟控制主从结构信号的输入与输出。

2. 逻辑结构设计

根据上面的分析,两级寄存器结构构造的 D 触发器如图 1.8 所示,主从寄存器的时钟控制呈反相,构造了输入存储与输出存储的不同节拍,从寄存器的 Q 端信号变化将发生在时钟的上跳时刻。当然,这里只是列举一个例子,实际上有多种结构可供选择。

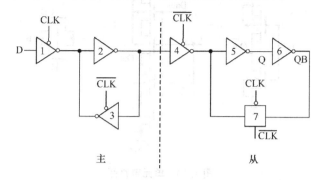

图 1.8 逻辑结构图

其中,逻辑门 2、5、6 是普通的倒相器。逻辑门 1、3、4 是三态倒相器,在三态控制为 1 时,输出为高阻,在三态控制端为 0 时是正常的倒相器。逻辑门 7 是 CMOS 传输门。主寄存器与从寄存器结构实际上是相同的,在从寄存器中采用了倒相器 6 加传输门 7 构成三态倒相器的功能。

为了能够对外具有一定的驱动能力,还应该在 Q 和 QB 输出加缓冲电路,这也同时隔离了外部信号端和内部逻辑。考虑到时钟也应具有驱动和缓冲,电路还应该加两个倒相器。最后形成的逻辑电路如图 1.9 所示。

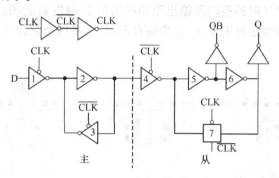

图 1.9 实际逻辑结构

下一步是根据性能指标的要求设计每一个门电路的延迟时间,通过计算机仿真分析完整的电路是否满足时钟与延迟要求,以便最后确定每个门延迟应该是多少。具体的计算过程这里就不做讨论了。

3. 电路及器件参数设计

在这个设计中共存在三个基本单元:倒相器、三态倒相器和传输门。

根据选用的具体工艺,首先确定三个基本单元的电路结构,图 1.10 给出了基于 CMOS 技术的单元电路。

在确定了电路结构后,根据上面所确定的每个门电路的延迟时间以及工艺所提供的参数,便可计算得到每个 MOS 管的尺寸,这部分内容将在第 2 章做详细介绍。

为了获得更精确的结果,则应根据电路、器件参数与模型进行电路仿真。

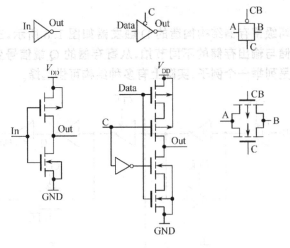

图 1.10　单元电路图

4. 单元版图设计

版图设计有许多种形式,这里采用一种简单的版图进行介绍。需要说明的是,版图的设计要受到工艺的制约。

基于这些基本版图,根据整个电路的结构,同时采用共用源区、共用漏区以及共用源漏区等压缩版图方式,最后得到一个完整的版图。

5. 版图合成

图 1.12 所示为包含了时钟驱动及输出驱动在内的 D 触发器版图,如果仔细地审读这个版图,会发现三个基本门的版图与图 1.11 结构稍有不同,这是因为采用了共用结构及因布线需要所做的修改。

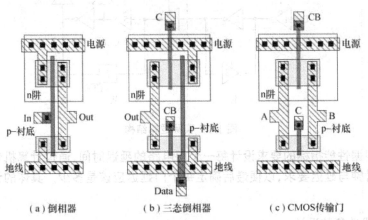

（a）倒相器　　　　（b）三态倒相器　　　　（c）CMOS传输门

图 1.11　单元版图

接下来开展版图检查与分布参数提取,以及带分布参数的计算机仿真等工作。在确认后进入工艺实验、测试分析等环节。

以上的介绍是一个简化了的设计过程,对于大的系统,其设计过程要复杂得多,但基本的自顶向下的分解过程和由底向上的组装过程都是相似的。

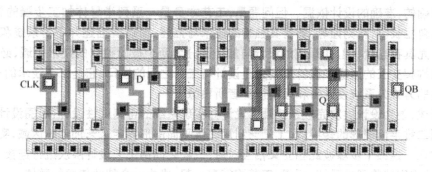

图 1.12　D 触发器版图

参考:http://www. mosis. org/products/vendors/tsmc/

1.2.2　复杂性管理

由于 VLSI 系统的复杂性和多样性,VLSI 系统设计涉及的知识与技术是多方面的,包括了信号系统的设计、逻辑与电路的设计、晶体管设计、工艺设计、结构设计、版图设计、测试设计,甚至是材料的优选等。这样一个复杂的问题必须采用相应的对策去分解、简化、归类,使得 VLSI 设计能够科学化、规则化、简单化,并通过设计工具使设计过程简化,提高设计效率,降低设计风险。即通过复杂性管理,使复杂问题转变为多个简单问题。另外,随着系统复杂程度提高、规模剧增,需要多学科、多技术协同,就设计而言,必须采用并行设计方法,即多个设计师协同设计。

1. 抽象提取

首先,对于这样复杂的问题必须进行抽象提取,将完整的设计问题抽象成不同的设计层次,对每个层次能够准确地描述所需开展的工作。同时,层次之间的关系必须有明确的界定,接口严谨、清晰。

我们可以将设计问题抽象成硬件设计层次、工艺设计层次、版图设计层次。

硬件设计层次主要完成系统、逻辑、电路的设计;工艺设计层次主要完成工艺的筛选,工艺参数的确认,版图设计参数的确认;版图设计层次则主要完成电路、逻辑、系统的版图设计与生成。

硬件设计层次包括两个主要方面的设计问题:基本硬件系统设计和可测试性设计。基本硬件系统是完成系统功能的主体,可测试性设计则是为了解决系统测试难题。因为随着系统的复杂性越来越大,可测试性已成为一个困难的问题,必须通过附加的硬件电路降低测试难度。

实现设计的任务除了确定采用的技术之外,对于 VLSI 系统还有一个重要的任务是选择工艺,因为工艺是最终实现设计的手段。严格地讲,工艺对于设计者来说既是支持,也是制约,而且更多的是对设计的制约。所选工艺提供的器件参数与能力约束了设计师,给设计师定下了一个"框",所有的设计必须在这个框内进行。工艺线所提供的能力通过器件模型的方式提供给系统设计者,这样的接口是严格的,它是设计计算的依据。当然,工艺线必须保证他们的工艺一定能够达到规定的参数。

版图设计是一个非常复杂的过程,它实现了将硬件系统转化为二维平面上的图形。版图所描述的系统与硬件系统必须完全一致。同样的,版图的设计也受到工艺的限制,其表征是图形尺寸受到制约。工艺线通过几何设计规则为版图设计者提供设计依据,这是版图设计者和工艺实施者必须共同遵守的约定。版图设计者不能够违反这个约定,版图上的所有最小尺寸必须在约定之内;工艺实施者应该保证这些尺寸都能够实现加工。

从以上的分析可知,硬件系统设计和版图设计都受到工艺的约束,因此,工艺线必须提供设计者一个明确的、准确的设计依据。但问题是,工艺本身是一系列半导体加工步骤的集合,如掺杂、光刻、材料生长、材料刻蚀等,各有其独特的技术与描述,而这些描述并不为系统和版图设计者所熟识。尤其在当今,VLSI 系统的设计与加工已分为两个彼此独立的技术领域,必须在设计与工艺之间构架交互的通道。设计规则正是设计与工艺之间的接口,它是工艺技术的一种抽象,并且其描述的方式为系统设计者和版图设计者所熟悉。

综上所述,硬件设计层次完成系统硬件设计并实现系统的可测试性设计;版图设计层次完成硬件系统到二维平面图形的转换;加工工艺利用二维平面图形界定工艺加工的区域,实现三维的硬件系统重现。这三个步骤彼此独立又相互对应,三者之间由工艺设计层次进行连接,一旦选定了工艺,设计规则就将硬件系统、版图、工艺连接在一起,成为一个彼此依赖的整体。

2. 分级管理

在完成抽象提取之后,需要对每个设计层次进行分级管理。将本层次的设计问题再逐级分解、化块、分层,进一步降低复杂程度。由于分级后的复杂程度降低,因此,管理的复杂性也相应减低了。自顶向下和由底向上过程充分体现了这样的分级管理,在逐级分解的过程中,每级都对应了特定的设计问题和设计管理,每级之间又有严格的接口。例如,单元版图的设计层级只完成单元级版图的设计,各单元版图的设计似乎是彼此独立的,只是针对每个单元电路进行版图设计,实际上,单元版图的设计除了受到单元电路和几何设计规则的约束,还将受到整体版图风格的限制,否则,最后是无法组装到一起的。

3. 设计规则化、模块化

设计规则化是进一步降低设计复杂性的措施,是指在设计中尽量采用规则化的结构、单元,最好采用重复单元构造系统。例如,在微处理器中控制器的设计时,以往的设计采用随机逻辑,由于随机逻辑单元的多样化使得延迟配合较为困难。现采用多个 PLA 或微码结构(类似 ROM)实现,使得逻辑单元规则、重复,设计难度被降低。又例如,版图设计中采用标准单元版图,这时,每个单元的高度都是相同的,对应不同单元仅长度不同,版图结构在总体和局部上均呈现规则的形式。这样的设计方法使设计过程大大简化,甚至可以通过对器件选择编程的方式进行设计,这同时也使最后的版图呈现规则的格局,有利于自动设计的应用。

模块化设计也是当今的重要设计方法,所谓模块化是指按照功能将系统分为若干功能模块,每个模块具有相对独立的功能,模块版图外边界呈现较规则的形状,信号线按照一定的规则分布,在统一的规则下各模块可以独立设计。例如,将某微处理器核作为一个核心模块,与通用模块(如定时器、RS-232 串行口等)、IP 模块结合,构造完整的 VLSI 系统。

4. 全局优化和局部优化

采用规则化设计后,全局的优化过程由辅助设计或自动设计软件的算法,以及其他系统算法来实现。针对目标函数开展迭代计算,使得硬件资源和版图的面积资源得到最大程度的利用,使得系统内的寄生效应最小化。通过重构技术、休眠技术等使得硬件资源被高效率的应用,使得功率耗散降到最小。局部优化则以基本模块为对象开展优化,包括了性能最优化、面积最小化、模块复用、资源利用率等设计优化。局部优化更多地介入了专家因素,需要更多的设计与优化经验。

优化是对原设计的提升,一个 VLSI 系统从初始设计到实现优化,可能需要若干的重复,花费更多的时间和人力。但为了获得最好的性能/价格比,这样的投入仍然是值得的。

5. 设计工具

如何充分地利用设计工具是当今提高设计成功率、提高设计效率、得到最高性/价比的重要问题。可以毫不夸张地讲，没有设计工具，VLSI 设计是完全不可能的。

VLSI 设计工具是建立在计算机系统平台之上的一系列设计和分析软件。随着集成电路技术与软件水平的进步，设计软件也不断地得到完善和发展，已由简单的辅助设计软件，逐步地成为完善的设计系统。

综上所述，复杂性管理就是要将复杂的 VLSI 设计问题通过一系列的分层分级，进行有效设计管理，通过简单设计问题的有效堆砌与管理构建复杂的系统。

1.2.3 版图设计理念

设计方法和复杂性管理为实现设计建立了重要的指导思想，对具体环节的设计问题还需要确定具体的设计理念。这里特别将版图设计理念作为单独的内容进行讨论，这是因为版图设计是在限定的工艺、限定的尺寸和形式下，对特定的电路进行设计，限制因素较多；同时，版图设计的多样性和经验性使得版图很难有一个严格的规定，因此，设计理念就成为重要的设计指南。版图设计大致可以分为三个主要层次：基本单元版图设计；版图生成单元基本结构设计；系统版图布局布线设计。

这里从最高层次开始讨论。系统版图布局布线解决两个主要问题：将单元、模块在二维平面上进行放置；对放置好的单元、模块进行系统连接，确定连接关系及布线的相对位置。最后将连接结果转换成实际版图。系统版图布局布线解决的关键问题是如何放置单元、模块以及如何使布线结果最好。怎样布局布线是由一系列的目标函数和软件算法来确定的，而转换成实际版图只是将布局布线的结果根据设计规则确定版图几何尺寸与坐标。单元、模块本身的版图则有两种设计形式：一是对单元、模块建立库，这些库单元描述了基本连接关系，最后由算法将连接关系转换为实际版图；二是直接将单元、模块以实际版图的形式放在库中，供系统调用。显然，前者是上述第二个层次的内容，后者是第一个层次的内容。从第一个设计层次到第三个设计层次，自动化程度越来越高，系统优化程度越来越高。倒过来，第一个设计层次的局部优化程度是最高的，但人工设计的成分也最大。

那么，如何充分发挥各设计层次的优点，实现系统设计呢？这就是当今集成电路或系统的设计理念：将集成电路或系统的分析计算部分和信息接口分开进行设计。分析计算部分即所谓的内部电路，采用高度规则的结构以降低版图实现的难度，提高设计效率；与外界进行信息交换的接口部分即 I/O 单元，则采用高度优化的单元形式，为 VLSI 系统内部提供稳定可靠的信号，屏蔽外部无关信号的干扰，以提高电路或系统的性能和可靠性。也就是内部电路依靠自动设计实现系统的算法，外部接口依靠人工设计的优化单元满足性能要求。

规则结构主要有门阵列和晶体管规则阵列，非规则结构主要是宏单元和积木块。介于规则和非规则之间的是标准单元结构，其外部结构是规则的，表现为等高的矩形，而内部则可能是不规则的版图形式。

晶体管规则阵列是以晶体管作为基本单元构成阵列，常见形式有各种 ROM 结构和其他的可编程晶体管结构，如"与 ROM"、"或 ROM"、"PLA"等。

门阵列是以标准门作为基本单元构造阵列，阵列行是这种标准门的排列。

标准单元是一种等高不等宽的单元形式，等高的外部结构使它们可排列成行，不等宽的外部尺寸使他们可以具有不同的单元规模。标准单元的内容可以是各种基本逻辑单元，如门电路、小规模的逻辑功能块等。这些单元的版图通常是人工设计的形式，并因此具有优良的性能。

宏单元和积木块单元突破了外部尺寸与形状的限制，是优化的单元形式。通常具有明确的接口形式，数据流与控制流清晰。考虑到单元的通用性与适用性，各单元通常采用冗余设计，即单元相对完备,在调用时根据需要选择其中的全部或部分功能。

VLSI版图的内部结构可以是以上单元形式的一种或几种的组合。与外部的信息接口 I/O单元也通常采用标准单元的形式,因为这些单元经过了专家的优化设计,同时也满足设计系统的软件算法要求。

图 1.13 所示为两种基本的版图结构,图(a)是行式结构的示意图,芯片中央为单元阵列和布线通道,输入、输出单元排列在芯片的四周。芯片中央的单元行是规则的矩形,各单元行平行排列,中间是布线通道。由于结构的高度规则性,具有较高的设计效率,输入、输出单元采用标准单元形式。门阵列和标准单元阵列是行式结构的典型应用。

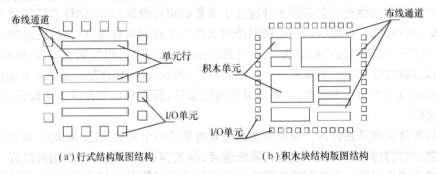

(a)行式结构版图结构　　　　　　(b)积木块结构版图结构

图 1.13　两种基本的版图结构

积木块结构是一种大单元的布图结构,这些单元可以是一种或几种规则阵列结构,如一块优化门阵列,也可以是人工精心设计的电路单元,还可以是存储器阵列、运算模块等。其内部结构的规则性低于行式结构,但单元的性能优于行式结构。积木块结构如图(b)所示。

1.3　VLSI 设计技术基础与主流制造技术

VLSI 产品的设计开发通常包括几个主要的设计与研制过程:系统、逻辑、电路设计,版图设计,工艺实验和测试验证。图 1.14 所示为设计开发的主流程,在图中虽然没有看到工艺设计层次,实际上,该层次的问题如前所述,已经融入了系统硬件设计和版图设计。

从设计开发过程可以看出,要有效地设计开发一个 VLSI 产品,设计者必须具备下列的技术基础:系统、逻辑与电路设计技术基础,器件与工艺技术基础,版图设计技术基础和集成电路计算机辅助设计技术基础。除此之外,设计者还应具备对系统、逻辑、电路、器件、工艺和版图的分析能力。尽管现代的计算机及其软件技术为 VLSI 设计提供了强有力的设计工具,但作为设计者,上述的技术基础与分析能力,仍然必不可少。只有具备了相关知识和技术基础,才能对设计本身进行有效的控制。

在微电子技术领域,集成电路的制造有两个主要的实现技术:双极技术和 MOS 技术。

双极技术是以 NPN 和 PNP 晶体管为基本元件,融合其他的集成元件构造集成电路的技术方法。双极器件以其速度高和驱动能力大,高频低噪声等优良特性,在集成电路的设计制造领域,尤其是模拟集成电路的设计制造领域,占有一席之地。但双极器件的耗散功率比较大,限制了它在 VLSI 系统中的应用。

MOS 技术是以 NMOS 晶体管和 PMOS 晶体管为基本元件,辅以其他的集成元件构造集成电路的技术方法。当 NMOS 和 PMOS 以互补配对的形式作为基本电路单元时,其结构被称为CMOS。CMOS 以其结构简单,集成度高,耗散功率小等优点,成为当今 VLSI 制造的主流技术。

由于工艺水平不断地提高,结合双极技术与 MOS 技术的 BiCMOS 也在集成电路制造中占有一席之地。

主流技术本身也随着 VLSI 系统需求的发展在不断发展，简单举例，MOS 器件的特征尺寸如沟道长度在不断地缩小，由此带来了一系列物理效应，有些原来并不重要的因素变得重要了，如金属材料的电阻，因为它比较小，在以往的设计中由金属的电阻与分布电容所产生的信号延迟，与电路单元或器件所具有的延迟相比，可以忽略不计。但随着工艺特征尺寸的缩小，器件的速度不断提高，相比而言，金属引线和寄生电容所产生的延迟逐渐不可忽略。这时，一系列减小引线电阻的措施被引入了工艺。当今的 VLSI 工艺技术是包含了多个学科先进技术的综合技术。

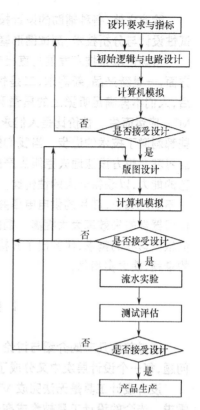

图 1.14　VLSI 设计开发主流程

1.4　新技术对 VLSI 的贡献

VLSI 集成电路或集成系统本身是高技术产品，同时，它也需要高技术的支持。就集成电路的实现而言，它不仅仅涉及微电子技术，同时还涉及应用电子技术，计算机技术，材料技术，光学技术，机械制造技术，以及相应的管理技术等。因此，任何技术的进步都将推动集成技术的进步。

纵观集成电路的发展过程，可以知道技术的进步在集成电路的发展过程中具有举足轻重的作用。正是由于 MOS 器件平面结构实现技术的突破，引起 MOS 集成电路的发展；正是由于细微和超细微加工设备和技术的发展，使得集成电路的尺寸得以缩小，并可在一块集成电路上集成更多的器件；也正是由于加工设备、材料科学、设计技术等诸方面的进步，使我们能够实现电路的大规模、超大规模、特大规模集成。

几十年来，大约每三年，集成电路的集成度就要翻两番，器件尺寸则是每三年以 0.7 的比率缩小（MOORE 规则）。器件最小加工尺寸和集成度则成为人们衡量一个国家微电子工业乃至国民经济水平的一个标志。器件的最小加工尺寸从微米（10^{-6}m）量级逐步缩小到亚微米量级、深亚微米量级、亚 0.1 微米量级、纳米量级。

尺寸每缩小一次，都意味着相应的设计技术和制造技术上了一个台阶。在设计技术方面，器件尺寸的缩小要求设计系统进行两个主要方面的更新：一是仿真系统的更新，因为随着器件尺寸的缩小，一些原本忽略不计的物理效应将对集成电路产生影响，从而导致仿真的精度发生劣化。二是版图设计系统尤其是单元库系统的更新，由于器件尺寸缩小引入新的设计规则，原有的设计规则和单元库已不再适用，必须重建新的设计基础。在制造技术方面，器件尺寸的缩小对加工设备提出了更高的要求，甚至要求新的加工技术和设备。由于一些物理效应的影响，还必须考虑引入新的材料和结构。

除了器件的结构和尺寸以及制造技术对于 VLSI 的发展做出了巨大贡献外，各种 VLSI 的设计技术也对 VLSI 的发展做出了巨大贡献。众所周知，VLSI 系统是一个复杂的系统，要达到高度的正确性、设计的高效率和高度的优化等要求，就需要一系列的设计方法、实现算法、分析方法及检查方法做技术支持。在集成电路发展的数十年中，设计技术的发展对于实现高度复杂性的 VLSI 系统起到了重要的作用。

除此之外，各种辅助的设计技术为完善 VLSI 做出了积极的贡献，如测试码生成技术、可测试性设计与分析技术、测试图形辅助技术等。

市场需求是技术发展的直接动力，市场不断对产品提出新的要求，这种要求主要体现在两个方面：一是新产品、新需求，二是性价比。新产品是人们对物质的追求，例如，MP3 播放器出现后，人们不再满足听觉上的质量和小型化、微型化，人们希望进一步满足视觉上的要求，因此，MP4 应运而生。性价比是人们永久的追求，希望通过技术的改进能够得到价廉物美的产品。这些都刺激了技术的进步。当我们的设计找不到生产技术的情况经常出现后，从事设备制造的工业界就会想方设法地去克服生产的瓶颈，去满足设计的需要，另外，设计总是最大限度地利用工艺的能力，以获得最大的性价比。铜布线技术的出现就是一个典型的例子。因为工艺的特征尺寸不断地缩小，芯片的供电电压并没有明显地降低，这使硅铝（或铝）引线的电流密度大大提高，使得器件的失效率大大提高。铜的电流密度承受能力高于硅铝（铝），但铜的刻蚀比较困难。人们根据这样的需求，研究出了开槽、溅射、电镀、磨抛（CMP）的方法、设备和技术，解决了铜布线的难题，使之实用化。

1.5　设计问题与设计工具

通过前面几节的介绍与讨论，我们已经初步了解了 VLSI 系统设计的几个主要层次和设计问题，每一个设计层次中又分成了几个主要的设计问题和设计过程。

没有设计工具是无法完成 VLSI 系统的设计与分析的，设计工具充分满足了各设计问题的需求。当今的设计工具被集成在一个统一的设计环境（框架软件）中，按照主要的设计问题被分类管理，同时采用统一的交互数据库进行数据交互。对于 VLSI 系统设计问题、设计工具以及工具所能够完成的工作情况大致如表 1.2 所示。设计问题栏分类描述了三个主要的设计层次，这里，系统设计、逻辑设计、电路设计和可测试性设计属于硬件设计大类，之所以分列成两个设计层次是因为系统、逻辑、电路的设计和可测试性设计的设计方法与设计问题有比较大的差别，可测试性设计是建立在系统、逻辑、电路之上的。设计工具栏则与设计问题相对应，这些工具帮助设计者解决了设计问题。设计、分析与验证栏则具体说明了设计工具帮助设计者解决了哪些具体的设计问题。

表 1.2　设计问题与设计工具

设计问题	设计工具	设计、分析与验证
系统设计 逻辑设计 电路设计	逻辑综合软件 原理图编辑 逻辑模拟器 电路模拟器	逻辑生成 逻辑输入 逻辑仿真 电路仿真
版图设计	版图编辑软件 版图生成软件 版图检查软件	版图输入与编辑 版图自动生成 设计规则检查（DRC） 电学规则检查（ERC） 版图与电路的一致性检查（LvS） 分布参数提取
可测试性设计	可测试性分析软件 测试矢量生成软件	可测试性难度分析 测试码生成

随着集成电路技术与软件水平的进步，设计软件也不断地得到完善和发展，已由简单的辅助设计软件，逐步地成为完善的设计系统。

到目前为止,设计软件经历了三个发展阶段:简单的辅助设计工具;集成化的设计体系;具有高级综合能力的设计系统。这三个发展阶段实际上也对应了集成电路从小规模到大规模再到超大规模的发展过程,我们可以从中领悟到技术进步与发展的关系。

在设计软件发展的初级阶段,各个应用软件相对独立,由使用者通过命令行的形式完成辅助设计过程,各软件之间的数据交换采用某种特定的格式。设计方案需要通过一系列的比较和修改才能获得满意的结果。这时的应用软件主要包括:交互式逻辑图输入与编辑软件,逻辑仿真软件,电路仿真软件,版图编辑软件和版图验证软件。

在设计软件的第二个发展阶段,各个设计软件被集成在一个统一的设计环境内,由设计系统对设计进程进行管理,设计数据以统一数据库的形式进行存取与交换。在设计形式上已出现了逻辑综合和某些特定形式的版图自动生成,大大地提高了设计的自动化程度。同时,基于原理图的版图检查工具以及分布参数的自动提取功能得到了加强。可以说,这时的设计体系已比较完善,可以进行高效的设计,以满足各种设计需求。

随着集成技术的进步和集成能力的提高,超大规模集成系统的实现成为可能,原有的原理图设计与逻辑图输入已不能适应,设计软件及设计系统进入了第三个发展阶段。引入了硬件描述语言 HDL,其代表为 VHDL 和 VerilogHDL,出现了行为级综合工具和完善的逻辑综合工具,可以高效地设计超大规模甚至特大规模的极其复杂的集成系统。

集成电路版图设计是集成电路设计的第二个子过程,是集成电路从电路拓扑到电路芯片的一个重要的设计过程,并且随着集成电路制造技术以及设计软件的发展而发展。有三种主要的技术方法:一是通过图形编辑方法完成版图设计;二是通过库单元调用和拼接方法完成版图设计;三则是通过计算机辅助设计(CAD)或自动设计(DA)技术自动地生成某种格式的版图。

版图编辑主要用于手工设计版图,在计算机平台上,利用版图编辑工具软件进行版图的"绘制",目前主要被用于模拟集成电路的版图设计和标准单元库中单元版图的设计。

单元库技术是介于手工设计与自动设计之间的一种设计方法,是目前设计优秀集成电路的一个非常重要的技术方法。它是以成熟的集成电路单元(电路和版图)库为设计基础,利用计算机的布局布线工具软件,在二维的平面上完成对应于具体电路或系统的版图设计。由于采用了成熟的集成电路单元电路和版图,同时又借助了计算机辅助工具,因此,设计完成的集成电路不但具有优越的局部性能,又具有优越的整体性能。在这种设计方法中,单元库中的组件通常采用手工设计和优化,并经过实验验证其正确性和优越性的单元。

版图的自动设计或生成技术,是利用自动设计工具或辅助设计工具,按照某种版图格式完成对应电路或系统的版图设计,如门阵列版图格式。这种设计技术具有高度的自动化,几乎不需要任何的版图设计知识。但正是因为其高度地自动化,因此,用这种方法实现的版图以至其集成电路的性能有所缺憾。需要指出的是,在以这种技术实现的版图中,电路或系统的输入/输出单元(I/O)仍是利用了标准单元库技术,即 I/O 单元是标准单元,而内部电路则是采用了规则阵列技术。这样的设计方法体现了当今集成电路或系统的设计理念:将集成电路或系统的分析计算部分和信息接口分开进行设计。分析计算部分即所谓的内部电路采用高度规则的结构以降低版图实现的难度,提高设计效率;与外界进行信息交换的接口部分则采用高度优化的单元形式,以提高电路或系统的性能和可靠性。

1.6 一些术语与概念

在本节中将介绍一些术语和概念,其目的是对当今的 VLSI 设计和实现问题进行讨论,希望读者能够从这些术语或概念中体会 VLSI 设计的技术和发展规律。

1. ASIC

ASIC 是英文 Application Specific Integrated Circuit 的缩写,即面向特定应用的集成电路。它是有别于通用集成电路的一类集成电路或集成系统。ASIC 的出现和发展是与各行各业的技术改造及产品的更新换代紧密相关的。为了提高产品的性能和增加竞争性,厂商提出了 ASIC 的要求,微电子技术的进步为实现 ASIC 和发展 ASIC 提供了技术保证。

ASIC 可以是专为某一类特定应用而设计的集成电路,称为标准专用电路,也可以是专为某一用户的特定应用而设计的集成电路,称为定制专用电路。

ASIC 是一类产品。当集成电路发展到系统集成时,它的通用性越来越弱,而专用性则越来越强,因此,大规模或超大规模 ASIC 是采用 VLSI 技术实现的集成系统。VLSI 发展的必然方向之一是 ASIC。正是因为这样的相互关系,当今的大规模或超大规模 ASIC 产品,不论它是全定制、半定制还是现场编程的,无一例外地采用了 VLSI 技术。

但是,ASIC 并不一定是 VLSI 系统,它没有这样的限定,ASIC 是一个小规模集成电路,也是常见的,只要 IC 符合面向特定应用的特征,它就是 ASIC。

2. IP

IP 是英文 Intellectual Property 的缩写,这里表示具有自主知识产权的集成电路设计,以核或模块的形式出现。IP 核的应用已成为当今 VLSI 的重要设计手段。它通常是由某个企业或机构研究开发的,具有一定成熟度的设计,可以提供给用户作为能够完成一定功能的模块使用。IP 核的几种形态是:软核——软核通常是用硬件描述语言编写的原代码;硬核——硬核是以完全的布局布线的网表形式提供的电路实现;固核——固核是介于软核和硬核之间的一种折中方案,是一种可综合的、带时序信息及布局布线规划的设计,以 RTL(Register-Transfer Level)代码和相应具体工艺网表混合的形式提供。

IP 核交易的三种方式是:按次使用方式、永久使用方式和收取版费方式。

在国外,IP 专营公司也日见增多。以英国的 ARM 公司为例,从 1985 年设计开发出第一块 RISC 处理器 IP 模块,到 1990 年首次将其 IP 专利权转让给 Apple 公司,一直到 2000 年全球共有诸如 IBM、TI、Philips、NEC、Sony 等几十家公司采用其 IP 核开发自己的产品,只用了不到 15 年的时间。图 1.6 所示的例子就是采用了 ARM 核的设计。

3. SoC

集成技术的发展使得在一个芯片中可以集成数以亿计的器件,并且可以集成不同类型的电路,甚至可以将微机械结构(MEMS)集成到硅片上。这样多元化的集成芯片已经成为一个能够处理各种信息的集成系统,这就是所谓的片上系统或称为系统芯片(System on Chip,SoC)。

一个集成系统通常由一个主控单元和一些功能模块构造而成。主控单元通常为一个处理器,这个处理器既可以是一个普通的微处理器核(Core),也可以是一个数字信号处理器(DSP)核,还可以是一个专用的运算逻辑,当然也可以是一个 IP 核。在这个主控单元的周围,根据系统所要完成的工作配置一系列的功能模块,完成信号的接收、预处理、转换,及信号的驱动与执行等任务。在 SoC 中,将硬件逻辑与智能算法集成在一起,形象地说,智能算法好像是一个人的大脑,硬件逻辑/电路好像是人的躯干和神经网络,传感器好像是人的五官。传感器感知外界的信息,通过神经网络传给大脑,经过判断和运算得出正确的结果,并通过躯干产生行为。

目前,IC 设计正逐渐转向系统级芯片(SoC)设计,IP 核已成为 SoC 设计的一项独立技术,IP 是 SoC 设计的基础,IP 质量的高低、数量的多少、交易的难易、保护的得力与否等因素越来越成为影响 SoC 发展的重要因素。

4. Foundry

Foundry 通常是指标准流水线(代工厂)。如前所述,在当今的 VLSI 系统研制与开发中,工艺与设计已分离,形成了设计中心和代工厂两大分支。代工厂提供标准工艺,设计者只需按照标准工艺流程与参数设计系统,代工厂就能够确保设计的实现。Foundry 在提供代加工的同时,自己也在发展 IP 模块,当然,这种 IP 模块是与该 Foundry 对应的。由于 IP 的最终实施通常是依托于 Foundry 进行的,因此可以使 IP 供应商和 Foundry 同时受益,而 Foundry 尤其受益,它拥有 IP 越多,为 IC 设计师提供的条件就越好,设计师也就越乐于去做工艺流片。

建设一条 Foundry 的投入是巨大的,设计与加工分离的优点就在于众多的微电子设计公司不再需要具备加工工艺线,只要按照 Foundry 提供的设计规范进行设计与仿真,就能够实现自己的产品设计,将生产加工交由 Foundry 去完成。

5. MPW

MPW 是 Multi Project Wafer 的缩写,即多项目芯片。

一个产品的开发通常需要经过选项、设计、试制、修改设计、产品生产等多个过程,并且修改设计与试制可能经过多次反复。其中,试制的成本是巨大的,MPW 的出现为尽可能地降低成本提供了可能。

所谓 MPW 是一种多个项目共同承担试制成本的技术方法。对于每一个设计,如果单独加工试制,需要一套完整的光刻掩模(masks),加工试制的成本动辄几十万。MPW 则是多个设计共用一套掩模,在该套掩模上分不同区域安放着不同设计的图形。这里的前提条件是设计规则必须是一致的。因为采用的同一套掩模,在一个硅圆片上与掩模相对的位置也就同时存在了不同设计的芯片,而对于一个特定的设计,在每一个硅圆片上都有若干芯片。因此,掩模的成本、加工试制的成本被若干设计所分摊。当然,MPW 通常只能作为试制芯片,在试制成功后的批量生产则进行传统的加工,但产品开发的初期风险被降到了较低的程度。

1.7 本书主要内容与学习方法指导

VLSI 是高速发展的技术,教材永远是落后于技术发展的。因此,如何学习、怎样理解技术本身,如何通过对技术的理解揣摩和总结技术发展规律是学好知识的关键所在。每一种技术的发展与进步不会是突变的,它总是在现有技术的基础上不断地完善、不断地适应市场的需求而不断地发展进步的。就本书的内容而言,虽然分成了若干部分和章节,但其整体内容之间是围绕着 VLSI 设计这个主题的,希望读者能够透过不同的章节看到各内容之间的共同点与联系,而不是孤立地学习每一章的内容,通过这样的思考能够从中领悟 VLSI 的本质和精髓。

本书介绍的重点是 VLSI 设计基础。第 1 章是对于 VLSI 系统级设计的概述,目的是引导出关于 VLSI 设计的基本问题,体系性地介绍各个设计层次以及相互间的关系,希望通过第 1 章的介绍,使读者认识到 VLSI 系统的复杂性,理解设计的基本理念。在后续章节中,围绕 VLSI 设计的必要基础知识进行讨论,力求通过内容的组织和知识的介绍,使读者体会设计理念的具体落实。例如,第 4 章介绍的规则结构的设计技术,第 5 章介绍的单元库设计技术,就体现了两个基本设计理念:VLSI 系统芯片内部设计采用简单的、规则的结构实现算法、逻辑,输入/输出单元采用优化设计的标准单元,满足系统实现简单性和接口功能的完备性原则;标准单元实现系统的局部优化。希望读者在学习时去体会内容组织的内在逻辑性,领悟设计思想。

本书侧重的是基本理论的有关结论、设计规则，以及这些结论和规则在设计方面的应用。本书注重了各部分内容的逻辑关系，注意几个结合：器件与逻辑/电路的结合，工艺与逻辑/电路设计的结合，电路与版图的结合，单元模块与系统的结合。

本书除第1章对 VLSI 系统设计进行了概述外，共分为5个部分：第一部分（第2～3章）重点介绍了 MOS 晶体管基础、工艺基础和有关的基本逻辑电路的设计基础，同时介绍了新器件与新技术，介绍了设计与工艺接口的两大内容：设计规则和 PCM。第二部分（第4～7章）主要介绍了 VLSI 设计方法和手段，以及在 VLSI 设计中所需考虑的测试问题与相关技术，其中，第6章通过微处理器主要模块设计的介绍，对第2、第4、第5这三章所介绍的设计技术进行了综合。第三部分（第8章）介绍了在 VLSI 中的模拟集成电路单元的设计。第四部分（第9章）介绍了在系统集成中 MEMS 器件的设计问题。第五部分（第10章）介绍了现代设计技术中的两个重要内容：设计系统、设计综合，并且简要介绍了可制造性设计（DFM）。总体来说，第一部分是大基础，第二部分是数字逻辑设计基础，第三部分是模拟电路设计基础，第四部分是 MEMS 设计基础，第五部分是设计系统和设计工具基础。

如果读者通过本书的学习、思考和体会，能够反过来重新全面认识 VLSI 系统以及涉及的方方面面问题，并能够进行有机的联系，领悟技术的发展规律，则可以说，你已经基本懂得了VLSI。

学习的关键是思考、体会和领悟。

练习与思考一

1. 设想几个信息链结构并尝试与硬件构造映射。

2. 设计一个火灾报警系统的信息链，感知形式为迅速温升同时伴随烟雾，报警形式为驱动扬声器。设计与此信息链所对应的硬件组成。

3. 能够进行系统集成的各硬件模块在设计与制造方面应满足哪些必要的基本条件？

4. 通过互联网检索当今 VLSI 技术最先进水平的几个设计例子，思考它们共同点。

5. 分析图1.15和表1.2的内容，找出对应关系。

第2章　MOS 器件与工艺基础

VLSI 的主流制造技术是 MOS 技术,因此,相关 MOS 器件基础知识就成为大规模、超大规模集成电路设计者必须掌握的基础知识。在本章中将介绍有关 MOS 器件的结构、工作原理、设计考虑,以及有关基本理论。

2.1　MOS 晶体管基础

2.1.1　MOS 晶体管结构及基本工作原理

MOSFET 是 Metal-Oxide-Semiconductor Field Effect Transistor 的英文缩写,平面型器件结构,按照导电沟道的不同可以分为 NMOS 和 PMOS 晶体管。典型硅栅 NMOS 和 PMOS 晶体管的平面和剖面结构如彩图 2(a)和(b)所示。

由图可见,NMOS 管和 PMOS 管在结构上完全相像,所不同的是衬底和源漏的掺杂类型。简单地说,NMOS 管是在 p 型硅的衬底上,通过选择掺杂形成 n 型的掺杂区,作为 NMOS 管的源漏区;PMOS 管是在 n 型硅的衬底上,通过选择掺杂形成 p 型的掺杂区,作为 PMOS 管的源漏区。如彩图 2 所示,两块源漏掺杂区之间的距离称为沟道长度 L,而垂直于沟道长度的有效源漏区尺寸称为沟道宽度 W。对于这种简单的结构,器件源漏是完全对称的,只有在应用中根据源漏电流的流向才能最后确认具体的源和漏。对于 NMOS 管,电流由漏端流入,源端流出;对于 PMOS 管,电流由源端流入,由漏端流出。器件的栅是具有一定电阻率的多晶硅材料,这也是硅栅 MOS 晶体管的命名根据。在多晶硅栅与衬底之间是一层很薄的优质二氧化硅,它是绝缘介质,用于绝缘两个导电层:多晶硅栅和硅衬底,从结构上看,多晶硅栅—二氧化硅介质—掺杂硅衬底形成了一个典型的平板电容器,通过对栅电极施加一定极性的电荷,就必然地在硅衬底上感应等量的异种电荷。平板电容器的电荷作用方式正是 MOS 晶体管工作的基础。

图 2.1～图 2.5 所示为共源极 NMOS 管基本工作原理。当在 NMOS 管栅极上施加相对于源极的正电压 V_{GS} 时,栅上的正电荷将在 p 型衬底上感应出等量的负电荷,随着 V_{GS} 的增加,衬底接近硅—二氧化硅界面的表面处的负电荷也越多。其变化过程如下:当 V_{GS} 比较小时,栅上的正电荷还不能使硅—二氧化硅界面处积累可运动的电子电荷,这是因为衬底是 p 型的半导体材料,其中的多数载流子是正电荷空穴,栅上的正电荷首先是驱赶表面的空穴,使表面正电荷耗尽,形成带固定负电荷的耗尽层。这时,虽然有 V_{DS} 的存在,但因为没有可运动的电子,所以,并没有明显的源漏电流出现。增加 V_{GS},耗尽层向衬底下部延伸,并有少量的电子被吸引到表面,形成可运动的电子电荷,随着 V_{GS} 的增加,表面积累的可运动电子数量越来越多。这时的衬底负电荷由两部分组成:表面的电子电荷与耗尽层中的固定负电荷,如果不考虑二氧化硅层中电荷的影响,这两部分负电荷的数量之和等于栅上的正电荷的数量。当电子积累达到一定的水平时,表面处的半导体中多数载流子变成了电子,即相对于原来的 p 型半导体,表面处具有了 n 型半导体的导电性质,这种情况称为表面反型。根据晶体管理论,当 NMOS 晶体管表面达到强反型时所对应的 V_{GS} 值,称为 NMOS 晶体管的阈值电压 V_{TN}。这时,器件的结构发生了变化,自左向右,从原先的 n^+-p-n^+ 结构,变成了 n^+-n-n^+ 结构,表面反型的区域被称为沟道区。在 V_{DS} 的作用

下，n 型源区的电子经过沟道区到达漏区，形成由漏流向源的漏源电流。显然，V_{GS} 的数值越大，表面处的电子密度越大，相对的沟道电阻越小，在同样的 V_{DS} 的作用下，漏源电流越大。当 V_{DS} 的值很小时，沟道区形状近似为一个平行于表面的长方体，呈现线性电阻特征，此时的器件工作区称为线性区，其电流—电压特性如图 2.2 所示。

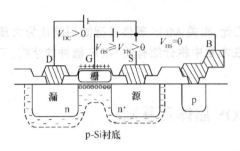 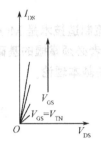

图 2.1　NMOS 处于导通时的状态　　　　图 2.2　线性区的 I-V 特性

当 V_{GS} 大于 V_{TN} 且一定时，随着 V_{DS} 的增加，NMOS 管沟道区的形状将逐渐发生变化。当 V_{DS} 增大后，相对于源端的电压 V_{GS} 和 V_{DS} 在漏端的差值 V_{GD} 逐渐减小，并且因此导致漏端的沟道区变薄，当达到 $V_{DS}=V_{GS}-V_{TN}$ 时，在漏端形成了 $V_{GD}=V_{GS}-V_{DS}=V_{TN}$ 的临界状态，这一点被称为沟道夹断点。沟道区形状由 V_{DS} 较小时的长方体变成了楔形体，其剖面状态如图 2.3(a) 所示，最薄的点位于漏端。器件处于 $V_{DS}=V_{GS}-V_{TN}$ 的工作点被称为临界饱和点。在逐渐接近临界状态时，随着 V_{DS} 的增加，电流的变化偏离线性，NMOS 晶体管的电流—电压特性发生弯曲，如图 2.3(b) 所示。在临界饱和点之前的工作区域称为非饱和区，显然，线性区是非饱和区中 V_{DS} 很小时的一段。

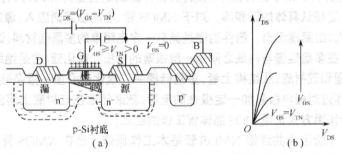

图 2.3　NMOS 临界饱和时的状态和伏—安特性

继续在一定的 V_{GS} 条件下增加 V_{DS}，$[V_{DS}>(V_{GS}-V_{TN})]$，在漏端的导电沟道消失，只留下耗尽层，沟道夹断点向源端趋近。由于耗尽层电阻远大于沟道电阻，所以这种向源端的趋近实际位移值 ΔL 很小，漏源电压中大于 $V_{GS}-V_{TN}$ 的部分落在由耗尽层构成的很小一段区域 ΔL 上，如果忽略这个 ΔL 长度，可以认为有效沟道区内的电阻基本上维持临界时的情况，即认为电阻区长度、形状不变。同时，电阻上的压降也维持临界时的数值。因此，再增加源漏电压 V_{DS}，电流几乎不增加，而是出现饱和，这时的工作区称为饱和区。图 2.4 所示为器件处于这种状态时的沟道情况，图 2.5 是完整的 NMOS 晶体管电流—电压特性曲线。图中的虚线是非饱和区和饱和区的分界线，$V_{GS}<V_{TN}$ 的区域为截止区。

事实上，由于 ΔL 的存在，实际的沟道长度 L 将变短。对于 L 比较大的器件，$\Delta L/L$ 比较小，对器件的性能影响不大，但是，对于短沟道器件，这个比值将变大，对器件的特性产生影响。器件的电流—电压特性在饱和区将不再是水平直线的形状，而是向上倾斜，也就是说，工作在饱和区

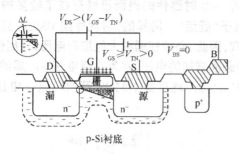

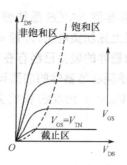

图 2.4　NMOS 饱和时的状态　　　　图 2.5　NMOS 的电流—电压特性

的 NMOS 晶体管的电流将随着 V_{DS} 的增加而增加。这种在 V_{DS} 作用下沟道长度的变化引起饱和区输出电流变化的效应,被称为"沟道长度调制效应"。衡量沟道长度调制的大小可以用厄莱电压 V_A 表示,它反映了饱和区输出电流曲线上翘的程度。受到沟道长度调制效应影响的 NMOS 管电流—电压特性曲线如图 2.6 所示。

　　PMOS 管的工作原理与 NMOS 管相类似。因为 PMOS 是 n 型硅衬底,其中的多数载流子是电子,少数载流子是空穴,源漏区的掺杂类型是 p 型,所以,PMOS 管的工作条件是在栅上相对于源极施加负电压,即在 PMOS 管的栅上施加的是负电荷电子,而在衬底感应的是可运动的正电荷空穴和带固定正电荷的耗尽层,不考虑二氧化硅中存在的电荷的影响,衬底中感应的正电荷数量就等于 PMOS 管栅上的负电荷的数量。当达到强反型时,在相对于源端为负的漏源电压的作用下,源端的正电荷空穴经过导通的 p 型沟道到达漏端,形成从源到漏的源漏电流。同样的,V_{GS} 越负(绝对值越大),沟道的导通电阻越小,电流的数值越大。与 NMOS 一样,导通的 PMOS 的工作区域也分为非饱和区、临界饱和点和饱和区。当然,不论 NMOS 还是 PMOS,当未形成反型沟道时,都处于截止区,其电压条件是 $V_{GS}<V_{TN}$(NMOS),$V_{GS}>V_{TP}$(PMOS),值得注意的是,PMOS 的 V_{GS} 和 V_{TP} 都是负值。PMOS 的电流—电压特性曲线如图 2.7 所示。

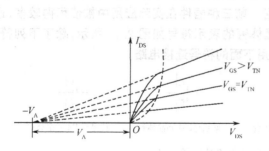

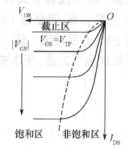

图 2.6　沟道长度调制和厄莱电压　　　　图 2.7　PMOS 的电流—电压特性

　　以上的讨论,都有一个前提条件,即当 $V_{GS}=0$ 时没有导电沟道,只有当施加在栅上的电压绝对值大于器件的阈值电压的绝对值时,器件才开始导通,在漏源电压的作用下,才能形成漏源电流。以这种方式工作的 MOS 器件被称为增强型 MOS 晶体管。所以,上面介绍的是增强型 NMOS 晶体管和增强型 PMOS 晶体管。

　　除了增强型 MOS 器件外,还有一类 MOS 器件,他们在栅上的电压值为零时($V_{GS}=0$),在衬底上表面就已经形成了导电沟道,在 V_{DS} 的作用下就能形成漏源电流。这类 MOS 器件被称为耗尽型 MOS 晶体管。耗尽型 NMOS 管的剖面结构和电压条件如图 2.8 所示。

　　耗尽型 MOS 晶体管分为耗尽型 NMOS 晶体管和耗尽型 PMOS 晶体管。对于耗尽型器件,由于 $V_{GS}=0$ 时就存在导电沟道,因此,若关闭沟道,将施加相对于同种沟道增强型 MOS 管的反极性电压。对耗尽型 NMOS 晶体管，由于在 $V_{GS}=0$ 时器件的表面已经存在了较多的电子，因此，必须在栅极上施加负电压，才能将表面的电子"赶走"。同样的，对耗尽型 PMOS 晶体管，由于在 $V_{GS}=0$ 时器件的表面已经存在正电荷空穴，因此，必须在栅极上施加正电压，才能使表面导电沟道消失。使耗尽型器件的表面沟道消失所必须施加的电压，称为夹断电压 V_P，显然，NMOS 管的夹断电压 $V_{PN}<0$，PMOS 管的夹断电压 $V_{PP}>0$。耗尽型 NMOS 管的电流—电压特性如图 2.9 所示。

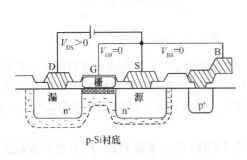

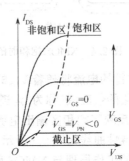

图 2.8 耗尽型 NMOS 管的剖面结构　　图 2.9 耗尽型 NMOS 管电流—电压特性

耗尽型器件初始导电沟道的形成主要来自两个方面：栅与衬底之间的二氧化硅介质中含有的固定电荷的感应；通过工艺的方法在器件衬底的表面形成一层反型材料。显然，前者较后者具有不确定性，二氧化硅中的固定正电荷是在二氧化硅形成工艺中或后期加工中引入的，通常是不希望存在的。后者则是为了获得耗尽型 MOS 晶体管而专门进行的工艺加工，通常采用离子注入的方式在器件的表面形成与衬底掺杂类型相反（与源漏掺杂类型相同）的区域，例如，为获得耗尽型 NMOS 管，在 p 型衬底表面通过离子注入方式注入Ⅴ价元素磷或砷，形成 n 型的掺杂区作为沟道。由于离子注入可以精确地控制掺杂浓度，器件的夹断电压值具有可控性。

综上所述，MOS 晶体管具有 4 种基本类型：增强型 NMOS 晶体管，耗尽型 NMOS 晶体管，增强型 PMOS 晶体管，耗尽型 PMOS 晶体管。前三种器件在实际应用中被使用得较多，通常不使用耗尽型 PMOS 晶体管。这 4 种 MOS 晶体管的表示符号如图 2.10 所示，除了下列符号外，还有一些其他的表示方法，在本书中统一采用下面的符号连接电路。

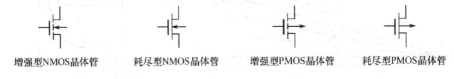

增强型NMOS晶体管　　耗尽型NMOS晶体管　　增强型PMOS晶体管　　耗尽型PMOS晶体管

图 2.10 MOS 晶体管的表示符号

2.1.2 MOS 晶体管的阈值电压 V_T

阈值电压 V_T 是 MOS 晶体管的一个重要电参数，也是在制造工艺中需要重点控制的参数。V_T 的大小以及一致性对电路甚至集成系统的性能具有决定性的影响。

哪些因素将对 MOS 晶体管的阈值电压值产生影响呢？

从前面的分析可知，要在衬底的上表面产生反型层，必须施加能够将表面耗尽并且形成衬底少数载流子积累的栅源电压，这个电压的大小与衬底的掺杂浓度有直接的关系。衬底掺杂浓度越低，多数载流子的浓度也越低，使衬底表面耗尽和反型所需要的电压 V_{GS} 越小。所以，衬底掺杂浓度是一个重要的参数，衬底掺杂浓度越低，器件的阈值电压数值将越小，反之则阈值电压值越高。

第二个对器件阈值电压具有重要影响的参数是栅材料与硅衬底的功函数差的数值,这和栅材料性质以及衬底的掺杂类型有关,反映了材料中载流子的能量水平,在一定的衬底掺杂条件下,栅极材料类型和栅极掺杂条件都将改变阈值电压。对于以多晶硅为栅极的器件,器件的阈值电压因多晶硅的掺杂类型以及掺杂浓度而发生变化。

第三个影响阈值电压的因素是作为介质的二氧化硅(栅氧化层)中的电荷数量以及电荷的性质。这种电荷通常是由多种原因产生的,其中的一部分带正电,一部分带负电,其净电荷的极性显然会对衬底表面产生电荷感应,从而影响反型层的形成,或者是使器件耗尽,或者是阻碍反型层的形成。

第四个影响阈值电压的因素是由栅氧化层厚度决定的单位面积栅电容的大小。显而易见,按照 $Q=C \cdot V$ 关系,单位面积栅电容越大,电荷数量的变化对 V_{GS} 的变化越敏感,器件的阈值电压则越小。实际的效应是,栅氧化层的厚度越薄,单位面积栅电容越大,相应的阈值电压数值越低。但是,因为栅氧化层越薄,氧化层中的场强越大,因此,栅氧化层的厚度受到氧化层击穿电压的限制。

对于一个成熟稳定的工艺和器件基本结构,器件阈值电压的调整主要通过改变衬底掺杂浓度或衬底表面掺杂浓度进行。衬底表面掺杂浓度的调整通常通过离子注入杂质离子进行。

2.1.3 MOS 晶体管的电流—电压方程

对于 MOS 晶体管电流—电压特性的经典描述是萨氏方程。NMOS 晶体管的萨氏方程如式(2.1)~式(2.3)所示。式中的 λ 是沟道长度调制因子,表征了沟道长度调制的程度。当不考虑沟道长度调制作用时,$\lambda=0$。式(2.1)是 NMOS 晶体管在非饱和区的方程,式(2.2)是饱和区的方程,式(2.3)是截止区的方程。

$$
\begin{cases}
I_{DS}=K_N\left[2(V_{GS}-V_{TN})V_{DS}-V_{DS}^2\right] & V_{GS}\geq V_{TN}, V_{DS} < V_{GS}-V_{TN} \tag{2.1}\\
I_{DS}=K_N(V_{GS}-V_{TN})^2(1+\lambda V_{DS}) & V_{GS}\geq V_{TN}, V_{DS}\geq V_{GS}-V_{TN} \tag{2.2}\\
I_{DS}=0 & V_{GS} < V_{TN} \tag{2.3}
\end{cases}
$$

式中,$K_N=K_N'\left(\dfrac{W}{L}\right)$ 为 NMOS 管的导电因子;$K_N'=\dfrac{\mu_n \varepsilon_{ox}}{2t_{ox}}$ 称为 NMOS 管的本征导电因子;μ_n 为电子迁移率,其大小由材料和工艺决定;介电常数 $\varepsilon_{ox}=\varepsilon_{SiO_2}\cdot\varepsilon_0$,其中 ε_0 为真空电容率,等于 $8.85\times10^{-14}\,\text{F}\cdot\text{cm}^{-1}$,$\varepsilon_{SiO_2}$ 为二氧化硅相对介电常数,约等于 3.9;t_{ox} 为栅氧化层的厚度;W 为沟道宽度;L 为沟道长度。$\left(\dfrac{W}{L}\right)$ 称为器件的宽长比,是器件设计的重要参数。

在非饱和区,漏源电流—漏源电压关系是一个抛物线方程,当 $V_{DS}\to0$ 时,忽略平方项的影响,漏源电流—漏源电压呈线性关系。

$$I_{DS}=K_N\left[2(V_{GS}-V_{TN})V_{DS}\right]$$

对应每一个 V_{GS},抛物线方程的最大值发生在临界饱和点 $V_{DS}=V_{GS}-V_{TN}$ 之处,当漏源电压继续增加,器件进入饱和区,这时的漏源电流与漏源电压关系由沟道长度调制效应决定,图 2.11 说明了这样的关系。如果不考虑沟道长度调制效应,则漏源电流为一常数,不随漏源电压的改变而改变。

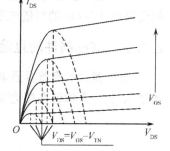

图 2.11 NMOS 电流—电压特性

对于 PMOS 晶体管,也有类似的萨氏方程形式。

萨氏方程是 MOS 晶体管设计的最重要也是最常用的方程。

2.1.4 MOS 器件的平方律转移特性

将 MOS 器件的栅漏连接,因为 $V_{GS}=V_{DS}$,所以,$V_{DS}>(V_{GS}-V_{TN})$,导通的器件一定工作在饱和区。这时,器件的电流—电压特性遵循饱和区的萨氏方程 $I_{DS}=K_N(V_{GS}-V_{TN})^2$,即平方律关系。4 种 MOS 器件的平方律转移特性如图 2.12 所示,这样的连接方式在许多设计中被采用。

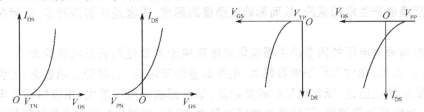

增强型NMOS转移特性　　耗尽型NMOS转移特性　　增强型PMOS转移特性　　耗尽型PMOS转移特性

图 2.12　MOS 器件的平方律转移特性

从转移特性上看,当在器件表面形成沟道($|V_{GS}|\geqslant|V_T|$)以后,才有漏源电流存在,反之则没有源漏电流,所以,有的书上将这样的连接结构称为 MOS 二极管。

2.1.5 MOS 晶体管的跨导 g_m

MOS 晶体管的跨导 g_m 是衡量 MOS 器件的栅源电压对漏源电流控制能力的参数,也是 MOS 器件的一个极为重要的参数。式(2.4)和式(2.5)分别给出了 NMOS 晶体管在非饱和区和饱和区的跨导公式(忽略沟道长度调制效应,$\lambda=0$,在以下分析中,如未出现 λ 参数,均表示$\lambda=0$ 的情况)。

$$g_m=\frac{\partial I_{DS}}{\partial V_{GS}}\bigg|_{V_{DS},V_{BS}=C}=\frac{\mu_n\varepsilon_{ox}}{t_{ox}}\frac{W}{L}V_{DS} \tag{2.4}$$

$$g_m=\frac{\partial I_{DS}}{\partial V_{GS}}\bigg|_{V_{DS},V_{BS}=C}=\frac{\mu_n\varepsilon_{ox}}{t_{ox}}\frac{W}{L}|V_{GS}-V_{TN}|=\sqrt{2\mu_n C_{ox}(W/L)I_{DS}} \tag{2.5}$$

从式(2.5)可以看出,NMOS 器件的跨导和载流子迁移率 μ_n、器件的宽长比 W/L 成正比,和栅氧化层的厚度成反比,同时,跨导还和器件所处的工作状态有关。

对 PMOS 器件,器件的跨导公式形式与 NMOS 完全一致,仅需要将电子的迁移率改为空穴的迁移率,NMOS 的阈值电压用 PMOS 的阈值电压代替。

2.1.6 MOS 器件的直流导通电阻

MOS 器件的直流导通电阻 R_{on} 定义为漏源电压和漏源电流的比值。式(2.6)和式(2.7)给出了 NMOS 晶体管在非饱和区和饱和区的直流导通电阻公式。

$$R_{on}=\frac{V_{DS}}{I_{DS}}=\frac{2t_{ox}}{\mu_n\varepsilon_{ox}}\frac{L}{W}\frac{1}{2(V_{GS}-V_{TN})-V_{DS}} \tag{2.6}$$

$$R_{on}=\frac{2t_{ox}}{\mu_n\varepsilon_{ox}}\frac{L}{W}\frac{V_{DS}}{(V_{GS}-V_{TN})^2} \tag{2.7}$$

在线性区,即当 V_{DS} 很小时,式(2.6)可用式(2.8)近似表示,即

$$R_{on}=\frac{t_{ox}}{\mu_n\varepsilon_{ox}}\frac{L}{W}\frac{1}{(V_{GS}-V_{TN})} \tag{2.8}$$

该式表示当 V_{GS} 一定时,沟道电阻近似为一个不变的电阻,这和前面的定性解释是一致的。

由式(2.6)~式(2.8)可知,直流导通电阻随$(V_{GS}-V_{TN})$、μ_n、(W/L)的增加而减小,随 t_{ox} 的增加而增加,在设计器件时必须注意这些因素对器件性能的影响。

对 PMOS 晶体管,有与 NMOS 相似的表达式。

2.1.7 MOS 器件的交流电阻

交流电阻是器件动态性能的一个重要参数,它等于

$$r_d = \frac{\partial V_{DS}}{\partial I_{DS}}\bigg|_{V_{GS},v_{BS}=C} = \frac{1}{g_{ds}} \tag{2.9}$$

式中,g_{ds} 被称为漏源输出电导。显然,如果不考虑 MOS 晶体管的沟道长度调制效应,即不考虑漏源电流随漏源电压而变,MOS 晶体管在饱和区的交流电阻应该是无穷大。实际上,由于沟道长度调制效应的作用,r_d 的数值一般在 $10\sim500\mathrm{k}\Omega$ 之间。

在非饱和区,交流电阻的表达式为

$$r_d = \frac{t_{ox}}{\mu_n \varepsilon_{ox}} \frac{L}{W} \frac{1}{(V_{GS}-V_{TN})-V_{DS}} \tag{2.10}$$

当 V_{DS} 很小时,即在线性区电阻的表达式为

$$r_d \approx \frac{t_{ox}}{\mu_n \varepsilon_{ox}} \frac{L}{W} \frac{1}{(V_{GS}-V_{TN})} = \frac{1}{g_m} \tag{2.11}$$

这里,g_m 是 NMOS 晶体管在饱和区的跨导。式(2.11)表明,NMOS 晶体管在线性区的交流电阻近似等于 NMOS 晶体管在饱和区的跨导的倒数。

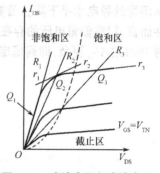

下面,我们来讨论直流电阻与交流电阻的区别,图 2.13 所示为处于某一 V_{GS} 值的 NMOS 管直流电阻与交流电阻之间的关系。直流电阻是工作点 Q_i 处的直流电压与直流电流的比值,而交流电阻是工作点 Q_i 处切线的余切值。直线与 x 轴的夹角越小,电阻值越大。

从图中可以看到,除了线性区,器件的直流电阻都小于交流电阻。在线性区的 Q_1 点处,其直流电阻与交流电阻重合,即大小相同,比照式(2.8)和式(2.11),可以发现,这两个公式是完全相同的。

图 2.13　直流电阻与交流电阻

对于 PMOS 管,我们也能得到相同的结论。

2.1.8 MOS 器件的最高工作频率

MOS 器件的最高工作频率被定义为:当对栅极输入电容 C_{GC} 的充放电电流和源极交流电流的数值相等时,所对应的工作频率为 MOS 器件的最高工作频率。

这是因为当栅源间输入交流信号时,由源极增加(减少)流入的电子流,一部分通过沟道对电容充(放)电,一部分经过沟道流向漏极,形成漏源电流的增量。因此,当变化的电流全部用于对沟道电容充放电时,晶体管也就失去了放大能力。这时,

$$\omega C_{GC} v_g = g_m v_g$$

最高工作频率

$$f_m = \frac{g_m}{2\pi C_{GC}}$$

栅极输入电容正比于栅区面积乘单位面积栅电容,即

$$C_{GC} \propto WLC_{ox} = WL \frac{\varepsilon_{ox}}{t_{ox}}$$

最后得到

$$f_m \propto \frac{\mu}{2\pi L^2}(V_{GS} - V_T) \qquad (2.12)$$

式中:μ 是沟道载流子迁移率;V_T 是 MOS 器件的阈值电压。计算 NMOS 晶体管或 PMOS 晶体管的最高工作频率时,只要将相应的载流子迁移率数值和阈值电压数值带入计算即可。

从最高工作频率的表达式,我们得到一个重要的信息:最高工作频率与 MOS 器件的沟道长度的平方成反比,减小沟道长度 L 可有效地提高工作频率。

2.1.9 MOS 器件的衬底偏置效应

在前面的讨论中,都没有考虑衬底电位对器件性能的影响,都是假设衬底和器件的源极相连,即 $V_{BS}=0$ 的情况,而实际工作中,经常出现衬底和源极不相连的情况,此时,V_{BS} 不等于 0。

在器件的衬底与器件的源区形成反向偏置时,将对器件产生什么影响呢?

由基本的 pn 结理论可知,处于反偏的 pn 结的耗尽层将展宽。图 2.14 说明了 NMOS 管在 V_{DS} 较小时的衬底耗尽层变化情况,图中的浅色边界是衬底偏置为 0 时的耗尽层边界。当衬底与源处于反偏时,衬底中的耗尽区变厚,使得耗尽层中的固定电荷数增加。由于栅电容两边电荷守恒,所以,在栅上电荷没有改变的情况下,耗尽层电荷的增加,必然导致沟道中可动电荷的减少,从而导致导电水平下降。若要维持原有的导电水平,必须增加栅压,即增加栅上的电荷数。对器件而言,衬底偏置电压的存在,将使 MOS 晶体管的阈值电压的数值提高。对 NMOS,V_{TN} 更正,对 PMOS,V_{TP} 更负,即阈值电压的绝对值提高了。

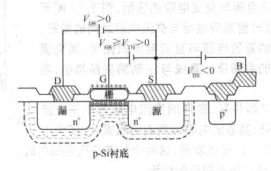

图 2.14 衬底偏置对器件影响的示意图

在工程设计中,衬底偏置效应对阈值电压的影响可用下面的近似公式计算:

$$\Delta V_T = \pm \gamma \sqrt{|V_{BS}|} \qquad (2.13)$$

γ 为衬底偏置效应系数,它随衬底掺杂浓度而变化:$\gamma = \sqrt{2q\varepsilon_{Si}N_A}/C_{ox}$,其典型值为:

NMOS 晶体管,$\gamma = 0.7 \sim 3.0$;

PMOS 晶体管,$\gamma = 0.5 \sim 0.7$。

对 PMOS 晶体管,ΔV_T 取负值,对 NMOS 晶体管,ΔV_T 取正值。

对处于动态工作的器件而言,当衬底接一固定电位时,衬偏电压将随着源节点电位的变化而变化,产生对器件沟道电流的调制,这称为背栅调制,用背栅跨导 g_{mB} 来定义这种调制作用的大小,即

$$g_{mB} = \frac{\partial I_{DS}}{\partial V_{BS}}\bigg|_{V_{DS}, V_{GS}=C} \qquad (2.14)$$

到此为止，我们已引出了三个重要端口参数：g_m、g_{ds} 和 g_{mB}。这三个参数对应了 MOS 器件的三个信号端口 G-S、D-S、B-S，它们反映了端口信号对漏源电流的控制作用。

2.1.10 CMOS 结构

所谓 CMOS(Complementary MOS)，是在集成电路设计中，同时采用两种 MOS 器件：NMOS 管和 PMOS 管，并通常配对出现的一种电路结构。CMOS 电路及其技术已成为当今集成电路，尤其是大规模、超大规模集成的主流技术。CMOS 结构的主要优点是电路的静态功耗非常小，电路结构简单规则，使得它可以用于大规模、超大规模集成。

彩图 3 为 CMOS 结构版图与器件结构剖面示意图，为了能在同一硅材料(Wafer)上制作两种不同类型的 MOS 器件，必须构造两种不同类型的衬底。彩图 3 所示结构是在 p 型硅衬底上，专门制作一块 n 型区域(n 阱)作为 PMOS 的衬底的方法。同样的，也可在 n 型硅衬底上专门制作一块 p 型区域(p 阱)，作为 NMOS 的衬底。为防止源/漏区与衬底出现正偏置，通常 p 型衬底应接电路中最低的电位，n 型衬底应接电路中最正的电位。为保证电位接触的良好，在接触点采用重掺杂结构。

2.2 CMOS 逻辑部件

CMOS 逻辑部件有许多种类，在这一节中将介绍常用的 CMOS 逻辑部件的结构及功能。

2.2.1 CMOS 倒相器设计

CMOS 倒相器是 CMOS 门电路中最基本的逻辑部件，大多数的逻辑门电路均可通过等效倒相器进行基本设计，再通过适当的变换，完成最终的逻辑门电路中具体晶体管尺寸的计算。所以，基本倒相器的设计是逻辑部件设计的基础。

CMOS 倒相器的具体电路如图 2.15 所示，它是典型的 CMOS 结构，由一个 NMOS 晶体管和一个 PMOS 晶体管配对构成，两个器件的漏极相连，栅极相连。NMOS 晶体管的衬底与它的源极相连并接地，PMOS 晶体管的衬底与它的源极相连并接电源，图中，C_L 为倒相器的负载电容。

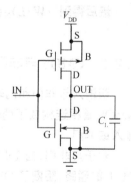

在一定的工艺条件下，倒相器的设计，关键是对晶体管的尺寸 (W/L) 的设计，并由确定的沟道长度 L，获得沟道宽度的具体数值。

可以应用上升时间 t_r 与下降时间 t_f 公式计算器件的宽长比 (W/L)。所谓的上升时间 t_r 是指在输入阶跃波的条件下，输出信号从 $0.1V_{DD}$ 上升到 $0.9V_{DD}$ 所需要的时间；下降时间 t_f 则指的是在输入阶跃波的条件下，输出信号从 $0.9V_{DD}$ 下降到 $0.1V_{DD}$ 所需要的时间。

图 2.15 CMOS 倒相器

$$t_r = \tau_P \left[\frac{\alpha_P - 0.1}{(1-\alpha_P)^2} + \frac{\mathrm{arcth}\left(1 - \frac{0.1}{1-\alpha_P}\right)}{1-\alpha_P} \right], \quad 0.1 < \alpha_P < 0.9 \qquad (2.15)$$

$$t_f = \tau_N \left[\frac{\alpha_N - 0.1}{(1-\alpha_N)^2} + \frac{\text{arcth}\left(1 - \frac{0.1}{1-\alpha_N}\right)}{1-\alpha_N} \right], \quad 0.1 < \alpha_N < 0.9 \tag{2.16}$$

其中，$\tau_P = \dfrac{C_L}{K_P V_{DD}}$；$\tau_N = \dfrac{C_L}{K_N V_{DD}}$；$\alpha_P = \dfrac{V_{TP}}{V_{DD}}$；$\alpha_N = \dfrac{V_{TN}}{V_{DD}}$。

当输出信号的幅度变化只能从 $0.1V_{DD} \sim 0.9V_{DD}$ 时，则输出信号的周期就为上升与下降时间之和，且信号成为锯齿波，这时所对应的信号频率被认为是倒相器的最高工作频率。在实际的设计中，通常要预留一定的设计余量，当确定了信号的最高工作频率要求，并考虑了余量后就可以获得上升时间与下降时间的数值，根据工艺提供的器件的阈值电压数值、栅氧化层厚度等参数，即可以计算倒相器的 NMOS 和 PMOS 晶体管的具体尺寸。

通常在设计倒相器时，要求输出波形对称，也就是 $t_r = t_f$，因为是在同一工艺条件下加工，NMOS 和 PMOS 的栅氧化层的厚度相同，如果 NMOS 和 PMOS 的阈值电压数值相等，则 $K_P = K_N$。由导电因子的表达式可以得到如下结论：此时的 $\dfrac{(W/L)_P}{(W/L)_N} = \dfrac{\mu_n}{\mu_p}$。由此可以得到一个在这种条件下的简便计算方法：只要计算 t_f，并由此计算得到 NMOS 管的宽长比 $(W/L)_N$，将此值乘电子和空穴的迁移率比值，就得到 PMOS 管的 $(W/L)_P$，反之也行，不过是用 $(W/L)_P$ 除以电子和空穴的迁移率比值。

【例 2-1】 设计一个倒相器，要求 $t_r = t_f = 25\text{ns}$，$V_{TN} = 1\text{V}$，$V_{TP} = -1\text{V}$，$V_{DD} = 5\text{V}$，栅氧化层厚度为 50nm，负载电容 $C_L = 2\text{pF}$，试计算 NMOS 管和 PMOS 管的宽长比。（电子迁移率取 $\mu_n = 600\text{cm}^2/\text{V} \cdot \text{s}$，假设 $\mu_n/\mu_p = 2.5$）

解：由所给参数，得到 $\alpha_N = 0.2$，根据 ε_0 和 ε_{SiO_2} 的数值及栅氧化层的厚度，可以计算得到单位面积栅电容 $C_{ox} = 6.9 \times 10^{-8}\text{F/cm}^2$，本征导电因子 $K'_N = 2.07 \times 10^{-5}\text{A/V}^2$，将 α_N 的值代入式(2.16)，得

$$t_f = 1.85\tau_N = 1.85 \times \frac{C_L}{K'_N (W/L)_N \times V_{DD}}$$

最后得到，$(W/L)_N = 1.43$，近似取值 2。将 NMOS 的宽长比乘 2.5，得

$$(W/L)_P = 2.5(W/L)_N = 5$$

2.2.2 CMOS 与非门和或非门的结构及其等效倒相器设计方法

两输入与非门和两输入或非门电路结构如图 2.16 所示。两个 PMOS 管并联与两个串联的 NMOS 管相连构成了两输入与非门；两个 PMOS 管串联与两个并联的 NMOS 管相连构成了两输入或非门。

对于与非门，当 INA(INB) 为低电平时，$M_2(M_1)$ 导通，$M_3(M_4)$ 截止，形成从 V_{DD} 到输出 OUT 的通路，阻断了 OUT 到地的通路，这时相当于一个有限的 PMOS 管导通电阻（称为上拉电阻）和一个无穷大的 NMOS 管截止电阻（尽管有一个 NMOS 管在导通态，但因为串联电阻值取决于大电阻，从 OUT 看进去的 NMOS 管电阻仍是无穷大）的串联分压电路，输出为高电平 (V_{DD})。如果 INA 和 INB 均为低电平，则为两个导通 PMOS 管并联，等效的上拉电阻更小，输出当然还是高电平。只有 INA 和 INB 均为高电平，使得两个 NMOS 管均导通，两个 PMOS 管均截止，形成了从 OUT 到地的通路，阻断了 OUT 到电源的通路，呈现一个有限的 NMOS 导通电阻（称为下拉电阻，其值为两个 NMOS 管导通电阻的和）和无穷大的 PMOS 管截止电阻的分压结果，输出为低电平。

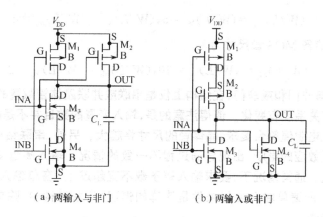

(a) 两输入与非门　　　　　(b) 两输入或非门

图 2.16　与非和或非门电路

对于或非门,由类似的分析可知,当 INA 和 INB 同时为低电平时,分压的结果使得输出为高电平,当 INA 和 INB 有一个为高电平或两个都为高电平时,MOS 管电阻分压的结果是输出为低电平,只不过两个 NMOS 全导通时(并联关系)的等效下拉电阻是单管导通电阻的并联值。

所谓与非门的等效倒相器设计,实际上就是根据晶体管的串并关系,再根据等效倒相器中相应晶体管的尺寸,直接获得与非门中各晶体管的尺寸的设计方法。以图 2.16 所示的与非门为例,具体方法是:将与非门中 M_3 和 M_4 的串联结构等效为倒相器中的 NMOS 晶体管,将并联的 M_1、M_2 等效为倒相器中的 PMOS 晶体管。根据频率要求和有关参数计算获得等效倒相器的 NMOS 和 PMOS 的宽长比$(W/L)_N$ 和 $(W/L)_P$,考虑到 M_3 和 M_4 是串联结构,为保持下降时间不变,M_3 和 M_4 的等效电阻必须缩小一半,即它们的宽长比必须比倒相器中的 NMOS 的宽长比增加一倍,由此得到$(W/L)_{M_3,M_4}=2(W/L)_N$。那么,M_1 和 M_2 是并联,是不是它们的宽长比就等于等效倒相器中 PMOS 管的宽长比的一半呢?回答是否定的。因为考虑到两输入与非门的输入端 INA 和 INB,只要有一个为低电平,与非门输出就为高电平的实际情况,为保证在这种情况下,仍能获得所需的上升时间,就要求 M_1 和 M_2 的宽长比与倒相器中 PMOS 管相同,即$(W/L)_{M_1,M_2}=(W/L)_P$。至此,根据得到的等效倒相器的晶体管尺寸,就可以直接获得与非门中各晶体管的尺寸,对多输入的与非门有同样的处理方法。

归结起来,对 N 输入与非门各 MOS 管的尺寸计算方法为:

① 将与非门中的 N 个串联 NMOS 管等效为倒相器中的 NMOS 管,将 N 个并联的 PMOS 管等效为倒相器中的 PMOS 管。

② 根据频率要求和有关参数计算获得等效倒相器 NMOS 和 PMOS 的宽长比。

③ 考虑到 NMOS 管是串联结构,为保持下降时间不变,各 NMOS 管的等效电阻必须缩小 $1/N$ 倍,即它们的宽长比必须是倒相器中 NMOS 管宽长比的 N 倍。

④ 为保证在只有一个 PMOS 晶体管导通的情况下,仍能获得所需的上升时间,要求各 PMOS 管的宽长比与倒相器中 PMOS 管相同。

从上面的讨论我们看到对于并联晶体管结构考虑了最坏情况。所谓最坏情况实际上是指最大电阻的情况,在这样的情况下仍要求电路满足系统的上升或下降时间的设计指标要求。

同理,对或非门也可以采用类似的方法计算各 MOS 管尺寸,例如,对图 2.16 所示的两输入或非门,可以得到

$$(W/L)_{M_1,M_2}=2(W/L)_P,\quad(W/L)_{M_3,M_4}=(W/L)_N$$

【例 2-2】　假设等效倒相器的宽长比$(W/L)_P=5$,$(W/L)_N=2$,电子和空穴的迁移率之比为 $\mu_n/\mu_p=2.5$。则两输入与非门的各 MOS 管尺寸为

$$(W/L)_{M_1} = (W/L)_{M_2} = 5, (W/L)_{M_3} = (W/L)_{M_4} = 4$$

两输入或非门的各 MOS 管尺寸为

$$(W/L)_{M_1} = (W/L)_{M_2} = 10, (W/L)_{M_3} = (W/L)_{M_4} = 2$$

对于多输入的与非门和或非门,在结构上仅是串联或并联晶体管数量的变化,电路中各类型 MOS 晶体管的连接关系没有变化。值得注意的是,输入变量的数目并不是随意的。串联的晶体管个数越多,为保证电阻值符合要求,晶体管的尺寸将越大。另外,串联结构的器件在输出动态转换时,因衬底偏置效应的影响,出现导通过程不一致的情况。输入端越多,串联的 MOS 晶体管越多,情况越严重。通常情况下,要求输入端子数不宜超过 4。在单输入变化条件下,串联晶体管数不宜超过 8。所谓单输入变化条件是这样的情况:串联结构中,除单输入控制的晶体管外,其他均已预先导通。

2.2.3 其他 CMOS 逻辑门

1. CMOS 组合逻辑单元

从上面的介绍可以看到,CMOS 门电路结构非常简单,便于构造和分析。将 NMOS 管并联,相应的 PMOS 管串联就构成"或"的逻辑关系,类似地将 NMOS 串联,相应的 PMOS 管并联就构成了"与"的逻辑关系。图 2.17 所示为"与或非门"的电路结构,说明了这样的结构关系。

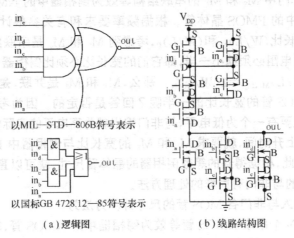

(a) 逻辑图   (b) 线路结构图

图 2.17　CMOS 与或非门

图中,5 个 NMOS 管分成三组,每组内的 NMOS 管成串联关系,而组和组之间成并联关系;5 个 PMOS 管也分成三组,每组内的 PMOS 管成并联关系,但组与组成串联关系。当某一组(或几组)内的 NMOS 管均导通的时候(例如 in_b 和 in_c 为高电平),形成 out 到地的通路,相应的那一组(或几组)PMOS 管均截止,使从电源到 out 的通路被阻断,输出低电平。反过来,如果每一组 NMOS 管中均有不导通的管子(一个不导通或两个均不导通),则不能形成对地的通路,而此时在三组 PMOS 管中都将有至少一个导通,三组串联的 PMOS 晶体管组形成了 out 到电源的通路,输出为高电平。这样的结构实现了信号的先与后或再倒相的组合逻辑关系。

$$out = \overline{in_a + (in_b \cdot in_c) + (in_d \cdot in_e)}$$

类似地,我们也可以构造"或与非门",其结构如图 2.18 所示。

其对应的组合逻辑函数为

$$out = \overline{in_a \cdot (in_b + in_c) \cdot (in_d + in_e)}$$

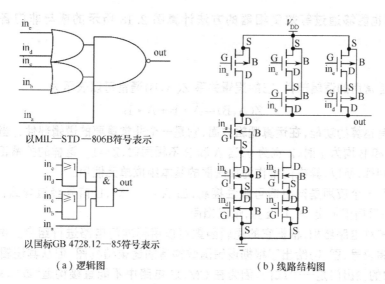

以MIL—STD—806B符号表示

以国标GB 4728.12—85符号表示

（a）逻辑图 　　　　　　　　　　　（b）线路结构图

图 2.18　CMOS 或与非门

采用同样的原理，我们可以构造各种所需的组合逻辑单元。

与或非门和与非门中各 MOS 管尺寸计算方法类似，也可以采用等效倒相器的方法计算组合逻辑门中各 MOS 管的宽长比。

需要指出的是，这里的最坏情况分析要复杂一些，因为在前面所介绍的与非门和或非门中，输出到电源的通路和到地的通路，只有一个是并联电路，另一个一定是串联电路（与非门中 NMOS，或非门中 PMOS），因此，最坏工作情况只需要考虑并联支路，在与非门中最坏情况发生在上升时间，或非门发生在下降时间。在组合逻辑门中，因为电路的输出到电源的通路和到地的通路都有可能出现部分的或全部的并联网络，即上升时间与下降时间的计算均具有多值性，因此，最坏工作条件判断是上升时间中出现的最大值，下降时间出现的最大值的情况。基本方法仍然是电阻最大判据。

【例 2-3】　现在来计算图 2.17 所示的与或非门各 MOS 管的宽长比。仍假设等效倒相器的宽长比 $(W/L)_P = 5$，$(W/L)_N = 2$。

（注：下面的设计中，以输入端名命名各 MOS 管，如与 in_a 相连的 NMOS 管为 $NMOS_a$，其宽长比标记为 $(W/L)_{Na}$，相应的 PMOS 管命名为 $PMOS_a$，宽长比标记为 $(W/L)_{Pa}$）

对于图 2.17 所示的与或非门，$NMOS_a \sim NMOS_e$ 管被分为三组，即 $NMOS_a$、$NMOS_b$ 和 $NMOS_c$、$NMOS_d$ 和 $NMOS_e$ 三组，各组成并联关系，为保证在最坏的情况下即只有一组导通的情况仍能达到规定的下降时间，各组晶体管的等效尺寸应与等效倒相器中 NMOS 管的尺寸相同，得

$$(W/L)_{Na} = (W/L)_N = 2$$

对于 $NMOS_b$ 和 $NMOS_c$，因为是串联关系，故它们的宽长比应为等效倒相器中 NMOS 管尺寸的 2 倍，对 $NMOS_d$ 和 $NMOS_e$，也有同样的结果，即

$$(W/L)_{Nb} = (W/L)_{Nc} = (W/L)_{Nd} = (W/L)_{Ne} = (W/L)_N = 4$$

在与或非门中的 PMOS 管也分为三组，各组之间是串联关系，每组 PMOS 管的等效宽长比应为等效倒相器中 PMOS 管尺寸的 3 倍，为保证在最坏情况下即各组 PMOS 管中只有一个导通的情况仍能获得所需的上升时间，通过计算得到

$$(W/L)_{Pa} = (W/L)_{Pb} = (W/L)_{Pc} = (W/L)_{Pd} = (W/L)_{Pe} = 3 \times (W/L)_P = 15$$

同理,我们也能够通过等效倒相器的方法计算图 2.18 所示的或与非门各 MOS 管的宽长比。

2. 异或门

异或门也是常用的逻辑部件,它的逻辑关系 $Z(A,B)$ 通常可以表示为

$$Z(A,B)=\overline{A}\cdot B+A\cdot \overline{B}$$

异或门具有运算的功能,在运算逻辑方面,它是一个非常重要的逻辑部件。当 A 和 B 均为 0 时,$Z=0$,当 A 和 B 均为 1 时,Z 也为 0,当 A 和 B 不相同时,$Z=1$。这样的关系正好满足二进制加的本位和的规律,所以,异或门常作为加法器的基本组成单元使用。

异或门的另一个应用是输出信号极性控制,当 A="1"时,B 信号经过异或门倒相输出,当 A="0"时,B 信号同相输出,A、B 互易,情况相同。

异或门有多种电路结构,根据它的逻辑函数可以用标准门电路进行组合。图 2.19(a)给出了异或门的逻辑符号,图(b)给出了根据逻辑函数构造的逻辑结构图,但从其逻辑表达式和结构图可以看到,它的输出门是一个或门,因为在 CMOS 电路中不能直接构造"或",只能通过"或非＋非"实现。为简化结构,我们通过逻辑函数的转换寻找途径。根据下式

$$Z=\overline{A}\cdot B+A\cdot \overline{B}=\overline{\overline{A}\cdot B+\overline{A}\cdot \overline{B}}$$

我们得到了图(c)所表示的逻辑结构,这个结构是以或非门为输出逻辑门,可以方便地用组合逻辑进行电路构造,图(d)给出了相应的电路图。

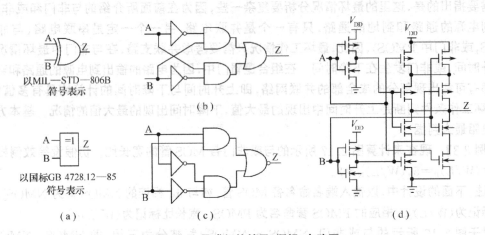

图 2.19 异或门的符号、逻辑、电路图

将异或门取反,则构成了异或非逻辑(有时称为同或门),由于是对异或门取反,所以,图 2.19(b)的输出逻辑门变为或非,如图 2.20(a)所示,可以直接构造电路图。图 2.20(a)给出了异或非的符号、逻辑和相应的电路图。比较图 2.20(a)的电路图与图 2.19(d)所示的电路图,可以看出它们的基本电路是完全一样的,所不同的只是信号的连接。由此也可以看到组合逻辑门在实现组合逻辑时是非常方便的。

图 2.20(b)给出了异或非门的另一种结构和相应的电路,与图 2.20(a)相比,它的结构更简单。它是根据下列函数转换得到的。

$$Z=\overline{A}\cdot B+A\cdot \overline{B}=A\cdot B+\overline{A}\cdot \overline{B}=\overline{\overline{(A\cdot B)}\cdot (A+B)}$$

通过以上的介绍和讨论说明,对于采用函数表述的特定逻辑,其逻辑结构和相应的电路形式并不是唯一的。事实上,异或门和同或门除了图 2.19 和图 2.20 所示的结构外,还有其他的

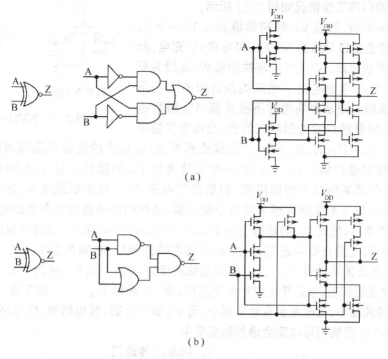

图 2.20 异或非门的符号、逻辑结构和相应电路

CMOS 电路结构,例如采用传输门构造的电路,这里不一一列出。

对于由多级门电路串联组成的结构,在计算具体各 MOS 管尺寸时,首先应确定对该部件所要求的时间参数值,再将该时间参数值分解到各组成级,对于每一组成级可以采用等效倒相器的方法进行各 MOS 管具体尺寸的计算。例如,图 2.19(d)所示的异或门由两个倒相器和一个组合逻辑门级连构成,两个倒相器处于相同的级别上,因此,这个异或门是由两级逻辑组成的。在具体计算时考虑到倒相器与组合逻辑门的复杂程度不相同,则分配给的时间也应该有所区别。假设要求异或门输出的总体上升和下降时间均为 50ns,则可以分配给倒相器 15ns,组合逻辑门 35ns。根据这个上升(下降)时间,可以分别计算倒相器中各 MOS 管的宽长比,以及组合逻辑门等效倒相器的器件尺寸,然后计算组合逻辑门中各 MOS 管的尺寸。值得注意的是,在计算中还应正确地估算级联节点的电容和异或门输出节点的电容值。

3. 传输门

从 MOS 晶体管的基本工作原理我们已经知道:当 MOS 管的表面形成导电沟道后就将器件的源漏连通,反之,如果 MOS 管截止,器件的源漏就断开,因此 MOS 器件是一个典型的开关。当开关打开的时候,就可以进行信号传输,这时将它们称为传输门。与普通的 MOS 电路的应用有所不同的是,在 MOS 传输门中,器件的源端和漏端位置随传输的是高电平或低电平而发生变化,并因此导致 V_{GS} 的参考点——源极位置相应变化。判断源极和漏极位置的基本原则是电流的流向,对 NMOS 管,电流从漏流向源,对 PMOS 管,电流从源流向漏。因此,当 NMOS 传输高电平的时候,传输输入端是漏极,传输低电平的时候,传输输入端是源极(吸收电流);对于 PMOS 管,传输高电平的时候,传输输入端是源极,传输低电平的时候,传输输入端是漏极(吸收电流)。为防止发生 pn 结的正偏置,NMOS 的 p 型衬底接地,PMOS 的 n 型衬底接 V_{DD}。

(1) NMOS 传输门和 PMOS 传输门

① NMOS 传输门

NMOS 传输门的工作情况如图 2.21 所示。

在传输高电平时,假设 V_O 的初始值为 0,$V_G = V_{DD}$,$V_i = V_{DD}$,其结果是通过导通的 NMOS 对电容 C_L 充电,此时的电流自左向右流动,NMOS 的左端为漏极,右端为源极。由于 $V_{GS} = V_{DS}$,漏源电流-电压关系遵循图 2.12 所示的转移特性曲线。随着源端电位不断升高,V_{GS} 的数值不断减小,NMOS 管的导通电阻越来越大,充电电流越来

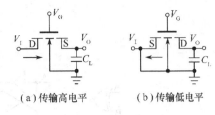

（a）传输高电平　　　（b）传输低电平

图 2.21　NMOS 传输门

越小。当 $V_O = V_{DD} - V_{TN}$ 时,$V_{GS} = V_{TN}$,达到临界导通,电容上的电压不能再增加,也就是说,源端电位最高值只能达到 $V_{DD} - V_{TN}$,有一个阈值电压 V_{TN} 的损耗。另外,NMOS 传输门在传输高电平时,由于源端电位不断地提高,衬底偏置电压 $|V_{BS}|$ 也不断地增大,加速了沟道导电水平的下降,使得器件的实际导通电阻大于理论值,最终的结果是器件更早的截止。

在传输低电平时,假设 V_O 的初始值为 V_{DD},$V_G = V_{DD}$,$V_i = 0$,则 V_i 通过导通的 NMOS 给电容 C_L 放电,此时的电流自右向左流动,NMOS 的左端为源极,右端为漏极。V_{GS} 以恒定电压工作,漏源电流-电压关系沿着 $V_{GS} = V_{DD}$ 的那条曲线变化,在 V_O 从 V_{DD} 降到 $V_{DD} - V_{TN}$ 这段时间内,NMOS 工作在饱和区,以近乎恒定的电流放电,当 V_O 降到 $V_{DD} - V_{TN}$ 以下后,NMOS 工作在非饱和区,V_{DS} 越来越小,放电电流也越来越小,当 V_O 等于 0 时,放电结束,低电平传输过程也结束。这表明 NMOS 传输门可以完全地传输低电平。

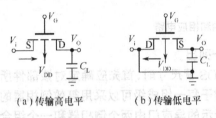

（a）传输高电平　　　（b）传输低电平

图 2.22　PMOS 传输门

② PMOS 传输门

PMOS 传输门的工作情况如图 2.22 所示。当 $V_G = 0$ 时,如果在源漏端中有任一端电压大于 $|V_{TP}|$,PMOS 管导通。

在传输高电平时,$V_i = V_{DD}$,假设 V_O 的初始值为 0,则 V_i 通过导通的 PMOS 对电容 C_L 充电,此时的电流自左向右流动,PMOS 的左端为源极,右端为漏极,V_{GS} 以恒定电压工作。在 V_O 端被充电到 $|V_{TP}|$ 之前,PMOS 工作在饱和区,以近乎恒定的电流对电容充电,当 V_O 电压高于 $|V_{TP}|$ 之后,PMOS 进入非饱和区,C_L 上电压逐渐加大,充电电流逐渐减小,直至 $V_O = V_i$,传输高电平过程结束。

在传输低电平时,$V_i = 0$,假设 V_O 的初始值为 V_{DD},则 V_i 通过导通的 PMOS 给电容 C_L 放电,此时的电流自右向左流动,PMOS 的左端为漏极,右端为源极。由于 $V_{GS} = V_{DS}$,和 NMOS 相似,PMOS 管始终工作在饱和区,随着漏端电位逐渐降低,$|V_{GS}|$ 越来越小,沟道电阻越来越大,当 $|V_{GS}|$ 达到 $|V_{TP}|$ 时,放电过程结束。也就是说,PMOS 器件在传输低电平时有一个阈值电压 $|V_{TP}|$ 的损耗。与 NMOS 管传输高电平的情况类似,由于 PMOS 的源端与衬底之间存在不断变化的反偏电压,使得 PMOS 管在传输低电平时也存在衬底偏置效应。

（2）CMOS 传输门

从上面的讨论可以看出,不论是 NMOS 传输门或是 PMOS 传输门,都不能在全部的电压范围内有效地传输信号。对 NMOS,在传输高电平时存在阈值电压 V_{TN} 损耗;对 PMOS,在传输低电平时存在阈值电压 $|V_{TP}|$ 损耗。那么如果将 NMOS 和 PMOS 并联,则必然可以解决阈值电压损耗的问题,这个并联结构就是 CMOS 传输门,或称为 CMOS 传输对。图 2.23 所示为 CMOS 传输门及控制电路。

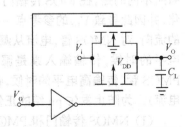

图 2.23　CMOS 传输门及控制电路

显然,在传输高电平时,当 NMOS 管截止后,PMOS 管仍处于工作状态,输入端的高电平被有效地传输,同理,输入端的低电平也能够被有效地传输。因此,CMOS 传输门是一个比较理想的结构。

4. 三态门

三态门是一种非常有用的逻辑部件,它被广泛地应用在总线结构的电路系统中。所谓三态逻辑是指该逻辑门除了正常的"0"、"1"两种输出状态外,还存在第三态:高阻输出态。应用较为广泛的三态门有三态倒相器和三态同相器。

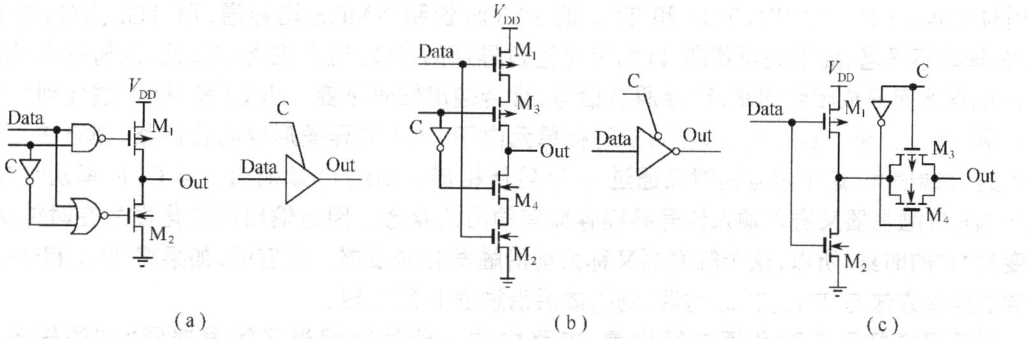

图 2.24　三态门

图 2.24(a)是一种同相输出的三态门,其中 Data 是数据端,C 是控制端,Out 是输出端。当 C="1"时,它对与非门和或非门都不构成控制,与非门和或非门相当于工作在倒相器状态,它们的输出是一致的,都等于 Data 的非量,M_1 和 M_2 构成了另一个等效倒相器,数据信号经"倒相+倒相"后输出。这时的三态门就是一个普通的同相器。但当 C="0"时,与非门被"0"信号强制输出"1",控制信号经倒相送到或非门,使或非门输出强制为"0",这样,MOS 晶体管 M_1 和 M_2 均不导通,从 Out 端看进去呈现高阻状态,即 C 信号"0"状态使门电路呈高阻态。

图(b)是一种简单结构的三态倒相器,M_1 和 M_2 构成倒相器的基本元件,M_3、M_4 被用于控制高阻输出,当 C="1"时,M_3、M_4 均截止,呈现高阻输出,而 C="0",则为正常倒相器状态。

图(c)是另一种三态倒相器,电路所用的资源与图(b)电路是相同的,但结构的变化对电路的性能将产生影响。假设这两个电路对应的各 MOS 管尺寸相同,显然,两电路的上升与下降时间是不同的,原因在于在输出通道上所串联的电阻不同。图(b)电路输出通道上有两个串联的 MOS 管,而图(c)电路输出通道上,用了 CMOS 传输对做开关,并联结构电阻显然小于单管电阻。

如果在图(a)电路的数据端串联一个倒相器,就可实现倒相输出,如果改变控制端的连接相位,则也可以构造三态高有效(C="1"时呈高阻态)的结构。图(b)、图(c)也可以采用类似的原理加以改变。

2.2.4　D 触发器

触发器是逻辑电路中最常用的记忆单元,是构成时序逻辑的基本部件。触发器有许多的结构形式,这里只介绍在 CMOS 逻辑电路中最常用的准静态 D 触发器。

CMOS 准静态 D 触发器采用的是主—从结构,如图 2.25 所示。

在第 1 章中,我们也介绍了一个 D 触发器的结构(图 1.9),这里所讨论的电路多了一个置位端 S,其他部分相似。该电路的工作原理是:首先假设置位端 S="0",或非门等效为倒相器。

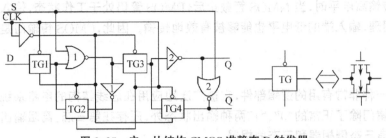

图 2.25　主—从结构 CMOS 准静态 D 触发器

当时钟信号 CLK＝"0"时,TG1 和 TG4 的 PMOS 管和 NMOS 均导通,而 TG2、TG3 中的各 MOS 管均不导通,处于关断状态,D 端信号通过导通的 TG1 进入主寄存单元,从寄存单元由于 TG4 的导通而形成闭合回路,锁存原有信号,维持输出信号不变。当 CLK 从"0"跳变到"1"时,TG1 和 TG4 关闭,TG2、TG3 开启,主寄存单元由于 TG2 的导通形成闭合回路,锁存住上半拍输入的 D 端信号,这个信号同时又通过 TG3 经倒相器 2 到达 Q 端输出。当 CLK 再从"1"跳变到"0"时,D 触发器又进入输入信号并锁存原有输出的状态。因为输出的变化发生在时钟从"0"跳变到"1"的时刻,所以,这个触发器又称为前沿触发 D 触发器。对应的,如果将 TG1 和 TG4 对时钟的连接方法与 TG2、TG3 对调,则构成后沿触发 D 触发器。

对于记忆单元有时必须进行设置,电路中的 S 信号就担当了触发器置"1"的任务。当 S＝"1"时,或非门 1 和或非门 2 的输出被强置到"0",不论时钟处于"0"或"1",输出端 Q 均被置位成"1"。相应的,如果将倒相器 1 和 2 换成或非门,则可以实现触发器置"0"功能。如果将电路中的或非门全部用倒相器替代,则电路不再具有置位功能,在加电时必须经过一个完整的时钟节拍将所需的信号存入触发器,否则触发器中的信号具有不确定性。

2.2.5　内部信号的分布式驱动结构

众所周知,任何一个逻辑门都有一定的驱动能力,当它所要驱动的负载超过了它的能力,就将导致速度性能的严重退化。在 VLSI 系统中通常采用分布式驱动结构解决信号的传输驱动问题。图 2.26 所示为两种分布式驱动结构,对应同相驱动和倒相驱动,当然,由于一个是一级驱动,一个是两级驱动,所以,图中左边电路的第一个倒相器的尺寸要大于右边电路的第一个倒相器。

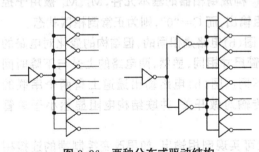

图 2.26　两种分布式驱动结构

采用分布式驱动结构的另一个重要原因是时钟线上的延迟。单一的时钟输出点将因为线上的延迟而导致近端与远端的信号不一致。

2.3　MOS 集成电路工艺基础

在前面的讨论中,我们已看到多个晶体管的平面图形和剖面结构,那么,它们是怎么在硅片上形成的呢?在第 1 章我们介绍过,按照制造技术规范的版图形成了对工艺制作边界的限定,工艺实现以 4 类主要的工艺技术:图形转移、掺杂、热处理及材料沉积为手段。对 4 类基本工艺进行组合与串联,在版图所定义的平面区间与图形范围内完成三维立体结构的构造,在半导体衬底上再现所要制作的电路。在这一节中,将介绍集成电路的基本加工工艺技术,在稍后一些,将介绍简化的 CMOS 集成电路加工工艺流程,通过工艺流程再现电路,并讨论有关的技术问题。

2.3.1 基本的集成电路加工工艺

1. 器件制造基本问题

几乎所有的硅基半导体器件的工作都是基于 pn 结理论与结构,所以,制造晶体管和集成电路都是通过构造各种 pn 结及其相关连接来完成的。硅圆片(Wafer)是掺有某种类型杂质的薄片,p 型或 n 型,不难想象,在这样的薄片上制造 pn 结主要是靠向制作区域内掺入相反类型的杂质来实现的。

除了形成 pn 结,有时为了实现某种需要,还要求改变某一区域的杂质浓度。这有两种基本情况,其一是需要使该区域杂质浓度变低,这是通过掺入与原杂质相反类型,但浓度较低的杂质。例如,区域原来的杂质是 p 型的,浓度是 $8 \times 10^{16} \, \text{cm}^{-3}$,现掺入 n 型的杂质,浓度是 $5 \times 10^{16} \, \text{cm}^{-3}$,经过补偿后,现在的区域杂质浓度为 $3 \times 10^{16} \, \text{cm}^{-3}$,仍为 p 型。第二种情况是使区域浓度增加,采用掺入同类杂质来实现。仍假设区域原来的杂质是 p 型的,浓度是 $8 \times 10^{16} \, \text{cm}^{-3}$,现掺入 p 型的杂质,浓度是 $5 \times 10^{16} \, \text{cm}^{-3}$,经过补充后的区域杂质浓度变为 $1.3 \times 10^{17} \, \text{cm}^{-3}$。

上述要求的实现需要确定两个重要的参数:掺杂的区域、掺杂类型和浓度。

接下来的问题是怎样保证只在需要的区域掺杂呢?如何屏蔽不需要掺杂的区域呢?答案是:在大部分情况下采用二氧化硅作为屏蔽层。除了二氧化硅外,氮化硅、光刻胶等也能够全部地或部分地屏蔽掺杂。

上面所描述的过程都是往硅片里面构造,在 2.1 节里我们看到,构造 MOS 管还需要多晶硅栅和金属引线来完成具体的器件和电路。毫无疑问,这里也有两个基本问题:形成多晶硅层、金属层;多晶硅栅、金属引线的图形定义。

综上所述,我们需要解决如下的几个基本问题:硅片上的图形定义;掺杂并形成一定的深度;获得二氧化硅、多晶硅、氮化硅、金属等材料层。

2. 掩模板(masks)

在计算机及其 VLSI 设计系统上设计完成的集成电路版图还只是一些图形或(和)数据,在将设计结果送到工艺线上实验时,还必须经过一个重要的中间环节:制版。所以,在介绍基本的集成电路加工工艺之前,先简要地介绍集成电路加工的掩模及其制造。

在前面我们看到的器件版图是一组复合图,这个复合图实际上是由若干分层图形叠合而成的,每个分层版图对应了某一工艺层图形界定,例如,多晶硅加工的分层版图上就只有多晶硅图形,它描述了多晶硅图形的多少、形状、大小、位置分布等信息。可以想象,每一个工艺层的加工区域都需要进行定义,通过定义,工艺加工将仅仅对某些被选择的区域进行。图 2.27 给出了一个 CMOS 倒相器的复合版图和各分版图的例子。不同的工艺流程以及需要控制的参数量不同,版图的复杂程度不同,分层版图的数量也不同。制版的目的就是产生一套分层的版图掩模,为将来进行图形转移区域选择即将设计的版图转移到硅片上去做准备。

制版是通过图形发生器完成图形的缩小和重复。在设计完成集成电路的版图以后,设计者得到的是一组标准的版图数据,将这组数据传送给图形发生器(一种制版设备),图形发生器根据数据,将设计的版图结果按照一定的尺寸比例分层地转移到各分层掩模板上,掩模板为涂有感光材料的优质玻璃板(这称为胶版,另外还有一种掩模板基板是在玻璃和感光胶之间有一层金属,例如金属铬),这个过程叫初缩。在获得分层的初缩版后,再通过分步重复技术,在最终的掩模板上产生具有一定行数和列数的重复图形阵列,图 2.28 所示为一块这样的掩模板。

采用这样的掩模板使得每一个硅圆片上将有若干的集成电路芯片。通过这样的制版过程,就产生了若干块的集成电路分层掩模板。通常,一套掩模板有十几块分层掩模板。集成电路加

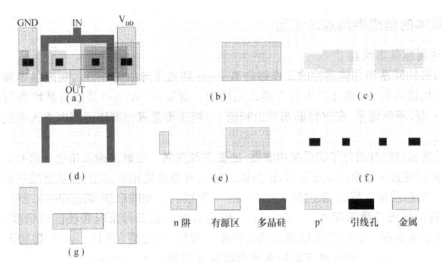

图 2.27 版图的例子

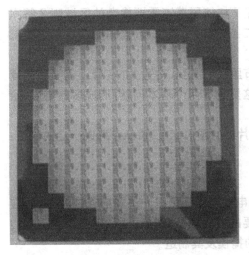

图 2.28 掩模板照片

工过程的复杂程度和制作周期在很大程度上与掩模板的多少有关。分步重复过程也可以通过专门的设备在硅圆片上直接实现，例如Stepper光刻机。

集成电路的加工工艺过程由若干单项加工工艺组合而成。下面将分别介绍这些单项加工工艺。

3. 图形转移技术

图形转移就是将掩模板上的图形（实际上是版图的替身）转移到硅圆片上，通过光刻与刻蚀工艺完成。

光刻是加工集成电路微图形结构的关键工艺技术，通常，光刻次数越多，意味着工艺越复杂。另外，光刻所能加工的线条越细，意味着工艺线水平越高。

光刻技术类似于照片的印相技术，所不同的是，相纸上有感光材料，而硅片上的感光材料——光刻胶是通过旋涂技术在工艺中后加的。光刻掩模相当于照相底片，一定波长的光线通过这个"底片"，在光刻胶上形成与掩模板图形相反的感光区，然后进行显影、定影、坚膜等步骤，在光刻胶膜上有的区域被溶解掉，有的区域保留下来，形成了版图图形。如果光刻胶是正性胶（光致分解），感光区域被溶解，光刻胶膜的图形与掩模板图形属性相同，如果光刻胶是负性胶（光致聚合），感光区域不被溶解，则光刻胶膜的图形与掩模板图形属性相反。

刻蚀是将光刻胶膜上的图形再转移到硅片上的技术，这时的掩模板是具有了图形的光刻胶。刻蚀的任务是将没有被光刻胶膜保护的硅片上层材料刻蚀掉。这些上层材料可能是二氧化硅、氮化硅、多晶硅，或者是金属层等。刻蚀分为干法刻蚀和湿法刻蚀，干法刻蚀通常是指以等离子体进行薄膜刻蚀的技术，湿法刻蚀是将被刻蚀材料浸泡在腐蚀液内进行腐蚀的技术。干法刻蚀借助等离子体中产生的粒子轰击刻蚀区，是各向异性的刻蚀技术，即在被刻蚀的区域内，各个方向上的刻蚀速度不相同。湿法刻蚀是各向同性的刻蚀方法，利用化学反应过程去除待刻蚀区域的薄膜材料。通常，氮化硅、多晶硅、金属及合金材料采用干法刻蚀技术，二氧化硅采用湿法刻蚀技术。现在刻蚀工艺越来越多地采用干法刻蚀。通过刻蚀，或者形成了图形线条，如多晶硅条、金属条等,或者裸露了硅本体,为将来的选择掺杂确定了掺杂的窗口。

虽然,光刻和刻蚀是两个不同的加工工艺,但因为这两个工艺只有连续进行,才能完成真正意义上的图形转移。在工艺线上,这两个工艺是放在同一工序,因此,有时也将这两个工艺步骤统称为光刻。

4. 掺杂工艺

通过掺杂可以在硅衬底上形成不同类型的半导体区域,构成各种器件结构。掺杂工艺的基本思想,就是通过某种技术措施,将一定浓度的三价元素,如硼,或五价元素,如磷、砷等掺入半导体衬底。例如,在 n 型衬底上掺硼,可以使原先的 n 型衬底电子浓度变小,或使 n 型衬底局部区域改变成 p 型,如在 n 型衬底表面掺磷,可以提高衬底的表面杂质浓度。对 p 型衬底,如果将一定浓度的五价元素掺入,将使原先的 p 型衬底空穴浓度变低,或使 p 型衬底局部区域改变为 n 型。同样的,如果在 p 型衬底表面掺硼,将提高 p 型衬底的表面浓度。

掺杂分为热扩散法掺杂和离子注入法掺杂。由图形转移工艺为掺杂确定掺杂区域,在需要掺杂处(称为掺杂窗口)裸露出硅衬底,非掺杂区则用一定厚度的二氧化硅或氮化硅等薄膜材料进行屏蔽。离子注入则常采用一定厚度的二氧化硅、氮化硅、光刻胶,或者采用二氧化硅、光刻胶这两层材料同时作为掺杂屏蔽。

所谓热扩散掺杂就是利用原子在高温下的扩散运动,使杂质原子从浓度很高的杂质源向硅中扩散并形成一定的分布。热扩散通常分两个步骤进行:预淀积和再分布。预淀积是在高温下,利用杂质源,如硼源、磷源等,对硅片上的掺杂窗口进行扩散,在窗口处形成一层较薄但具有较高浓度的杂质层。这是一种恒定表面源的扩散过程。再分布是利用预淀积所形成的表面杂质层做杂质源,在高温下将这层杂质向硅体内扩散的过程。通常再分布的时间较长,通过再分布,可以在硅衬底上形成一定的杂质分布和结深。再分布是限定表面源扩散过程。

离子注入是另一种掺杂技术,离子注入掺杂也分为两个步骤:离子注入和退火再分布。离子注入是通过高能离子束轰击硅片表面,在掺杂窗口处,杂质离子被注入硅本体,在其他部位,杂质离子被硅表面的保护层屏蔽,完成选择掺杂的过程。进入硅中的杂质离子在一定的位置形成一定的分布。通常,离子注入的深度(平均射程)较浅且浓度较大,必须使它们再分布。同时,由于高能粒子的撞击,导致硅结构的晶格发生损伤。为恢复晶格损伤,在离子注入后要进行退火处理,根据注入的杂质剂量不同,退火温度在 $450 \sim 950\,℃$ 之间,掺杂浓度大则退火温度高,反之则低。在退火的同时,掺入的杂质同时向硅体内进行再分布,如果需要,还要进行后续的高温处理以获得所需的结深和分布。

离子注入技术以其掺杂浓度控制精确、位置准确等优点,正在取代热扩散掺杂技术,成为 VLSI 工艺流程中掺杂的主要技术。

5. 氧化及热处理

硅氧化成二氧化硅工艺是集成电路工艺的又一个重要的工艺步骤。氧化工艺之所以重要是因为在集成电路的选择掺杂工艺中,二氧化硅层是掺杂的主要屏蔽层,同时由于二氧化硅是绝缘体,所以,它又是引线与衬底,引线与引线之间的绝缘层。

氧化工艺是将硅片置于通有氧气的高温环境内,通过到达硅表面的氧原子与硅的作用形成二氧化硅,这样的氧化过程又称为热生长二氧化硅。在表面已有了二氧化硅后,由于这层已生成的二氧化硅对氧的阻碍,氧必须通过已有的氧化层到达硅—二氧化硅界面与硅反应,氧化层生长的速度逐渐降低。由于硅和二氧化硅的晶格、结构的差异,每生长 $1\mu m$ 的二氧化硅,约需消耗 $0.44\mu m$ 的硅,所以,我们经常感觉氧化层是向上生长的。

氧化工艺是一种热处理工艺。在集成电路制造技术中,热处理工艺除了氧化工艺外,还包括前面介绍的退火工艺、再分布工艺,以及回流工艺等。回流工艺是利用掺磷的二氧化硅在高温下易流动的特性,来减缓芯片表面的台阶陡度,减少金属引线的断条情况。

6. 气相沉积工艺

在集成电路制造中,除了可以利用硅氧化产生二氧化硅外,其他的各类薄膜则都是通过某种方法沉积到硅的表面。所谓气相沉积是在反应室内通过物理的或化学的方法,产生固态粒子并沉积在硅片表面生成薄膜的过程。

在集成电路工艺中,有两类基本的气相沉积技术:物理气相沉积(PVD)和化学气相沉积(CVD)。

PVD 技术有两种基本工艺:蒸镀法和溅镀法。前者是通过把被蒸镀物质(如铝)加热,利用被蒸镀物质在高温下(接近物质的熔点)的饱和蒸汽压,来进行薄膜沉积;后者是利用等离子体中的离子,对溅镀物质电极进行轰击,使气相等离子体内具有溅镀物质的粒子,这些粒子沉积到硅表面形成薄膜。在集成电路中应用的许多金属或合金材料都可通过蒸镀或溅镀的方法制造。

CVD 是利用化学反应的方式在反应室内将反应物生成固态的粒子,并沉积在硅片表面的一种薄膜沉积技术。在集成电路工艺中能够用 CVD 技术沉积的薄膜材料包括:二氧化硅、氮化硅、多晶硅、单晶硅等。其中,用于沉积单晶硅的 CVD 技术习惯上称为"外延"。

在集成电路工艺中,通过 CVD 技术沉积的薄膜有重要的用途。例如,氮化硅薄膜可以用作为场氧化(一种很厚的氧化层,位于芯片上不做晶体管、电极接触的区域,称为场区)的屏蔽层。因为氧原子极难通过氮化硅到达硅,所以,在氮化硅的保护下,氮化硅下面的硅不会被氧化。又如外延生长的单晶硅,是集成电路中常用的衬底材料。众所周知的多晶硅则是硅栅 MOS 器件的栅和短引线的材料。

2.3.2 CMOS 工艺简化流程

CMOS 工艺流程由许多工艺步骤组成,对于不同的流水线,工艺流程略有差别,但主要的步骤基本相同。这里以彩图 1 所示 CMOS 倒相器为例,介绍如何根据版图和工艺实现这个集成电路。它只是一个简化的 CMOS 工艺流程示例,用以说明在 CMOS 工艺线上,如何通过各个工艺步骤获得我们所需的结构和器件。

下面,按照工艺流程对加工过程及其每一步骤的目的及结果进行介绍。需要指出的是,这里的一个剖面图所示的结构可能是由两个或两个以上的工艺步骤完成的。

1. 初始氧化

初始氧化又称为一次氧化,就是在已经清洗洁净的硅圆片表面上热生长一层二氧化硅层。如彩图 4 所示。这层二氧化硅将被作为掺杂的屏蔽层。因为 CMOS 结构需要两种不同类型的衬底,即 p 型和 n 型衬底,而硅圆片或者是 p 型或者是 n 型,因此,只能通过工艺技术制作与硅圆片类型相反的区域,这些区域称为阱区。n 型硅圆片上制作 p 阱,称为 p 阱 CMOS 工艺;p 型硅圆片上制作 n 阱,称为 n 阱 CMOS 工艺。这里所介绍的是 n 阱 CMOS 工艺。

2. 一次光刻和 n 阱掺杂

n 阱光刻的版图图形如彩图 5(a)所示。光刻和刻蚀氧化层的结果是在初始生长的氧化层上形成了 n 阱掺杂窗口,即该区域的硅被裸露出来。当刻蚀完毕后,可以保留光刻胶不去除,和光刻胶下的二氧化硅一起,共同作为离子注入的屏蔽层。

接下来是离子注入 n 型杂质,例如磷,这是一个掺杂过程,其目的是在 p 型的衬底上形成 n

阱。其结果是在注入窗口硅表面处形成一定的 n 型杂质分布,这些杂质将作为 n 阱再分布的杂质源。

将离子注入后的硅片去除表面的光刻胶并清洗干净,在氮气环境(有时也称为中性环境)下退火,恢复被离子注入所损伤的硅晶格。在退火完成后,在高温下进行杂质再分布。再分布的目的是为了形成所需的 n 阱的结深,获得一定的杂质分布。为防止注入的杂质在高温含氧过程中被生长的二氧化硅"吞噬",在再分布的初始阶段仍采用氮气环境,当形成了一定的杂质分布后,改用氧气环境。要求经过再分布后的 n 阱掺杂浓度比 p 型衬底高 5～10 倍。经过再分布的 n 阱形成了一定的深度(称为结深),如彩图 5(b)所示。

在高温热处理时的氧气环境使得在硅表面形成一定厚度的氧化层,虽然总体上窗口区的氧化层厚度小于窗口外的区域,但就新生长的二氧化硅而言,在窗口处新生长的氧化层较厚,而原先被氧化层覆盖的地方新生长的氧化层较薄。其原因就是前面所介绍的已有氧化层对氧的阻挡作用。

3. 去除表面氧化层

将硅片在腐蚀液(例如氢氟酸)里浸泡,去除硅表面的全部氧化层,为将来的工艺,尤其是场氧化工艺,提供一个较平整的硅表面。正是因为前道工艺新生长了氧化层,并且窗口内外新生氧化层厚度不同,使得在去除了所有氧化层的硅表面上仍能够看到上次窗口的边界轮廓,这为下一步光刻对准提供了基准。

4. 底氧生长

这步工艺是通过热氧化在平整的硅表面生长一层均匀的氧化层。该底氧层被作为硅与氮化硅的缓冲层。因为下一步工艺是沉积氮化硅,而氮化硅与硅的晶格不相匹配,如果直接将氮化硅沉积在硅表面,虽然对屏蔽场氧化效果是一样的,但由于晶格不匹配,将在硅表面引入晶格缺陷,所以,生长一层底氧将起到缓冲的作用。将来,这层底氧层去除后,硅表面仍保持了较好的界面状态。

5. 沉积氮化硅和有源区光刻

这里实际上包含了三步工艺步骤:沉积氮化硅,光刻,刻蚀氮化硅。采用 CVD 技术在底氧上沉积一层氮化硅薄膜,然后光刻和刻蚀氮化硅层。刻蚀采用干法刻蚀技术,在有源区保留氮化硅,场区的氮化硅则被去除。所谓的有源区是指将来要制作晶体管、掺杂条(低电阻掺杂区)、接触电极等的区域;场区是芯片上有源区之外的所有区域,场区的氧化层厚度远大于有源区的氧化层厚度,在这样厚的氧化层上布线(电路中各单元之间的连线)所产生的寄生电容较小,有利于降低系统的寄生延迟。习惯上称这次光刻为有源区光刻或场区光刻。彩图 6 给出了有源区版图图形和刻蚀后的氮化硅结构示意图。

6. 场氧化

对硅片进行高温热氧化,生长大约 $1\mu m$ 厚度的场氧化层,因为有氮化硅保护,所以,氮化硅下的硅(有源区)不能被氧化,仅在场区生长了所需的厚氧化层。因为经历了高温热处理,n 阱的结深进一步加大。彩图 7 显示了场氧化后的结构示意图。

7. 去除氮化硅和底氧层、进行栅氧化

在场氧化完成后,氮化硅的作用已经结束,可以采用干法刻蚀技术将硅片表面的氮化硅层全部去除,并将底氧层也去除。在清洗以后进行栅氧化,生长一层高质量的氧化层。彩图 8 显示了栅氧化后的结构。

在一些 CMOS 工艺流程中,栅氧化之后将进行 NMOS 和 PMOS 的阈值电压调整。也有的工艺只进行 NMOS 阈值电压调整,这取决于对阈值电压的要求以及衬底浓度的情况,这个步骤简称为调栅。阈值电压调整采用离子注入进行,通过离子注入改变衬底或阱区的表面杂质浓度,从而对 MOS 器件的阈值电压进行微调。如果不进行阈值电压的调整就已经得到了满意的阈值电压,则调整工艺省略,总之,视具体情况进行选择。

8. 沉积多晶硅并光刻、刻蚀多晶硅图形

利用 CVD 技术沉积多晶硅薄膜,并通过多晶硅掺磷(n 型掺杂)获得所需电阻率。然后,光刻栅图形和多晶硅引线图形,最后,通过干法刻蚀技术刻蚀多晶硅,完成多晶硅图形的加工。彩图 9 显示了硅圆片被多晶硅薄膜覆盖的情况,我们仍然能够清楚地看到原有的台阶轮廓。彩图 10 显示了经过光刻和干法刻蚀以后的多晶硅栅条的形状。

9. 离子注入形成 **PMOS** 和 **NMOS** 的源漏区和接触区

用 p^+ 光刻板进行光刻并保留光刻胶。这时除 PMOS 有源区和 p 型衬底重掺杂接触区(如地线接触区)被暴露以外,其他区域被光刻胶保护。接着进行离子注入硼(B),形成 p^+ 掺杂。通过 p^+ 掺杂,形成了 PMOS 管的源漏区和 p 型衬底的接触区。彩图 11 显示了该过程与相应的版图。从图上可以看到 PMOS 注入版图形是一块矩形,并不是两块分离的源漏图形,但剖面图给出的结果却是两个分离的源漏结构。这是因为多晶硅栅在这里起到了注入屏蔽作用,注入的硼离子不能够穿透多晶硅达到衬底,实际的注入区域被分割成为两个不相连的掺杂区。由于多晶硅的分割使得源漏区的内边界自然地与多晶硅边界相切,这被称为硅栅自对准。因为边界自对准,所以栅源覆盖电容和栅漏覆盖电容被大大减小。器件寄生电容的减小可以提高 MOS 晶体管的速度性能。MOS 器件离子注入后可以进行退火处理以恢复注入过程中产生的晶格损伤,也可在 n^+ 注入后一道进行退火处理。

用 n^+ 光刻板进行光刻并保留光刻胶,这里采用的是 p^+ 注入光刻板的反板,接着进行离子注入磷(P),形成 n^+ 掺杂区。从彩图 12 可以看到,因为采用了 p^+ 注入光刻板的反板,因此大部分区域是没有光刻胶保护的,但注入的结果却只有少部分区域被掺杂。其原因和上面所述的多晶硅栅阻挡掺杂一样,这里只是阻挡掺杂的屏蔽层除了光刻胶、多晶硅外,场氧化层起到了屏蔽掺杂作用。

接着进行退火、再分布等工艺,完成最终的源漏区形成和表面二氧化硅生长。

10. 低温沉积掺磷二氧化硅

采用 CVD 技术在硅片表面沉积一层掺磷的二氧化硅薄膜,这步工艺有两个目的:一是增加表面的二氧化硅厚度,二是形成回流材料。所谓回流工艺是指利用掺磷二氧化硅在一定温度下具有的软化流动性能,实现降低台阶陡度的技术。彩图 13 显示了覆盖了低温二氧化硅后的硅片形貌。

11. 光刻引线孔并回流

采用引线孔掩模板进行引线孔的光刻,可以利用湿法刻蚀工艺完成引线孔处的二氧化硅刻蚀。彩图 14 显示了引线孔版图图形,以及光刻和刻蚀引线孔后的剖面结构示意图。从图上可以看到,刻蚀完成的引线孔边界比较陡直的,边缘比较"锐利",当金属层被沉积后,在台阶的边缘处金属层较薄,刻蚀形成的引线非常容易断裂。因此,采用低温回流技术使硅片上台阶的陡度降低,形成缓坡台阶,改善了金属引线的断条情况。

12. 沉积金属层并完成金属引线的光刻与刻蚀

通过溅射的方法在硅表面沉积一层金属层作为引线材料。然后采用金属层掩模板进行光

刻,通过干法刻蚀技术完成金属引线的刻蚀,从而获得金属引线图形。彩图 15 给出了引线光刻与刻蚀图形,其中图(a)显示的是金属引线版图,图(b)是刻蚀金属后形成的结构示意图。这个图和彩图 1 中所给出的 CMOS 倒相器剖面结构示意图是相同的。

到这里,简化的 CMOS 集成电路主要流程就已经结束,接下来还有一些后续工艺,就不一一讨论了。

通过对上述简化 CMOS 工艺流程的介绍,我们可以看到版图作为上承电路下达工艺的一个中间环节,起着至关重要的作用。而加工是以 4 类主要的工艺技术:图形转移、掺杂、热处理以及材料沉积为手段,对 4 类工艺进行组合与串联,在版图所定义的平面区间与图形范围内完成三维立体结构的构造,在半导体衬底上再现所要制作的电路。

虽然,CMOS 工艺流程很复杂,但只要理解了电路、版图、工艺三者之间的关系,理解了各部分的任务与实现原理,就可以从根本上理解设计的基本问题。我们只要理解了设计问题、设计矛盾,就很容易理解技术进步对我们设计的推动,也就能够充分利用新技术为工程应用服务。随着集成电路制造技术的不断完善和创新,将来可以制造具有更完备性能的集成电路产品。下面一段介绍可以说明技术是如何帮助我们提高设计水平与产品性能的。

2.3.3 Bi-CMOS 工艺技术

如第 1 章所讨论的,双极器件具有速度高、驱动能力强、高频低噪声等优良特性,但功耗较大且集成度低。CMOS 器件具有低功耗、集成度高和抗干扰能力强等优点,但它的速度较低、驱动能力差,在既要求高集成度又要求高速的应用中难以适应。在集成电路制造技术中,除了标准的双极工艺技术与 MOS(CMOS)工艺技术外,还有一种结合双极与 CMOS 技术的工艺技术:Bi-CMOS工艺技术。Bi-CMOS工艺技术是将双极与 CMOS 器件制作在同一芯片上,它结合了双极器件的高跨导、强驱动能力和 CMOS 器件的高集成度、低功耗的优点,使它们互相取长补短、发挥各自的优点,制造高速、高集成度、高性能的 VLSI。

Bi-CMOS 工艺技术大致可分为两类:以 CMOS 工艺为基础的 Bi-CMOS 工艺和以双极工艺为基础的 Bi-CMOS 工艺。我们将介绍以 CMOS 工艺为基础的 Bi-CMOS 工艺技术。

1. 以 p 阱 CMOS 工艺为基础的 Bi-CMOS 工艺

所谓以 p 阱 CMOS 工艺为基础是指在标准的 CMOS 工艺流程中直接构造双极晶体管,或者通过添加少量的工艺步骤实现所需的双极晶体管结构。图 2.29 所示为通过标准 p 阱 CMOS 工艺实现的 NPN 晶体管的剖面结构示意图。

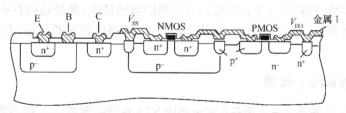

图 2.29 p 阱 CMOS-NPN 结构剖面图

在这个结构实现的工艺过程中,并没有添加新的工艺步骤,完全是在 CMOS 工艺基础上构造的 NPN 晶体管。但因为 NPN 晶体管的基区对应的是 p 阱,所以,基区的厚度太大,这使得 NPN 晶体管的电流增益较小,同时,集电极串联电阻也很大,器件的总体性能较差。另外,因为 NPN 晶体管的集电区是 n 型硅衬底,通常接电路中最高电位,使电路应用时 NPN 晶体管的集电极只能接该电位,限制了 NPN 晶体管应用的范围,也限制了电路类型。

2. 以 n 阱 CMOS 工艺为基础的 Bi-CMOS 工艺

从前面的第 2.3.2 节对 n 阱 CMOS 工艺结构的介绍可以发现，和 p 阱 CMOS 相比，n 阱 CMOS 的主要不同是将 p 阱变为 n 阱，NMOS 晶体管做在 p 型硅衬底上，PMOS 晶体管做在 n 阱内。以 n 阱 CMOS 工艺为基础的 Bi-CMOS 工艺实现的器件结构剖面图显示在图 2.30 中。

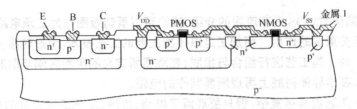

图 2.30　n 阱 CMOS-NPN 结构剖面图

与图 2.29 所示结构中的 NPN 晶体管的制作过程不同的是，在这个 Bi-CMOS 工艺中添加了一次基区的掺杂工艺步骤，控制了基区的厚度，提高了 NPN 晶体管的性能。同时，因为制作 NPN 晶体管的 n 阱相当于双极工艺中的一块隔离岛，使得 NPN 晶体管的集电极、基极和发射极可以根据需要进行电路连接，大大增加了 NPN 晶体管的应用灵活性。

但是，以该工艺流程构造的 NPN 晶体管的集电极串联电阻还是较大。进一步的改进是采用外延技术和 n^+ 埋层技术，如图 2.31 所示。当然，随着器件性能的优化，工艺的复杂性也越来越大。

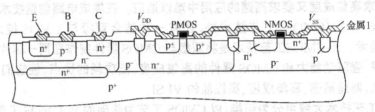

图 2.31　外延衬底的 Bi-CMOS 结构

2.4　版图设计

从前面的介绍可以看到，版图是系统到结构的中间桥梁，起到至关重要的作用。版图设计是一个相对复杂的问题，同样的一个器件可以有不同的版图结构，各种结构具有各自的特点，适用于不同的器件性能要求。在这一节中，将从基本的 MOS 晶体管版图开始，由浅入深地对版图进行介绍。

2.4.1　简单 MOSFET 版图

彩插页中彩图 16 显示了三种用于集成电路的 NMOS 管版图和 A-A 剖面图，当然，还会有第 4 种、第 5 种和更多。其中，图(a)所示的图形是最普通的 NMOS 管版图形式，通常称为条栅结构；图(b)所示的图形是围栅结构；图(c)所示为折弯栅结构。MOS 晶体管是一个四极器件，即源(S)、栅(G)、漏(D)、衬底(B)，因此，不论版图图形如何变化，在器件的物理结构上都一定能够发现四块独立的半导体区域，分别对应 MOS 器件的源区、漏区、多晶硅栅和衬底。

彩图 16 显示的是复合版图，如果将这些复合版图进行版图分层，则可以得到一组版图图形。图 2.32 所示为围栅 NMOS 管的分层版图。

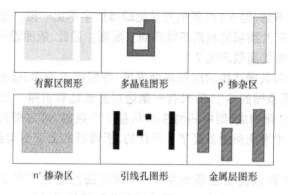

图 2.32　围栅 NMOS 晶体管分层版图

仔细查看图 2.32 和彩图 16 中剖面结构图可以看到,版图图形和实际形成的结构并不完全相同。其原因是实际加工区域的图形是由已加工的工艺层图形和当前版图图形共同定义的。例如,NMOS 晶体管的源漏区形成就是由有源区图形、多晶硅图形和 n^+ 版图图形共同定义的。从这个例子也说明了版图设计者必须了解工艺,理解工艺效果,只有这样,当你去设计一个图形的时候,你的脑子就会呈现一个器件的立体结构,进一步你会想到在这个器件中电流是如何流动的,设计图形时如何适应电流流动的需要。

对于上述的简单版图,设计者还需要了解有源区和 p^+ 图形、n^+ 图形的关系。如前所述,有源区是指将来要制作晶体管、掺杂条(低电阻掺杂区)、接触电极等的区域,有源区之外是场区即厚氧区。因此,有源区只是界定了区域,并没有区分哪些是 p 型区,哪些是 n 型区。为了实现选择掺杂,还需要界定 p 区和 n 区,这样的界定就需要单独的版图,彩色插页中彩图 12 中 n^+ 掺杂采用了 p^+ 图形的反板也具有同样的区域界定功能。为了防止光刻套准时的误差导致掺杂区域的偏离,p^+、n^+ 版图比有源区图形要稍大一些,保证在允许的误差内,相关的有源区全部被有效掺杂。图 2.33 显示了 p^+ 版图套有源区版图和 n^+ 版图套有源区版图的示例,至于应该覆盖多少因各工艺线而不同,具体参数由设计规则规定。关于设计规则的问题在第 3 章中将有详述。

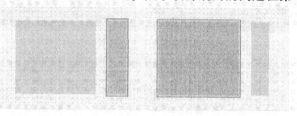

图 2.33　p^+ 图形和 n^+ 图形对有源区的覆盖

另一个需要注意的问题是衬底(B)的引出。在衬底引出区采用与衬底同类型的掺杂,p 型衬底采用 p^+ 掺杂,n 型衬底采用 n^+ 掺杂,采用重掺杂是为了形成低电阻接触(称为欧姆接触)。当设计电路版图时,因为衬底(阱区)的面积相对器件而言要大得多,通常又不需要在设计每个晶体管同时,设计一个衬底(阱区)引出图形,这样就非常容易忘记设计这些图形。另一方面,为防止 CMOS 结构中的可控硅效应(栓锁效应),衬底(阱区)电引出又是十分重要的,因此,需要提醒设计者的是必须时时关注衬底(阱区)电引出图形的设计。

2.4.2　大尺寸 MOSFET 的版图设计

1. S/D 区共用

观察彩色插页中彩图 16 中的三种 NMOS 版图,细心的读者可能会发现从图(a)到图(c)版图的总面积增加了一倍不到,但 MOS 管的宽长比却增加了不止一倍。毫无疑问,如果面积没有增加,但宽长比增加了,芯片面积的利用率就得到了提高。因此,版图设计者会思考,我们采用什么样的器件版图结构能够提高效率呢?

仔细比较围栅结构和条栅结构的版图将会发现,在围栅结构中,被栅图形围住的 S/D 区四边都对宽长比有贡献,而条栅的 S/D 区只有一条边对宽长比有贡献。如果将围栅看成是由上、下、左、右 4 个条栅 MOS 管构成,则中间的 S/D 区被 4 个条栅 MOS 管所共用,这就不难理解为什么围栅结构的面积利用率比条栅要高了。同样的,折弯栅的上下凹型结构也形成了对应左右栅的 S/D 共用。

采用 S/D 共用除了可以提高面积利用率外,对电路性能会有什么影响呢?以围栅结构 MOS 晶体管为例,读者可以发现两块 S/D 区的面积是不同的,外围的 S/D 区面积数倍于中间的 S/D 区。众所周知,任何 pn 结都存在电容,在电路中,这些电容成为影响寄生延迟的重要器件。pn 结面积越大,寄生电容也越大。MOS 器件源和漏是可以选择的,当出现这样不对称结构时,选择面积小的区域作为输出端,显然可以有效地减小寄生的影响。由此可见,设计师在画版图的同时,还必须同步地考虑电路问题。作为一个从事 VLSI 设计的人,工艺知识、版图知识和电路知识缺一不可。

在多晶体管结构的电路中,S/D 共用可以是源区共用、漏区共用,也可以是源漏共用,适当地构造共用结构可以有效地提高面积利用率,提高电路性能。在后续章节中会陆续地对相应的共用结构加以介绍。

2. 并联 MOS 管结构

不论是条栅结构还是折弯栅结构,单一栅条的长度(实际上是 MOS 管的沟道宽度)都不能无限制的增加,当设计足够大宽长比的 MOS 晶体管时,必须考虑工艺的限制,以及由多晶硅栅所产生的寄生电阻的影响。图 2.34 所示为两个大尺寸 MOS 管版图的假想结构,之所以称为假想结构是因为这样的结构实际上很少采用。为突出主要问题,这里没有画出衬底接触图形。

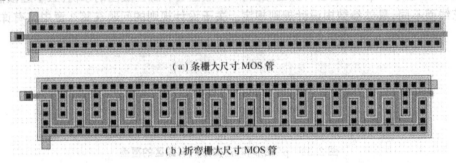

（a）条栅大尺寸 MOS 管

（b）折弯栅大尺寸 MOS 管

图 2.34　大尺寸 MOS 晶体管假想图

这样的结构有什么问题呢?

在 MOS 器件结构中,由栅电容和寄生电阻所决定的时间常数 RC 将产生信号的延迟。MOS 器件是以电荷感应方式工作的,因此栅电容是无法去除的。对于特定的工艺,栅电容也不可能减小。不考虑栅源覆盖和栅漏覆盖电容,栅电容等于 $C_{ox} \cdot W \cdot L$,其中,C_{ox} 是单位面积栅电容,$W \cdot L$ 乘积是沟道区面积。那么,寄生电阻是多大呢?寄生电阻大致等于 $R_S \cdot (W/L)$,其中,R_S 为薄层电阻,由多晶硅栅材料的掺杂浓度所决定的单位面积电阻值,单位为 $\Omega/\square$,R_S 又被称为方块电阻。(W/L) 是 MOS 晶体管的宽长比。显然,对于图 2.34 所示结构,器件的宽长比越大,寄生电阻越大。因此,图中所示的两个结构都存在寄生电阻 R 过大的问题。寄生电阻是否可以减小呢?减小 R_S 可以减小寄生电阻,但是,因为最高掺杂浓度是有限的,因此减小 R_S 受到工艺的限制。

适当的版图设计可以有效地降低寄生电阻。

以条栅结构为例来说明如何设计。首先沿着长度方向将大尺寸的 MOS 管拆分为几个小尺寸的 MOS 晶体管并加以并联,因为并联,MOS 管的总宽长比并未改变,如图 2.35 所示。

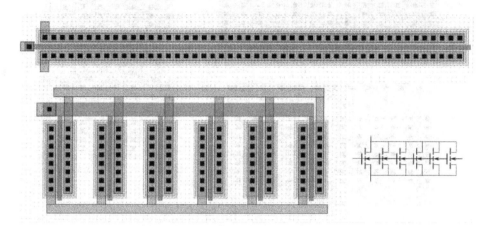

图 2.35　拆分大尺寸晶体管为小晶体管并实现并联

从图 2.35 可以看到,拆分并联后的晶体管所占面积严重膨胀。将偶数位晶体管左右翻转并采用共用源区和漏区的技术,即将具有相同连接关系的源区(或漏区)合并,面积得到了大幅度的压缩,如图 2.36 所示。那么,哪个做输出呢?显然,一个引出电极是三块 pn 结,一个是四块 pn 结,电容是不同的。

在图 2.36 所示的改进设计中,由于每一条栅的长度只有原来的 $1/6$,因此,如果不考虑连接各栅条的宽多晶硅上的电阻,每条栅的寄生电阻只有原来的 $1/6$。

如果要求的 MOS 管宽长比更大,如图 2.37 所示,这里给出了宽长比增加一倍的 MOS 管,是否能够一直并联下去而没有新的设计问题呢?

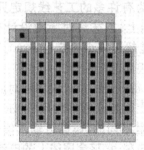

图 2.36　紧凑形式

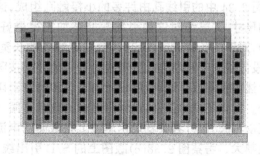

图 2.37　尺寸更大的 MOS 管

有两个重要的问题应予考虑。其一是中间连接栅的多晶硅引线串联电阻,其二是"天线效应"的影响。所谓"天线效应"是指在采用反应离子刻蚀(RIE)多晶硅的过程中,多晶硅"感知"反应腔内的高电场并积累电荷的情况。多晶硅面积越大,积累的电荷越多。这些积累的电荷在栅电容上产生很大的电压,一旦积累电荷产生的电压值超过了栅氧化层的耐压值,就将使得栅氧化层被击穿,引起器件失效。图 2.38 给出了三个版图设计形式,用于改进设计。

图(a)通过在多晶硅引线上设计引线接触孔并覆盖金属的方法,短路了多晶硅引线,使得寄生电阻大大减小,可以认为其引线电阻几乎为 0,各个硅栅上的信号几乎同时到达。

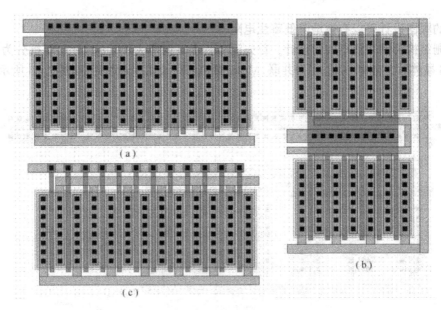

图 2.38　设计改进

但是,这样的结构随着并联晶体管数量的增加,横向尺寸将越来越大,工艺参数沿横向的误差将导致左边的晶体管和右边的晶体管参数发生差异,例如,栅氧化层厚度的差异将导致各并联 MOS 器件的阈值电压产生差别。将并联的 MOS 晶体管的一半折过来,形成(b)图所示结构,显然,横向尺寸减小了,工艺误差的影响减弱了。

图(c)和图(a)的不同之处在于将多晶硅引线去除了,取而代之的是以各并联 MOS 管的栅单独引出,再用金属线加以连接形成大尺寸 MOS 管。这样设计的目的是将大块的多晶硅分割成小的多晶硅块,有效地克服了"天线效应"的影响。

条栅结构的大尺寸 MOS 管经过这样一步步地改进,设计逐渐被优化。细心的读者也可能会发现,图 2.34 中的引线孔由许多的小接触孔组成,这是因为有许多的工艺线规定只能有一种引线孔的尺寸,工艺线对这种引线孔能够加工得最好。实际上,工艺线对版图设计有许多"规矩",例如,对于细长的线条,工艺线会规定线条的长宽比不能超过某个设定,如 300。这些规定将通过"设计规则"予以描述,版图设计者必须严格按照设计规则进行设计。

从上述内容可以了解,版图设计与工艺和电路密切相关,每一步的设计改动都对应了一个具体的目的。针对不同的器件,设计者考虑的重点不同,例如,上面所介绍的大尺寸 MOS 管,如果从电流流动考虑,设计者会发现金属线上各截面的电流密度是不同的,越靠近输入信号接入处,电流密度越大。考察图 2.38(c)版图上的 S/D 引出线,自左向右,水平金属线上的电流密度越来越大。显然,这是因为靠近左端电流仅是一个小 MOS 管的电流,而最右端的水平线上电流是所有并联管子的电流。因为所有金属材料都有最大电流密度的限制,超过这个限制,金属线就将被"烧断",这个特性是由所用材料属性所决定的。如果希望电流密度各处相近,则自左向右水平线应该越来越宽。

版图设计是牵涉许多方面的科学与技术问题,希望读者能够从中体会版图设计的"奥秘"。

版图设计依据主要有三个方面:基本版图形式、工艺规定和性能改善。读者可以重新阅读上面的描述,去用心体会这三个方面。

以上是对于条栅大尺寸 MOS 管版图结构的设计,那么,对于折弯栅结构是否也有类似的方法呢?回答是肯定的。图 2.39 所示为并联形式的折弯栅结构版图,关于折弯栅其他的设计改进,读者可以举一反三。

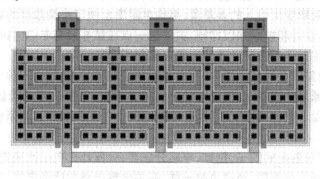

图 2.39　并联形式的折弯栅 MOS 器件版图示例

以上所列举的示例都是单层金属布线的结构,如果采用多层金属布线,则布线的灵活性将大大改善,当然,仍然有一系列的规则必须遵守。

2.4.3　失配与匹配设计

1. 误差

版图设计是严谨的,所有尺寸都是经过严格计算的。由于加工过程所产生的各种误差,导致实际得到的尺寸与设计尺寸有偏差,因此,在版图设计中还必须考虑将产生的误差,采取预补偿方式进行处理。举例而言,由于光刻胶的胀缩问题,线条宽度会发生变化,假设有 $0.1\mu m$ 的胀缩量,则在设计版图时就必须预补偿这 $0.1\mu m$ 的误差。如果光刻胶的胀缩导致线条变细,设计尺寸就要适当放大,反之则缩小。

除了工艺影响外,还有一些寄生效应也需要在版图设计中加以抑制。例如,为防止 CMOS 结构中的寄生可控硅,版图设计中就必须加入隔离条(伪电极)或隔离环等防止可控硅触发的结构。关于这部分内容参见第 5 章相关介绍。这里举一个减小寄生效应影响的例子,希望读者能够通过这个例子理解如何在设计中使用技巧来解决问题。

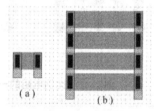

图 2.40　小电阻设计

假设需要设计一个多晶硅小电阻。图 2.40(a)显示了该电阻的版图。从图中可以看到实际电阻应该由三部分组成:两孔间区域的电阻 R_T,左边金属线和多晶硅的接触电阻,右边金属线和多晶硅的接触电阻。假设两边的接触电阻大小相等,以 R_J 表示,则实际电阻等于 $R_T + 2R_J$。

因为设计的电阻阻值本身就很小,因此,接触引入的电阻就导致较大的误差。图(b)采用 4个电阻并联来实现高精度的小电阻。每个并联的电阻阻值是原来电阻阻值的 4 倍,因为接触区结构和尺寸没有变化,因此接触电阻还是 R_J。这时的每个电阻阻值等于 $4R_T + 2R_J$,并联后的电阻阻值等于 $(4R_T + 2R_J)/4$,即实际得到的电阻阻值为 $R_T + R_J/2$,误差被缩小到原来的 1/4。当然,这样设计的结果是以牺牲面积和增加寄生电容而得到的,这就是设计者应该考虑的综合问题。这个例子是要说明通过版图设计和结构设计,可以解决主要问题。这里的主要问题是电阻精度。除了接触电阻问题,R_T 自身也有误差问题,就一般电阻而言,相对误差 $\Delta R/R$ 可以用下式表示

$$\frac{\Delta R}{R} = \frac{\Delta W}{W} + \frac{\Delta L}{L} + \frac{\Delta \bar{\rho}}{\bar{\rho}} \tag{2.17}$$

式中,右边第一项是电阻条宽度变化引入的误差量,第二项是电阻条长度变化引入的误差量,第三项是平均电阻率变化引入的误差量,平均电阻率反映了掺杂浓度的变化。根据上述的表达式可以采用适当的设计和技术加以抑制,关于这一点在第 8 章有专门的讨论。

类似的,电容的相对误差由尺寸误差和厚度误差所表征。

以上所讨论的误差都是可以预知的,而有些误差是随机的,表现出一种分布关系。例如掺杂浓度的误差,氧化层厚度的误差,几何尺寸的误差等,它们往往是位置的函数。对于电路中要求匹配的器件,相对于单个器件,位置关系的影响就比较大了。由加工过程所引入的器件不匹配称为失配。

电路中有许多要求匹配的例子,例如,电阻分压器,分压比由电阻比决定;差分放大器的输入对管和负载,要求对管完全相同,负载也是一样;开关电容电路的比例电容,它们的比例关系决定了滤波器的截止频率等。

2. 比例电阻和比例电容的版图结构

在模拟集成电路中经常采用比例电阻和比例电容的结构进行设计,这时,电路的电特性主要与比例精度有关,而与单个电阻或电容的绝对值精度呈弱函数关系。在版图设计上,这些比例电阻和比例电容常采用矩阵连接结构,以减小比例误差。

(1) 比例电阻版图结构

假设,需要设计一对比例电阻 R_1 和 R_2,R_1 和 R_2 的比值为 1:4。图 2.41(a)和(b)所示为两种设计结构(本例未考虑如何引出的问题,若考虑引出,最简单的方法就是调整电阻间距以保证引线可以从电阻间引出,以下同)。其共同点是以单位电阻 R 为基本电阻,通过多个这样的电阻串联构成大电阻。单位电阻阻值为两个电阻阻值的公约数。因为 R_1 是小电阻,因此,以 R_1 为基本电阻 R,通过将 4 个同样的电阻串联构成 R_2。

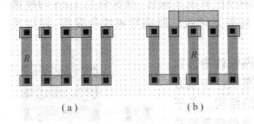

图 2.41 比例电阻的一维矩阵形式

假设,因为工艺的误差导致每个 R 产生了相同的误差 ΔR。因为 R_2 是 4 个 R_1 串联而成,因此,$\Delta R_2 = 4\Delta R$,这时,两个电阻的比例值为

$$\frac{R_2'}{R_1'} = \frac{R_2 + 4\Delta R}{R_1 + \Delta R} = \frac{4R + 4\Delta R}{R + \Delta R} = \frac{4}{1}$$

仍保持了比例不变。并且图(a)和图(b)结果相同。但是,如果每个电阻产生的误差与位置有关,假设是一维线性误差,即从左向右,依次产生 ΔR、$2\Delta R$、$3\Delta R$、$4\Delta R$ 和 $5\Delta R$,则图(a)和图(b)结构的比值将出现差异。

对于图(a)结构,有

$$\frac{R_2'}{R_1'} = \frac{R_2 + 14\Delta R}{R_1 + \Delta R} = \frac{4R + 14\Delta R}{R + \Delta R} \neq \frac{4}{1}$$

对于图(b)结构,有

$$\frac{R_2'}{R_1'} = \frac{R_2 + 12\Delta R}{R_1 + 3\Delta R} = \frac{4R + 12\Delta R}{R + 3\Delta R} = \frac{4(R + 3\Delta R)}{R + 3\Delta R} = \frac{4}{1}$$

显然,这时设计问题不仅仅是采用一维矩阵电阻问题,还必须考虑布局的问题。

如果比例不是一个整数,如 10/3,这时可以采用 1 为单位,小电阻用 3 个单位电阻串联,大电阻用 10 个电阻串联。同样的,如果工艺误差是一维线性误差,如何布局仍是以比例保持不变为原则,但这时可能会出现多个布局的情况。图 2.42 所示为一个简单的设计方案。

$$\frac{R_2'}{R_1'}=\frac{R_2+70\Delta R}{R_1+21\Delta R}=\frac{10R+70\Delta R}{3R+21\Delta R}=\frac{10(R+7\Delta R)}{3(R+7\Delta R)}=\frac{10}{3}$$

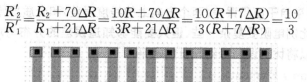

图 2.42　10/3 比例电阻版图结构

（2）比例电容版图结构

和比例电阻相类似,比例电容也采用矩阵结构,大电容采用小电容并联方式实现,同样的,也需要选择单位电容。这里以下电极为 n^+ 掺杂区（p 型衬底）,介质层为二氧化硅、上电极为金属的平板电容结构为例说明。

图 2.43 所示为两种比例电容的版图结构示例,图中共有 9 个单位电容 C,通过并联实现比例为 $C_2:C_1=7:2$ 的比例电容结构,即 $C_2=7C$,$C_1=2C$。和比例电阻情况类似,如果每个电容都产生相同的误差 ΔC,则图(a)和图(b)的实际电容比例均为

$$\frac{C_2'}{C_1'}=\frac{C_2+7\Delta C}{C_1+2\Delta C}=\frac{7C+7\Delta C}{2C+2\Delta C}=\frac{7(C+\Delta C)}{2(C+\Delta C)}=\frac{7}{2}$$

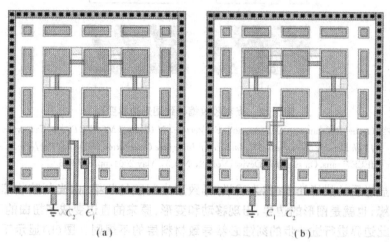

图 2.43　比例电容版图结构

仍保持要求的比例,但如果存在二维线性误差,假设误差分布为

$1\Delta C$	$2\Delta C$	$3\Delta C$
$2\Delta C$	$3\Delta C$	$4\Delta C$
$3\Delta C$	$4\Delta C$	$5\Delta C$

这时的图(a)比例将变为

$$\frac{C_2'}{C_1'}=\frac{C_2+20\Delta C}{C_1+7\Delta C}=\frac{7C+20\Delta C}{2C+7\Delta C}\neq\frac{7}{2}$$

再考察图(b),其实际电容比例

$$\frac{C_2'}{C_1'}=\frac{C_2+21\Delta C}{C_1+6\Delta C}=\frac{7C+21\Delta C}{2C+6\Delta C}=\frac{7(C+3\Delta C)}{2(C+3\Delta C)}=\frac{7}{2}$$

保持了要求的比例值。当然,也有多种布局方案。

电容的误差主要来自于面积误差(两个方向上的线度误差)和介质层厚度误差。因为非线性关系,因此情况较之比例电阻要复杂一些,但只要能够知道误差的分布与增减量关系,通过适当的布局与设计,都可以将比例误差降到较低的水平。

(3) **伪元件**(Dummy Element)

伪元件,顾名思义,它们不是真实应用的元件。从图 2.43 可以看出,在实际需要的 9 个单位电容外,在单位电容矩阵的四周还有一些没有被连接的小电容。这些小电容中的大部分和相邻单位电容的相对边具有同样的边长,它们和相邻电容的间距也都采用了电容矩阵的间距尺寸。因为这些电容并没有实际的应用,因此,它们是伪电容。除了伪电容之外,常用的伪元件还有伪电阻和伪晶体管。

设计伪元件的主要目的是为了使内部与边缘器件具有相同的周边环境。由于工艺加工的原因,在阵列结构的元件中,不论是一维阵列或是二维阵列,边缘的元件和中间的元件都存在着失配。

图 2.44 所示为因为光刻胶收缩导致图形边界处出现收缩与扭曲的情况。

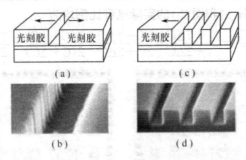

图 2.44　光刻胶收缩导致图形边界变形

参考:Goebel B、Schumann D、Bertagnolli E,*"Vertical N-Channel MOSFETs for Extremely High Density Memories: The Impact of Interface Orientation on Device Performance"*,IEEE Trans. On Electron Device,Vol 48,NO. 5,May 2001,pp. 897-906

因为光刻显影后的烘烤处理(称为后烘)导致了光刻胶的收缩,由光刻胶收缩所产生牵扯使得光刻胶的边缘,也就是图形的边界,出现移动和变形,原来的直边变成了扭曲的不规则形貌,如图(a)所示,以此边界进行进一步的刻蚀必然导致材料层的不规则。图(b)显示了这种情况下的刻蚀结果,各向异性的干法刻蚀产生的这种情况比较突出。当图形外部光刻胶的面积远大于光刻胶厚度的时候,变形情况愈加严重。图(c)显示了这样的差别,左边光刻胶面积较大,收缩变形也大,右边的槽阵列则边界比较清晰,收缩变形小。图(d)显示的刻蚀结果也证明了这一点。由此可见,当加入了伪元件后,保证了中间器件图形的完好性,进而减小了失配。图(c)中左边紧挨着大区域的第一个条是一个伪元件。

基于光刻胶收缩的考虑,在版图设计中是否需要加入伪元件取决于是否存在面积差别很大的相邻图形。因为这些伪元件并不是真正需要应用的元件,它们的牺牲是为了保证所需要的图形质量,因此,它们应该被最小化,从图 2.43 也可以看见这样的设计。

毫无疑问,电阻阵列的设计也可以参考上面矩阵电容的伪元件设计方法。图 2.45 所示为多晶硅条作为电阻的一维阵列版图,在电阻阵列的左右两边各有一个伪电阻。

细心的读者可能会提出这样的问题:多晶硅是突出于表面的结构,在刻蚀多晶硅的过程中,只有留下的多晶硅上有光刻胶并且都是一些小条,没有大面积图形和小面积图形的差异,光刻胶的收缩应该不会对图形产生明显的影响,为什么还要设计伪电阻呢?

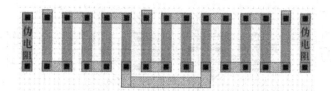

图 2.45　加入了伪电阻的一维电阻矩阵

这里的原因是在干法刻蚀多晶硅时,大面积刻蚀的速度和小区域刻蚀的速度存在一定的差异,显然,多晶硅条间的面积远小于阵列外面的面积,正是刻蚀速度的差异导致了最外边的条和中间的条之间的失配。设计了伪元件后保证了中间多晶硅条刻蚀的一致性。当然,为了节约面积,伪元件可以不开孔和盖铝。

归结而言,为了给阵列中各有效单元构造一个相同的周围环境,可以采用伪元件,虽然增加了芯片面积,但减小了器件间的失配。

3. MOS 器件的失配问题

在电路设计中所考虑的重点是电特性,是器件的尺寸。在设计中经常要求器件之间应满足某种配合关系。例如,要求两个 MOS 管匹配,两个 MOS 管宽长比成比例等。电路设计师从电路设计的角度提出匹配要求,版图设计师则需要通过 MOS 管的匹配设计来实现电路的要求。

在版图设计中要细致地解决两个方面的问题:总体布局问题和器件的个体或匹配体的设计问题。

在版图布局中必须考虑器件分布方式对电路性能的影响。例如,因大电流工作的器件发热而导致芯片上的热分布问题,这种热分布将导致具体器件个体工作环境上的差异。另外,在布局中还必须考虑电源、地线的分布,以及衬底电接触的分布问题,不恰当的分布将引入对电源或地线的串联寄生电阻。除此之外,布局还必须考虑信号的传输关系,器件与器件、器件与单元、单元与单元之间的连接度强弱问题等。

器件个体或匹配体的版图设计问题是要解决具体器件在形状、方向、连接以及匹配器件在相对位置、方向等方面的问题。因为工艺与材料特性等方面的原因,几何形状和尺寸相同的器件在制作完成后并不一定完全相同,也就是说,工艺过程将引入器件的失配和误差。因此,在个体器件和匹配体器件的版图设计中必须充分考虑失配和误差问题,通过版图设计避免或减小失配或(和)误差。

关于单个器件的误差和设计考虑在前面介绍大尺寸器件时已进行了讨论,下面将重点讨论具有关联关系的两个 MOS 器件版图设计中的问题。

(1) 简单 MOS 对管的失配分析与匹配设计

所谓对管是指一对性能完全相同且具有密切关系的 MOS 管。密切关系由电路设计来实现,性能完全相同则由器件参数设计和版图设计来实现。在这里,我们讨论关于版图设计的问题。

MOS 对管的版图设计不但要求尺寸完全相同,还要求管子的各层版图形状相同,版层之间相对位置相同,两管布局位置对称,方向一致。但即使做到了这些要求,由于实际制作完成的 MOS 管并不一定和版图上的 MOS 管完全一致,还将引起配对 MOS 器件的失配,进而引起电路性能的劣化。

首先以简单版图形式的 MOS 差分对管结构为例讨论失配问题。图 2.46 所示为 MOS 差分对管的电路图和三种示意版图形式,现分别加以讨论。

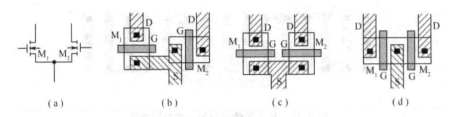

图 2.46　MOS 差分对管的版图分布形式

从图上可以看到,每个管子的结构、形状是完全相同的。本图被用于说明什么是布局位置对称、方向一致的问题。图(b)中的两个 MOS 管是以不同的方向放置的,因为图形转移(光刻和刻蚀)过程和硅片处理过程往往在不同方向上存在差异,这样的放置方式将导致较大的失配,要求匹配的 MOS 管以这种方式放置是不合适的。图(c)和图(d)的两个 MOS 管是并列放置的,完全符合布局对称的原则,但仔细分析可以发现图(d)中两个 MOS 管的方向并不一致。M_1 管是左为漏,右为源;M_2 管则是左为源,右为漏。

当今的半导体掺杂工艺以离子注入掺杂方法为主,在离子注入工艺中,为了避免管道效应,离子束注入的方向并不是完全垂直于硅表面,而是有一个约 7°的倾角,正是因为这个注入倾角,导致了多晶硅栅所形成的"阴影",如图 2.47(a)所示(为说明问题,图中对倾角做了夸张处理)。经过后期的热处理工艺,形成了图(b)所示的不对称源漏结构,栅对左右两块源漏区的覆盖是不相同的,这将导致差分对的失配。

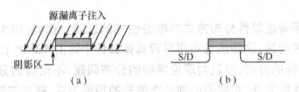

图 2.47　倾角引起的注入阴影

由此可见,图(d)所示的版图采用了共用源区的结构,所以,当存在注入倾角所产生的阴影时,一个位于漏区,一个位于源区,使两个器件失配。从这个角度出发,图(c)结构的失配小于图(d)所示的结构。

当然,如果采用热扩散掺杂技术,则不存在上面所述的问题,图(d)由于采用共用源区结构,其面积利用率将优于图(c)所示结构。

对于较大尺寸的对管,由于工艺在一维或二维方向上的误差,也将导致器件的失配。图 2.48(a)给出了一对采用两个叉指的差分对版图结构示意图。

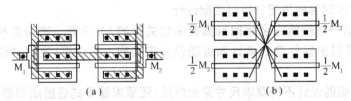

图 2.48　两个叉指的差分对管版图

查看图(a)可以看到因为每个 MOS 管由两个管子并联而成,采用了源区共用,注入倾角一个影响源区,一个影响漏区。而左右 MOS 对管的情况是相同的,因此,虽然注入倾角将引起误差,但两管误差相同,失配很小。

当沿着水平方向存在工艺误差(如掺杂浓度的误差,栅氧化层厚度的误差等)时,左右两个

MOS管将存在失配。除了减小工艺误差的技术手段外,版图设计上可以采用"同心布局"的结构。将每个MOS管拆成两个半MOS管(两个$M_{1/2}$和两个$M_{2/2}$),然后交叉放置,如图2.48(b)所示。这样,M_1和M_2均匀地承担了两个方向上的工艺误差,使M_1和M_2匹配。图中用直线表示了两个半MOS管的源、栅、漏的连接关系。

(2) 大尺寸MOS对管的失配分析与匹配设计

当MOS对管的宽长比设计得较大时,采用同心布局的形式布线难度将大大增加,在许多设计中采用一维布局方式。因为MOS管的尺寸比较大,因此,应采用小尺寸MOS管并联构成大尺寸MOS管的形式。显然,因为有两个MOS管,组合构造这两个MOS管时考虑的情况和单管的设计不同。这时主要考虑工艺的一维误差在两个管子上的分布与影响,例如,在水平方向上存在栅氧化层厚度的误差,这将导致相邻MOS器件的单位面积栅电容C_{ox}的误差,进而导致与栅电容相关的电参数的变化。

假设单位面积栅电容的误差在水平方向是线性的,即自左向右线性增加,如图2.49所示。这里假设MOS对管的每一个由两个小管子并联而成。

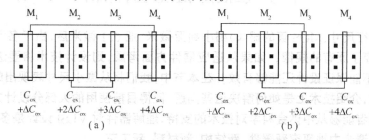

图2.49 一维交叉耦合

在连接时有多种方案,对应的误差是各不相同的,图2.49中给出了两种方式加以说明。图(a)将M_1和M_4连接,并联构成一个MOS管,将M_2和M_3连接构成另一个MOS管;图(b)则是将M_1、M_3连接,M_2、M_4连接。下面来分析栅电容的误差,假设每个MOS管的栅面积为A,则

图(a)中M_1、M_4连接构成的MOS管栅电容等于

$$A \cdot (C_{ox} + \Delta C_{ox}) + A \cdot (C_{ox} + 4 \cdot \Delta C_{ox}) = 2A \cdot C_{ox} + 5A \cdot \Delta C_{ox}$$

M_2、M_3相连构成的MOS管的栅电容为

$$A \cdot (C_{ox} + 2 \cdot \Delta C_{ox}) + A \cdot (C_{ox} + 3 \cdot \Delta C_{ox}) = 2A \cdot C_{ox} + 5A \cdot \Delta C_{ox}$$

这两种MOS管的连接方式得到的栅电容是相等的。

对于图(b),M_1、M_3连接构成的MOS管的栅电容等于

$$A \cdot (C_{ox} + \Delta C_{ox}) + A \cdot (C_{ox} + 3 \cdot \Delta C_{ox}) =$$
$$2A \cdot C_{ox} + 4A \cdot \Delta C_{ox}$$

而M_2、M_4相连接构成的MOS管的栅电容则为

$$A \cdot (C_{ox} + 2 \cdot \Delta C_{ox}) + A \cdot (C_{ox} + 4 \cdot \Delta C_{ox}) =$$
$$2A \cdot C_{ox} + 6A \cdot \Delta C_{ox}$$

显然,这两组连接的栅电容是不相等的。由此可见,图(a)所示结构优于图(b)结构。

根据此原理,图2.50所示为多个管子并联时的版图。这样的设计方案有效地克服了注入倾角和一维工艺线性误差的影响。但是,这个版图仍有缺陷,还存在匹配上的问题,请读者仔细分析,看看是什么问题。

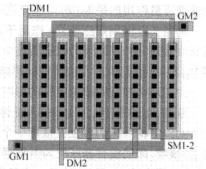

图2.50 大尺寸MOS对管版图

对于其他的工艺误差也可以进行类似的分析，其分析原理是相同的，这里不再一一列举。

上面的这些例子再次说明了设计版图、布局版图和工艺及工艺误差密切相关。从事版图设计的工程师一定要了解工艺，理解工艺对设计的影响。

以上关于版图设计的讨论是围绕器件个体的设计进行的，这些技术主要被用于 MOS 模拟单元的设计、输入/输出单元、单元库单元的设计优化，以及其他对单个器件或配对器件有要求的应用场合。在 VLSI 系统设计中，所广泛采用的版图设计技术重点是规则性和一致性，那里关注的重点是 CAD/DA 的可应用性。具体的设计问题我们将在第 4、第 5 章中进行介绍，那些版图相对于本节介绍的内容要简单得多。

请读者牢记的是，无论版图结构如何复杂，每个 MOS 管一定有 4 个极和相对应的掺杂区。从基本版图出发，通过逐渐地理解版图设计背后的问题，将能够实现从模仿设计到自主设计的跃迁。

2.5　发展的 MOS 器件技术

当器件的特征尺寸（MOS 管的栅长）缩小到亚微米、亚 0.1 微米后，由于各种物理效应的显现，器件特性偏离了原有的规律。如果从适应器件方面考虑，则设计技术将要进行一系列的变革，即使这样也不能保证设计还能够有效。在本节中，我们将从微小尺寸表现出的主要问题和对设计的影响出发，介绍技术上是如何解决这些问题，使得目前使用的大部分设计方法仍然能够延续下去。希望读者能够从中体会科学对技术的支持，理解器件对 VLSI 设计是多么的重要，理解科学家为什么不遗余力地研究新器件、新结构、新材料、新工艺。

2.5.1　物理效应对器件特性的影响

在集成 MOS 器件中，物理效应通过两种主要的机制对器件特性产生影响：作用和寄生。在 VLSI 中，"作用"主要在两种情况下发生：工作条件变化，器件尺寸缩小。这些"作用"伴生于器件实际存在，但在某些工作条件下或者在大尺度器件中，这些"作用"的影响没有决定性的意义，或者说不显著。寄生则是由器件物理结构所决定的非主导性结构，以及由这些结构所产生的影响。

在本章的 2.1 节实际已经介绍了常规器件的两个主要二级效应：衬底偏置效应和沟道长度调制效应。这两个效应都通过作用对器件特性产生影响。

衬偏效应是因为 V_{BS} 不为零导致衬底耗尽层电荷数量的改变，进而作用到沟道电荷数量，外在的表现为沟道导电水平的变化。表征 V_{BS} 的直流量作用的是 MOS 器件的阈值电压改变，表征衬偏交流量作用的是 MOS 沟道交流电阻的变化。

沟道长度调制效应是 V_{DS} 作用于漏端使沟道夹断，并进而使夹断点向源端移动，导致有效沟道长度变短。外在表现为伏安特性中的饱和区电流不再饱和，对电路直流特性的影响是工作点随 V_{DS} 改变而改变，对交流特性的影响是饱和区交流电阻减小。

上述两个效应对模拟电路的影响比较大，因此在数字系统中通常忽略它们的影响。

观察 MOS 器件，可以看到器件源、衬底、漏的横向结构是一个 PNP（PMOS）或 NPN（NMOS）结构。它们看上去很像一个双极型晶体管，可以想象，如果中间的 n(p) 区（对应沟道长度 L）很窄，即使没有栅压使沟道导通，一定大小的 V_{DS} 也将导致两个 pn 结之间穿通，产生电流（称为穿通电流）。显然，这是一定尺度下寄生结构所产生的作用。从这个例子可以体会到：尺寸的缩小使原本彼此独立的结构发生了联系。直接的影响是漏电增加，原来 CMOS 电路的静态电流几乎为 0 的优点受到了挑战。增大尺寸似乎可以解决,但是,问题恰恰在于我们正在努力地追求缩小尺寸。VLSI 发展到当今,尺寸的不断缩小起到了决定性的作用。

查看彩图 3 所示的 CMOS 剖面结构,水平方向存在着 PNPN 的四层三结结构。图 2.51(a)给出了 CMOS 剖面结构及等效电路连接关系,图(b)则是整理后的电路图,图(b)中两个 MOS 管的漏极没有连接起来,为的是说明即使不是倒相器,CMOS 的这种寄生结构仍然存在。

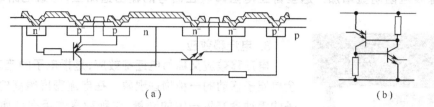

（a）　　　　　　　　　　　（b）

图 2.51　CMOS 寄生晶闸管结构

该结构是一个典型的晶闸管器件结构,由其电路表示可见,两个双极晶体管处于互锁状态。这种互锁有两种情况:两管不能互相提供电流情况和可以互相提供电流情况。不论何种原因,只要任何一个晶体管导通,就必然给另一个晶体管提供电流和维持导通的电压。例如,左上的 PNP 管因某种原因导通,它的集电极电流将在左边的电阻上产生足够使 NPN 管发射结导通的正向偏置电压,由 NPN 集电极所产生的电流又维持了 PNP 的发射结正向偏置,即使当初触发 PNP 导通的条件消失,因为互锁,两管仍能够维持导通状态,左右两条通路的导通电流足以损坏 CMOS 电路。

正常的工作情况下,这个可控硅是不导通的。因为 PMOS 源漏和 n 阱之间的反偏 pn 结电流非常小,在阱寄生电阻上所产生的压降达不到 PNP 发射结所要求的正向偏置电压;同样的情况也发生在 NPN 管上,截止的晶体管仿佛使另一个晶体管的基极开路了。如果 n 阱足够深,同时 n 阱边缘到阱内 p 区距离足够大,相当于双极型晶体管的基区足够厚,超过了载流子的扩散长度,从发射区扩散到基区的载流子在未到达集电结之前就全部被复合了,也就不存在三极管效应。由此可见,寄生是在一定条件下工作的结构。

随着器件特征尺寸越来越小,达到亚微米、亚 0.1 微米后,许多物理效应越来越多地影响器件的特性,导致系统性能劣化。主要的物理效应包括:短沟道效应、浅结效应、电迁移效应、寄生分布、关态沟道泄漏电流、栅泄漏电流等。在本书中不对每一个二级效应的形成机制或作用原理进行详细的讨论,只简要阐述这些效应现象,以及它们将对电路或系统产生哪些严重的后果。

1. 短沟道效应

顾名思义,短沟道效应是伴随 MOS 器件沟道长度不断缩小所出现的现象。毫无疑问,现代 VLSI 技术得益于 MOS 器件特征尺寸的不断缩小,不论是集成规模、工作频率还是开关速度,都随着器件尺寸的缩小而不断得到提升。沟道缩短所带来的问题是器件出现偏离经典理论描述的长沟道特性,这些偏离就是短沟道效应。

对电路系统性能影响较大的包括:MOS 器件阈值电压 V_T 随沟道长度减小而减小,随沟道宽度减小而上升,经典理论则认为 V_T 仅由工艺参数和材料参数决定;饱和漏源电压和饱和漏电流小于长沟道理论值;饱和漏电流与($V_{GS}-V_T$)不呈现平方率关系,近似为线性关系,饱和区跨导近似等于常数;明显地不完全饱和,沟道长度越短,饱和区漏源电导越大;在 V_{BS} 为常数时,有效阈值随 V_{DS} 增加而下降;在一定 V_{GS} 下,亚阈值电流随 V_{DS} 增加而增大等。上述的这些电流、电压特性的变化是短沟道物理效应的外在表现,这些电参的变化直接引起电路或系统的性能变化和不稳定。

2. 浅结效应

VLSI 系统中的 MOS 器件在沟道长度缩短的同时,结深也在不断地缩小。减小结深可以有效地抑制热载流子效应、短沟道效应,减小源漏区的 pn 结电容。

但是,当结深小到一定程度时,由浅结所产生的问题开始显现。当结深变浅后源漏区的横截面变小,源漏电阻明显增加。这些寄生电阻串联在信号的输出通路上,导致电路的时延特性劣化。

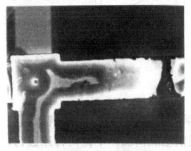

图 2.52　电迁移现象

3. 电迁移效应

电迁移效应又称为电迁徙效应,是指电子的流动所导致的金属原子移动的一种物理现象。在电流密度很高的导体上,电子的流动会产生一定的动量,这种动量作用在金属原子上时,就可能使一些金属原子离开原来的位置,即发生物理位移,结果导致原本光滑的金属导线的表面变得凹凸不平,造成永久性的损害。这种损害是逐渐积累的过程,当这种"凹凸不平"多到一定程度的时候,就会造成内部导线的断路,最终器件失效。

图 2.52 所示为电迁移导致铝条断开的情况。显然,当电源电压没有改变时,随着尺寸的缩小,导线的截面越来越小,电流密度越来越大,设计者受到每微米宽度的电流容量的限制。

4. 寄生分布

寄生分布通常是指寄生分布电阻与寄生分布电容。在集成电路中,任何从绝缘层上通过的导线都存在寄生电阻和寄生电容,寄生电阻是因为导体电阻不可能为零所导致的,寄生电容则由"导线—绝缘层—半导体"构成。

随着尺寸缩小,寄生电阻并没有按比例缩小,为什么呢?

如前所述,电阻大小由 $R_S \cdot (W/L)$ 计算,R_S 为薄层电阻,对一定的材料,其大小变化较小,W 和 L 分别为导线的宽度和长度。当尺寸缩小后,长度和宽度通常按同样的比例缩小,所以 W/L 并没有变化,因此,尺寸的缩小并没有使得寄生电阻明显缩小。

一个典型的例子是多晶硅栅寄生电阻,对宽长比一定的器件而言,寄生电阻并未改变,栅上的延迟时间在总延迟时间中所占的比例随着器件沟道长度的的缩小将加大。

平板电容器采用 $C = A \cdot \dfrac{\varepsilon_0 \cdot \varepsilon_x}{t_{ox}} = A \cdot C_0$ 计算,式中,A 为电容器面积,ε_0 为真空电容率,ε_x 为绝缘层的相对介电常数(微电子领域习惯用 K 表示),t_{ox} 为绝缘层厚度,C_0 为单位面积电容。C_0 大小和工艺与材料参数有关。

显然,导线尺寸的缩小将使寄生电容的面积缩小,但是,绝缘层的厚度也会随着尺寸的缩小而变薄,这将使单位面积的电容增加,因此,面积缩小所得到的效益受到影响。

5. 关态沟道泄漏电流

所谓关态沟道泄漏电流是指当 MOS 器件处于截止态时,在源漏之间存在的电流泄漏,随着沟道尺寸的缩小,关态泄漏电流呈明显上升趋势。直接的结果是系统的静态功耗变大。众所周知,CMOS 电路的一个重要的优良特性是静态功耗极小,但随着尺寸缩小,由泄漏所引起的功耗越来越大,甚至达到可以与动态功耗相比拟的程度。

6. 栅泄漏电流

在 130nm 以前的工艺,由二氧化硅制成的栅极电介质的厚度足以阻挡电子的通过,但当制造工艺发展到 90nm 的时候,栅极电介质的厚度减少到了 1.2nm 左右,仅仅是 5 个原子层的厚度,由于隧道效应,电子可以从其中穿过,带来的后果就是漏电量和发热量的增加。

针对随器件特征尺寸缩小导致的一系列效应,科学界和工业界采取了一系列的技术与措施,正是技术的发展与进步,微电子器件尺寸不断缩小才得以实现。

2.5.2 材料技术

材料技术对微电子器件的发展具有决定性的作用。针对器件尺寸缩小所产生的一系列问题,材料研究人员不断地在工艺中引入新材料或对原有材料进行改进,力求克服因尺寸缩小所产生的问题或减小影响。

1. 硅化物(Silicide)

硅化物是金属与硅结合而成的化合物,所以又称为金属硅化物。这些金属包括 Ti、Pt、W、Ta、Mo、Co、Ni 等。硅化物主要用于降低电阻,分为单晶硅上的硅化物和多晶硅上的硅化物两类。显然,单晶硅上的硅化物可以用于降低浅结源漏区的寄生电阻,多晶硅上的硅化物可以用于降低栅上的寄生电阻,缩小这些区域的相关 RC 延迟。

$0.35\mu m$ 和 $0.25\mu m$ MOS 技术使用 $TiSi_2$ 作为标准的硅化物材料。但 $TiSi_2$ 的问题在于由高电阻的 C^{49} 相形成低电阻的 C^{54} 相的过程与线宽有关。

从 $0.18\mu m$ 技术节点到 $90nm$ 技术节点,Co 因为没有线宽效应,所以取代了 Ti。当器件的尺寸变得越来越小时,高的硅消耗成为 Co 的一个大问题,另一个问题是热处理温度。

从 $65nm$ 节点以后,Ni 因为有更低的硅消耗和热预算,所以普遍认为 Ni 将会取代 Co。但是,NiSi 在高温时不稳定,把 NiSi 集成到整个工艺流程中是先进的 $65nm$ 工艺技术的巨大挑战之一。图 2.53 所示为一个采用 NiSi 材料的器件结构。

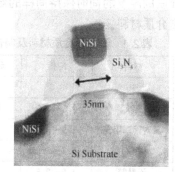

图 2.53 采用 Ni 硅化物的器件结构

参考:http://cpu.intozgc.com/095/95397_6.html, Intel 65nm 工艺实现与 45nm 工艺预览

形成硅化物的工艺技术主要是沉积金属材料和快速热处理(RTP)。

2. 铜互连

铜(Cu)的电流承受能力远大于铝,Cu 作为金属互连导电材料,具有较低的电阻率,室温下为 $1.7\mu\Omega\cdot cm$,小于铝(Al)的 $2.8\mu\Omega\cdot cm$,所以 Cu 作为导线的器件可承受更密集的电路排列,还可以减少所需金属层的数目。此外,Cu 还具有较高的抗电迁移性,因此以 Cu 为导线的器件具有更长的寿命及稳定性。与 Al 互连相比,Cu 金属互连还能改善互连的可靠性,具有功耗小、成本低、速度快以及性能优的竞争优势。

铜工艺与铝工艺完全不同。铝工艺通常是首先将铝沉积成金属薄膜,光刻和蚀刻形成互连。铜工艺是采用嵌入式工艺(damascene process)得到图形化的导线,该工艺得名源自Damascus古老的金属镶嵌技术。加工过程包括以下几步:首先在介质层上利用光刻和各向异性刻蚀形成互连引线沟槽图形;在沟槽中沉积一层薄的阻挡层材料和种子层材料后,再用电镀的方法将金属 Cu 填充到沟槽中;利用化学机械抛光(CMP)将沟槽外的 Cu 磨蚀掉,形成互连线图形。

在多层铜互连布线中,不同铜布线层之间的连接需要进行通孔(Via)填充。通常采用双镶嵌工艺。目前,已可以实现 8 层以上的多层铜布线。

3. 低 K 值材料

毫无疑问，介质材料的介电常数 K 越低，单位面积的电容越小。如前所述，由寄生电阻 R 和层间寄生电容 C 共同产生的 RC 延迟决定着芯片的高速性能。层数越多，RC 延迟越高，芯片不仅难以实现高速度而且会增加能耗。使用电阻率更低的铜代替铝作为互连以及硅化物的应用，可以一定程度地降低 RC 延迟。但在此之后，层与层之间的寄生电容 C 对 RC 延迟就成为主要的影响因素了。众所周知，二氧化硅的 $K \approx 3.9$，因此，研究、应用低 K 值的介电材料一直是研究人员的重要课题。若使用低 K 值材料（如 $K < 3$）作为不同层之间的绝缘介质，延迟特性将得到改善。在 90nm 技术的开发中，通过采用碳掺杂氧化物的方法获得了介电常数为 3.0 的期望目标值，满足了半导体工业在 90nm 与 65nm 工艺技术中对低介电常数的要求。表 2.1 列出了一些研究和应用的低 K 值材料及制备工艺。

4. 高 K 值栅介质

因为栅介质越来越薄，栅泄漏问题日益严重。如果能够提高栅介质的 K 值，则可以在增加栅介质的厚度的同时保持同样的结构属性，它们可以大幅减少漏电流。表 2.2 列出了一些高 K 值栅介质材料。

表 2.1 低 K 值介质材料及制备工艺

材料	K 值	制备工艺
SiF	3.5	PECVD
SiOC	2.5～3.5	PECVD
聚对苯二甲基	1.9～2.7	CVD
HSQ	2.7～3.0	旋涂
干凝胶	1.8～2.5	旋涂

表 2.2 高 K 值栅介质材料

材料	K 值
Si_3N_4	～7
TiO_2	～80
Ta_2O_5	～25
HfO_2	20～30
ZrO_2	20～25

目前的主要问题是在介质层和栅极以及硅衬底之间往往有界面态存在，载流子的迁移率有较大幅度的下降。实际的高介电常数栅介质层 MOSFET 的结构往往比较复杂。既然界面难以避免，所以研究者就考虑特意引入特定的界面层，来避免或者减少界面态，从而得到所谓的堆垛结构，即栅介质由多个材料层堆砌组成。氮被认为可以减少界面态和抑制杂质扩散，所以，在已有的研究中，很多研究者在堆垛层中引入了氮，但浓度需要谨慎控制。

最简单的堆垛结构就是在高介电常数层和硅衬底之间引入一定厚度二氧化硅层，因为二氧化硅和硅的界面结合得非常好，界面态相当低，加上氧化层有一定厚度，隧道电流也不容易发生。

5. 应变硅(Strained Silicon)

Strained Silicon，字面意思是"受到应力的硅"，中文翻译为"应变硅"。基本原理是将硅的晶格拉伸，迫使硅原子的间距加大，这样，就可以减小电子通行所受到的阻碍，使沿拉伸方向运动的电子迁移率提升，电阻减小。在 MOS 器件中，将沟道处的硅做成拉伸的"应变硅"，则当 MOS 管开启时电流就会更顺利地沿着拉伸方向在源极和漏极之间流动，即速度提升。

第一代的应变硅材料利用了锗硅来拉伸硅晶格，如图 2.54 所示。因为锗硅的晶格尺寸和硅的晶格尺寸不同，当两种不同的材料叠层生长后，出现了拉伸应力。实际的应变硅层非常薄（～20nm），所以，晶格拉伸引起硅层应变，如图 2.54(b) 所示。

在世界主要的集成电路生产厂家，已经在 90nm 产品上使用了应变硅技术，电路性能得到了明显的改善。90nm 之后的尺寸节点，如 60nm、45nm 已经将应变硅作为基本的材料。如今实现应变的技术已有了新的突破，不仅从材料技术入手，而且通过器件结构的变化实现应变。

2.5.3 器件结构

除了材料技术外,器件结构也在不断地变化以克服尺寸缩小所代来的问题。在这一段将对结构变化进行介绍,但不对具体的物理原理进行详细地讨论。

1. 短沟道效应抑制

为有效抑制短沟道效应,工程技术人员对器件的杂质分布结构进行了一系列的设计与改进,图2.55 所示是具有抑制短沟道效应的器件剖面结构示意图。

在该结构中,利用 LDD(轻掺杂漏区)降低了漏/衬底附近的峰值电场强度,有效地抑制了热载流子

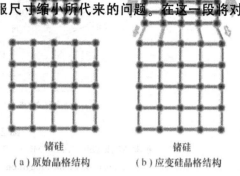

(a)原始晶格结构　　(b)应变硅晶格结构

图 2.54　应变硅原理

效应。LDD 制造的基本工艺过程是:在多晶硅栅完成后,在制作侧墙之前进行一次中等剂量的注入,在侧墙制作完成后,再进行更高剂量的注入。

利用 Halo 注入则可以有效地减弱漏感应势垒降低(DIBL)效应和减小关态沟道泄漏电流。

2. SOI(Silicon on Insulator)技术

SOI 是一种制造微电子器件的材料,通常为硅—二氧化硅—硅叠层结构。在其上制造的CMOS 器件的基本结构如图 2.56 所示。PMOS 和 NMOS 器件之间用介质(如 SiO_2)进行隔离,这样的结构可以使每一个器件都是独立的。

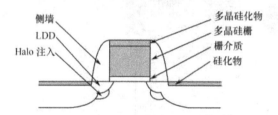

图 2.55　具有短沟道抑制能力的器件结构

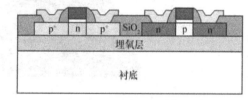

图 2.56　SOI 上 CMOS 结构示意图

SOI 材料具有体硅所无法比拟的优点:采用介质隔离,彻底消除了体硅 CMOS 电路中的寄生可控硅效应(见图 2.51);采用这种材料制成的集成电路具有寄生电容小、集成密度高、速度快、工艺简单、短沟道效应小等优点,特别适用于低压低功耗电路应用。因此,可以说 SOI 将有可能成为深亚微米的低压、低功耗集成电路的主流技术。SOI 材料也可以作为后面将介绍的HK+MG 结构和 FIN 结构的衬底材料,如果在 SOI 上形成应变硅结构则可以制作应变硅器件。

目前常用的 SOI 材料主要有注氧隔离的 SIMOX(Seperation by Implanted Oxygen)材料、硅片键合加背面腐蚀的 BESOI(Bonding-Etchback SOI)材料,以及将键合与注入相结合的Smart Cut SOI 材料。在这三种材料中,SIMOX 适合于制作薄膜全耗尽 VLSI,BESOI 材料适合于制作部分耗尽 VLSI,而 Smart Cut 材料则是目前认为非常有应用前景的 SOI 材料。

3. 高 K 栅介质与金属栅组合结构

传统 MOS 器件的栅电极大都是高掺杂的多晶硅,但它们和高 K 栅介质匹配不好。在 45nm节点,新的结构采用高 K 栅介质加金属栅的结构(HK+MG)。目前所采用的高 K 栅介质主要是铪(hafnium)基材料,而金属栅则是合金材料,对应 NMOS 和 PMOS 有不同的功函数与晶体管类型匹配。图 2.57 所示为高 K 栅介质+金属栅结构的示意图,作为对比,图中还给出了传统

多晶硅栅的结构示意图。

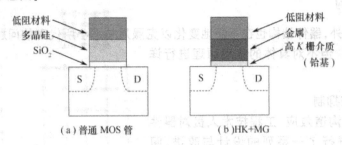

图 2.57　MOS 管结构

参考：Mark Bohr、Kaizad Mistry、Steve Smith，Intel Demonstrates High-k＋Metal Gate Transistor Breakthrough on 45 nm Microprocessors，Intel，Jan 2007

通过使用专门设计的栅电极材料能够显著地提升性能，这些栅电极材料针对 CMOS 的 n 沟道和 p 沟道 MOS 晶体管分别进行功函数调节以达到匹配。

4. FIN 结构和多栅结构

FINFET（鳍式场效应晶体管，Fin Field-Effect Transistor）结构如图 2.58 所示，其中，图（b）是图（a）器件沟道区域局部放大图。

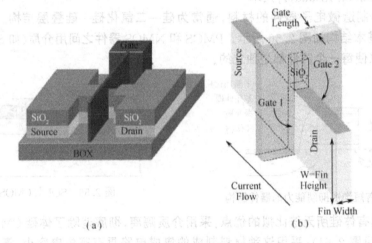

图 2.58　FIN 结构

参考：Laura Peters，Semiconductor International，"双栅促进晶体管革命"

一般认为，FIN 结构可以适用于 32nm 节点以下的器件。毫无疑问，在 FIN 结构中有两个栅（图（b）中指示的 Gate 1 和 Gate 2）在同时起作用，两个栅提供更大的沟道电荷控制能力，从而产生更快的驱动电流并减小短沟道效应。FIN 结构将传统的平面器件结构改变为了立体结构。从图 2.58（b）也可以看到，如果将硅膜顶部的 SiO_2 变成薄的栅介质，则形成了三栅结构（Tri-Gate），电流控制的总体效益将得到提高。

显然，制造 FINFET 的工艺难度远高于普通的 FET。

随着新材料和新结构越来越多的被引入到 VLSI 制造中，传统的工艺技术已无法实现这些结构和制造这些材料，必然要求新的工艺技术。如前所述，形成硅化物是通过金属材料沉积和快速热处理（RTP）实现，铜布线需要电镀和化学机械抛光（CMP），各种材料的图形形成需要各种干法刻蚀技术等。

在这一节，简单地介绍了一些新的材料、新的器件结构。技术总是不断地进步的，新材料、新结构层出不穷,希望读者能够体会技术发展中的因果关系、逻辑关系、需求与改进的配合。只有用心去体会新技术与传统技术的内在联系,将基础知识、技术发展、知识应用、技术相关性等问题有机地结合,了解器件结构、技术的独立性与发展的必然性,达到知其然、知其所以然的效果,才能够理解技术,才能够充分利用技术,进而才能够创新。

练习与思考二

1. 随着栅介质层厚度的减小,如果其他参数不变,MOS 管的阈值电压将如何变化?

2. 从衬底偏置效应的原理出发,讨论耗尽型 NMOS 管的阈值电压将随衬底偏置电压如何变化。

3. 当存在衬底偏置效应时,在工作点(V_{GS}、V_{DS} 一定)附近,NMOS 管的直流电阻和交流电阻相对于没有衬偏情况将任何变化,以 $V \sim I$ 特性图表示并加以说明。

4. 从物理角度解释 NMOS 器件的跨导和载流子的迁移率 μ_n、器件的宽长比(W/L)成正比,和栅氧化层的厚度成反比的原理。

5. 定性解释直流导通电阻随($V_{GS}-V_{TN}$)、μ_n、(W/L)的增加而减小,随 t_{ox} 的增加而增加的原理。

6. 定性解释 NMOS 管最高工作频率与($V_{GS}-V_{TN}$)、μ_n 成正比,与沟道长度 L 成反比的原理。

7. 根据逻辑 $f=\overline{A+B[C \cdot D+E(F+G)]}$ 设计 CMOS 组合逻辑门电路。如果等效倒相器的 NMOS 管宽长比为 1,PMOS 管宽长比为 2,试计算组合逻辑门的各 MOS 管宽长比。

8. 如果在上题中所设计的组合逻辑门的所有 PMOS 管宽长比为 4,NMOS 管宽长比均为 2,假设 $\frac{\mu_n}{\mu_p}=2$,计算如下 $\frac{t_r}{t_f}$ 时间比值:$\frac{t_{r,min}}{t_{f,min}}$,$\frac{t_{r,min}}{t_{f,max}}$,$\frac{t_{r,max}}{t_{f,min}}$ 和 $\frac{t_{r,max}}{t_{f,max}}$,指出哪个是最坏工作情况。

9. 假设 NMOS 管的 $V_{TN}=1V$,对于一个 NMOS 传输门,如果 $V_G=5.5V$,$V_i=5V$,在输出端传输得到的电压 V_o 将是多少?

10. 根据图 2.32 所示的版图,参考 2.3.2 段关于工艺流程的描述,画出围栅 NMOS 管的主要制造过程剖面图并加以简单说明。

11. 参考彩色插页中彩图 16 所示版图,假设原图中各管的宽长比为 20,试采用并联方式设计宽长比为 40 的条栅、围栅和折弯栅版图,并画出剖面图。

12. 参考图 2.43 所示比例电容版图,分别计算下面两种误差分布情况下,图 2.59(a)、(b)结构的实际电容比例:

$1\Delta C$	$2\Delta C$	$3\Delta C$
$1\Delta C$	$2\Delta C$	$3\Delta C$
$1\Delta C$	$2\Delta C$	$3\Delta C$

$1\Delta C$	$1\Delta C$	$1\Delta C$
$2\Delta C$	$2\Delta C$	$2\Delta C$
$3\Delta C$	$3\Delta C$	$3\Delta C$

图 2.59 习题 12 图

13. 针对图 2.50 所示版图,分析两管输出节点(DM_1、DM_2)的电容失配。

14. 上网搜索有关 RTP 和 CMP 资料,小结它们在硅化物制造和铜布线方面的作用。

15. 上网搜索有关多栅结构的资料,列举几个有关 Tri-Gate 的应用。

第3章 设计与工艺接口

第2章对 MOS 器件、工艺、逻辑、电路和版图进行了较全面的介绍,但是,细心的读者可能会提出这样的问题:器件、电路、版图设计依据是什么?复杂的工艺过程是否能够以简单、直接的方式告诉我们设计信息呢?

在第1章曾经阐述了版图的作用,它是上承电路、系统,下接工艺的中间环节,版图将电路、系统转变为二维的平面图形,工艺根据版图的二维几何界定实现三维器件结构的再现。那么,如何画一张版图呢?在第2章中并没有说明具体的几何尺寸如何确定,只是介绍了版图格局。对工艺的讨论只是介绍了怎样做器件,但做的结果如何呢,它们能够满足电路、系统的要求吗?如果失败,怎样确定是工艺质量问题还是电路设计问题呢?等等。

在这一章中,我们将对这些问题进行介绍,希望读者能够理解设计与工艺是如何分工的,又是如何结合的。

3.1 设计与工艺接口问题

3.1.1 基本问题——工艺线选择

之所以将工艺线选择作为基本问题,是因为所有的设计都是为了制造产品,而设计到产品的转换必须由工艺实现。所以,在设计之初就必须选择一条工艺线,并以此工艺线所提供的能力与水平作为设计依据。

实际上,每条工艺线的加工类型、加工能力、能够提供的基本电参数等对设计具有强烈的制约。例如,$0.35\mu m$ CMOS 工艺线就不具备加工 $0.25\mu m$ CMOS 电路的能力。这样的制约就要求设计者在设计电路之前,首先要确定设计将建立在什么工艺之上,甚至要预先确定,设计将在哪条具体工艺线上加工,因为即使相同的标称加工精度,各条工艺线仍有一定的差别。因此,设计者了解工艺非常重要。一条成熟的工艺线(如 Foundry),各项工艺参数都是一定的,一般不允许轻易变更,而这些参数往往就成为我们设计的制约因素。有时,我们不得不考虑:这条工艺线对我的设计是否合适。

3.1.2 设计的困惑

当开始执行具体的设计任务时,设计者就会发现"举步维艰",对于第2章所介绍的问题似乎都已理解,但又似乎无从下手。这里,按照第2章内容的顺序依次讨论具体的设计问题。

1. 应用萨氏方程

将 NMOS 管萨氏方程(2.1)和方程(2.2)展开,如式(3.1)和式(3.2)所示:

$$I_{DS} = \frac{\mu_n \varepsilon_{ox}}{2t_{ox}} \left(\frac{W}{L}\right) \left[2(V_{GS} - V_{TN})V_{DS} - V_{DS}^2\right] \tag{3.1}$$

$$I_{DS} = \frac{\mu_n \varepsilon_{ox}}{2t_{ox}} \left(\frac{W}{L}\right) (V_{GS} - V_{TN})^2 (1 + \lambda V_{DS}) \tag{3.2}$$

当设计者用这两个公式计算在一定 V_{GS}、V_{DS} 下,不同 W/L 所对应的电流时,立刻会出现这样的问题:迁移率 μ_n 取多少呢?栅氧化层厚度 t_{ox} 取何值呢? V_{TN} 多大呢?还有,沟道长度调制因子 λ 会是多大呢?等。一般教材上都是假设是多少,在实际设计中则必须有依据。

许多基于萨氏方程的计算都会遇到同样或类似的问题,例如跨导、电阻、最高工作频率等。

2. 衬底偏置效应

在计算衬底偏置效应对阈值电压的影响时,第 2 章给出了一个范围,衬底偏置效应系数 γ 随衬底掺杂浓度而变化,典型值:NMOS 晶体管, $\gamma = 0.7 \sim 3.0$,这个范围也太大了。如果采用计算公式: $\gamma = \sqrt{2q\epsilon_{Si}N_A}/C_{ox}$,掺杂浓度和单位面积电容又该取多大呢?能否直接得到具体的 γ 值呢?

3. 上升时间、下降时间

在利用式(2.15)和式(2.16)计算上升与下降时间时,除了要知道阈值电压 V_T 和导电因子 K 外,还需要知道电容 C_L 。 C_L 有两种情况:①如果设计的电路是输出级,则 C_L 主要是负载电容,一般比较大且通常作为已知值,可以忽略寄生电容的影响;②如果设计的电路是中间级,则 C_L 主要由后级输入电容、本级输出电容以及线上寄生电容组成。其中,本级输出电容主要由 pn 结电容构成,其大小等于单位面积结电容乘以结面积,单位面积结电容由掺杂浓度和结特性决定,结面积由平面尺寸和结深决定,和工艺、材料相关。线上寄生电容则和工艺层厚度有关。当器件尺寸较大时,门延迟起主导作用,寄生电容可以忽略,但随着尺寸缩小,器件本身的速度增加,如前所述,寄生电容的影响越来越大。这时对 C_L 的估算严重影响设计精度。

涉及寄生参数不得不考虑寄生电阻,它们由材料决定,例如多晶硅电阻由其厚度、掺杂浓度、等效方块数决定。线长和线宽是设计者决定的,但掺杂浓度和厚度由工艺决定。

C_L 取多少呢?线上的电阻取多少呢?

4. 迁移率比值

从等效倒相器设计原理知道,只要设计了 CMOS 电路中的某一类 MOS 管(如 NMOS)的宽长比,通过迁移率比值就能够简单地得到另一类管子的宽长比。对于不同工艺线制造的器件,电子迁移率、空穴迁移率各不相同,比值也不相同。

近似地取一个比例能够真实地反映实际器件吗?

5. 版图设计

在 2.4 节中介绍了一些版图格局的设计问题,但当你真正去画一个图形的时候,你会发现几乎无从下笔。即使完成了电路及参数的设计,似乎只能画一个多晶硅栅的图形,这是因为你已选定了工艺,栅的长度 L 是已知的, W/L 也设计完成,画一条栅已没有问题。但接下来有源区画多大呢?引线孔画多大?与栅条的距离是多少呢?与有源区边界的距离是多少?画一个长孔还是画几个小方孔?

即使 L 的标称值是确定的,例如 $0.25\mu m$,但也会有人告诉你:光刻胶有胀缩,你不能直接按照标称值画图。应该画多大呢?如果实际画的栅长不确定,那么,连一条栅图形你也画不了了。

毫无疑问,有些参数可以通过理论计算得到,只要知道相关参数就可以计算,例如 V_T 、 γ ;而有些必须通过实验测量得到,例如迁移率;有些参数需要通过理论与实验相结合得到,例如一些版图设计尺寸;有些则需要根据经验来确定,例如引线孔的形式。由此可见,为了得到具体的设计参数,还有一系列的工作需要开展。那么,谁来做这个工作呢?如果每个设计者都做一遍这样的工作必将是艰巨的,同时也是巨大的浪费。

最佳的方案是由工艺线提供这些参数,形成一套文件:设计与工艺接口。

3.1.3 设计与工艺接口

归根结底而言,设计需要的参数可以分为两大类:电学设计参数和几何设计参数。

电学设计参数主要用于电路设计与分析。它们是在设计和分析中需要的各种导电材料的电阻参数、各种电容参数、各种器件参数等。例如,萨氏方程中使用的本征导电因子 $K' = \mu_n\varepsilon_{ox}/2t_{ox}$,工艺工程师根据自己工艺线实测得到的迁移率、栅介质的厚度,再根据栅介质材料的介电常数,计算得到该参数,或者通过测量实际晶体管得到本征导电因子,并且告诉设计者。电路设计者就不再需要知道栅介质厚度、迁移率等工艺和材料参数,可直接代入萨氏方程使用。同样地,工艺线提供了 MOS 管的阈值电压 V_T 后,设计者不再需要了解衬底掺杂浓度、单位面积栅电容、栅氧化层中固定电荷数等就可以直接进行设计应用。寄生参数也是一样,直接给出各种材料的薄层电阻 R_s,各绝缘层上的单位面积电容,各 pn 结的单位面积电容等。

在版图设计参数方面,各工艺线根据自己工艺的水平和能力,提供设计者一组最小尺寸,也就是一组反映了加工精度的几何数据。例如,各种最小尺寸、各种最小间距、缩放规则等。工艺线在制定这些设计尺寸时有一套严格的计算,考虑了众多的因素。其中有些是由加工分辨率决定的,有些则是由几个参数共同决定的。例如,栅长 L 主要是由加工精度决定的,两个非相关的 MOS 管有源区间隔则不仅要考虑加工精度,还要考虑杂质的横向扩散,甚至还要考虑击穿特性,等等。除了最小加工尺寸外,有的工艺线还有最大芯片尺寸(粗略地反映了集成度)的限制,因为随着芯片面积的增加,生产的成品率将下降,在控制了一定的成品率之后,就限定了工艺线所能加工的最大芯片尺寸,从而制约了设计的规模。

经过设计参数提取工作,电路、系统的设计者看到的全部是可以直接应用的数据,几乎所有工艺和材料参数,诸如掺杂浓度、结深、材料层厚度、迁移率、横向扩散等,设计者对此并不关心,同时也常常搞不清楚参数被隐藏在设计参数的后面。工艺工程师则必须保障这些工艺和材料参数的控制能够与提供给设计者的参数一致。

这些设计参数提供给电路、系统的设计师作为设计的依据,但是,又如何证明工艺线所完成的制作参数与提供给设计师的一致呢?如果制造的产品最终结果是失败的,又如何划清责任呢?工艺工程师们设计了一套检测、监测结构,随产品的加工过程同步加工,这些结构能够真实地反映制造参数是否被控制在有效范围内,可以证明制造参数是否与设计参数一致。这些结构称为 PCM(Process Control Monitor)。测量工程师也是利用 PCM 来提取设计参数的。

至此,设计问题变得简单了,设计依据充分了,界限也明确了。这些就构成了清晰的接口:设计与工艺接口。而这个接口同时也成为了设计与工艺的共同制约,成为设计与工艺双方必须共同遵守的规范。

因为这些设计规范和具体工艺与工艺线存在着强烈的依赖关系,因此,每一个规范都是和具体工艺线对应的,很难在不同工艺线之间互换,也就是说,当你选择了一种规范进行设计,就必须在这条线上加工。否则,你的仿真数据是不可信或不准确的,设计失败的风险大大增加。

3.2 工艺抽象

并不是所有的工艺和材料参数都对设计产生制约的,因此,电路、系统设计师所关心的仅仅是设计需要的,对设计有影响的参数,而有些参数只对工艺线有作用,是保证器件能够有效制造的控制。例如,回流工艺是为了减缓台阶的陡度,改善金属互连断条的情况,提高成品率,这个工艺与设计并没有直接的关系。作为电路、系统设计师,他们所关心的是对设计有直接作用的参数。

必须深刻认识到工艺参数值对设计既是支持也是制约。所谓支持,当然是实现设计者的设计,而制约则是限制设计发挥的因素。例如,工艺线制作的同类型器件,如 NMOS 晶体管,其阈值电压只有一种参数,如 $V_T = 0.5V$,那么,你的电路只能依据这个值设计,有些你认为"很好"但阈值不符合的电路模块就无法应用了。

3.2.1 工艺对设计的制约

1. 最小加工尺寸对设计的制约

最小加工尺寸对设计的影响与制约表现在三个方面:特征尺寸、集成密度、器件电特性。

特征尺寸是工艺线水平的标志。对于 MOS 工艺而言,工艺线的特征尺寸是沟道长度 L,它决定了器件和电路许多方面的性能。例如,MOS 晶体管的最高工作频率和 L^2 成反比,因此,L 的大小制约了电路的工作频率。除了电特性,L 还影响了集成电路的面积,因为对 W/L 一定的 MOS 管,L 越大,一个管子的面积也越大。

集成密度是在一个单位面积内所能集成器件数量的衡量,它是所有尺寸的集中体现。集成密度不仅会影响芯片面积的大小,并因此影响生产成本,集成密度还会影响各器件之间的匹配,并导致对芯片电性能的影响。显然,各类最小尺寸越大,集成密度将越低。

L 是特征尺寸,但它并不表示所有的最小尺寸都可以达到 L 的数值。因为形状等因素的影响,各图形具体的加工精度存在差别,例如,引线孔尺寸,对于 $L = 0.35\mu m$ 的工艺,有的工艺线就规定引线孔必须是方形的,图形尺寸必须为 $0.4 \times 0.4\mu m^2$。各最小尺寸之间的差距越大,芯片上器件几何尺寸越不容易平衡。凡此种种,工艺线的加工精度制约了设计的自由度。

2. 电学参数对设计的制约

毫无疑问,电学参数在很大程度上决定了电路的性能。工艺线所能够提供的电学参数数量的多少、参数的离散性等对设计的影响很大。电学参数越全面,设计控制越容易。参数离散性越大,设计难度也就越大,往往要求所设计的电路具有较强的冗余度。

比较重要的参数包括阈值电压、薄层电阻、单位面积电容和本征导电因子等。如果电路含有高压器件,则击穿特性必须考虑。

几乎所有的设计都与阈值电压有关。阈值电压包括 MOS 管的阈值电压和场区(厚氧区)的阈值电压。场区阈值电压表征了在厚氧区通过的引线上电压对衬底电荷的感应能力。如果该阈值电压较小,轻则将引起表面漏电,重则将引起信号旁路。

掺杂半导体都将表现出电阻特性,有些电阻是设计必须利用的,有些则是不希望的。因为这些电阻的大部分是作为串联电阻存在于电路中的,这些串联电阻将对电路的动态性能产生影响。尤其是在 VLSI 中,随着器件沟道长度日益缩小,逻辑部件的延迟越来越小,相对地,引线上的延迟所占的比例越来越大,而引线上的延迟与串联在引线上的电阻息息相关。

任何金属层—绝缘介质—衬底结构都构成了一个平板电容器,这个电容器的数值除了和金属层的面积有关外,另一个决定因素就是介质层的厚度。在引线上的分布电容就是这些电容之和,引线电容是引线延迟的一个重要因素。同样地,pn 结都存在电容,它们是寄生电容的一部分。分布电阻、电容以及与之相关的线延迟对高频集成电路的制约尤为严重。

除了上述的这些工艺参数对设计的明显影响以外,一些由工艺所产生的相关问题也会对设计产生影响。例如,由于横向扩散的作用或光刻的误差所导致的掺杂区位置的误差等都将影响电路的性能。

3. 标准工艺流程对特殊工艺要求的制约

一条成熟的工艺线对每一步工艺都有严格的规定,每一步工艺都必须严格地按照工艺卡的规定操作,因为只有这样,才能保证工艺的重复性和稳定性。通常要求设计迁就工艺,如果设计中由于结构、器件或其他特殊要求必须在标准工艺中加入某一工艺步骤,即使这个工艺本身非常成熟,也必须考虑加入的工艺对整个流程的影响。例如,在工艺中增加一道掺杂工艺,就必须考虑这次的掺杂在后道的热处理中会产生什么影响。

因此,如果不是特别的需要,设计者尽量地不要增加额外的工艺步骤,而这样的情况又限制了设计中新颖结构的运用。

3.2.2　工艺抽象

工艺工程师们是如何得到并描述设计参数的呢?答案是工艺抽象。

如果要求设计者对工艺线的每一步工艺结果的具体情况都非常地了解,并将这些结果与条件和设计联系在一起,显然是非常繁杂,非常困难的。集成电路的设计者,往往对电学参数比较熟悉,例如,电阻、电容、阈值电压、工作电压范围等。对于诸如掺杂浓度(多少原子数每平方厘米)、氧化层厚度、介质层厚度等,他们通常不是非常清楚如何将它们与设计联系在一起。这就要求将工艺抽象成设计者所熟悉的电学参数描述,将工艺线的加工精度抽象成一个具体的规则。这样的抽象就构成了工艺与设计的接口,有了这个接口,电路与系统的设计者不需要了解工艺的具体细节,工艺制作者不需要了解电路与系统的细节。设计者遵循接口规定进行设计,制作者保证工艺达到接口规定的参数。

下面将对一些主要的问题进行讨论。作为设计者可以不必完全掌握具体的工艺技术,但应该了解设计参数是如何得到的,它们包含了什么意义,这对设计者运用工艺或许有所帮助。

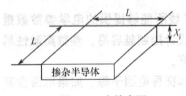

图 3.1　方块电阻

1. 掺杂浓度的描述

一定区域中的掺杂浓度被抽象成硅片上每一方块中的电阻是多少来描述,称为薄层电阻 R_S,单位是每方欧姆数($\Omega/\square$),这里的每一方是掺杂区平面图形中的一个正方形,并不涉及具体的正方形边长的数值。

假设掺杂区平面图形是边长为 L 的正方形,其高度为掺杂区的结深 X_j,如图 3.1 所示。该掺杂半导体的平均电阻率为 $\bar{\rho}$,则该方块的电阻 R_S 为

$$R_S = \frac{\bar{\rho} \cdot L}{L \cdot X_j} = \frac{\bar{\rho}}{X_j} \tag{3.3}$$

它只与半导体的掺杂水平(以 $\bar{\rho}$ 表示)和掺杂区的结深有关,而与平面图形的具体边长数值无关。

R_S 反映了掺杂区的掺杂浓度和结深两个工艺参数,而设计者在应用时只要知道沿着电流方向,掺杂区等效有多少方块,再去乘 R_S 就得到了这个掺杂区的电阻值。定义掺杂区沿电流方向为电阻的长度,平面内垂直长度的方向为宽度,在计算方块数时用长度除以宽度即可。

例如,一个矩形的电阻条,沿电流方向长 $100\mu m$,宽 $25\mu m$,则这个电阻的等效方块数等于 4,如果 $R_S = 200\Omega/\square$,则电阻值等于 800Ω。反过来,如果沿电流长度方向长 $25\mu m$,宽 $100\mu m$,R_S 不变,则电阻值等于 50Ω。

掺杂浓度的描述方法使设计者不必考虑将来这个电阻掺了多少杂质,结深或者材料层厚度是多少等具体的工艺问题,直接通过图形和方块电阻就可完成电阻的设计。采用同样的方法也

可以知道源漏掺杂区等效的串联电阻有多大,在数据信号线上的分布电阻有多大等信息。

2. 氧化层厚度的描述

对设计者而言,他们只关心氧化层厚度对设计将产生什么后果和影响,他们希望得到直观的电参量数据。对氧化层厚度的直观电参量描述是单位面积电容。考虑到大部分的引线是在场区上通过,以及 MOS 晶体管的栅电容对器件性能的影响,两种单位面积电容的描述比较重要:场区单位面积电容和栅区单位面积电容。

其中,场区单位面积电容用于计算分布电容参数,栅区单位面积电容用于计算器件的输入电容。

单位面积电容 C_0 与工艺相关的参数包括了介质材料的绝对介电常数和介质层厚度 t_{ox}。绝对介电常数等于真空电容率 ε_0 乘以介质材料的相对介电常数 ε_x(又称为 K 值)。

$$C_0 = \frac{\varepsilon_0 \cdot \varepsilon_x}{t_{ox}} \tag{3.4}$$

3. 薄膜参数描述

在薄膜参数中,最重要的参数是多晶硅电阻,多晶硅电阻关系到以下的设计问题:

① 当多晶硅作为栅时,它的电阻关系到近端和远端的信号强度问题,尤其对高频电路,它直接关系到近端与远端充放电的速度,有时不得不对版图作特殊的考虑,以平衡这种差异(参见 2.4 节)。

② 当多晶硅是作为电阻应用时,显然,它的方块电阻对设计计算有影响。

③ 当多晶硅作为"桥"使用时,它的电阻就是信号线上附加的串联电阻。

多晶硅电阻描述采用式(3.3)计算,其 R_S 由多晶硅厚度和掺杂浓度决定。

4. 阈值电压描述

阈值电压是 MOS 结构的重要参数,它的数值及其误差大小对电路性能将产生重要的影响。

对硅栅 MOS 器件,阈值电压反映了衬底掺杂浓度,栅氧化层厚度,栅氧化层中含有的电荷性质与数量,以及多晶硅与衬底的功函数差。

场区的阈值电压,反映了场区下的表面杂质浓度,场氧化层厚度,场氧化层中含有的电荷数,以及金属或多晶硅与衬底的功函数差。

MOS 器件的阈值电压对设计的影响是显而易见的,场区阈值电压对设计的影响,在于电源电压的适用范围以及表面的漏电情况。通常要求场区的阈值电压大于集成系统电源电压范围再加 20% 的电源电压波动。例如,电路的正负电源电压之和等于 15V,则场区阈值电压应大于 18V。

不考虑衬底偏置时,多晶硅栅 NMOS 器件的阈值电压采用式(3.5)计算。

$$V_T = -\frac{Q_{ox}}{C_{ox}} + \frac{\sqrt{2q\varepsilon_{Si}N_A(2\varphi_F)}}{C_{ox}} + \phi_{S'S} + 2\varphi_F \tag{3.5}$$

式中,Q_{ox} 为栅氧化层中的固定电荷,C_{ox} 为单位面积栅电容,N_A 为衬底掺杂浓度,$\phi_{S'S}$ 为多晶硅材料与衬底硅材料的功函数差,φ_F 为费米势。PMOS 计算方法与此类似,只是式中某些项的符号有所不同。

5. 工艺综合效应的描述

在工艺流程中,由若干工艺所产生的综合效应也必须用直观的参数描述,例如,pn 结的质量,pn 结两边的掺杂水平及其差异,由于光刻和刻蚀的误差所导致的实际 MOS 管沟道长度 L 和沟道宽度 W,金属与半导体的接触电阻等。

对于这样的一些工艺结果,通常通过击穿电压、pn 结电容、有效沟道长度和有效沟道宽度,以及金属与多晶硅接触电阻、金属与扩散区接触电阻等进行描述,给设计者提供比较直观的电学参数。

这些参数的提取同样采用理论计算、测试提取或两者结合的方法得到。

6. 版图设计规则的描述

版图是一些几何图形的集合。版图设计也必须符合工艺线的水平和能力。版图设计规则来源于工艺上的限制和电学特性方面的考虑,同时,也反映了工艺线对工艺的控制能力。主要由下列的几个方面因素决定版图设计规则:加工精度(如最细线条);寄生效应(如寄生晶体管);特性保障(如可控硅效应抑制);加工质量控制(如成品率)等。表 3.1 列出了部分版图设计参数意义及制定时的考虑,对于不同的工艺线,设计规则有所差别,其制定依据也有所不同。

表 3.1 部分版图设计规则参数意义及制定依据

版图参数	制定依据
阱区版图	
阱的最小宽度	保证光刻精度和器件尺寸
阱与阱最小间距	防止不同电位阱间干扰
有源区版图	
有源区最小宽度	保证器件尺寸
有源区最小间距	减小寄生效应
阱覆盖其中 n 有源区	保证阱区四周的场注入
阱外同掺杂类型有源区距阱间距	有利于抑制可控硅效应
阱外不同掺杂类型有源区距阱间距	保证阱与衬底间 pn 结特性
多晶硅版图	
多晶硅栅最小栅长	加工精度
最细多晶硅连线宽度	保证多晶硅互连线的必要电导
多晶硅条最小间距	防止多晶硅连条(即多晶硅条间短路)
多晶硅覆盖沟道	保证沟道宽度及源漏区的截断
硅栅与有源区内间距	保证电流在整个沟道宽度内均匀流动
硅条与有源区外间距	保证沟道区尺寸
硅条与无关有源区间距	防止短路和寄生效应
p^+ 注入区版图	
p^+ 区最小宽度	保证足够的 p^+ 接触区
p^+ 区对有源区的覆盖	保证 PMOS 管源漏区完整注入
p^+ 区距 NMOS 硅栅间距	保证 NMOS 源区尺寸
p^+ 区距 N 有源区间距	防止 p^+ 注入到 n^+ 区
n^+ 注入区版图	
n^+ 区最小宽度	保证足够的 n^+ 接触区
n^+ 区对有源区的覆盖	保证 NMOS 管源漏区完整注入
n^+ 区距 PMOS 硅栅间距	保证 PMOS 源区尺寸
n^+ 区距 p 有源区间距	防止 n^+ 注入到 p^+ 区

版图参数	制定依据
接触孔(引线孔)版图	
接触孔最小宽度	保证与金属接触良好
最大接触孔边长	有利于接触孔的成品率
同一区上孔与孔间距	保证长孔的良好接触
源漏区上孔与栅间距	防止源漏区与栅短路
源漏区对孔的最小覆盖	防止 pn 结漏电和短路
多晶硅对孔的最小覆盖	防止漏电和短路
金属互连版图	
金属条最小宽度	保证互连的良好电导
金属条最小间距	防止连条
金属对孔的最小覆盖	保证接触
宽金属线最小间距	防止连条

将工艺进行抽象整理,得到了关于工艺与设计的接口:设计规则。

设计规则由两个子集组成:电学设计规则和几何设计规则。电学设计规则是电路与系统设计和仿真的依据,几何设计规则是集成电路版图设计的依据。

在下面的两节中将分别介绍电学设计规则和几何设计规则的具体描述形式和使用方法。

3.3 电学设计规则

电学设计规则提供了一组用于电路设计分析的参数,这些参数来源于具体工艺线,具有很强的针对性。每条工艺线提供的参数不具有普适性,这是设计者在使用这些参数时必须特别注意的问题。也就是说,如果所采用的设计参数来源不是将来具体制作的工艺线,则仿真分析的结果没有实际意义。为了使设计和分析结果可信,具有针对性,必须选准参数,这也是为什么在本章开头部分首先讨论工艺线选择的原因。

3.3.1 电学规则的一般描述

电学设计规则给出的是将具体的工艺参数及其结果抽象出的电学参数,是电路与系统设计、仿真的依据。表 3.2 所示为一个单层金属布线的 p 阱硅栅 CMOS 工艺的电学设计规则的主要项目。这里首先对基本描述问题有一个初步的认识。

表 3.2 电学设计规则描述

电学设计规则参数	参数说明
衬底电阻	
n 型衬底电阻率	均匀的 n 型衬底的电阻率
掺杂区薄层电阻 R_S	
p 阱薄层电阻	阱中每一方块的电阻值
n^+ 掺杂区薄层电阻	NMOS 源漏区和 n 型衬底接触区每一方块的电阻值
p^+ 掺杂区薄层电阻	PMOS 源漏区和 p 型衬底(p 阱)接触区每一方块的电阻值

电学设计规则参数	参数说明
多晶硅薄层电阻 R_S	
NMOS 多晶硅 R_S	NMOS 区域多晶硅薄层方块电阻
PMOS 多晶硅 R_S	PMOS 区域多晶硅薄层方块电阻
接触电阻	
n^+ 区接触电阻	n^+ 掺杂区与金属的接触电阻
p^+ 区接触电阻	p^+ 掺杂区与金属的接触电阻
NMOS 多晶硅接触电阻	NMOS 的多晶硅栅以及多晶硅引线与金属的接触电阻
PMOS 多晶硅接触电阻	PMOS 的多晶硅栅与金属的接触电阻
电容（单位面积电容值）	
栅氧化层电容	NMOS 和 PMOS 的栅电容
场区金属—衬底电容	在场区的金属和衬底间电容，氧化层厚度为场氧化厚度加上后道工艺沉积的掺磷二氧化硅层的厚度
场区多晶硅—衬底电容	在场区的多晶硅和衬底间电容，氧化层为场氧化层
金属—多晶硅电容	金属—二氧化硅—多晶硅电容，二氧化硅厚度等于多晶硅氧化的二氧化硅厚度加上掺磷二氧化硅层的厚度
NMOS 的 pn 结电容	零偏置下，NMOS 源漏区与 p 阱的 pn 结电容
PMOS 的 pn 结电容	零偏置下，PMOS 源漏区与 n 型衬底的 pn 结电容
其他综合参数	
NMOS 阈值电压	V_{TN}
PMOS 阈值电压	V_{TP}
p 型场区阈值电压	场区阈值电压，衬底为 p 型半导体（p 阱）
n 型场区阈值电压	场区阈值电压，衬底为 n 型半导体（n 型衬底）
NMOS 源漏击穿电压	NMOS 源漏击穿电压
PMOS 源漏击穿电压	PMOS 源漏击穿电压
NMOS 本征导电因子	K_N'
PMOS 本征导电因子	K_P'

　　这些参数怎样使用呢？手工设计没有问题，直接进行计算即可。早期的仿真也没有太多的障碍，直接在仿真输入文件中进行描述即可。但是，随着系统规模的增大，使用这样的设计与仿真方法已十分困难。

　　这里粗略地介绍一下电路系统的设计过程。数字逻辑电路设计基本过程是单元的堆砌，重点在于逻辑正确性。通过传统逻辑设计方法或逻辑综合技术完成从行为描述到硬件实现的过程。接下来是行为仿真验证和性能仿真，在仿真过程中将会使用设计参数，例如阈值电压、本征导电因子等。通过仿真过程，硬件系统的行为、性能得到确认，这个仿真过程通常称为"前仿真"。"后仿真"则是在完成系统版图设计之后的再仿真。版图设计完成后，各器件的具体形状、尺寸、相互位置等均已确定，将来制造完成的芯片结构也就确定了。不同的版图设计将产生不同的寄生参数。例如，金属互连线和衬底之间所产生的分布电容大小与版图设计密切相关，版图设计不同，线的长度和路径都有可能不同，寄生电容也就不同。其他寄生情况与此类似，大部分都和具体的版图有关。后仿真是对引入了寄生分布参数的实际电路进行仿真，是更接近于实际的仿真，这时的电路各节点已插入了提取的寄生参数。根据使用的仿真工具不同，需要的参数也不同，仿真精度级别不同，寄生参数处理的方法也不同。假设采用门级水平的仿真，这时各逻辑门的延迟时间被规格化，例如，一个基本倒相器的传输延迟时间 $\Delta T = 2\text{ns}$，如果以这个时间为量化单位，则具体的时间被量化成若干的 ΔT,例如,如果一个两输入与非门的传输延迟是 $3.8ns$,则表示为 $2\Delta T$。同时,寄生所产生的延迟也被规格化近似,小于一定值的延迟被忽略。对于模拟电路,其设计与仿真过程基本相同,只是对于参数的要求更加细致、严格。前仿真主要根据器件模型参数,后仿真则还要引入寄生参数。

显然,前仿真所关心的是器件,互连线网仅仅被看作是一些没有寄生的线;后仿真则除了关心器件参数外还必须考虑线的寄生问题。因此,电学设计规则被分为两个主要部分:器件模型参数和寄生提取所需的电学参数。

3.3.2 器件模型参数

1. 器件模型和模型参数

任何一个电子器件在仿真软件中只是一个数学符号或者一个网络,仿真过程是一个数学求解的过程。例如,一个 NMOS 管,在进行交流分析时,它被描述成一个小信号等效电路,这个等效电路就是这个器件的交流分析模型。在仿真软件内部,不同的器件、不同的分析类型被构建成了不同的模型,仿真过程首先将用户的电路描述转变为系统内部的网络,这个转换过程通过调用模型来实现。具体网络的仿真则还需要确定构成网络的每个元件参数和外部激励信号,这些元件的参数由器件模型参数描述。

器件模型参数是许多具体参数的集合,根据不同的器件、不同的模型,参数的数量有所不同,高水平的工艺线能够提供进行所有分析需要的参数。模型参数的多少、表示方法、表示符号等与仿真软件密切相关。构成这个模型的元件有多少,就至少需要多少个参数进行描述,有时一个构成元件需要二个或更多的参数进行描述。模型考虑的二级或三级效应越多,模型越复杂,需要的参数也越多。

仿真软件对分类器件的内部表示是模型,对具体器件的调用与分析则需要将模型与参数进行联系,因此,模型是仿真软件对分类器件的描述,模型参数则是对具体工艺、具体器件的描述,模型是内部的,参数是外部的。通过这样的内外结合,实现了仿真软件的通用性和具体器件针对性的有机结合。

2. 一个模型参数的例子

为了对模型参数有一个直观的认识,下面给出了一个模型参数的例子。这个例子是 HSPICE 软件所使用的模型参数,在 HSPICE 描述中称这个模型为 LEVEL49,它是 BSIM3 (Berkeley Short channel Insulated gate field effect transistor Model)模型。本书不对 BSIM3 模型进行具体的讨论,有兴趣的读者可以参考有关的书籍。

【例 3-1】 模型参数示例

```
* T6BE SPICE BSIM3 VERSION 3. 1 PARAMETERS
* SPICE 3f5 Level 8, Star—HSPICE Level 49, UTMOST Level 8
```

. MODEL CMOSN NMOS (				LEVEL	= 49
+VERSION = 3. 1	TNOM	= 27	TOX	= 5. 6E−9
+XJ	= 1E−7	NCH	= 2. 3549E17	VTH0	= 0. 3703728
+K1	= 0. 4681093	K2	= 7. 541163E−4	K3	= 1E−3
+K3B	= 1. 6723088	W0	= 1E−7	NLX	= 1. 586853E−7
+DVT0W	= 0	DVT1W	= 0	DVT2W	= 0
+DVT0	= 0. 5681239	DVT1	= 0. 6650313	DVT2	= −0. 5
+U0	= 284. 0529492	UA	= −1. 538419E−9	UB	= 2. 706778E−18
+UC	= 2. 748569E−11	VSAT	= 1. 293771E5	A0	= 1. 5758996

+AGS = 0.2933081	B0 = −5.433191E−9	B1 = −1E−7
+KETA = −4.899001E−3	A1 = 3.196943E−5	A2 = 0.5018403
+RDSW = 126.2217131	PRWG = 0.5	PRWB = −0.2
+WR = 1	WINT = 0	LINT = 1.34656E−9
+XL = 0	XW = −4E−8	DWG = −1.127362E−8
+DWB = −3.779056E−9	VOFF = −0.0891381	NFACTOR= 1.29317
+CIT = 0	CDSC = 2.4E−4	CDSCD = 0
+CDSCB = 0	ETA0 = 6.291887E−3	ETAB = 3.385328E−4
+DSUB = 0.0449797	PCLM = 1.5905872	PDIBLC1 = 1
+PDIBLC2 = 2.421388E−3	PDIBLCB = −0.0752287	DROUT = 0.9999731
+PSCBE1 = 7.947415E10	PSCBE2 = 5.8496E−10	PVAG = 1.01007E−7
+DELTA = 0.01	RSH = 3.9	MOBMOD = 1
+PRT = 0	UTE = −1.5	KT1 = −0.11
+KT1L = 0	KT2 = 0.022	UA1 = 4.31E−9
+UB1 = −7.61E−18	UC1 = −5.6E−11	AT = 3.3E4
+WL = 0	WLN = 1	WW = 0
+WWN = 1	WWL = 0	LL = 0
+LLN = 1	LW = 0	LWN = 1
+LWL = 0	CAPMOD = 2	XPART = 0.5
+CGDO = 4.65E−10	CGSO = 4.65E−10	CGBO = 5E−10
+CJ = 1.698946E−3	PB = 0.99	MJ = 0.450283
+CJSW = 3.872151E−10	PBSW = 0.8211413	MJSW = 0.2881135
+CJSWG = 3.29E−10	PBSWG = 0.8211413	MJSWG = 0.2881135
+CF = 0	PVTH0 = −9.283858E−3	PRDSW = −10
+PK2 = 4.074676E−3	WKETA = 7.164908E−3	LKETA = −7.349276E−3)

*

.MODEL CMOSP PMOS (LEVEL = 49

+VERSION = 3.1	TNOM = 27	TOX = 5.6E−9
+XJ = 1E−7	NCH = 4.1589E17	VTH0 = −0.4935548
+K1 = 0.6143278	K2 = 6.804492E−4	K3 = 0
+K3B = 5.8844074	W0 = 1E−6	NLX = 6.938169E−9
+DVT0W = 0	DVT1W = 0	DVT2W = 0
+DVT0 = 2.3578746	DVT1 = 0.7014778	DVT2 = −0.1881376
+U0 = 100	UA = 9.119231E−10	UB = 1E−21
+UC = −1E−10	VSAT = 1.782051E5	A0 = 0.9704347
+AGS = 0.1073973	B0 = 2.773991E−7	B1 = 8.423987E−7
+KETA = 0.0104811	A1 = 0.0193128	A2 = 0.3
+RDSW = 694.5830247	PRWG = 0.3169639	PRWB = −0.1958978
+WR = 1	WINT = 0	LINT = 2.971337E−8
+XL = 0	XW = −4E−8	DWG = −2.967296E−8
+DWB = −2.31786E−10	VOFF = −0.1152095	NFACTOR= 1.1064678
+CIT = 0	CDSC = 2.4E−4	CDSCD = 0
+CDSCB = 0	ETA0 = 0.3676411	ETAB = −0.0915241
+DSUB = 1.1089801	PCLM = 1.3226289	PDIBLC1 = 9.913816E−3
+PDIBLC2 = −1.499968E−6	PDIBLCB = −1E−3	DROUT = 0.1276027

+PSCBE1	= 8E10	PSCBE2	= 5.772776E−10	PVAG	= 0.0135936
+DELTA	= 0.01	RSH	= 3	MOBMOD	= 1
+PRT	= 0	UTE	= −1.5	KT1	= −0.11
+KT1L	= 0	KT2	= 0.022	UA1	= 4.31E−9
+UB1	= −7.61E−18	UC1	= −5.6E−11	AT	= 3.3E4
+WL	= 0	WLN	= 1	WW	= 0
+WWN	= 1	WWL	= 0	LL	= 0
+LLN	= 1	LW	= 0	LWN	= 1
+LWL	= 0	CAPMOD	= 2	XPART	= 0.5
+CGDO	= 5.59E−10	CGSO	= 5.59E−10	CGBO	= 5E−10
+CJ	= 1.857995E−3	PB	= 0.9771691	MJ	= 0.4686434
+CJSW	= 3.426642E−10	PBSW	= 0.871788	MJSW	= 0.3314778
+CJSWG	= 2.5E−10	PBSWG	= 0.871788	MJSWG	= 0.3314778
+CF	= 0	PVTH0	= 4.137981E−3	PRDSW	= 7.2931065
+PK2	= 2.600307E−3	WKETA	= 0.0192532	LKETA	= −5.972879E−3)

参考：ftp://ftp.mosis.com/pub/mosis/vendors/tsmc-025/t6be_mm_non_epi_mtl-params.txt

上面的例子是 TSMC 公司为 MOSIS(MOS Implementation Service)所提供的 $0.25\mu m$ BSIM3 模型参数。并不是所有公司都能够提供完备的参数，如果参数不全，仿真软件将使用自带的默认值。当然，公司提供的参数越全、越准确，仿真结果越接近实际。在仿真时，可以直接将上述的模型参数复制到 HSPICE 输入文件中，也可以指向描述模型的文本文件进行调用。显然，采用模型调用具有更大的灵活性，如果有两条工艺线的模型，仿真时的输入文件格式可以几乎不变，只要重新指向调用的文件即可进行仿真对比。

3.3.3 模型参数的离散及仿真方法

任何一个工艺线的工艺都存在一定的误差，因此模型参数也会出现离散，公司给出的模型参数通常是典型值。

在各模型参数中，有些参数的偏差对设计仿真的影响不大，有些却比较重要。对于仿真电路，因其对参数的敏感程度较高，因此更需要考虑当参数偏差时对电路性能的影响。设计者都希望当工艺参数出现偏差时，电路的性能参数仍然能够满足指标要求，设计者也希望能够在设计仿真阶段就了解这些偏差，分析这些偏差对电路性能的影响。

1. 参数偏差的描述方法

对电路设计者而言，最关心的是参数偏差对电路性能的影响。对 CMOS 电路、NMOS 管和 PMOS 管的速度是影响动态性能的重要参数，因此，有些工艺制造商提供了 5 种速度情况下的模型。设计者通过对 5 种情况进行仿真，得到了存在偏差情况下的电路性能，并以此判断设计是否有效。

这 5 种模型分别称为 TT(Typical model)模型、SS(Slow NMOS Slow PMOS model)模型、FF(Fast NMOS Fast PMOS model)模型、SF(Slow NMOS Fast PMOS model)模型和 FS(Fast NMOS Slow PMOS model)模型。表 3.3 列举了这 5 种模型的描述示例。

表 3.3　5 种模型描述示例

TT 模型	SS 模型	FF 模型
. LIB TT	. LIB SS	. LIB FF
. param toxp = 5.8e−9	. param toxp = 6.1e-9	. param toxp = 5.5e-9
+toxn = 5.8e−9	+toxn = 6.1e-9	+toxn = 5.5e-9
+dxl = 0 dxw = 0	+dxl = 2.5e-8 dxw = -3e-8	+dxl = −2.5e-8 dxw = 3e-8
+dvthn = 0 dvthp = 0	+dvthn = 0.06 dvthp = −0.06	+dvthn = −0.06 dvthp = 0.06
+cjn = 2.024128E-3	+cjn = 2.2265408E-3	+cjn = 1.8217152e-3
+cjp = 1.931092e-3	+cjp = 2.1242e-3	+cjp = 1.738e-3
+cjswn = 2.751528E-10	+cjswn = 3.0266808E-10	+cjswn = 2.4763752e-10
+cjswp = 2.232277e-10	+cjswp = 2.4555e-10	+cjswp = 2.009e-10
+cgon = 3.11E-10	+cgon = 3.421E-10	+cgon = 2.799e-10
+cgop = 2.68e-10	+cgop = 2.948e-10	+cgop = 2.412e-10
+cjgaten = 2.135064E-10	+cjgaten = 2.3485704E-10	+cjgaten = 1.9215576e-10
+cjgatep = 1.607088e-10	+cjgatep = 1.7678e-10	+cjgatep = 1.4464e-10
. lib ′<ModelFile>′ MOS	. lib ′<ModelFile>′ MOS	. lib ′<ModelFile>′ MOS
. ENDL TT	. ENDL SS	. ENDL FF

SF 模型	FS 模型	NMOS 模型中描述例句	
. LIB SF	. LIB FS	TOX	= toxn
. param toxp = 5.8e-9	. param toxp = 5.8e-9	XL	= ′3E-8 + dxl′
+toxn = 5.8e-9	+toxn = 5.8e-9	XW	= ′0 + dxw′
+dxl = 0 dxw = 0	+dxl = 0 dxw = 0	VTH0	= ′0.4321336+dvthn′
+dvthn = 0.06 dvthp = 0.06	+dvthn=-0.06 dvthp = -0.06	CJ	= cjn
+cjn = 2.2265408E-3	+cjn = 1.8217152e-3		
+cjp = 1.738e-3	+cjp = 2.1242e-3		
+cjswn = 3.0266808E-10	+cjswn = 2.4763752e-10	CJSW	= cjsw
+cjswp = 2.009e-10	|cjswp = 2.4555e-10		
+cgon = 3.11E-10	+cgon = 3.11E-10	CGDO	= ′cgon′
+cgop = 2.68e-10	+cgop = 2.68e-10	CGSO	= ′cgon′
+cjgaten = 2.3485704E-10	+cjgaten = 1.9215576e-10	CJSWG	= cjgaten
+cjgatep = 1.4464e-10	+cjgatep = 1.7678e-10		
. lib ′<ModelFile>′ MOS	. lib ′<ModelFile>′ MOS		
. ENDL SF	. ENDL FS		

2. 仿真

分析表 3.3 所列的 5 种模型和参数,可以基本了解影响 MOS 管速度快慢的主要因素。

在这个例子中,所列出的影响速度的参数主要表现在栅氧化层厚度 toxn、toxp,沟道长度的偏差 dxl,沟道宽度的偏差 dxw,阈值电压的漂移 dvthn、dvthp 和电容等。从具体参数中,读者可以细心地去体会各参数的作用及原理,这对于帮助理解设计因素是十分重要的练习。

以 TT、SS、FF、SF、FS 模型参数为基础,采用 HSPICE 对一个倒相器进行仿真,并将 5 种仿真结果叠放在同一张波形图上,可以看到不同模型参数对倒相器瞬态特性的影响。图 3.2 所示为 5 种模型参数的倒相器输入、输出仿真波形。

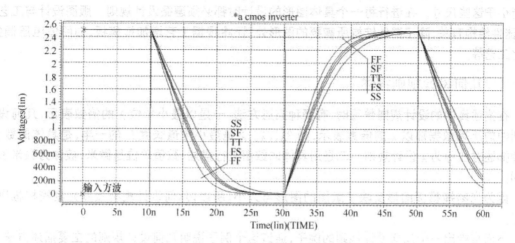

图 3.2　不同模型仿真波形

显然,因 NMOS 管和 PMOS 管的速度不同,导致上升速度和下降速度的差别。在输出波形的下降沿,下降速度从最快到最慢的模型依次为 FF、FS、TT、SF、SS 模型,上升沿则依次为 FF、SF、TT、FS、SS。这种工艺的离散性要求设计者考虑不同情况下的性能是否满足指标要求。以 $90\%V_{DD}$ 和 $10\%V_{DD}$(该例采用 2.5V 电压模型)为参考,可以得到 5 对上升、下降时间的描述,如图 3.3 所示。

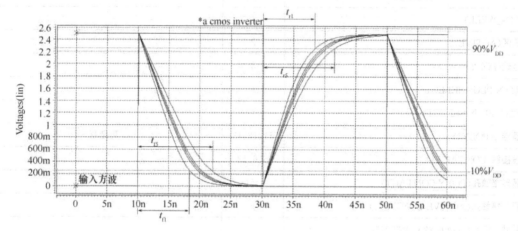

图 3.3　上升、下降时间

根据这些 t_r 和 t_f 可以得到倒相器相应的各工作频率。显然,如果工艺出现最坏情况,即 SS 模型所对应的情况,这个倒相器能够达到的最高工作频率为 $f_{max} = \dfrac{1}{t_{r5} + t_{f5}}$。如果这个值不能满足设计指标的要求,则需要适当地调整 MOS 管的宽长比。

设计时必须考虑工艺的离散对性能的影响。

其他电路的仿真分析原理相同,这里不再一一赘述。

3.4　几何设计规则

几何设计规则给出的是一组版图设计的最小允许尺寸,设计者不能突破这些最小尺寸的限制,也就是说,在设计版图时对这些位置的版图图形尺寸,只能是大于或等于设计规则的描述,而不能小于这些尺寸。在进行每一个具体图形的设计时都必须遵循设计规则。版图设计与工艺流程、器件结构有关,除了器件结构所需的图形外,还将根据工艺增加掩模板,如阈值电压调整、钝化工艺等。

3.4.1 几何设计规则描述

在描述具体的设计规则数值时,有两种描述方法:一是以最小单位 λ 的倍数表示,几何设计规则中的所有数据都以 λ 的倍数表示,如 3λ、5λ。λ 是最小沟道长度 L 的一半,是具体的数值。这种描述方法称为 λ 设计规则。二是用具体的数值进行描述,数值单位是微米,被称为微米设计规则。

因为光刻掩模板图形反映了版图的图形与大小,所以,几何设计规则按照光刻掩模板进行描述。

下面将给出一个几何设计规则的例子,通过这个例子说明几何设计规则的主要描述方法,该例子采用 λ 设计规则描述。采用的技术为 CMOS,三层金属、双层多晶硅工艺。

表 3.4 首先描述了对应工艺需要几层主要的掩模,在表中还列出了相应规则的编号,这些编号和后面具体描述相对应。

参考:http://www.mosis.com/Technical/Layermaps/lm-scmos_scna.html,1.5 micron process,$\lambda=0.8$um。

表 3.4 掩模板层描述

掩模板层	编号	说明
n 阱(N_WELL)	1	
有源区(ACTIVE)	2	
多晶硅(POLY)	3	
n^+ 区(N PLUS SELECT)	4	
p^+ 区(P PLUS SELECT)	4	
多晶硅 2(POLY2)	11、12、13	可选用
引线接触(CONTACT)	5、6、13	
多晶硅接触孔(POLY CONTACT)	5	
有源区接触孔(ACTIVE CONTACT)	6	
多晶硅 2 接触孔(POLY2 CONTACT)	13	
金属 1(METAL1)	7	
通孔(VIA)	8	金属 1 与金属 2 连接
金属 2(METAL2)	9	
通孔 2(VIA2)	14	金属 2 与金属 3 连接
金属 3(METAL3)	15	
钝化层(GLASS)	10	

下面,按照编号一一对具体的设计规则进行描述。

1. n 阱(N_WELL)图形

n 阱图形定义了制作 PMOS 管的衬底区域,共有 4 条设计规则,具体的意义、描述和参数见表 3.5 和图 3.4 所示。

表 3.5　n 阱设计规则

规则	描述	λ数
1.1	阱的最小宽度	10
1.2	具有不同电位的阱间最小间距	9
1.3	具有相同电位的阱间最小间距	0
1.4	不同掺杂类型的阱间最小间距(如果存在)	0

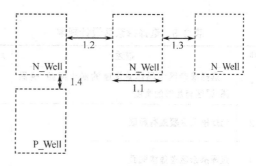

图 3.4　n 阱设计规则

2. 有源区(ACTIVE)图形

有源区是制作晶体管和衬底/阱接触的区域,共有 5 条设计规则,具体的意义、描述和参数见表 3.6 和图 3.5。

表 3.6　有源区设计规则

规则	描述	λ数
2.1	有源区最小宽度	3
2.2	有源区最小间距	3
2.3	源/漏有源区到阱边界距离	5
2.4	衬底/阱接触区到阱边界距离	3
2.5	不同掺杂类型的有源区间最小间距	0 或 4

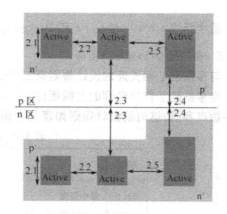

图 3.5　有源区设计规则

3. 多晶硅(POLY)图形

多晶硅图形定义了栅和多晶硅引线,也有 5 条设计规则,见表 3.7 和图 3.6。

表 3.7　多晶硅设计规则

规则	描述	λ数
3.1	多晶硅最小宽度	2
3.2	场区(有源区)上多晶硅间最小间距	2
3.3	多晶硅栅延伸出有源区最小值	2
3.4	有源区延伸出多晶硅的最小值	3
3.5	场区上多晶硅到有源区的最小距离	1

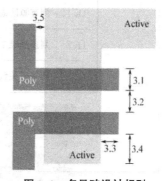

图 3.6　多晶硅设计规则

4. n^+ 和 p^+ 注入区图形(N PLUS AND P PLUS SELECT)

n^+ 和 p^+ 注入图形定义了需要注入杂质的区域,通常大于相关有源区尺寸以保障完全注入,即当存在光刻套准偏差时,仍能够保证注入区覆盖了相关有源区。在大于相关有源区的部分,因为场氧化(厚氧区)的阻挡,杂质无法进入,因此,实际的注入区域由相关有源区界定。这些 n^+、p^+ 区域又被统称为选择掺杂区。有 4 条几何设计规则,如表 3.8 所列,其图形意义如图 3.7 所示。

表 3.8　选择掺杂区设计规则

规则	描述	λ 数
4.1	选择掺杂区到晶体管沟道的最小间距,确保源/漏区有足够的宽度	3
4.2	选择掺杂区覆盖有源区	2
4.3	选择掺杂区覆盖接触孔	1
4.4	选择掺杂区的最小宽度与间距(图中未标注) 注:p⁺ 区和 n⁺ 区可以相同,但严禁互相重叠	2

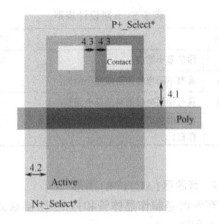

图 3.7　选择掺杂区设计规则

图中标注 ∗(N+ _Select ∗ 和 P+ _Select ∗)之处表示如果 n 型和 p 型互换,规则不变。

5. 多晶硅 2(POLY2)图形

与多晶硅 2 相关连的设计规则有三个部分,它们与多晶硅 2 的用途有关。

当多晶硅 2 作为电容的上极板(Electrode)时,它和多晶硅 1 以及它们之间的介质层相叠构成平板电容器,这时的设计规则如表 3.9 和图 3.8 所示。

表 3.9　多晶硅 2 设计规则 1

规则	描述	λ 数
11.1	最小宽度	3
11.2	最小间距	3
11.3	对多晶硅 1 的最小覆盖	2
11.4	到有源区或阱边界的最小间距(未画出)	2
11.5	到多晶硅 1 接触孔的最小间距	3
11.6	到非相关金属的最小间距(未画出)	2

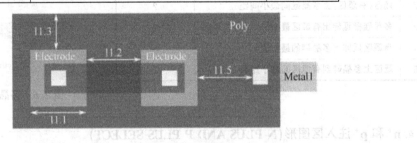

图 3.8　多晶硅 2 设计规则 1

当多晶硅 2 作为晶体管电极时,其设计规则列出在表 3.10 中,图 3.9 则对具体的图形进行了说明。

表 3.10　多晶硅 2 设计规则 2

规则	描述	λ 数
12.1	最小宽度	2
12.2	最小间距	3
12.3	电极覆盖有源区	2
12.4	到有源区的最小间距	1
12.5	对多晶硅 1 的最小覆盖	2
12.6	到多晶硅或有源区上接触孔的最小间距	3

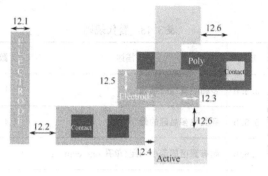

图 3.9　多晶硅 2 设计规则 2

与多晶硅 1 的情况类似,当需要与作为电极的多晶硅 2 接触(连接)时,需要相关的设计规则,如表 3.11 和图 3.10 所示。

表 3.11　多晶硅 2 设计规则 3

规则	描述	λ 数
13.1	标准接触孔尺寸	2×2
13.2	最小接触孔间距	2
13.3	最小电极覆盖(在电容器上)	3
13.4	最小电极覆盖(不在电容器上)	2
13.5	与多晶硅 1 或有源区的最小间距	3

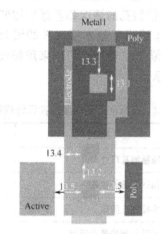

图 3.10　多晶硅 2 设计规则 3

6. 多晶硅接触孔图形(POLY CONTACT)

接触孔,顾名思义是实现两层材料相接触的窗口。如前所述,有时工艺会规定所有的孔进行规格化处理,在 $0.5\mu m$ 特征尺寸以下工艺中,通常要求在绝缘层上的各种孔(包括 CONTACT、VIA、VIA2)必须采用单一规格的标准尺寸,大的孔必须采用标准尺寸孔的阵列形式实现。

基本的多晶硅接触孔设计规则描述如表 3.12 所示,具体的图形描述则由图 3.11 给出。请注意,5.2 规则是 1.5λ,如果无法设计,可以采用替代规则,这时,多晶硅覆盖接触孔的尺寸减小为 1λ,但是,与周围图形的间距增加,如表 3.13 和图 3.12 所示,其他规则不变。

表 3.12　多晶硅上基本接触孔设计规则

规则	描述	λ 数
5.1	标准接触孔尺寸	2×2
5.2	多晶硅覆盖接触孔	1.5
5.3	最小接触孔间距	2
5.4	接触孔到栅的最小间距	2

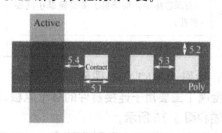

图 3.11　基本的多晶硅接触孔设计规则

表 3.13　替代规则

规则	描述	λ 数
5.2.b	多晶硅覆盖接触孔	1
5.5.b	到其他多晶硅的最小间距	4
5.6.b	到有源区的最小间距(单孔 one contact)	2
5.7.b	到有源区的最小间距(多孔 many contact)	3

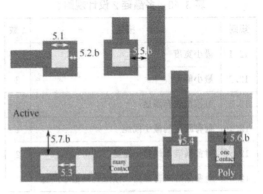

图 3.12　多晶硅接触孔设计规则

7. 有源区接触孔图形(ACTIVE CONTACT)

有源区接触孔的情况和多晶硅相似,只不过将多晶硅换成了有源区。

表 3.14 给出了基本接触孔的设计规则定义,图 3.13 则对设计规则进行了图形描述。和 5.2 规则类似,6.2 规则也可以采用替代规则,具体的替代规则列举在表 3.15 中,图形描述则如图 3.14 所示。

表 3.14　有源区上基本接触孔设计规则

规则	描述	λ 数
6.1	标准接触孔尺寸	2×2
6.2	多晶硅覆盖接触孔	1.5
6.3	最小接触孔间距	2
6.4	接触孔到栅的最小间距	2

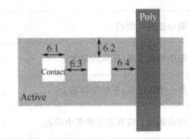

图 3.13　基本的有源区接触孔设计规则

表 3.15　替代规则

规则	描述	λ 数
6.2.b	有源区覆盖接触孔	1
6.5.b	有源区接触孔到扩散型有源区的最小间距	5
6.6.b	有源区接触孔到场区上多晶硅最小间距(单孔)	2
6.7.b	有源区接触孔到场区上多晶硅最小间距(多孔)	3
6.8.b	有源区接触孔到多晶硅接触孔最小间距	4

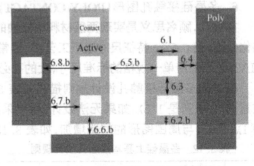

图 3.14　有源区接触孔设计规则

8. 金属 1(METAL1)图形

金属 1 主要用于连接器件的各个电极,包括阱和衬底接触,有三项设计规则参数,如表 3.16 所描述和图 3.15 所示。

在表 3.16 中,7.2 规则分别有 7.2.a 和 7.2.b 两个子规则,视不同条件分别使用。规则 7.2.b 用于最细线条之间的间距,通常在紧密型的总线中使用。

表 3.16　金属 1 设计规则

规则	描述	λ 数
7.1	最小宽度	3
7.2.a	最小间距	3
7.2.b	紧密型金属互连最小间距(仅仅用于最细线条之间间距,其他使用规则 7.2.a)	2
7.3	金属对各类接触孔覆盖的最小值	1

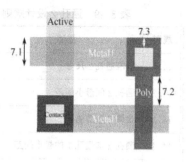

图 3.15　金属 1 设计规则

9. 通孔(VIA)

通孔主要被用于连接两层金属,例如,金属 1 和金属 2,金属 2 和金属 3(VIA2)。当采用多层金属布线时,通常不允许跨越连接,即不允许金属 2 对有源区或多晶硅 1 直接连接,不允许金属 3 直接连接金属 1 等。如果有一个信号通道要通过金属 3 连接到一个 MOS 器件的栅,则自下向上的连接通路是:栅→接触孔(Contact)→金属 1→VIA→金属 2→VIA2→金属 3。

通孔的几何设计规则有 5 条,表 3.17 和图 3.16 对通孔的设计规则进行了描述。

表 3.17　通孔设计规则

规则	描述	λ 数
8.1	标准通孔尺寸	2×2
8.2	通孔间最小间距	3
8.3	金属 1 覆盖通孔	1
8.4	通孔与接触孔最小间距	2
8.5	通孔到多晶硅或有源区边界的最小距离	2

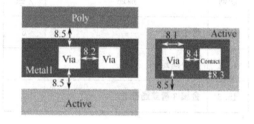

图 3.16　通孔设计规则

10. 金属 2(METAL2)图形

金属 2 的设计规则描述如表 3.18 和图 3.17 所示,对比表 3.16(金属 1)可见,该设计规则定义与金属 1 非常相似。

表 3.18　金属 2 设计规则

规则	描述	λ 数
9.1	最小宽度	3
9.2.a	最小间距	4
9.2.b	紧密型金属互连最小间距(仅用于最细线条之间间距,其他使用规则 9.2.a)	3
9.3	金属 2 对通孔(VIA)的覆盖	1

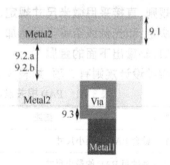

图 3.17　金属 2 设计规则

11. 通孔 2(VIA2)

通孔 2 的作用和通孔 1 相似,主要用于连接金属 2 和金属 3。有 5 项设计规则。如表 3.19 和图 3.18 所描述,其中,规则 14.5 是一条说明,表示通孔 2 可以在几何位置上与接触孔位置重叠,显然,通孔 1 没有这样的说明。

85

表 3.19　通孔 2 设计规则

规则	描述	λ 数
14.1	标准通孔 2 尺寸	2×2
14.2	通孔 2 间最小间距	3
14.3	金属 2 覆盖通孔	1
14.4	通孔 2 与通孔 1 的最小间距	2
14.5	通孔 2 可以位于接触孔之上	

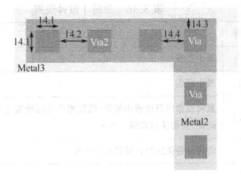

图 3.18　通孔 2 设计规则

12. 金属 3(Metal3)图形

金属 3 的图形形状通常比较简单,主要用于全局性信号连接。设计规则也只有三项,如表 3.20 和图 3.19所示。

表 3.20　金属 3 设计规则

规则	描述	λ 数
15.1	最小宽度	6
15.2	最小间距	4
15.3	金属 3 覆盖通孔 2	2

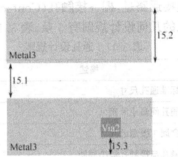

图 3.19　金属 3 设计规则

13. 压焊块(PAD)和钝化层图形

PAD 材料为金属,通常采用最上面的金属层,这根据工艺决定。这里假设为 Metal2。

为保护芯片,在集成电路基本工艺加工完成后,在芯片的表面需要覆盖一层钝化材料(图中的 Glass),通常为磷硅玻璃、低温氮化硅或聚合物(如聚酰亚胺)。PAD 设计规则是一个比较特殊的规则,直接采用微米尺寸规定,这是因为 PAD 的尺寸由键合(bonding,通常称为压焊)丝的直径决定,和光刻线条等半导体加工尺寸无关。为进行键合,必须将 PAD 位置上的钝化层上开出窗口,暴露出下面的金属。

相关设计规则有 5 项,如表 3.21 和图 3.20 所示。

表 3.21　PAD 相关设计规则

规则	描述	μm
10.1	键合 PAD 的最小尺寸	100×100
10.2	测试用 PAD 的最小尺寸	75×75
10.3	PAD 金属覆盖钝化窗口	6
10.4	PAD 距非相关金属的最小间距	30
10.5	PAD 距非相关有源区、Poly1 或 Poly2 的最小间距	15

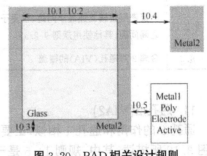

图 3.20　PAD 相关设计规则

上面对几何设计规则的例子进行了说明,根据具体的工艺,设计规则将有所不同。必须通过使用设计规则进行具体版图的设计才能深入地理解规则。

3.4.2　一个版图设计的例子

下面,根据上述设计规则重新画出在第 2 章所给出的 CMOS 倒相器(彩图 3),如图 3.21 所示。

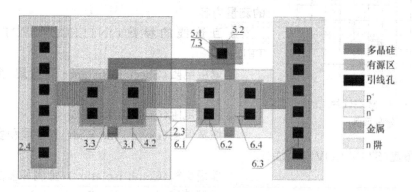

图 3.21　按照设计规则设计的倒相器版图

图片背景上的两个网格点间距定义为一个 λ,例如,标准引线孔为 2λ×2λ(规则 5.1、规则 6.1),尺寸就是两个网格点的长和宽。在图中标注了使用设计规则的尺寸,尺寸大于设计规则的部分则没有标注,同时,也没有进行重复标注。在进行版图设计时,应按照设计规则给出的设计规范进行最小尺寸的设计。比较彩图 3 和图 3.21,可以看到,按照上面描述的设计规则,有几处明显的区别:引线孔全部变为标准孔(规则 5.1、规则 6.1)的形式;选择掺杂区对有源区的覆盖变大(规则 2.4、规则 4.2);多晶硅头伸出有源区长度(规则 3.3)也变长了。当然,如果设计规则发生变化,例如,换了一条工艺线进行生产,则图形的尺寸控制应按照新的设计规则进行设计。这里的示例只是为了说明如何在具体版图设计中使用设计规则。

3.5　工艺检查与监控

工艺加工完成后,接下来的工作就是检查制作的质量,验证设计的正确性。验证设计正确性的测试技术将在第 7 章介绍,在本章中主要讨论如何进行工艺质量检查和监控,通过什么手段与技术确认产品加工失效的原因。

3.5.1　PCM(Process Control Monitor)

所谓 PCM 是一组测试结构,主要用于检测工艺加工质量,提取相关参数。PCM 测试结构主要包括 4 个方面:工艺加工质量评估、DC 测试、AC 测试和少量功能器件测试结构。除了用于分析工艺质量外,PCM 还作为提取器件模型参数(如 SPICE 模型)的手段被广泛使用,因此,PCM 所包括的结构的多少从一个侧面反映了工艺线能够提供多少模型参数。

这些 PCM 图形构成了一个专门的芯片。该芯片通常位于硅圆片(Wafer)的上、下、左、右和中间位置,如图 3.22 所示。测试工程师通过测试 PCM 图形来分析工艺加工的质量,获得相关参数。除了图 3.22 所示的 PCM 安置方案外,有些工艺线也将测试图形安置在划片槽内,称为 SLM(Scribe Line Monitor)。

每条工艺线的 PCM 图形有所不同,提供给设计者的参数多少也不同,工艺流程越多、越复

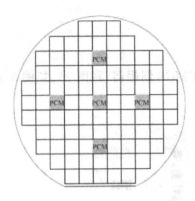

图 3.22　PCM 在硅片上的
分布示例

杂,测试结构也越多。设计者根据需要测试分析有关的数据,以确认工艺质量。同时,通过 PCM 的分析,也可确认工艺线所提供的器件模型(参见例 3-1)参数是否准确。

不同的工艺线,PCM 图形的多少,以及测量参数的数量有所差别。下面列举了部分分类项目及 PCM 测试图形的测量内容:

● 互连线的参数(INTERCONNECT PARAMETERS):

薄层电阻(Sheet Resistance)(金属、多晶硅、有源区等)

接触电阻(Contact Resistance)

线宽偏差(Delta Line Width)(金属和多晶硅)

● 台阶覆盖(STEP COVERAGE):

梳齿结构(Comb Isolation)(金属和多晶硅)

折弯结构(Serpentine Continuity)

● 晶体管特性(TRANSISTOR CHARACTERISTICS):

晶体管阈值电压(Transistor Threshold Voltage)

本征导电因子,导电因子(Process Gain,Kp (beta/2))

Gamma(γ)系数 (body effect coefficient)

饱和电流(Saturation Current)

沟道穿通电压(Channel Punch-through Voltage)

pn 结击穿(Junction Breakdown)

● 厚栅氧(场区氧化层)晶体管(FIELD OXIDE TRANSISTORS):

阈值电压(Threshold)

● 倒相器(INVERTERS):

输出高电平(Volt,high)

输出低电平(Volt,low)

倒相器阈值(Inverter Threshold (V_{inv}))

倒相器阈值处的增益(Gain at Inverter Threshold)

● 电容(CAPACITORS):

平板电容(Area Capacitance)

边缘电容(Fringe Capacitance)

● 环行振荡器(RING OSCILLATOR):

频率(Frequency)

参考:http://www.mosis.com/Technical/process-monitor.htmlJHJ5.0。

3.5.2　测试图形及参数测量

PCM 的图形被分成若干部分,按照一定的要求进行放置,通常采用探针卡进行信号激励和读取,对于各结构的测试点 PAD(金属块)的大小与间距也有具体的要求。在本节将对一些主要的测试结构与参数测量进行介绍。

1. 直流参数测量

(1) 接触电阻测量

接触电阻是指两个导电材料相连接时在连接界面所产生的电阻，可以采用 Kelvin 结构进行测量，图 3.23 所示为 Kelvin 测试结构图形。

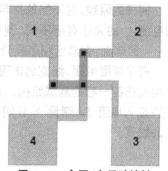

在两个相反方向的臂中(不同材料)注入恒定电流，这里是在 1、3 点上注入电流，测量 2、4 点间的电压；然后，翻转 1、3 间电流方向再次测量 2、4 间电压，取平均值得到电阻 R_1，即

$$R_1 = \left(\left| \frac{V_{24}}{I_{13}} \right| + \left| \frac{V_{42}}{I_{31}} \right| \right) / 2 \tag{3.6}$$

图 3.23 金属/多晶硅接触电阻的 Kelvin 测试结构

然后，交换电流电压的接触点，即在 2、4 点间注入电流，测量 1、3 点间的电压，仍然按照上面的方法测得 R_2，即

$$R_2 = \left(\left| \frac{V_{13}}{I_{24}} \right| + \left| \frac{V_{31}}{I_{42}} \right| \right) / 2 \tag{3.7}$$

对 R_1 和 R_2 再求平均值得到接触电阻 R_c。

为克服由温度产生的热电势对测量的影响，需要测量零电流时的电压，然后在测量值中减去这个电压值。

图 3.23 给出的是金属/多晶硅接触电阻测量结构，同样的原理，可以设计并测量金属/掺杂半导体、金属/金属接触电阻。

对于不同的接触类型，所施加的激励电流有所不同。对于金属与半导体的接触，如 M_1/p^+、M_1/n^+、$M_1/Poly$ 接触，可以采用 1mA 电流；金属与金属接触，例如，M_1/M_2、M_2/M_3，可以采用 10mA 的电流。

(2) 薄层电阻和线宽偏差测量

薄层电阻 R_S 是反映掺杂浓度和材料层厚度的重要参数，也是电路设计的重要参数，因此，正确地测量薄层电阻是检查和衡量工艺的重要问题。

线宽偏差通过测量实际线条宽度并与设计尺寸比较得出。这些线条由导电材料制造，包括了掺杂半导体、多晶硅和各金属互连材料。

图 3.24(a)显示了用于测量薄层电阻 R_S 的希腊十字结构，薄层电阻测量基于范德堡 (Vander Pauw)原理。首先在相邻的两个臂间注入电流 I_F，例如 A、B 端，测量位于对角线位置的另两个臂间的电压，这里是 C、D 端电压 V_{CD}。然后，旋转 90 度，在 B、C 间注入电流 I_F，测量 A、D 间电压 V_{AD}。平均两次的电压值，即 $(V_{CD}+V_{AD})/2$，目的是为了消除结构不对称可能产生的误差。按照范德堡原理，材料的薄层电阻 R_S 为

$$R_S = \frac{\pi}{\ln 2} \cdot \frac{(V_{CD}+V_{AD})}{2I_F} \tag{3.8}$$

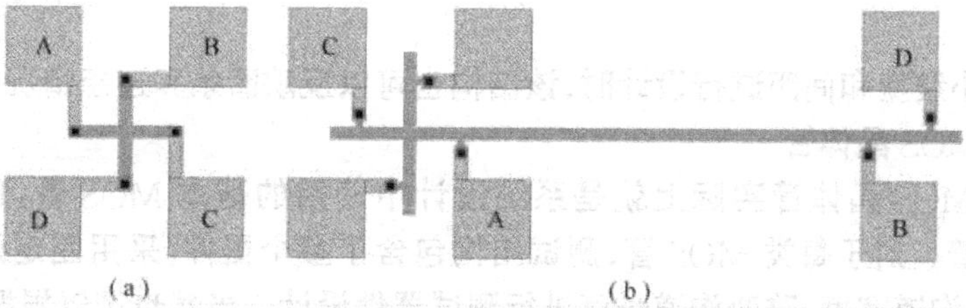

图 3.24 薄层电阻和线宽测试结构

同样的原理,对不同的材料设计类似的结构可以测量不同材料的薄层电阻。对不同材料,激励电流 I_F 的大小有所不同,例如,对于金属 2、金属 3、金属 4 给予 75mA 的电流,金属 1 给予 40mA 的电流,有源区和多晶硅采用 1mA 的电流,阱材料则采用 $200\mu A$ 的电流等。

有了薄层电阻,线宽测试可以采用四探针原理,图 3.24(b)显示了将希腊十字结构和四探针结构制作在一起的测试结构。首先测试左边的希腊十字结构,获得材料的薄层电阻 R_S,然后,在 C、D 注入电流 I_F,测量 A、B 间的电压,得到 A、B 间电阻,根据式(3.9)(四探针原理)计算 A、B 间的线宽。

$$W_{eff} = \frac{R_S \cdot L}{R} = \frac{R_S \cdot L}{V_{AB}/I_F} \tag{3.9}$$

用结构线宽的设计值减去测量值,就得到了线宽偏差数据。类似地,激励电流的大小因材料而变。

(3) 台阶覆盖

台阶覆盖用于检测材料层在爬越台阶时的质量,这是因为在沉积材料时,台阶处的材料层厚度与平面处有所不同,这主要是对沉积工艺的监控。

测量结构通常由梳齿状结构和折弯状线条组成,这些结构下面是具有台阶构造的另一种材料层,测量结构可以是多晶硅和各层金属。图 3.25 所示是金属爬越多晶硅梳齿结构时的测量结构。

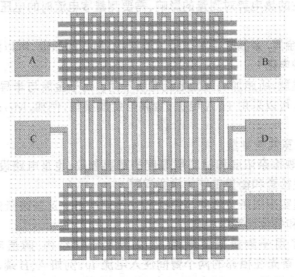

图 3.25　台阶覆盖测量结构

显然,由于金属爬越多晶硅台阶,测量得到的 A、B 间电阻和 C、D 间电阻之差反映了由于爬越台阶所产生的电阻,将两个测量电阻之差除以台阶的个数,得到由每个台阶产生的电阻差,这个差值反映了台阶覆盖的质量。

类似地,如果上面的材料是多晶硅,下面是有源区构成的台阶,则反映了多晶硅覆盖有源区台阶的质量。

当线条以最小线宽和间距进行设计时,该结构也可以反映断条和连条情况。

(4) 薄栅氧 MOS 晶体管

所谓薄栅氧 MOS 晶体管实际上就是系统设计中使用的基本 MOS 管,包括了 NMOS 和 PMOS 两类晶体管。对于每类 MOS 管,测试结构包含了多个器件:采用固定沟道长度,改变沟道宽度,以及固定沟道宽度,改变沟道长度进行测试器件设计。当然也可以根据测试分析需要采用其他的器件结构,例如,有些 PCM 图形中含有围栅结构的器件(参见彩图 16)。

这些器件尺寸的设计是为了满足测量、分析工艺对晶体管特性的影响,同时也为了提取器件的模型参数。在各类器件中,最小尺寸的晶体管用于检测工艺线能够达到的工艺水平,而一些大尺寸的晶体管则被作为评估器件热耗散情况。

毫无疑问,MOS 器件特性的测量包括了许多项目。例如,通过多个器件的测试可以评估阈值电压、本征导电因子、衬底偏置效应、饱和电流以及穿通电压等参数。对于具体的被测器件,则可以测量 V-I 特性、有源区 pn 结泄漏电流、击穿电压、源漏泄漏电流等参数。

① MOS 器件阈值电压

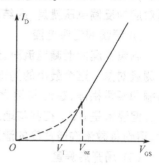

MOS 器件的阈值电压测量利用的是器件的转移特性,在固定的源漏电压下,例如 50mV,测量漏电流 I_D 随 V_{GS} 的变化。比较简单的方法是测量 I_D 减小到 0 时的 V_{GS} 值,该值就是 MOS 器件的阈值电压 V_T。比较精确的方法是采用转移特性的外推方式,图 3.26 说明了这样的测量方法,即在转移特性上较线性的部分做直线拟合,外推到与 V_{GS} 坐标轴相交,该值就是 V_T。通过栅漏短接的 MOS 器件转移特性也可以测量 V_T 值,但比实际值偏大。

图 3.26　外推阈值电压测量

在测量时,衬底与器件源极间的反偏电压分别取不同的值以反映衬底偏置效应对阈值电压的影响,至少应取 $|V_{BS}|=0\text{V}$、$V_{DD}/2$ 和 V_{DD} 三个点进行测量。

② 本征导电因子

从第 2 章我们知道,本征导电因子 $K'_N=\dfrac{\mu_n\varepsilon_{ox}}{2t_{ox}}$ 反映了工艺参数,K'_N 值可以通过阈值电压测量时的转移特性得到。当 V_{DS} 很小时,由 $I_{DS}=K_N[2(V_{GS}-V_{TN})V_{DS}]$ 求导可知,转移特性的斜率 $S=2K'_N\left(\dfrac{W}{L}\right)V_{DS}$,而 S 非常容易从曲线上得到。需要注意的是,这里所引用的 W 和 L 应该是被测器件的有效沟道宽度和沟道长度。

③ 衬底偏置效应系数 γ(GAMMA)

如前所述,在测量阈值电压时,为了反映衬底偏置对阈值电压的影响,给予了不同的衬底偏置电压($|V_{BS}|=0\text{V}$、$V_{DD}/2$ 和 V_{DD}),因此可以测得三个不同的阈值电压值,这里以 V_{T0}、V_{T1} 和 V_{T2} 表示对应的测量值。根据晶体管理论,考虑衬底偏置影响的阈值电压为

$$V_T=V_{T0}+\gamma(\sqrt{2\varphi_F+|V_{BS}|}-\sqrt{2\varphi_F}) \tag{3.10}$$

式中,φ_F 为掺杂半导体材料的费米势。测量 V_{T1} 和 V_{T2} 并相减可以简单的计算得到 γ 参数。

④ 饱和电流

饱和电流测量时,MOS 器件栅漏短接并且衬底与源极相连以消除衬底偏置的影响,在 $V_{DS}=V_{GS}=V_{DD}$ 的条件下测量电流。

⑤ 穿通电压

穿通通常发生在短沟道器件中。因此,穿通电压的测量器件为短沟道的 MOS 晶体管。测量时,MOS 器件的栅、源和衬底都接地(NMOS),在漏极施加阶梯电压,并且在漏极和电压源间串联一个电流表以检测发生穿通的电压点。当电流表指示电流达到某个特定值(如 $10\text{nA}/\mu\text{m}$ 沟道宽度)时,记录该值为穿通电压值。需要注意分辨是穿通发生还是漏－衬底 PN 结击穿。

⑥ 晶体管伏安特性曲线

伏安特性曲线是描述器件性能的重要方法,通过改变 V_{DS}、V_{GS}、V_{BS} 可以测量 I_{ds} 得到伏安曲

线簇。具体的测量条件,例如器件的尺寸、偏置设置等,根据要求的测量参数设置与选择。

⑦ 有源区 pn 结泄漏电流

有源区 pn 结泄漏电流是在施加 V_{DD} 反偏电压的条件下进行的测量。在测量源/漏区与衬底间泄漏电流时,采用大尺寸的晶体管以保证具有足够大的面积提供电流。

⑧ 有源区 pn 结击穿

pn 结击穿电压也是器件的重要参量,测量时设定一定的电流值作为发生 pn 结击穿的判别标准,例如,施加逐渐增大的反偏电压,以反偏电流达到 $1\mu A$ 作为发生击穿的判断条件,这时的所对应的反偏电压就是 pn 结击穿电压。

⑨ 源漏间泄漏电流

测量源漏间泄漏电流时,选择具有最小沟道长度的一组晶体管中,沟道宽度最大的晶体管作为测量对象。这个最小的沟道长度是设计规则所允许的最小沟道长度,也是工艺的特征尺寸。将栅和源极相连,在源与地之间串联一个皮安量级的电流表,衬底与源之间可以设定一定的 V_{BS},但通常是 0V。在漏与地之间施加电压,读出电流表的数据,最后,将这个数据除以沟道的宽度,得到每微米沟道宽度的泄漏电流值。

(5) 场开启测量

所谓场开启是指在厚氧区(场区)上的信号线使场氧下半导体出现反型所对应的信号电压。通过测量厚栅氧(场区氧化层)晶体管的阈值电压来反映场开启电压值。为反映不同衬底的场开启情况,根据实际存在的衬底类型,厚栅氧晶体管被制作在不同的衬底上,例如 p 阱、n 阱、p^+、n^+ 等。

(6) 倒相器测量

用于测量的倒相器具有最小的沟道长度(PMOS 和 NMOS),采用正常工作条件下的连接。为反映不同的转移特性情况,设计不同的器件宽度尺寸。

倒相器的输出电平是通过给予一定的负载(如 $100\mu A$ 恒流负载),测量在此情况下的输出电平,当输入为逻辑高时,在输出与电源 V_{DD} 间接一个恒定电流负载,测量输出端逻辑低电平,反之,当输入为逻辑低时,在输出与地间接一个恒定电流负载,测量输出端逻辑高电平。

将倒相器的输入与输出连接所得到的稳态输出电压作为倒相器的阈值,在此阈值点即可测量倒相器的增益。

2. 交流参数测量

交流参数测量主要是各种电容的测量,这些电容对晶体管的小信号特性有较大的影响。

测量平板电容、边缘电容和栅覆盖电容的测量结构构成了一个电容矩阵,当然,根据电极材料和介质材料,有多组结构。为了减小寄生电容对测量精度的影响,结构中通常还设计有校准电容。校准电容根据测试电容的结构进行配置,例如,由金属 1、金属 2 和绝缘层构成的电容结构,其作为下极板的金属 1 与衬底间存在着寄生电容,校准结构就是专门制作一个这样的寄生电容,测量中减去这个电容的影响即可。

(1) 平板电容

平板电容是一种结构简单的电容器,也是集成电路中最普遍的电容器,任何两层导电夹层都具有电容。但作为测量结构,要保证这些电容足够大,例如几个皮法。测量在一定幅度和频率的交流信号下进行,对有些电容必须施加一定的偏置,例如,测量 MOS 器件栅电容,必须使得 MOS 电容下半导体处于强反型和积累状态,而其他一些平板电容则在零偏置下进行测量。

MOS 栅电容测量的一个目的是计算得到栅氧化层的厚度。通过测量电容就可以按照基本的平板电容公式计算得到栅介质层的厚度,当然,同样的原理,其他介质层的厚度也可以计算得到。

（2）边缘电容

边缘电容主要是由电容器结构的边缘与衬底之间形成的,因此,为明显地看到边缘的效应,就必须扩大边缘的长度,边缘电容测试结构中的一层采用梳齿状结构,增大了边缘的尺寸。通过测量具有同样介质的平板电容就得到了单位面积电容,那么,在边缘电容测量值中减去相应的平板部分电容(平板部分的面积乘单位面积电容),剩下的就是边缘电容的贡献,除以边缘的长度,就可以得到单位长度的边缘电容值。

3. 环型振荡器

环型振荡器的测量结果真实地反映了工艺质量,它也可以作为一个检验基于 SPICE 模型的仿真是否精确的工具。

以奇数个倒相器级连并首尾相接所构成的环型振荡器是一种典型结构,它们是专门设计的紧凑型版图结构。这样设计的目的是尽量地避免由分布参数所产生的频率误差,希望测量得到的频率完全是由 MOS 器件特性所决定的。MOS 器件的沟道长度是工艺的特征尺寸,而 NMOS 和 PMOS 的尺寸比例按照迁移率比例选取,即希望倒相器的输出波形对称。除了采用倒相器作为环型振荡器的基本单元外,有些设计还采用两输入与非门或者两输入或非门作为基本单元,连接时将两个输入端短接在一起。如果面积允许,往往会将这三种结构的环型振荡器平行设计在一起以进行测量比较。为了防止测量探针电容对频率特性的影响,测试点与环型振荡器内部电路采用缓冲器作为隔离。

本章结束语

在本章中介绍了设计与工艺的接口问题以及具体的接口信息描述与使用。随着 VLSI 技术的进步,设计与制造的分工越来越要求专业化,系统的复杂性和多样性使设计者无法顾及工艺制造技术的细节,同样地,工艺师也无法了解具体生产的产品细节。因此,设计与工艺接口的科学和严谨成为保证产品成功的重要保障。本书以设计方法与技术为主要的介绍对象,在本章中的介绍是希望读者了解这样的接口对设计的重要性,了解前两章中的假设参数怎样在真实工艺中得到,了解设计是怎样面对工艺的,具体的接口信息细节实际上并不重要,因为,工艺不同、水平不同,具体的细节也不同。

练习与思考三

1. 如果需要设计并生产制造一个最高工作频率为 100MHz 的 CMOS 倒相器,请设计并写出完整的工作流程,列举出每步流程的设计依据。

2. 根据本章内容,以设计与工艺的接口为核心,以框图的形式描述设计工程师、电路与版图设计、PCM 结构及测试、器件模型参数、几何设计规则、工艺结果分析、工艺工程师、测试工程师之间的关系。

3. 利用例 3-1 所给出的模型参数计算 NMOS 管和 PMOS 管的本征导电因子,计算电子与空穴的迁移率比值。如果 NMOS 管的宽长比为 10,当漏源电流等于 $10\mu A$ 时,器件的跨导是多少?

4. 以第 3.4 节的几何设计规则为基本依据,重画彩图 16 所给的 NMOS 管版图。

5. 上网查找具有相似工艺流程的 $0.13\mu m$ 和 $0.5\mu m$ CMOS 器件的 HSPICE 模型参数并进行比较。

6. 上网查找 $0.13\mu m$ 和 $0.5\mu m$ CMOS 工艺的几何设计规则并理解它们。

第4章　晶体管规则阵列设计技术

在第1章中已经阐述了当今集成电路或系统的设计理念:将集成电路或系统的分析计算部分和信息接口分开进行设计。分析计算部分,即所谓的内部电路采用高度规则的结构以降低版图实现的难度,提高设计效率;与外界进行信息交换的接口部分则采用高度优化的单元形式,以提高电路或系统的性能和可靠性。在本章和第5章中将分别介绍对应于设计理念的这两类基本设计技术。

晶体管规则阵列是VLSIC采用的设计技术之一。在晶体管规则阵列结构中的基本单元是MOS晶体管或CMOS晶体管对。

4.1　晶体管阵列及其逻辑设计应用

只读存储器ROM是最简单的晶体管规则阵列。它以晶体管的有或无来确定存储的信号是"0"或"1",显然,在ROM中的基本信息单元是晶体管。

ROM的基本结构由两部分电路组成:地址译码电路和存储信号的晶体管点阵。地址译码电路将n个输入"翻译"成$N=2^n$条字线信号;晶体管点阵是一个N行M列的晶体管矩阵,存放了"0"、"1"信息,M对应输出信号端的个数,图4.1是ROM结构的示意图。不难理解,地址信号类似于真值表的输入信号,而晶体管点阵存放了对应输入状态某个输出应取的逻辑值,M是多少,输出函数的个数就有多少。因此,ROM是一个包含有许多输出信号端的真值表的硬件形式,它可以用于组合逻辑的设计。

MOS结构的ROM以其低功耗,结构简单,单元占用面积小等优点,已成为ROM结构的主流实现技术。

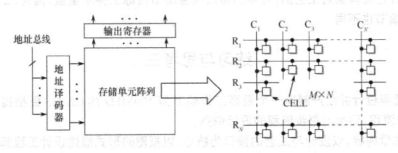

图4.1　ROM结构示意图

应用比较普遍的MOS结构ROM利用NMOS管的有、无,或NMOS管能否正常工作来形成数据。

如前所述,如果将ROM的地址输入认作为一块逻辑电路的输入,而将ROM的输出认作为逻辑电路的输出,这时,ROM就是一块逻辑电路。当然,基本的ROM结构仅适用于组合逻辑电路,但是,如果对ROM的输出加上记忆和控制并实现信息反馈,它同样可以满足时序逻辑的需要,实际上,人们也是这样做的。有时,以ROM结构实现的逻辑也被称为查表逻辑。

4.1.1 全 NMOS 结构 ROM

全 NMOS 结构 ROM 有许多种形式,主要分为静态结构和动态结构。在静态结构中,以晶体管点阵的结构进行划分,又可以分为或非结构 ROM 和与非结构 ROM。

图 4.2(a)、(b)分别给出了静态全 NMOS 或非结构 ROM 和全 NMOS 与非结构的 ROM 示例。图中 R_i 代表经译码输出的字线,C_i 为输出信号线即位线。

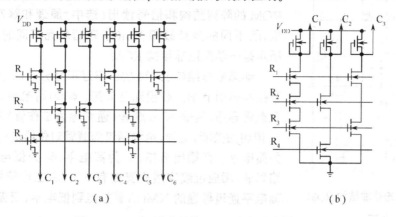

图 4.2　NMOS 或非结构 ROM 和与非结构 ROM

或非结构 ROM 的每一根位线上有若干 NMOS 管相并联,这些 NMOS 管的栅极与字线相连,源极接地,漏极与位线相连,连接到某一根位线的所有增强型 NMOS 管和耗尽型 NMOS 负载管构成了一个 E/DNMOS 或非门。正常工作时,在所有的字线中,只有一根字线为高电平,其余字线都为低电平,即所谓的某个字被选中。这时,如果在某条位线上有 NMOS 管的栅极与该条字线相连接,则这个 NMOS 晶体管将导通,这条位线就输出低电平;如果没有 NMOS 管连接,这条位线就输出高电平(其他字线信号这时都是低电平)。正因为每一位输出均对应一个或非门,所以,这种结构被称为或非结构 ROM。

与非结构 ROM 是由若干相串联的增强型 NMOS 管和耗尽型 NMOS 负载管构成的 E/DNMOS 与非门,其输出对应于位线,串联的各 NMOS 管对应存储的数据,这些相串联的增强型 NMOS 管的栅连接到相应的字线。正常工作时,在所有的字线中,只有一条字线为低电平,其余字线均为高电平。这样,在每个与非门上,除了与字线相交的这一点外,其余连接的 NMOS 管均是导通的,而某根位线的输出是高电平还是低电平取决于相交点上是否有 NMOS 管。如果有 NMOS 管,则这个 NMOS 管将不导通(因为它的栅极接低电平),使与非门输出为高电平。如果没有 NMOS 管,则表明这个与非门的所有 NMOS 管都已导通,其输出必然是低电平。从图 4.2 中可以看出,因为 NMOS 构成串联结构,因此,与非结构 ROM 的字线不能很多,相应地,输入变量不能很多。所以,或非结构的 ROM 是比较常用的 MOS ROM 结构,与非结构 ROM 常作为局部 ROM 使用,它的一个主要优点是单位面积位密度比或非结构 ROM 高。

我们可以很方便地写出图 4.2 所示的两个 ROM 所表示的逻辑函数。

对或非结构 ROM,有

$$C_1 = \overline{R_1 + R_3}, C_2 = \overline{R_1 + R_2}, C_3 = \overline{R_2}, C_4 = \overline{R_1}, C_5 = \overline{R_2 + R_3}, C_6 = \overline{R_1}$$

对与非结构 ROM,有

$$C_1 = \overline{R_1 R_2 R_3}, C_2 = \overline{R_2 R_4}, C_3 = \overline{R_1 R_3}$$

在逻辑函数中的 R_i 实际上对应于逻辑输入的与项。

静态结构的 ROM 由于采用了有比结构,即输出的低电平电压值取决于耗尽型负载的导通电阻与增强型 NMOS 管的导通电阻的比值。为保证输出低电平达到要求,耗尽型负载的导通电阻比增强型 NMOS 要大得多。这就导致各个位线上输出高电平的上升时间远大于输出低电平的下降时间,因此,上升时间就决定了信号的工作周期,使整个电路的工作速度受到上升时间的限制。另一方面,处于低电平输出的位线始终存在着电源到地的直流通路,其功耗比较大。

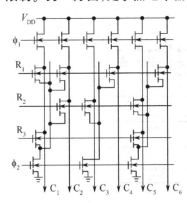

图 4.3　动态或非结构 ROM

动态结构的 ROM 有效地解决了这两个问题。动态结构 ROM 的阵列结构和信号读出(选中)原理和静态结构非常相似,所不同的是负载和 NMOS 存储单元不同时工作。图 4.3 所示是一动态或非结构 ROM。

动态或非结构 ROM 的工作过程被分为两个节拍:预充电节拍和输出节拍。在预充电节拍,ϕ_1 为高电平,ϕ_2 为低电平,负载管导通,其他 NMOS 管(通常称为工作管)的对地通路被 ϕ_2 控制而关断,这时,电源通过负载管对位线进行充电,使其全为高电平。在输出节拍,ϕ_2 为高电平,ϕ_1 为低电平,对地的通路导通,相应位线字线交叉处有 NMOS 工作管的位线信号从高电平通过导通的 NMOS 管放电到低电平,而无 NMOS 管的位线仍保持高电平。

这种动态结构的优点是速度快。动态 ROM 结构将译码和预充电放在同一节拍进行,使上拉时间不计算在输出时间内,因此,提高了速度。动态与非结构 ROM 工作原理和或非结构相似。由于动态结构 ROM 不会出现电源到地的直流通路,因此输出信号的幅度不是负载管和工作管的分压结果,那么,负载管和工作管的尺寸不再要考虑彼此的关系,而只要考虑各管的充放电速度,可以通过加大负载管的尺寸的办法提高预充电的速度。当然,因为不会出现电源到地的直流通路,其功耗也减小了。

如果将 ROM 的负载改变为 PMOS 晶体管,在静态结构中,所有 PMOS 管的栅极接地,即 PMOS 始终导通,在动态结构中,因为 PMOS 和 NMOS 的阈值电压极性相反,所以,可以将 ϕ_2 与 ϕ_1 合并。这样的结构被称为伪 NMOS 结构。

实际上,不论是 NMOS 的 ROM 还是伪 NMOS 的 ROM,其负载管的作用仅仅就是一个电阻。

4.1.2　ROM 版图

1. NMOS 或非结构 ROM 版图

或非结构 ROM 可以有多种具体的版图设计方法,图 4.4 所示为两种硅栅 NMOS 或非结构 ROM 的局部版图。

图 4.4(a)所示的硅栅 NMOS 或非结构 ROM 的版图,以多晶硅条为字线(图中水平线),以铝线做位线(图中竖直线),以 n$^+$ 扩散区做地线,并且地线间隔排列即采用共用地线(共用源区)结构,如需要制作 NMOS 管,则在字线、位线交叉点处做一个 n$^+$ 图形构成源漏,与水平硅栅构成 NMOS 晶体管。

图 4.4(b)则显示了另一种结构的硅栅 NMOS ROM。与图(a)不同的是,它在所有的字线、位线交叉点都制作 NMOS 管,但有的 NMOS 管能够在正常信号下工作,有的则不能工作,这是因为采用了离子注入的方法,在不需要 NMOS 管的地方,预先在多晶硅下注入硼离子,使此处的衬底表面 p 型杂质浓度提高,导致该 NMOS 管的阈值电压大于信号电压,这样,字线上的信号不

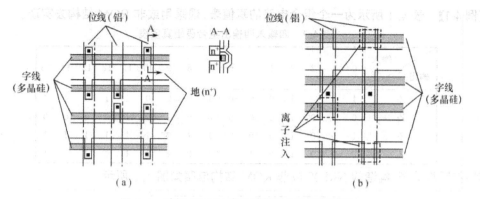

图 4.4 硅栅 NMOS 或非结构 ROM 局部版图

能使此处的 NMOS 管导通,从而使该 NMOS 管不起作用,达到选择的效果。

在这两种结构中值得注意的是,由于用扩散区做地线,为防止扩散电阻使地线的串联电阻过大,ROM 块规模不能很大,对大容量 ROM 应分块处理。

2. NMOS 与非结构 ROM 版图

从或非结构 ROM 版图的图形与工艺处理方法可以看出,对于或非结构 ROM 是通过在字、位线交叉点不设计源漏图形,或设计了图形再将它"失效"的方法完成选择的。与非结构 ROM 是如何处理的呢?图 4.5 所示是硅栅 NMOS 与非结构 ROM 的版图与剖面示意图。

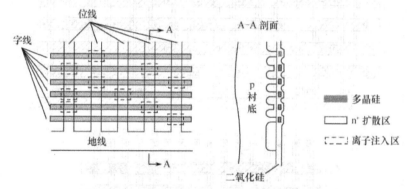

图 4.5 硅栅 NMOS 与非结构 ROM 版图

与非结构 ROM 晶体管的选择也采用离子注入的办法,所不同的是离子注入的元素,或非结构注入的是 p 型杂质硼离子[见图 4.4(b)],使 NMOS 管在正常电压下不能导通,这里注入的是 n 型杂质磷或砷,作用是使注入处的 NMOS 管耗尽,达到源漏"短路",晶体管消失的目的。

比较或非结构 ROM 和与非结构 ROM,可以看到,与非结构 ROM 的集成度要比或非结构大得多。但因为与非结构不能串联太多的 NMOS 管(一般小于 8 个),因此,与非结构 ROM 的规模受到限制,而或非结构中并联的晶体管数受到的限制小。在实际的设计中通常采用分组相或的办法构造大规模的 ROM,在每一组内采用的是"与"结构 ROM,然后再将各组的输出相"或",在每一根位线上还是只有一个负载管,即构成了与或结构的 ROM。关于与或结构的具体设计将在第 6 章中进行介绍。

采用离子注入方法实现晶体管选择的优点是:结构简单,对不同的数据或逻辑,只需一块掩模板就可以加以确定;保密性好,由于离子注入通常采用光刻胶保护,注入完毕后去除光刻胶,在硅片表面不留图形痕迹。只有通过专门的技术,例如掺杂区染色,才可以区分不同的掺杂类型。

【例 4-1】 表 4.1 所示为一个组合电路的真值表,现采用或非 ROM 结构去实现。

表 4.1 四输入四输出组合逻辑真值表

输出\输入	0	1	2	3	4	5	6	7	8	9	10	11	12	13	14	15
Z_1	1	0	0	1	0	0	0	0	1	0	0	0	1	1	1	1
Z_2	0	1	0	1	0	0	0	0	0	1	0	1	0	0	0	0
Z_3	1	0	0	1	0	0	0	1	1	0	1	1	1	1	1	1
Z_4	0	1	0	1	0	1	0	1	0	1	0	1	0	1	0	1

解:按照真值表,构造的 NMOS 或非 ROM 结构电路如图 4.6 所示。

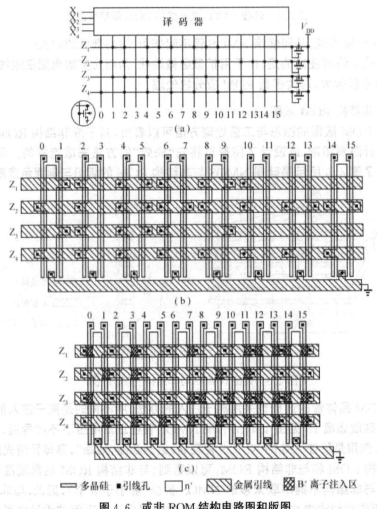

□多晶硅　■引线孔　▢ n⁺　▨金属引线　▧ B⁺离子注入区

图 4.6 或非 ROM 结构电路图和版图

其中,图(a)是电原理图,这个电路有 4 个输入,对应 16 条字线,有 4 个输出,对应 4 条位线。在字线、位线相交处有 NMOS 管(图上打点处)的位线在对应输入状态其输出是低电平。

图(b)和图(c)分别给出两种 ROM 点阵的版图形式,其中图(b)是采用源漏图形编程的结构,图(c)是采用离子注入硼图(B)的离子编程的结构。

由此例可以看出采用 ROM 的形式实现组合逻辑的方法非常简单,将复杂的版图设计问题转变为一种简单的"编程"形式。通过比对两种不同的版图结构,我们还可以看到图(c)所示的结构比图(b)结构紧凑。

在图(c)所示结构中,只要规模相同,对不同的逻辑,所需改变的版图只有一层。图4.7所示为与该 ROM 点阵相关的分版图。

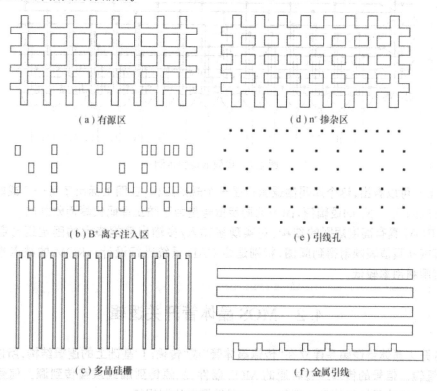

图 4.7　ROM 点阵分版图

图 4.7 图(a)是点阵的有源区分版图,图形内的区域是将来制作 NMOS 工作管的区域,图形外的区域是场区。

图(b)是硼离子注入区的分版图,在完成了场氧化、去除氮化硅、去除底氧并进行了栅氧化等多步工艺后,通过离子注入硼调整器件的阈值电压,使需去除的 NMOS 管的阈值电压调整到大于电源电压一定范围以上,正常的信号不能使这些 NMOS 管导通。

图(c)是多晶硅栅分版图,是非常规则的结构。

图(d)是 n^+ 掺杂区的分版图,与有源区版图相比,它的尺寸要大一些,这是为了保证所有的有源区都能被注入 n 型杂质。由于在有源区的外边是场氧化层,所以,最后形成的有效的 n^+ 区就是由有源区边界所确定的区域。理解了这一点后,n^+ 掺杂区的分版图也可以设计成一块完整的矩形图形,它将所有有源区[图(a)所示的区域]暴露出来进行选择掺杂。

图(e)为引线孔的分版图,图(f)是金属引线的分版图。

上面介绍的工艺如果是 CMOS 工艺中一部分,则相关的分版图还应包括 p 阱版(p 阱 CMOS 工艺),或许还包括场区阈值电压调整、NMOS 工作管阈值电压调整等分版图。

从上面的讨论可知,对不同的逻辑所需改变的分版图仅仅就是硼离子注入分版图,其他的版图都是相同的。可以想象,对于图 4.6(b)所示的 ROM 结构,所需改变的分版图将包括有源区分版图(因为有源区图形因格点上是否设计 MOS 管而改变)、n^+ 掺杂分版图和引线孔分版图。即使考虑用场氧化层进行屏蔽,也至少要改变有源区分版图和引线孔分版图。

现在,我们来讨论译码器的设计。如果译码器非常复杂,那么,用 ROM 实现组合逻辑的意义就不大了。译码器有多种形式,对同一逻辑结构又可以有不同的设计方法或电路结构。图4.8所示为一种译码器的逻辑形式。

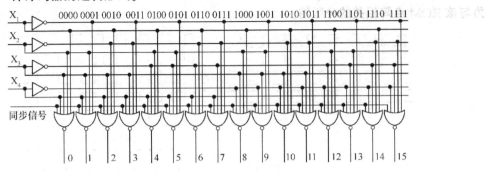

图4.8 译码器逻辑示例

由图4.8可以看出,这个译码器逻辑也是一个规则结构,在图上标出了每一个或非门输出为"1"时所对应的 $X_4 \sim X_1$ 的逻辑值,图中的同步信号是为了防止译码尖峰而附加的。

因为 ROM 具有高度规则的结构,对实现多输入/多输出且规模大的固定组合逻辑非常方便,可以直接从真值表映射得到版图,特别适合 CAD 系统进行设计。ROM 的缺点也是显而易见的,即资源利用率较低。

4.2 MOS 晶体管开关逻辑

MOS 开关晶体管逻辑是建立在"传输晶体管"或"传输门"基础上的逻辑结构,所以又称为传输晶体管逻辑。信号的传输通过导通的 MOS 器件,从源传到漏或从漏传到源。信号输出端的逻辑值将同时取决于信号的发送端和 MOS 器件栅极的逻辑值。

1. 多路转换开关 MUX

在微处理器和一些控制逻辑中广泛使用的多路转换开关 MUX 是 MOS 开关的一个典型应用,图4.9所示为一个简单的 NMOS 四到一转换开关的电路和它所对应的转换关系。

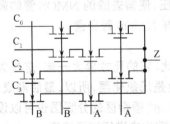

B	A	Z
0	0	C_0
0	1	C_1
1	0	C_2
1	1	C_3

图4.9 NMOS 多路转换开关

在 A、B 信号的控制下,多路转换开关完成不同通路的连接。在传统的 MUX 中,A、B 信号是作为地址信号使用的,二输入地址完成四到一的路径选择。如果将该 MUX 逻辑写成传输逻辑函数,则为:

$$Z = \bar{B} \cdot \bar{A} \cdot C_0 + \bar{B} \cdot A \cdot C_1 + B \cdot \bar{A} \cdot C_2 + B \cdot A \cdot C_3$$

由此可知,MUX 也可以作为组合逻辑完成一定的逻辑操作。如果输入的地址位信号为 A、B、C 三位,则可以实现 8 个与项的或运算,依次类推,我们可以利用 MUX 实现多位的逻辑运算。但是,由于位数越多,串联的 MOS 管将越多,导通电阻也将因此越大,影响运算的速度。

对于图 4.9 所示的 NMOS 结构 MUX,因为 NMOS 传输高电平存在阈值损耗,所以,全 NMOS 的 MUX 结构对于信号幅度要求较高的电路不适合。解决的方法之一是采用 CMOS 结构的 MUX,如图 4.10 所示。

CMOS 结构的多路转换开关克服了 NMOS 结构所存在的传输高电平阈值电压损耗和串联电阻大的问题,但晶体管数目增加了一倍。

除了采用标准 CMOS 结构外,还可以通过逻辑电平提升电路解决 NMOS 传输高电平存在的阈值电压损耗问题,如图 4.11 所示。

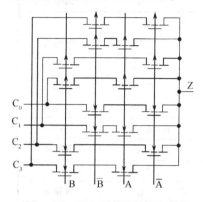

图 4.10 CMOS 多路转换开关

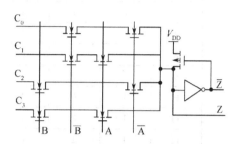

图 4.11 带有提升电路的多路转换开关

逻辑电平提升电路是一个由倒相器和 PMOS 管组成的正反馈回路,具有双稳态。当 NMOS 结构的 MUX 在传输高电平时,随着 Z 端电位不断地上升(对节点电容充电),倒相器的输出电位不断地下降,使得 PMOS 管由原先的截止转向导通,加快了 Z 点电位的提升速度,这时,即使 MUX 中的 NMOS 管已经截止(阈值损耗),通过导通的 PMOS 管仍然能够将 Z 点的电位提升到电源电压 V_{DD}。另外,在 MUX 的输出端还同时得到了一个反相的信号,增加了逻辑运用的灵活性。

这种逻辑电平提升电路除了应用于解决 NMOS 传输门存在的传输高电平阈值损耗外,还被广泛地应用在接口逻辑,例如,TTL 逻辑电路与 CMOS 电路的接口。对于 5V 电源供电的逻辑电路,TTL 的输出高电平通常只有 3.6V,如果 CMOS 中 NMOS 管和 PMOS 管的阈值电压数值为 1V,则在 3.6V 的输入下,NMOS 管和 PMOS 管都处于导通状态,CMOS 电路成了有比结构,其输出电平由两个 MOS 管的分压值决定,同时,CMOS 电路所具有的静态电流非常小的特性也被破坏。利用这个提升电路可以很好地完成逻辑电平的转换,满足了 CMOS 的输入需要。实际上,在存在有传输门和倒相器级连的电路中都可以采用该结构。

2. MUX 逻辑应用

上面介绍了 MUX 作为选择开关时的应用,即将 A 和 B 当作地址控制信号,而将 $C_3 \sim C_0$ 当作数据信号;如果反过来,仍是这个电路结构,将 $C_3 \sim C_0$ 当作逻辑功能控制信号,A 和 B 作为逻辑数据信号,我们可以得到一个非常有趣的逻辑结构。表 4.1 列出了当 $C_3 \sim C_0$ 为不同的逻辑值组合时,通过四到一的 MUX 实现的对 A、B 信号的不同逻辑操作。对于四到一 MUX,需要 4 位控制码,实现 16 种逻辑操作,如果是 3 位数据 A、B、C,则需要 8 位控制码,实现 256 种逻辑操作。

从表 4.2 可以看到,将 $C_3 \sim C_0$ 进行适当的编码,在输出端便得到了对于信号 A、B 的不同逻辑函数。用简单的 8 只 NMOS 管和适当的信号,我们可以完成一系列的逻辑操作,而且是所有可能操作的枚举。如果采用多组这样的结构,我们就可以进行一系列多位并行逻辑运算。

表 4.2　函数发生列表

序列	B·A	B·$\overline{A}$	$\overline{B}$·A	$\overline{B}$·$\overline{A}$	Z(B,A)	
	C_3	C_2	C_1	C_0	逻辑	描述
0	0	0	0	0	0	禁止
1	0	0	0	1	$\overline{B}+\overline{A}$	或非
2	0	0	1	0	$\overline{B}$·A	
3	0	0	1	1	$\overline{B}$	倒相 B
4	0	1	0	0	B·$\overline{A}$	
5	0	1	0	1	$\overline{A}$	倒相 A
6	0	1	1	0	B·$\overline{A}$+$\overline{B}$·A	异或
7	0	1	1	1	$\overline{B}$·$\overline{A}$	与非
8	1	0	0	0	B·A	与
9	1	0	0	1	B·A+$\overline{B}$·$\overline{A}$	同或
10	1	0	1	0	A	同相 A
11	1	0	1	1	A+$\overline{B}$	
12	1	1	0	0	B	同相 B
13	1	1	0	1	$\overline{A}$+B	
14	1	1	1	0	A+B	或
15	1	1	1	1	1	使能

采用编码确定逻辑的方法并不复杂,在多路转换开关中已经存在了所有的与项($\overline{B}$·$\overline{A}$、$\overline{B}$·A、B·$\overline{A}$、B·A),只要根据所需要的逻辑进行与项组合即可。

例如,我们需要构造异或逻辑,那么,只要设定对应 B·$\overline{A}$ 和 $\overline{B}$·A 的 C_2、C_1 等于"1",其他为"0"。

$$Z=\overline{B}·\overline{A}·0+\overline{B}·A·1+B·\overline{A}·1+B·A·0=B·\overline{A}+\overline{B}·A$$

实际上,所谓的编码,只是对所有 4 个与项的取舍。

在表 4.2 中,有些编码的结果不能用标准的逻辑名称与之对应,但他们可能对应了一种运算模式。例如,对应 $C_3C_2C_1C_0$＝1011 编码,它可以定义为"对变量 B 取反后再和变量 A 相或"的运算操作,实际上它对应了算术运算:A－B－1(即带借位的减法运算)。

在实际的应用中,往往只需要其中的某些函数,例如,我们只需要与非、或非、倒相 A、异或 4 种常用的逻辑操作,这时,可以通过编码选择实现所需的逻辑控制。

【例 4-2】　设计一个实现 4 种逻辑操作的电路,其中控制信号为 K_1K_0,逻辑输入变量为 A、B。要求:当 K_1K_0＝00 时,实现 A、B 的与非操作;当 K_1K_0＝01 时,实现 A、B 的或非操作;当 K_1K_0＝10 时,实现 A、B 的异或操作;当 K_1K_0＝11 时,实现 A 信号的倒相操作。

分析:首先,我们可以确定采用四到一 MUX 能够实现所需的 4 种逻辑操作,接下来的任务是产生所需的 4 种控制编码 C_3～C_0,根据题意,这 4 种控制编码又对应了外部的 2 位控制信号 K_1K_0,因此,该逻辑应由两部分组成:编码产生与控制逻辑;四到一的 MUX。

编码产生与控制逻辑可以采用一个小 ROM 实现,这个小 ROM 有 4 个字,对应了两位地址即控制信号 K_1K_0,每个字 4 位,对应了所需的编码 C_3～C_0,这可以在表 4.1 中查到,例如,K_1K_0＝00时,C_3～C_0＝0111,实现 A、B 的与非操作。图 4.12 所示为该电路的结构。

图 4.12 所示电路是一个规则结构的形式,如果用逻辑表达式描述电路的功能,则可以写为:

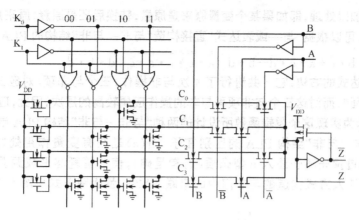

图 4.12　示例电路

$$Z=\overline{K_1}\cdot\overline{K_0}\cdot(\overline{A\cdot B})+\overline{K_1}\cdot K_0\cdot(\overline{A+B})+K_1\cdot\overline{K_0}\cdot(B\cdot\overline{A}+\overline{B}\cdot A)+K_1\cdot K_0\cdot\overline{A}$$

根据这个逻辑函数,当然也可以采用逻辑门来构造,但它将含有多种逻辑门,与图 4.12 电路相比要复杂一些且规则性较差。

在这个电路基础上,对于不同的逻辑函数要求,所要改变的仅是 ROM 中的点阵,这体现了所谓的编程思想。如果希望实现更多的逻辑函数,则所需改变的就是 ROM 部分,函数的个数决定了控制信号 K 的位数,3 位最多可以控制 8 个函数,4 位最多可以控制 16 个函数。在要求 16 个函数时,如果函数控制信号编码 $K_3\sim K_0$ 与表 4.1 所示的函数控制编码 $C_3\sim C_0$ 相同,则可以省略 ROM 部分。如果 $K_3\sim K_0$ 的编码序列与 $C_3\sim C_0$ 编码序列不一致,例如,为实现 A、B 异或操作,要求 $C_3C_2C_1C_0=0110$,但外部编码要求在 $K_3K_2K_1K_0=1010$ 时电路实现 A、B 的异或操作,则 ROM 部分不能省略,这时的 ROM 充当了编码转换器的角色。

4.3　PLA 及其拓展结构

可编程逻辑阵列 PLA 也是典型的晶体管规则阵列结构,它采用两级 ROM 形式构造电路,其两级 ROM 阵列分别为"与平面"和"或平面",这源于大多数逻辑表达式采用"与—或"结构。在"与平面"进行逻辑函数中的与项运算,在"或平面"进行函数中各与项的或运算。基本的 PLA 结构格局严谨,原始输入只能从"与平面"进入,输出信号只能由"或平面"输出。尽管现代的 MOS 结构 PLA 的与、或平面结构已发生了很大的变化,但其输入/输出位置仍遵循经典的 PLA 规则。

目前比较常用的 PLA 是以 MOS 工艺为基础的结构。这里也仅介绍硅栅 MOS 结构 PLA 的设计。

实际的 PLA 结构中,"与平面"并不是由"与门"阵列构成的;同样地,"或平面"也不是"或门"阵列,其两个"平面"的组合是以"或非—或非"或者"与非—与非"构造,或者以其他变形结构的阵列形式出现的。这是因为制作与非门、或非门比制作与门、或门更容易。

通常,在用 PLA 实现数字逻辑时,应将逻辑函数转换为标准"与—或表达式"。下面也将以标准"与—或表达式"为基础来讨论各种结构在实现逻辑时的对应关系。

4.3.1　"与非—与非"阵列结构

任何一个"与或表达式"在进行逻辑变换时,都可以转换为"与非—与非"表达式,并且不需对原来的输入变量加以处理,即如果某个变量原来是原量,转换后还是原量,原来是非量的,转换后还是非量。所以,可以根据"与—或表达式"直接构造"与非—与非"结构的PLA。

例如,$Z=\overline{a}\cdot b\cdot \overline{c}+a\cdot c\cdot \overline{d}+b\cdot d=\overline{\overline{\overline{a}\cdot b\cdot \overline{c}}\cdot \overline{a\cdot c\cdot \overline{d}}\cdot \overline{b\cdot d}}$

观察这个表达式的右边,它一共进行了4次与非操作,三个与非项(对应三个与项)是同级的,应位于"与平面",而对这三个与非项再与非的操作应属较高的层次,因此,应位于"或平面"。

图4.13所示为实现这个逻辑函数所设计的两种"与非—与非"结构PLA电路图。

这两种"与非—与非"结构PLA的区别在于,图(a)是在有变量作用处才制作NMOS管的,图(b)是在通过预先离子注入n型杂质(通常是砷),使该管耗尽形成源漏短路,实现与非逻辑。采用离子注入方式构造的与非门中的串联NMOS管版图形式与图4.5所示结构相同。

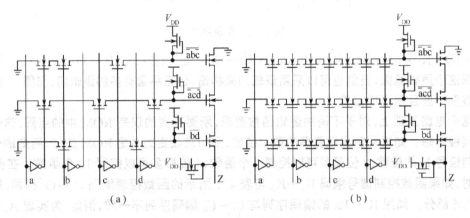

图4.13 "与非—与非"结构PLA

4.3.2 "或非—或非"阵列结构

由于E/DNMOS或非门的输入端数受限较小,"或非—或非"结构的PLA比"与非—与非"结构的PLA应用更为广泛。较之"与非—与非"结构,"或非—或非"结构的速度快,输入端数多。硅栅NMOS的或非结构版图形式和前面介绍的硅栅ROM几乎一样,也有两种基本形式,如图4.4所示。

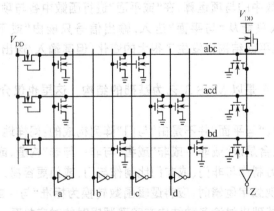

图4.14 "或非—或非"结构PLA

和用"与非—与非"结构实现逻辑所不同的是,输入到"与平面"的逻辑变量是逻辑函数中的输入变量的非量,同时,从"或平面"输出的函数值也必须取反。这里以基本"与或"平面的概念来讨论这个问题。

对于"与平面"，如果用变量的非量代替它的原量输入，则经过或非门的"处理"，就得到了原量的与函数。假设原来的与项为 $A \cdot B \cdot \overline{C}$，则

$$Z = \overline{\overline{A} + \overline{B} + C} = A \cdot B \cdot \overline{C}$$

由此可见，当用或非门实现"与平面"的功能的时候，输入变量应取反，即对原先逻辑函数中与项的各变量进行取反操作。

对于"或平面"，如果将或非门输出取反即得到"或平面"的功能。

归结起来，当用"或非—或非"结构 PLA 实现逻辑时必须输入取反、输出取反。

图 4.14 是采用"或非—或非"结构 PLA 实现 $Z = \overline{a} \cdot b \cdot \overline{c} + \overline{a} \cdot c \cdot \overline{d} + b \cdot d$ 函数的逻辑图。由图 4.14 可以看出，在等效"与平面"，逻辑函数的每个与项对应一个或非门，在等效"或平面"，每个输出函数对应一个或非门，设计起来十分简单。

【例 4-3】 用或非—或非结构的 PLA 实现下面的逻辑。

$$Z = \overline{K_1} \cdot \overline{K_0} \cdot (A \cdot B) + \overline{K_1} \cdot K_0 \cdot (\overline{A + B}) + K_1 \cdot \overline{K_0} \cdot (B \cdot \overline{A} + \overline{B} \cdot A) + K_1 \cdot K_0 \cdot \overline{A}$$

解：这个逻辑函数就是例 4-2 描述的逻辑，我们在例 4-2 中采用的是 ROM＋MUX 的结构，现在采用 PLA 进行设计。首先需将函数转换为标准的与或表达式：

$$Z = \overline{K_1} \cdot \overline{K_0} \cdot (A \cdot B) + \overline{K_1} \cdot K_0 \cdot (\overline{A + B}) + K_1 \cdot \overline{K_0} \cdot (B \cdot \overline{A} + \overline{B} \cdot A) + K_1 \cdot K_0 \cdot \overline{A}$$

$$= \overline{K_1} \cdot \overline{K_0} \cdot \overline{A} + \overline{K_1} \cdot \overline{K_0} \cdot \overline{B} + \overline{K_1} \cdot K_0 \cdot \overline{A} \cdot \overline{B} + K_1 \cdot \overline{K_0} \cdot B \cdot \overline{A} +$$

$$K_1 \cdot \overline{K_0} \cdot \overline{B} \cdot A + K_1 \cdot K_0 \cdot \overline{A}$$

该函数一共有 6 个与项，因此，"与平面"应有 6 个或非门，"或平面"则只有一个或非门，同时，要求输入取反，输出取反。将该逻辑用 PLA 表示，则结构如图 4.15 所示。

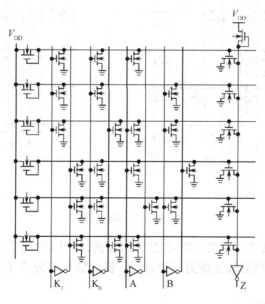

图 4.15　PLA 电路图

例 4-3 设计的是只有一个逻辑函数的情况，当 PLA 构造多个函数时，例如，有 5 个函数 $Z_1 \sim Z_5$。基本的设计方法是：分析 $Z_1 \sim Z_5$ 逻辑函数，提取所有不重复的"与项"，如果某个"与项"在多个逻辑函数中都被使用，即出现重复，则该"与项"也只作为一个"与项"，每个"与项"占据与

平面的一行,在或平面,根据逻辑函数的具体构成对"与项"进行选择。由于所有被构造的"与项"都是不重复的,所以,与平面的某些"与项"会被不同逻辑函数重复使用。毫无疑问,这样做的结果是提高了资源利用率,节约了空间。

　　显然,采用 PLA 结构比图 4.12 所示的 ROM+MUX 结构更简单、规则。但是,对应不同的逻辑操作要求时,图 4.12 的 ROM 结构更容易修改。当所需实现的逻辑函数数量增加后,PLA 的与项将增加得较多,逻辑函数也比较复杂。而在 ROM+MUX 结构中,改变起来比较简单,所需改变的是译码器和增加 ROM 的字,没有形式变化即组成模块没有改变。

　　从已讨论的内容可以看到,PLA 实际上更接近于门阵列,它是介于 ROM 和门阵列之间的一种结构。它是从 ROM 结构演变而来的,但又将与项和或项以门逻辑的形式实现逻辑操作。显然,它不是标准 ROM,在与平面上只有经过化简后的最小与项,而不是枚举;后面我们会看到,它也不是门阵列,因为门阵列的阵列内部单元可以是任何逻辑门,而 PLA 在一个平面内只能是一种结构的门,同时,门阵列不受输入、输出位置的限制。

　　观察图 4.15 所示电路图,细心的读者可能会发现,在与平面上,许多列上有空位。通常情况下每个逻辑输入变量将产生两列(原量、非量),可以想象,逻辑输入变量个数越多,与平面的列数将越多,可能的空位会越多,即存在稀疏性。能否通过适当的处理,合并一些列空间呢?

　　将图 4.15 所示电路中的行进行调整,得到如图 4.16(a)所示的结果,图上的编号是原先的行顺序。显然,调换行的位置并不会改变逻辑函数的有效性。

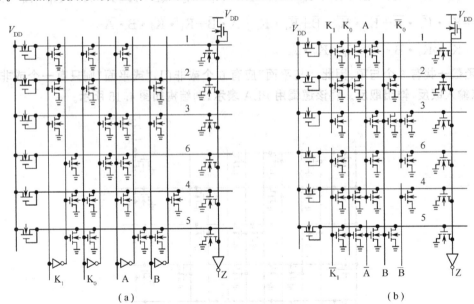

图 4.16　折叠结构

　　经过图(a)的调整,使得水平方向的收缩更加容易,图(b)给出了经过调整、收缩后的结果。较之图(a),图(b)电路的列数被压缩到 5 列,当然,输入信号被分成了上、下通道,这将损失一部分空间。

　　这样的结构被称为折叠 PLA。

4.3.3　多级门阵列(MGA)

　　MGA 是在 PLA 基础上变化而成的多级门结构,虽然它被称为门阵列,但实际上它是多级

PLA 的级联和组合。一个最明显的标志是它对输入、输出位置的限制。当由若干块小尺寸的 PLA 级联时,它要求所有的原始输入必须从每一个 PLA 的"与平面"进入,而每一个输出必须从相应 PLA 的"或平面"输出。在由 N 级 PLA 串联的 MGA 结构中,相应的有 2N 级个"平面",这样,原始输入将位于奇数级,输出将位于偶数级。当所要实现的逻辑不能够满足这样的要求时,必须进行逻辑变换,以满足 MGA 的规定。

　　这里举例说明它的结构。图 4.17 所示是一个逻辑电路用 MGA 实现的例子。这是一个完全由或非门和倒相器组成的逻辑。图(a)是原始逻辑,当用 MGA 构造它时,需要做适当的变化。这个电路有三个输出端,并且其中的一个输出反馈到输入(A 信号端),这些输出端都应位于偶数级,且都不在一个位置,因此共应有 6 级即三块小的 PLA。

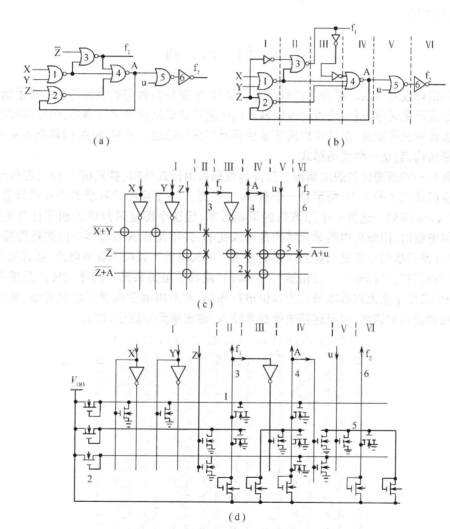

图 4.17　逻辑电路图和 MGA 结构图

　　图(b)是经过处理的逻辑电路,在中间插入了一个"倒相+倒相"的逻辑(奇数级Ⅲ),在分级中我们插入这个奇数级Ⅲ,是因为输出 f_1 和 A 处于相邻的位置,而它们又必须都位于偶数级,所以必须插入一级奇数级,但又不能改变逻辑关系,因此插入了一个同相传输的结构。通过这样的调整,现在满足了输入都位于奇数级,输出都位于偶数级的要求。

图(c)是根据图(b)的逻辑而得到的 PLA 结构图。其中,"○"表示位于"与平面"即奇数级的逻辑,"×"表示位于"或平面"即偶数级的逻辑。在图中的第二根水平线的中间断开,实现了在同一水平位置上构造三个逻辑与项,这是一种节省硬件空间的"折叠"方式。在图中的第三根水平线跨越了 4 级,用内部反馈替代了外部反馈。

图(d)是从图(c)"翻译"而成的电路图。在晶体管放置的方向上可以很明显地看到位置"○"和"×"的不同。

PLA 是一个比较"古老"的结构,但由于它结构规则,设计简单、灵活,常常被用于组合逻辑的设计。从 ROM 和 PLA 的基本结构出发,经过对它们的不断变化,派生出许多形式的晶体管规则阵列形式,并被运用到当今的 VLSI 设计之中。由 PLA 的讨论,我们还引出了一个重要的设计思想:门阵列。

4.4 门 阵 列

门阵列设计技术彻底地解决了信号位置的限制,它更符合我们的设计习惯。将逻辑设计,不论是组合逻辑还是时序逻辑,均以门逻辑及其门逻辑构成的功能块进行表述,电路规模不再以集成了多少晶体管进行衡量,而是用集成了多少标准门进行标度。严格地讲,门阵列不是一个实现逻辑的电路结构,它是一种版图形式。

门阵列是一种规则化的版图结构。门阵列版图采用行式结构(参见图 1.13),在单元行内规则地排列着门单元。图 4.18 所示是一个有 58 个引脚、112 个标准门容量的门阵列示意图,它的单元构成 14×8 阵列。这是一个门阵列的早期版本,但这个图最形象地说明了什么是门阵列。在实现具体电路时,门阵列中的单元结构是可改变的,并不是机械地以标准门进行连接,也就是说,所谓的标准门是用于定义门阵列规模的参考。内部单元可以根据具体电路,通过适当的连接使其成为"与非门"、"或非门"、"倒相器"、"传输门"或其他电路单元。门阵列技术是根据具体的逻辑,在一个二维平面上以基本单元为单位进行布局,然后根据逻辑通过单元连线、单元行内部连线和布线通道内的连线,以及连接信号线至输入/输出单元完成设计的。

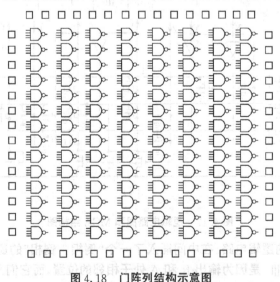

图 4.18　门阵列结构示意图

以现在被广泛应用的 CMOS 门阵列为例,它的规模是以标准两输入"与非门"或两输入"或非门"进行定义的。这样的一个标准门有两对 MOS 管:两只 PMOS 和两只 NMOS,它也被称为四管单元。如果说 4000 门规模,则表示在门阵列的内部将有 16000 只 MOS 管,这里并未计及 I/O 单元引入的晶体管数量。在每个单元中的两对管子通过适当的连接就可实现两输入"与非门"、"或非门"或"倒相器"、"传输门"的功能,也可与其他单元适当连接实现多输入的门电路功能。当然,将门单元通过连接就能够构成时序逻辑。

门阵列的总体结构如图 1.13(a)所示,在单元行之间、单元行和 I/O 单元之间为布线通道。布线通道中排列着扩散条或多晶硅条,在这些用做竖直走线的条上间隔地开了一些引线孔。门阵列的布线结构采用水平布线和垂直布线严格分层的设计规则。

单元行和布线通道交替排列。输入/输出单元(I/O PAD)排列在阵列的四周,这些 I/O PAD 通常可根据需要进行布线,以实现输入或输出功能。

门阵列分为固定门阵列和优化门阵列。所谓固定门阵列是指门阵列芯片中阵列的行数、列数、每行的门数,以及四周的 I/O 单元数等,均为固定的结构。优化门阵列是一种不规则的门阵列结构,所谓不规则是指它的单元行宽度不完全相同,即每行的单元数有多有少,布线通道的容量不完全相同。这是因为优化门阵列结构的门数是由待集成的电路规模确定的,没有多余的单元,也没有多余的水平布线道。但总体上,优化门阵列还是行式结构,它的设计仍然遵循门阵列的设计准则。

4.4.1 门阵列单元

有多种工艺技术支持门阵列的实现,主要有 TTL、ECL、CMOS 等。CMOS 门阵列,由于其单元结构简单、单元内部连接以及单元与外部的通信容易实现等优点,得到广泛应用。尤其是硅栅 CMOS 电路,除了硅栅 MOS 器件本身特性优良外,由硅栅工艺制作的多晶硅连接条使布线的灵活性大大提高。在 VLSI 技术中主要采用硅栅 CMOS 结构的门阵列。下面将介绍 CMOS 门阵列的单元结构及其应用。

图 4.19 是一种硅栅 CMOS 门阵列的单元和多晶硅桥的结构图。在实际的设计中,单元版图是多种多样的,但基本的结构大致相同。

这是一个 p 阱硅栅 CMOS 工艺结构的门阵列版图的局部,这个局部版图不包括金属布线图形。在实现具体逻辑时,根据所要实现的逻辑,在这个基本版图上设计金属连线。在门阵列单元中,所有的 NMOS 晶体管的尺寸是相同的,所有的 PMOS 晶体管的尺寸也是相同的。为了说明布线通道,将规则的多晶硅桥也示于图上。在门阵列单元中,为了适应各种复杂的布线要求,在扩散区和引线上开了许多的引线孔。将来在不需要引线的地方,那些引线孔将被一些小的金属块所覆盖。在单元的基础上,设计系统根据各种具体逻辑单元电路结构,确定了一些基本的连接方法,作为数据库存放在系统中。在实现具体的逻辑时,这部分的内容是通过调用数据库实现连接的,集成电路中的线网则是通过布线系统实现的。

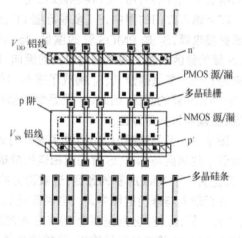

图 4.19 硅栅 CMOS 门阵列单元和多晶硅桥结构

如果将该门阵列芯片的金属层、二氧化硅层、多晶硅层等去除,其单元掺杂图形如图 4.20 所示,从这个图上我们可以清楚地看到,由于多晶硅对掺杂过程的阻挡作用,虽然在版图上是完整的图形结构,实际上形成的掺杂区是被分割的图形形式,这个图说明了源漏区的实际图形,并可从中理解多晶硅栅的自对准原理。

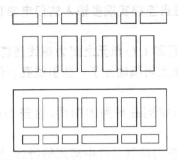

图 4.20 真实掺杂区的图形

在单元中的电源和地线的接触区采用重掺杂,其目的是减小接触电阻。同时,为保证 p 型和 n 型衬底电位的均匀性,在重掺杂区每间隔一定的距离就开一个孔,并用金属引线短接。从图 4.20 所示结构还可看到,由于多晶硅的阻挡作用,重掺杂接触区实际上是断开的,这也必须用金属线将它们连接起来。如有可能则应避免这种断开情况的发生。

图 4.21 所示是一个用这种单元结构实现逻辑门的电路和版图例子。图(a)中左面是一个两输入或非门加一个倒相器构成的两输入或门,右面是一个两输入与非门。由于 CMOS 门电路非常简单,因此它的布线版图构成也十分简单。

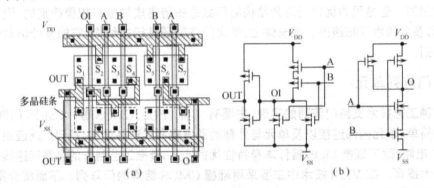

图 4.21 逻辑门电路和版图

在这个版图设计中利用了共用源区、共用漏区和共用源漏区的设计方法,版图上的每一个区域都得到了充分的利用,使面积得以优化。

在两输入或门的图中,S_1、多晶硅栅 O1、S_2 构成了倒相器中的 PMOS 管,S_2 作为 PMOS 管的源区接电源,S_1 是 PMOS 管的漏区,与 NMOS 管的漏区相接作为倒相器的输出(判断一个 MOS 管的源区或漏区的依据是电流的流向,PMOS 管的电流从源流向漏,NMOS 管的电流从漏流向源)。S_2、多晶硅栅 A、S_3 构成了或非门的一个 PMOS 管,S_2 作为 PMOS 管的源区接电源,S_3 是 PMOS 管的漏区,因此,S_2 既是倒相器的 PMOS 管的源区,又是或非门的一个 PMOS 管的源区,这被称为共用源区。

图中,S_3、多晶硅栅 B、S_4 构成了或非门的另一个 PMOS 管。S_3 是这个 PMOS 管的源区,S_4 作为管子的漏区与 NMOS 管的漏相连构成或非门的输出,由此可见,S_3 既是一个 PMOS 管的漏区,又是另一个 PMOS 管的源区,这被称为共用源漏区。

在两输入与非门的图中,S_5、多晶硅栅 B、S_6 和 S_7、多晶硅栅 A、S_6 构成了与非门的两个并联的 PMOS 管,S_5、S_7 分别是两个 PMOS 管的源区接电源,S_6 既是 B 输入 PMOS 管的漏区,又是 A 输入 NMOS 管的漏区接输出,这被称为共用漏区。

对版图中的 NMOS 管的设计也利用了共用掺杂区的技术,这里不一一讨论了。一般而言,对于并联的器件可以设计成共用源区或共用漏区的结构,对串联的器件可以采用共用源漏区的结构,对于两个逻辑门电路,如有可能应采用共用源区的结构,如图 4.21 中的或非门与倒相器共用源区结构。实际上,这些共用掺杂区的结构与电路图也有相对应的关系。

图 4.22 所示是另一个布线的例子,它是常用的锁存器的电路和版图。从这个布线结果中我

们除了又看到了共用掺杂区的方法,还看到了它是如何利用单元内布线通道的。在每块掺杂区上,上、下各有一个引线孔,中间预留了一根走线空间便于内部布线,同时,上、下开孔增加了引线和穿越的灵活性。

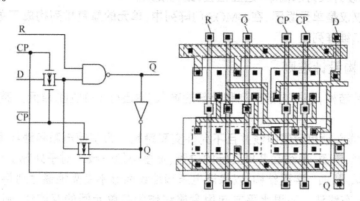

图 4.22　锁存器电路和版图

因为对每一个单元,它将来要连接成何种逻辑,预先并不知道,这将由逻辑要求和布局、布线结果来确定,所以,在设计基本单元结构的时候,要充分考虑将来逻辑实现的方便和灵活。

对于优化门阵列,输入或输出信号的接入或引出,通常采用不规则长度多晶硅条,或通过多晶硅栅实现。在上面给出的两个图上,清楚地说明了这种连接方式。

由于硅栅 MOS 工艺提供了多晶硅材料,通过氧化层的绝缘,铝线可以直接在多晶硅上跨越,实现了双层布线结构,并且未增加任何附加工艺。为与双层金属布线结构的概念相区别,这种结构又称为"一层半布线方式"。扩散条做垂直布线的结构也属这一类。当采用双层或多层金属布线时,布线的灵活性将大大提高,但在设计上仍严格地遵循分类分层布线的方法。在双层金属引线结构中,不允许上层的金属引线穿越下层金属引线直接和底层的半导体区域连接,对多层金属引线同样不允许穿越,必须逐层连接过渡。

图 4.23 所示是另一种 p 阱硅栅 CMOS 单元,这种结构版图相对复杂,它右边的 4 个 MOS 管采用交叉和分离结构,这对构成 CMOS 传输门特别方便。与图 4.19 所示结构的另一个主要的差别是单元本身带有多晶硅桥,这为系统布线穿越单元提供了便利。当某一线网要从一个布线通道连接到另一布线通道时,就可利用该多晶硅桥跨越单元行,而不必绕行,这些多晶硅桥又被称为"竖直穿线道"。

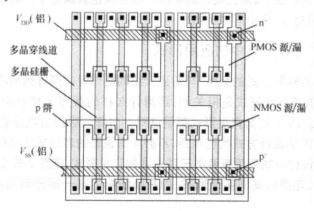

图 4.23　另一种硅栅 CMOS 门阵列单元

由上面的讨论可以理解,单元的设计对构造逻辑和布线是非常重要的。门阵列单元是门阵列的核心。每一种工艺技术,每一种单元结构都是以一定的设计要求为出发点的。就每种结构自身而言,单元的设计应力求简单,适应性强,结构规则。

以上的版图仅仅是单元版图,在 CMOS 门阵列中,单元的重复排列构成了单元行,单元行的重复排列构成了二维阵列。

4.4.2 整体结构设计准则

门阵列的芯片结构,包括内部阵列和外部的输入/输出(I/O PAD)单元。整体结构的设计要遵循如下准则:

(1)电源、地线必须用金属引线并且不允许交叉跨越。为了使电源和地线通达各个单元,它们应设计成叉指形,电源、地线在各单元行的位置、宽度必须一致。对于外部 I/O PAD 单元的电源和地线的设计采用"回"字型结构,以保证电源和地线能够不交叉地通达到每一个单元。

(2)采用垂直布线法。如果水平方向用金属线作为各单元间的互连线,则垂直方向用多晶硅条或扩散条作为穿越单元行的通道以及金属引线交叉的通道。由于金属线与多晶硅条或扩散条可以互相跨越,因此它们可以共用同一个布线通道。

(3)采用"行式结构",即单元行和布线通道间隔排列。这种间隔便于 CAD 软件实现自动布局布线。

(4)用掩模板编程的 I/O PAD 单元或独立的 I/O PAD 单元位于芯片四周。

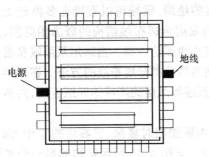

图 4.24 电源、地布线准则示意图

图 4.24 所示为门阵列芯片的整体结构及电源、地线的布线结构。

因为现在的 I/O PAD 单元通常都具备一定的逻辑功能和性能,因此,对于 I/O PAD 单元,也必须有电源和地线通达。不论是输入还是输出单元,在设计时电源和地线的位置必须是固定的,这样做也是为了便于 CAD 系统的布线。

对于优化门阵列结构,在芯片每边的 I/O PAD 数量并不要求一致,每边多少 I/O PAD,电源、地的位置,在哪个位置安排什么引脚完全由设计者决定。

在以上几条准则的约定下,单元设计的基本外框结构也就确定了。对于不同的工艺、不同的应用,应与发展阶段相适应,有不同的结构。

4.4.3 门阵列在 VLSI 设计中的应用形式

门阵列是一种规则阵列形式的版图,与前面介绍的晶体管规则阵列所不同的是,在前述的晶体管规则阵列中,版图和电路形式是相关的,运用什么样的版图必须有配套的电路设计方法,ROM、MOS 开关逻辑、PLA 及其拓展形式都是这样。门阵列版图对电路设计没有严格的要求,可以完全按照人们习惯的设计方式构造电路,不必考虑逻辑的表达式应是什么形式。

门阵列在 VLSI 设计中的应用有两类三种主要的应用形式:电路的完全实现形式,包括固定门阵列和优化门阵列;电路的局部实现形式,即在系统中的某一部分电路采用门阵列结构加以实现。

显然,在第一类中,VLSIC 完全采用门阵列技术实现设计,而第二类仅在 VLSIC 中的一部分电路采用了门阵列。

4.5 晶体管规则阵列设计技术应用示例

晶体管规则阵列技术被广泛地应用在 VLSI 设计中,下面将举例说明规则阵列的设计应用。

1. EPLD 中的宏单元

EPLD(Erasable Programable Logic Devices)是目前应用最为广泛的现场编程器件之一。它采用电编写和电擦除的特殊 MOS 器件(E²PROM 器件)作为晶体管规则阵列中的单元,实现现场编程,这里的编程是指在 EPLD 中构造逻辑。

图 4.25 所示是一个 EPLD 的宏单元结构图,从图中可以看出,宏单元由几个主要部分组成:逻辑阵列,或—异或逻辑,转换开关 MUX,触发器,输出三态逻辑。

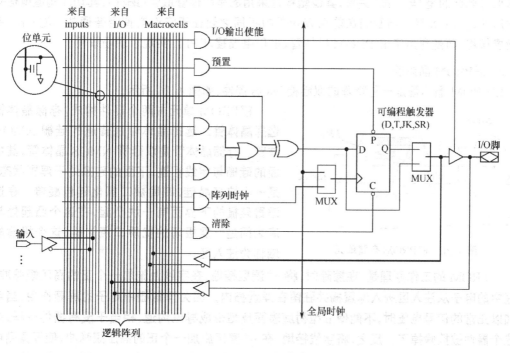

图 4.25 EPLD 的宏单元

逻辑阵列主要由 E²PROM 晶体管构成,在阵列中完成"与"逻辑,对应三组不同的输入源,有三块逻辑阵列。自左向右的第一块逻辑阵列的输入来源于外部的原始输入。第二块的输入信号来源于各宏单元的三态输出(图中仅画出本级反馈,实际上,由于逻辑阵列中竖直方向上的信号线是贯穿的,各宏单元的三态输出信号都会反馈到第二块逻辑阵列)。第三块的输入信号来源于各宏单元的输出,这个输出与三态输出的不同之处在于它始终有效。将来自不同之处的信号相与构成了一个个的与项输出到或—异或逻辑,或者作为控制信号、时钟信号输出。

简单地说,或—异或逻辑完成各与项的"或"操作或者"或非"操作。在这里,异或门担任极性转变工作。异或门有两个输入端,一个是或门输出,一个是逻辑阵列的输出。正是这个逻辑阵列的输出控制着或门的输出极性,当它等于"1"时,各与项"或非"后输出,当它等于"0"时,各与项"相或"后输出。这个逻辑阵列的输出本身可能就是一个逻辑函数的值,这样的控制方法大大地提高了逻辑操作的适应性。

EPLD 由若干的宏单元构成,宏单元具有相对独立的功能结构,逻辑操作和运算主要在宏单元内进行,同时,各宏单元之间可进行通信构成系统。

在电路中的 MUX 是一个选择器,由它来选择信号的来源和信号的走向。左边的 MUX 用于选择触发器的时钟信号是取自系统时钟还是逻辑阵列,用以控制各宏单元的触发器是同步工作还是异步工作。右边的 MUX 是选择信号寄存输出或直接输出,由此确定宏单元完成的是纯组合逻辑还是组合—寄存混合逻辑。MUX 的结构非常简单,就是两只 E^2PROM 晶体管并且一端相连。

三态逻辑门完成宏单元的输出控制,在来自逻辑阵列的信号控制下,它或者将宏单元的输出信号送到芯片的引脚上和反馈给逻辑阵列,或者将宏单元的输出隔离,此时,三态输出表现为高阻态。这样的设计有利于芯片的输出工作于总线方式。

通过上述的介绍和分析,不难看出,EPLD 中宏单元的核心组成是晶体管规则阵列。其组合逻辑部分遵循的是"与—或"关系,其逻辑构造采用的是晶体管取舍(编程),其功能构造或信号选择利用的是 MUX 等。与我们在前几节介绍的不同之处在于它没有使用普通的 MOS 管,不采用掩模编程,而是利用了 E^2PROM 晶体管,采用电编程,EPLD 实现了现场编程。

2. E^2PROM 晶体管

E^2PROM 晶体管是一种特殊的双硅栅 MOS 器件,如图 4.26 所示。

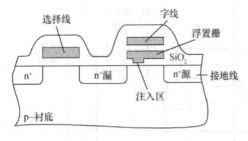

图 4.26　E^2PROM 存储单元

E^2PROM 单元由两个器件构成:存储晶体管和选择晶体管。选择晶体管是普通的硅栅 NMOS 晶体管。存储晶体管是双硅栅 NMOS 晶体管,其中上面的硅栅与字线相连,下面的硅栅处于浮置状态,它是一小块多晶硅,四周被二氧化硅包裹着。在这个浮置硅栅的下界面有一块凸起,在这个凸起处与衬底之间是一层极薄的优质二氧化硅,这个极薄的区域称为注入区。

E^2PROM 的工作原理是:在擦除时,将 n^+ 漏区接地,在字线上施加一个正的高压短脉冲,使衬底中的电子从注入区进入浮置栅并驻留在浮置栅内。因为浮置栅中电子的屏蔽作用,当字线上加以正常的信号电压时,不能使 p 型衬底表面反型形成导电沟道,相当于没有器件一样,或者说这个器件被擦除掉了。反之,将字线接地,在 n^+ 漏区施加一个正的高压短脉冲,使浮置栅中驻留的电子通过注入区回到衬底。这时的器件又成为普通 NMOS 晶体管。这样,在这个格点上就产生了一个有效晶体管。这个过程称为写入晶体管过程。

选择晶体管的作用是防止在存储单元擦除和写入时对其他单元产生影响。

在 EPLD 宏单元中的与阵列就是由这些 E^2PROM 单元组成的阵列。

3. 编程的概念

在这一章中,我们反复提到了"编程"的概念。以往我们说编程,通常是说编制程序。在 VLSI 设计中的编程通常是指对结构进行配置,使其成为我们所需的逻辑。

用晶体管规则阵列设计 VLSI 的过程,通常就是"编程"的过程。对 ROM 结构,我们通过某些光刻掩模板编程,如源漏掺杂掩模板、离子注入掩模板等。对开关晶体管逻辑、PLA 及其拓展结构也采用同样的方法编程。对门阵列,我们采用金属掩模板进行编程等。为什么对晶体管规则阵列结构可以用一块掩模板编程来实现我们所需的逻辑呢?原因很简单,因为这些规则阵列的基本结构完全一样,晶体管取舍或连接的过程就是实现逻辑的过程。

晶体管规则阵列以其结构简单和易再构的特性,在 VLSI 技术中主要被用于组合逻辑的实现和现场编程器件的设计。

另一方面,晶体管规则阵列在保证逻辑的正确性的同时,也存在一定的缺陷,这主要是指这样的结构很难获得优越的器件性能,尤其是延迟特性和驱动能力方面的性能。

练习与思考四

1. 结合第 1 章 1.2.2 节的内容,理解晶体管规则阵列设计技术在 VLSI 设计中的作用。思考、理解并简要阐述 VLSI 系统设计中的信号处理算法与本章介绍的"编程"中间的联系与区别。

2. 分析并解释图 4.27 所示的 ROM 结构,将 ROM 中的数据填入表 4.3 中:

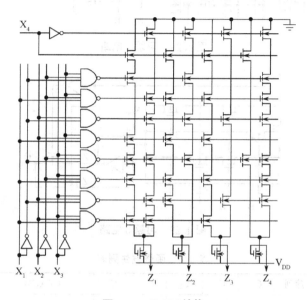

图 4.27　ROM 结构

表 4.3　rom 中各信号状态

X_4	0	0	0	0	0	0	0	0	1	1	1	1	1	1	1	1
X_3	0	0	0	0	1	1	1	1	0	0	0	0	1	1	1	1
X_2	0	0	1	1	0	0	1	1	0	0	1	1	0	0	1	1
X_1	0	1	0	1	0	1	0	1	0	1	0	1	0	1	0	1
Z_1																
Z_2																
Z_3																
Z_4																

3. 将图 4.27 所示的电路改成动态 ROM 结构并画出电路。

4. 分析图 4.28 所示电路,提取电路的功能。

5. 分析图 4.29 所示电路,将相关逻辑填入表 4.4 中。

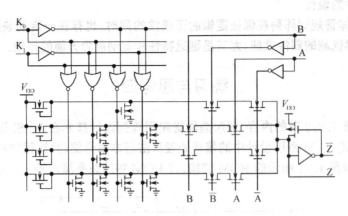

图 4.28　习题 4 电路

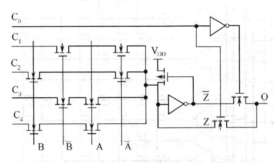

图 4.29　习题 5 电路

表 4.4　函数发生列表

序列	C_4	C_3	C_2	C_1	C_0	$O(A,B)$
0	0	0	0	0	1	
1	0	0	0	1	1	
2	0	0	1	0	1	
3	0	1	1	0	1	
4	0	1	1	1	1	
5	1	0	0	1	0	
6	1	0	1	0	0	
7	1	0	1	1	0	
8	1	1	0	0	0	
9	1	1	0	1	0	

6. 根据下面的逻辑表达式(不要化简)进行电路设计,要求分别以 PLA、CMOS 组合逻辑单元、MOS 晶体管开关逻辑实现。

$$Z=\overline{A}\cdot\overline{B}\cdot\overline{C}+\overline{A}\cdot B\cdot C+A\cdot\overline{B}\cdot C+A\cdot B\cdot\overline{C}$$

7. 图 4.30 所示为一个开关逻辑的电路,请根据电路写出对应的逻辑函数。

8. 阅读版图(见图 4.31)并写出电路的逻辑表达式。假设图中 PMOS 管的宽长比为 10,NMOS 管宽长比为 4,计算最长的上升时间与最长的下降时间的比值(空穴迁移率与电子迁移率比为 1∶2.5)。

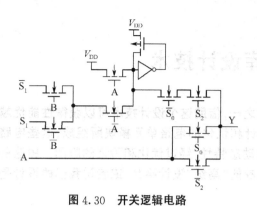

图 4.30 开关逻辑电路

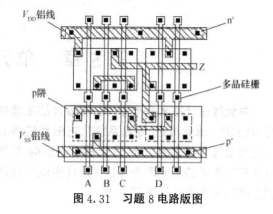

图 4.31 习题 8 电路版图

9. 按图 4.32 所示的电路,在门阵列单元拓扑上设计引线完成版图。

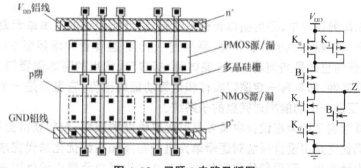

图 4.32 习题 9 电路及版图

第 5 章　单元库设计技术

单元库设计技术是当今 VLSI 设计的主要技术之一,借助这个设计技术可以获得性能优越的 VLSIC。单元库是"专家系统",它由经过精心设计和优化的电路单元模块所组成,这些电路单元模块具有独立的功能、优化的电路结构、理想的动态特性、经过优化和验证的版图。由这些单元模块组成的单元库为 VLSI 设计提供了性能优越的"高级"设计平台,或者说我们的设计是建立在高水平的设计基础之上。

5.1　单元库概念

在晶体管规则阵列技术中,采用晶体管构造逻辑,设计所面对的基本单元是晶体管,那时的基本单元只有三个:增强型 NMOS 晶体管、耗尽型 NMOS 晶体管和增强型 PMOS 晶体管。即使是门阵列,所处理的也还是如何将 MOS 晶体管"搭建"成常用的基本逻辑门。单元库技术所面对的直接是逻辑部件,即具有一定逻辑操作和运算功能的部件,它可能是一个逻辑门,也可能是一个功能块,甚至是一个功能相对完整的子系统。

为什么要这样做呢?因为在设计中需要具有优越性能的模块,希望获得全局和局部都优化的集成系统。全局优化是由设计系统对逻辑单元进行布局和布线优化迭代完成,生成符合某些目标函数要求的设计结果。而局部优化则是通过对基本逻辑单元精心设计完成,两者的结合才能得到满意的设计结果。晶体管规则阵列技术很难实现全局和局部同时优化的要求。

图 5.1 所示为采用门阵列结构所实现的两个基本逻辑门在性能上的差异。

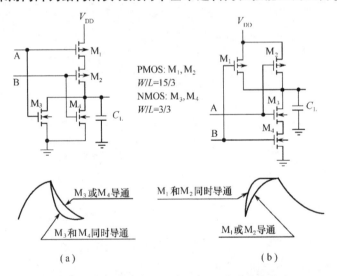

图 5.1　门阵列所构造的逻辑门及其性能差异

在第 2 章中我们曾介绍了逻辑门的等效倒相器设计方法,讨论了如何获得对称的输出波形的技术,即 NMOS 管和 PMOS 管的宽长比设计依据。毫无疑问,用门阵列可以很方便地构造与非门和或非门。但是,因为门阵列的基本构造单元是 MOS 晶体管,并且每个 NMOS 管的尺寸相同,每个 PMOS 管的尺寸也相同,结果是导致在构造不同的逻辑门时出现输出波形上的不匹配。如图 5.1 所示,所有 NMOS 管的宽长比为 1,所有 PMOS 管的宽长比为 5。通过计算可以知道,图(a)所示的或非门在最坏工作条件下,上升时间与下降时间的比值为1($\mu_n/\mu_p=2.5$)。图(b)给出的与非门在这样的尺寸下,在最坏工作条件下的上升时间与下降时间的比值为 1∶4。同样地,如果用此种尺寸的 MOS 晶体管去构造倒相器,也是不对称的,此时的上升时间与下降时间的比值为 1∶2。

通过分析可以知道,如果以倒相器为对象设计基本的晶体管尺寸,同样会使其他的逻辑门输出信号不对称。以任何一种逻辑门为参考都会有类似的结果。门阵列以整体结构优化、设计自动化程度高和设计周期短的优势在集成电路领域得到较为广泛的应用。但是,门阵列强调整体结构优化,在局部结构很难做到优化。究其根本原因是门阵列采用了尺寸相同的基本单元,通过不同的布线实现不同的逻辑,将必然出现能力的浪费和不足。要获得每个逻辑门都满意的设计结果,只有对每个逻辑部件都进行专门的设计,这就是单元库设计技术。对常用的逻辑部件个体分别进行精心的设计、验证,构成单元集合——单元库,设计系统根据集成电路或集成系统的需要调用这些单元完成设计。

单元库设计技术分为两种主要的设计方法:标准单元设计技术和宏单元、积木块设计技术。

5.2 标准单元设计技术

5.2.1 标准单元描述

标准单元设计技术,是指采用经过精心设计的逻辑单元版图,按芯片的功能要求排列而成集成电路的设计技术。这些单元的版图具有以下的特征:

(1) 各单元具有相同的高度,可以有不同的宽度。

(2) 单元的电源线和地线通常安排在单元的上、下端,从单元的左右两侧同时出线,电源、地线在两侧的位置要相同,线的宽度要一致,以便单元间电源、地线的对接。

(3) 单元的输入/输出端安排在单元的上、下两边,要求至少有一个输入端或输出端可以在单元的上边和下边两个方向引出。引线具有上、下出线能力的目的是为了线网能够穿越单元。

有的设计系统要求单元在上、下边引出线的位置及间隔以某个数值单位进行量化。位置和间隔量化的目的是使 CAD 系统布线简洁,目标准确,避免了复杂的具体数值计算。

由于单元设计上的规格化和标准化,这些单元被称为"标准单元"。这些单元经过人工优化设计,经过设计规则及性能模拟的验证,并通常要经过对实验芯片的实际测定,较之门阵列,它的面积与性能都有很大程度的改善。

图 5.2 所示是一个简单倒相器的逻辑符号、单元拓扑和单元版图。

由于标准单元的整体结构与门阵列相近,都采用"行式结构",因此其总体结构的设计准则与门阵列的设计准则也相近。因为单元拼接以后,单元行的电源和地线实际上已经自动连在一起,因此,整体结构的电源、地线布线仅仅是对单元行外部进行。图 5.3 所示为将一些标准单元排列在一行时的结构,可以明显地看到电源与地线实现了自动对接。

根据具体的逻辑,将相应的标准单元从单元库中调出,排列成行,根据相邻两行的需要,决定布线通道的宽度,进行布线和 I/O 单元的连接,完成具体集成电路的设计。与优化门阵列一样,标准单元也没有多余的器件,它也需要全套制作掩模,进行全工艺过程制备,所不同的是标准单元电路性能改善,芯片面积缩小,实现了整体优化和局部优化。当然,由这些标准单元也可以构

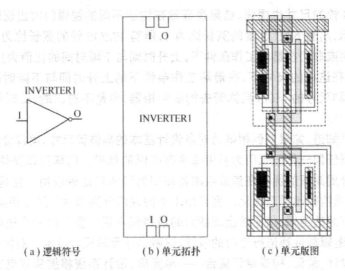

(a) 逻辑符号 （b) 单元拓扑 （c) 单元版图

图 5.2 标准单元示意图

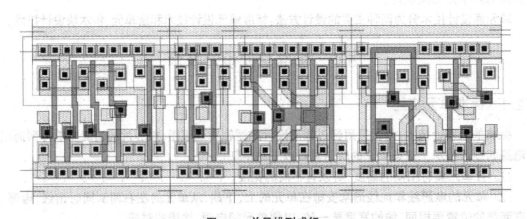

图 5.3 单元排列成行

成局部逻辑作为模块使用。

图 5.4 所示为采用标准单元技术实现的集成电路芯片结构示意图。

从图 5.4 可以看出,标准单元设计技术保持了"行式结构"的风格,继承了它的优点,同时,由于单元的优化设计,使标准单元比门阵列在性能上更优越。

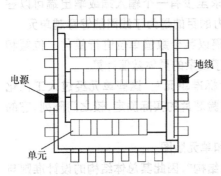

图 5.4 标准单元实现的集成
电路版图总体结构示意图

5.2.2 标准单元库设计

标准单元库是标准单元设计技术的基础,标准单元库通常应含有 50 个以上的标准单元。它们的性能、质量对于整个标准单元阵列性能的影响很大。

对于每一个标准单元,在单元库中有相应的三个部分进行描述:单元逻辑符号、单元拓扑和单元版图。

逻辑符号描述是一个图形符号,它代表一个逻辑,逻辑符号的描述应符合国际标准或国家标准。另一个需要注意的问题是符号的唯一性,即一个符号和名称只能代表一个单元。

单元拓扑是对单元的外部尺寸和出线位置的描述。由于标准单元规定了单元高度必须一致，所以外部单元尺寸的描述就主要是宽度的定义，通常用高宽比进行描述。单元拓扑对于出线端的描述有两种基本形式：一种形式是给出出线端的具体几何位置和出线端的线宽；另一种属于规范化的描述，所有的出线端的线宽都是一样的，出线端出线的位置是在量化了的位置点上。这时，出线端的描述只要说明出线端名称、出线端所在的上、下边和量化后的数字。例如规定上边是"＋"，下边为"－"，则对在上边第五量化出线点出线的信号"A"，可以简单地描述为"A，＋5"。这两种描述各有利弊，对前者，出线端尺寸的描述对 CAD 布线带来不便，但单元内部版图设计随意性较大，不受量化点的约束，可以就近出线。对后者，设计单元版图时，器件布置和内部布线稍受约束，但 CAD 实现系统布线时比较简单。单元拓扑是具体版图的主要特征的抽象描述，它去掉了版图内部的具体细节，保持了单元的主要特征，有效地减少了数据量，提高了设计效率。

单元版图一般由人工设计，前面已提到标准单元的电源、地线同时从单元两侧出线，且位置、线宽要一致。除了两侧位置一定外，在单元内部的电源、地线并不一定要受此约束，但线宽一定要大于或等于两侧出线端，这是因为即使是单元内部的电源、地线，它们所承担的电流也是单元所在的整个单元行的电流。标准单元的上、下出线通常采用多晶硅或其他低阻材料，同时还应注意减小寄生效应。如果是 CMOS 结构，阱的设计通常也采用较灵活形状，不必一定是规则的矩形，以节省面积和设计方便为主要依据。如果考虑 CMOS 的可控硅效应，一般采用隔离环结构，如图 5.2 所示的版图中就采用了双隔离环结构。单元版图以规定格式的语言描述，通常所用的数据格式有 CIF 或 GDS-Ⅱ 或 EDIF。其中，CIF 和 EDIF 是文本格式，GDS-Ⅱ 是二进制格式。

如果采用多层金属布线技术，则标准单元的引线位置的灵活性大大提高。图 5.5 所示为一个施密特触发倒相器(Schmitt Trigger Inverter)的标准单元版图与电路图，这里的单元采用了 1 层多晶硅和 2 层金属(1P2M)工艺。

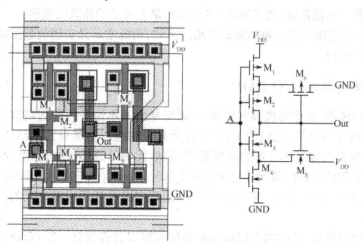

图 5.5　施密特触发倒相器版图和电路

参考：http://www.mosis.org/products/vendors/tsmc/

从版图我们可以看出：较之门阵列，标准单元的版图设计比较灵活，各同类晶体管的尺寸也不尽相同(PMOS 管 M_1、M_2、M_6)，甚至 N 阱也不再是一个矩形，它的大小、形状与 PMOS 管的尺寸与位置有关。同时，也可以看到，因为标准单元仍采用的是行式结构，所以，它的外框仍是一个规则的矩形。

在标准单元库中有三个互相对应的描述文件块。单元逻辑符号用于逻辑电路的原理图编辑，单元拓扑用于实现版图布局和逻辑系统的线网连接，单元版图是单元的具体描述。

从上面的讨论可以看出,标准单元的版图和工艺选择、工艺水平关系很大。一个标准单元库对应于一条工艺线的制作能力,也就是说用某一套标准单元设计系统设计的芯片,并不是放在任何一条工艺线上都能生产。即使是相同的工艺,如 CMOS 工艺,几何设计规则不同,设计的标准单元也必定不同。所以,一套标准单元库只能对应一条工艺线。

用标准单元技术实现集成电路或集成系统版图的过程通常分为三步:首先,对输入逻辑进行标准单元结构的布局,这时采用的是标准单元库中单元拓扑图。其次,根据输入逻辑的网络进行布线,得到连接关系图。最后,将单元版图填入单元拓扑,并将线网连接关系转换为具体的布线即线网的几何图形。

应当指出,标准单元库的建立、扩充和完善是一个较长期的和繁杂的过程。在商品化的设计系统中,有的已配备了某一工厂或公司的标准单元库,有的仅仅是一些标准单元框架,需要用户根据各自的环境和工艺加工条件进行配置。与宏单元或积木块相比,标准单元的规模比较小。它实际上只是强调了基本电路单元的优化,还尚未到达功能块的量级。当然,对一些专门功能块也可以通过标准单元的形式予以设计,只要这样的功能块的外部结构符合标准单元的设计规范。专门功能块标准单元的大小要适中,太小,逻辑设计效率低;太大,内部连接关系复杂,必然减弱标准单元的性能优势。试想,标准单元由于受到高度的限制,一个大的单元必然是一个扁的矩形,内部的走线困难,为保证单元的完整性和正确性,一些线或扩散区必然需要"绕行",这就将大大地降低了单元的性能指标。通常,标准单元的宽度和高度的比值在1/3~3 之间比较合适。

综上所述,可以归结出标准单元设计技术的特点:

(1) 标准单元是一个具有规则外部形状的单元,其内容是优化设计的逻辑单元版图,各单元的规模应相近,并遵循一致的引线规则。

(2) 一个标准单元库内的所有单元遵循同一的工艺设计规则,一个单元库对应一条或一组完全相同的工艺线。也就是说,当工艺发生变化时,单元库必须修改或重建。

(3) 不论是局部逻辑或是完整的集成电路或系统,用标准单元实现的版图采用"行式结构",即各标准单元排列成行。

5.2.3 输入/输出单元(I/O PAD)

任何一种设计技术、版图结构都需要输入/输出单元。不论是门阵列结构、标准单元结构或是以后将介绍的积木块结构,它们的 I/O PAD 大部分都是以标准单元的结构形式出现。这些I/O PAD 单元通常具有等高不等宽的外部形状,各单元的电源、地线的宽度和相对位置仍是统一的,以便对接,不同的是这些单元的引线端位于单元的一边(位于靠近内部阵列的一边)。由于其外部形状的规则性,所以,输入、输出或输入/输出双向单元属于标准单元的范畴,它们是标准单元库的内容之一。

现代设计理论提倡将 IC 的内部结构和外部信号接口分开设计。所以,承担输入、输出信号接口的 I/O 单元就不再仅仅是压焊块,而是具有一定功能的功能块。这些功能块担负着对外的驱动、内外的隔离、输入保护或其他接口功能,这就要求将电源和地线通达这些 I/O PAD。这些单元的一个共同之处是都有压焊块,用于连接芯片与封装管座,这些压焊块通常是边长几十微米的矩形。为防止在后道划片工艺中损伤芯片,通常要求 I/O PAD 的外边界距划片位置 $100\mu m$ 左右(具体尺寸由划片工艺的精度决定)。

I/O PAD 通常可分为:输入单元、输出单元、输入/输出双向单元。

1. 输入单元

输入单元主要承担对内部电路的保护,一般认为外部信号的驱动能力足够大,输入单元不必具备再驱动功能。因此,输入单元的结构主要是输入保护电路。

因为 MOS 器件的栅极有极高的绝缘电阻,当栅极处于浮置状态时,由于某种原因(如触摸)感应的电荷无法很快地泄放掉,而 MOS 器件的栅氧化层极薄,这些感应的电荷使得 MOS 器件的栅与衬底之间产生非常高的场强,如果超过栅氧化层的击穿极限,则将发生栅击穿,使 MOS 器件失效。

为防止器件被击穿,必须为这些电荷提供"泄放通路",这就是输入保护电路。输入保护有多种形式,比较简单地结构是单二极管、电阻结构和双二极管、电阻结构。图 5.6 所示是一种单二极管、电阻结构的保护电路和版图形式。图 5.7 所示是一种双二极管、电阻结构的保护电路和版图形式,这种保护实际上是通过两个二极管对输入端信号的钳位,使输入端信号被限制在 $-0.7 \sim V_{DD} + 0.7$ 的范围内。当电荷所产生的电压超出了限制范围,就被钳制在限定的范围内。当然,如果输入的信号超出了这个范围同样地也被钳制。保护电路中的电阻可以是扩散电阻、多晶硅电阻或其他合金薄膜电阻,其典型值是 500Ω。

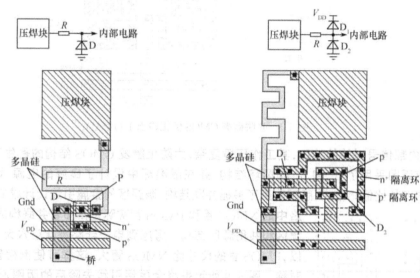

图 5.6 单二极管、电阻电路　　　图 5.7 双二极管、电阻保护电路

从图 5.7 可以看出,这样的一个简单电路,其版图形式比我们在前面看到的门阵列版图复杂了许多。因为在这样的版图设计中不仅要考虑电路所要完成的功能,而且还要充分地考虑接口电路将面对的复杂的外部情况,还考虑在器件物理结构中所包含的寄生效应(参见 2.5.1 节)。希望通过这样的输入电路,使集成电路内部得到一个稳定、有效的信号,阻止外部干扰信号进入内部逻辑。比较图 5.6 和图 5.7,清楚地表明了这两个单元具有标准单元的特征:它们是等高的,但不等宽。它们的电源线和地线位置一致,线宽相同。

当然,版图结构不是唯一的,但其基本的版图结构和设计考虑大同小异。

输入单元除了主要完成保护功能外,还有一些输入单元同时具有一些处理功能,如在第 4 章所介绍的逻辑电平提升电路完成逻辑电平的转换,如果将逻辑电平提升电路用于输入模块,则可以作为电平检测电路完成内、外电平的转换。

2. 输出单元

输出单元的主要任务是提供一定的驱动能力,防止内部逻辑过负荷而损坏。另一方面,输出单元还承担了一定的逻辑功能,单元具有一定的可操作性。与输入电路相比,输出单元的电路形式比较多。

(1) 倒相输出 I/O PAD

顾名思义,倒相输出就是内部信号经反相后输出,这个倒相器除了完成倒相的功能外,另一个主要作用是提供一定的驱动能力。图 5.8 所示是一种 p 阱硅栅 CMOS 结构的倒相输出单元,由版图可见构造倒相器的 NMOS 管和 PMOS 管的尺寸都比较大,因此具有较大的驱动能力。

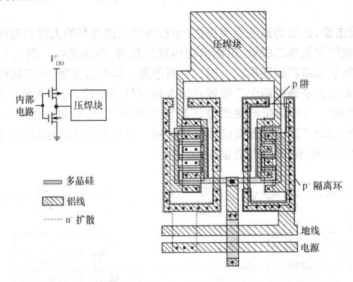

图 5.8　P 阱硅栅 CMOS 倒相输出 I/O PAD

作为内部信号对外的接口,其工作环境复杂,为防止触发 CMOS 结构的寄生可控硅效应烧毁电路,该版图采用了 p^+ 和 n^+ 隔离环结构,并在隔离环中设计了良好的电源、地接触。因为 MOS 管的宽长比值比较大,版图采用了多栅并联结构,源漏区的金属引线设计成叉指状结构,电路中的 NMOS 管和 PMOS 管实际是由多管并联构成,采用了共用源区和共用漏区结构。考虑到电子迁移率比空穴大 2~2.5 倍,所以,PMOS 管的尺寸比 NMOS 管大,这样可使倒相器的输出波形对称。图 5.9 所示是将金属铝引线去除后的版图形式,通过这个图可以清楚地看到器件的并联结构和重掺杂隔离环的结构。

在图中,多晶硅栅采用了封闭的版图结构,这样做的一个主要原因是减小信号在多晶硅栅上的衰减。因为多晶硅电阻的存在,信号对栅电容的充放电强度从信号注入端到硅栅的末端将产生差异,信号所产生的源漏电流也随之变化,影响了速度性能。为减小这种差异所产生的影响,将每个并联 MOS 管的硅栅端头加以连接,减小了硅栅的等效电阻,如有可能应将该短接多晶硅条的宽度

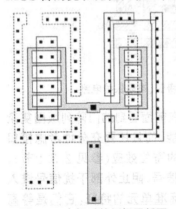

图 5.9　去铝后的倒相器版图

增加,进一步均衡多晶硅栅上的电位(参见 2.4.2 节)。另一个在设计中应注意的是,这些延伸出来的多晶硅条应在场区上通过,减小分布电容的影响。图 5.10 所示为一个大尺寸 NMOS 管的版图和剖面结构图(注:该 NMOS 管的源端接地)。在这里的多晶硅栅在输入端一边开孔并用金属引线短路,以此来保证每一个并联的 NMOS 管栅上得到的信号都是相同的。同时,因为 n^+ 隔离环未在多晶硅上跨越,因此,这个隔离环是一个完整的封闭环。当然,在图 5.8 所示的版图中也可以采用这种结构。

对于需要大面积接触的区域,在设计引线孔时,为减轻工艺加工的大小尺寸匹配难度,也为了避免大面积接触可能引起的金属溶穿掺杂区的情况发生,通常采取多个接触孔代替一个大接

触孔的方案。

在输入/输出单元的设计中,通常都要设计重掺杂隔离环并接电源(n^+环)或地(p^+环),主要目的有两个:一是吸收掉衬底中 pn 结的反向漂移电流,从而抑制可控硅效应的触发;二是形成衬底的电位接触区。因为在 CMOS 结构中的四层三结(四层相邻的掺杂区所形成的三个相连的 pn 结)结构是一个寄生的可控硅器件,作为接口电路的恶劣工作环境有可能使可控硅导通而烧毁器件。因此,对接口器件通常都必须考虑抑制可控硅的措施,隔离环结构是一种常用的版图形式。在图 5.7、图 5.8 和图 5.10 所示的版图中都采取了有关的措施。

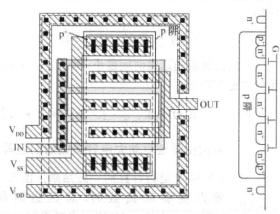

图 5.10　大尺寸 NMOS 管版图结构和剖面

因为单元的面积比较大,为防止表面漏电和分布参数对器件性能的不利影响,在版图设计时要求多晶硅引线和金属引线尽量在场区上通过,这也是 MOS 电路设计的一般准则。

在这一节中,我们花费了一定的篇幅来讨论版图设计中的问题。这是因为在单元库设计技术中的关键是版图设计,版图设计的优劣直接影响到单元的性能,并进一步影响集成系统的性能。在这里关于版图设计的讨论可以说仅仅是版图设计考虑的众多因素中的一小部分。

当考虑输出单元的速度性能时,这些大尺寸器件、电路的设计就必须考虑前级的驱动问题。因为,器件的尺寸越大,意味着本身的输入电容越大,对器件驱动所需要的驱动电流越大,否则,电路的响应速度将因为前级驱动对电容充放电的速度不够(因前级驱动电流不够)而使速度性能劣化,这就要求前级具有一定的电流驱动能力。但是,接口单元的输入驱动由内部电路提供,如果希望该接口单元提供大电流以驱动外部的大负载,则内部电路的驱动也必须提高,这往往难以实现。为在不增加内部电路负载的条件下获得大的输出驱动,可以采用倒相器链结构,如图 5.11 所示。在链中,器件的尺寸逐级增大,驱动能力也被逐级加大,而内部电路只要比较小的驱动即可,也就是说,I/O 单元本身并不是一个或两个倒相器,而是一串倒相器。为满足延时特性的要求,各倒相器之间尺寸应满足一定的比例要求,这个比例可以通过计算获得。

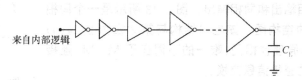

图 5.11　倒相器链驱动结构

如果一个内部倒相器能够在规定的时间 τ 内将一个和它相同的倒相器驱动到规定的电压值,假设倒相器的输入电容等于 C_g,则当它驱动一个输入电容为 $f \cdot C_g$ 的倒相器达到相同的电

压值所需的时间为 $f \cdot \tau$。如果负载电容 C_L 和 C_g 的比值 $C_L/C_g = Y$ 时,则直接用内部倒相器驱动该负载电容所产生的总延迟时间为 $t_{tol} = Y \cdot \tau$。

如果采用倒相器链的驱动结构,器件的尺寸逐级放大 f 倍,则每一级所需的时间都是 $f \cdot \tau$,N 级倒相器需要的总时间是 $N \cdot f \cdot \tau$。由于每一级的驱动能力放大 f 倍,N 级倒相器的驱动能力就放大了 f^N 倍,所以 $f^N = Y$。对此式两边取对数,得

$$N = \frac{\ln Y}{\ln f}$$

倒相器链的总延迟时间

$$t_{tol} = N \cdot f \cdot \tau = \frac{f}{\ln f} \cdot \tau \cdot \ln Y$$

理论计算表明,当 $f = e$ 时,倒相器链的延迟时间最小,等于 $e \cdot \tau \cdot \ln Y$,此时的倒相器链的级数为 $N = \ln Y$,当然,实际设计中必须取整。

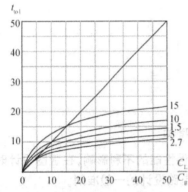

图 5.12 直接驱动和倒相器链驱动
负载时的延迟时间曲线

通过比较 $\frac{f}{\ln f} \cdot \tau \cdot \ln Y$ 和 $Y \cdot \tau$,我们可以看到直接驱动和倒相器链驱动大电容负载时的差异,图 5.12 所示对 $\frac{f}{\ln f} \cdot \ln Y$ 和 Y 进行计算的一些结果。图 5.12 中,当采用内部倒相器直接驱动负载时,总延迟时间和 Y 是线性关系(图 5.12 中的 45°斜线)。当采用倒相器链驱动负载时,假设倒相尺寸放大比例 f 分别为 1.5、2.7、5、10、15,则各倒相器链总延迟时间函数如图中的对数曲线所示。

从这组曲线中,我们可以看到当 f 为 2.7(e 的近似值)时,总延迟时间最小。当驱动大负载(即 C_L/C_g 比较大)时,与直接驱动相比,采用倒相器链驱动方式的总延迟时间比较小。同时也可以看出,当 f 的数值加大时,这种差别在减小。因此,f 的数值取 2~8 比较合适。

(2) 同相输出 I/O PAD

同相输出实际上就是"倒相+倒相",或采用类似于图 5.11 所示的偶数级的倒相器链。为什么不直接从内部电路直接输出呢?主要是驱动能力问题。利用链式结构可以大大地减小内部负荷。即内部电路驱动一个较小尺寸的倒相器,这个倒相器再驱动大的倒相器,在同样的内部电路驱动能力下获得较大的外部驱动。

(3) 三态输出 I/O PAD

所谓三态输出是指单元除了可以输出"0"、"1"逻辑电平外,还可以高阻输出,即单元具有三种输出状态。同样,三态输出的正常逻辑信号也可分为倒相输出和同相输出。图 5.13 所示是一个同相三态输出的电路单元的结构图。该电路结构与第 2 章图 2.24(a)的形式相同,当然工作原理也相同,唯一的不同在于 M_1、M_2 连接到压焊块形成与外部的直接信息交换。

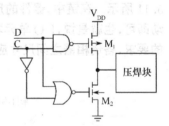

图 5.13 同相三态输出
单元电路结构

如果在这个电路的数据端上加上一个倒相器,即可构成倒相输出的三态输出单元。

图 5.14 所示是这个同相三态输出单元的版图。在版图布局上,通常将信号处理逻辑,如图中的倒相器、与非门和或非门所组成的逻辑,放置在主要的驱动器件旁边,虽然这些逻辑的晶体

管数量比较多,但因为它们的相对尺寸比较小,所以它们占用的总面积并不大。对驱动晶体管的布局形式是多种多样的,既可以一边放置、上下放置,也可以左右放置,还可以呈相对垂直的方向放置或其他布局方式,由于技术的进步,现在的设计自由度比较大。布局的一个重要考虑因素是减小寄生可控硅效应。

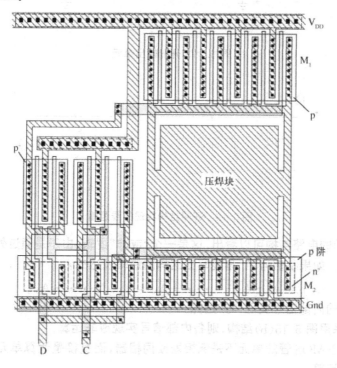

图 5.14　同相三态输出单元版图

由于是单层金属布线,结构又相对复杂,所以在减小多晶硅电阻影响方面仅仅是加宽了多晶硅引线的宽度。如果采用双层金属布线的形式,就可以采用前面所介绍的方式减小多晶硅电阻的影响。

三态输出的 I/O 单元支持外部信号的总线通信方式,即集成电路模块既可以"挂上"总线,输出信号到总线上,又可以"让出"总线给其他集成电路模块。在这种模式下工作的系统不允许有两个或两个以上的处于正常逻辑输出(0,1 态)的单元同时连接到总线,因为这样的连接或信号模式将导致逻辑的不确定性。

(4) 开漏输出单元

如果希望系统支持多个集成电路的正常逻辑输出同时到总线以实现某种操作,就必须对集成电路的输出单元进行特殊的设计,以支持"线逻辑",同时,总线也将做适当的改变。开漏输出单元结构就是其中的一种。图 5.15 所示为两种开漏结构的输出单元,图(a)的内部控制信号是通过倒相器反相控制 NMOS 管工作的方式,图(b)是同相控制的方式。

所谓开漏输出就是在输出 NMOS 管的漏极上并没有接任何上负载的电路形式或等效形式,因此,这样的 NMOS 管并不具备完整的逻辑功能。即使在内部信号的控制下,NMOS 管的栅源电压大于 NMOS 管的阈值电压,但因为没有上负载提供电流通道,因此不能构成完整的逻辑。要使得这样的开漏结构具备完整的逻辑运算功能,必须提供电流通路,所以,在这里必须由外电路提供电流通路。在总线方式下,连接这种输出单元的总线必须接有"上拉电阻",如图 5.16 所示。

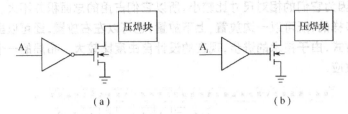

图 5.15　开漏输出单元

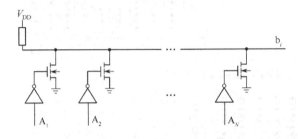

图 5.16　开漏结构实现的线逻辑

从图 5.16 所示的电路结构可以看出,这是一个"或非"逻辑,由于是通过外连线实现的逻辑,这被称为"线逻辑"。如果从信号 A_i 角度写出这样的逻辑表达式:

$$b_i = \overline{\overline{A_1} + \overline{A_2} + \cdots + \overline{A_N}} = A_1 \cdot A_2 \cdots \cdot A_N$$

则各电路相关单元的内部信号实现"与"运算。

同样地,如果采用图 5.15(b)结构,则各内部信号实现或非运算。

如果控制开漏 NMOS 管的单元不是倒相器或同相器,而直接是运算单元,则可以通过外部总线实现复杂逻辑运算。

在开漏输出单元中的 NMOS 管通常也是大尺寸的晶体管,因为它们要驱动总线上的负载。这样的 NMOS 管可以采用图 5.10 所示的 NMOS 管结构。类似地,如果这个晶体管尺寸很大,它将引起内部驱动的困难,同样地可以采用倒相器链的方式进行驱动。

除了 NMOS 管开漏的结构外,也可以设计 PMOS 管开漏的输出单元结构,或者是同时具备 NMOS 管开漏和 PMOS 管开漏等。例如,在图 5.13 所示的三态输出单元中将控制信号"C"连接的倒相器去除,直接用 C 信号同时控制与非门和或非门,则当 C=1 时,不论 D 信号是什么逻辑值,M_2 都被截止,单元处于倒相控制 PMOS 管开漏结构,类似于图 5.15(a)结构,只不过控制的是 PMOS 管;如果 C=0,则 PMOS 管始终截止,单元与图 5.15(a)相同。由此可见,当引入了等效开漏结构后,电路的形式与控制被大大地丰富起来。在第 6 章我们将看到一些 I/O 端口的例子。

(5) 掩模编程的输入/输出单元

除了设计专门的输入/输出单元外,还可以在同一的单元结构基础上通过金属掩模的变化来改变单元的功能。图 5.17 说明了这种掩模编程的设计方法。

其中,图 5.17(a)是这种 I/O PAD 的基本结构图,各晶体管的位置、形状及保护电阻都已确定,这是进一步构造 I/O 单元的基础结构。在图上所示的接触孔位置都设计有基本的金属图形。所谓的基本金属图形是指在每一种单元结构中都存在的图形,当某些器件不被连接时,这些基本金属图形形成对接触孔的保护。除了接触孔上的基本金属图形外,基本金属图形还包括电源线、地线和压焊块。在版图的右边是所有器件的基本连接和结构图,用以说明如何连接这些器件形成所需的单元结构。

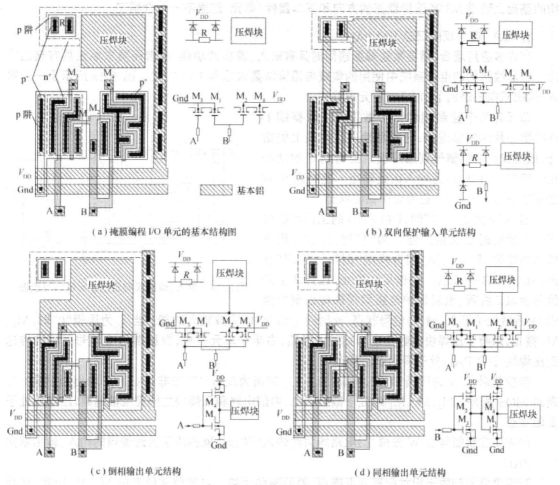

（a）掩膜编程 I/O 单元的基本结构图　　　　　　　　　（b）双向保护输入单元结构

（c）倒相输出单元结构　　　　　　　　　　　　　　　（d）同相输出单元结构

图 5.17　掩模编程的 I/O PAD

图 5.17(b)是在基本结构基础上通过金属线选择了部分区域和器件所构成的双向保护输入单元。它利用了 p 阱掺杂电阻与 p 阱掺杂区—n 型衬底所构成的二极管构成上保护（当信号大于电源电压一个 V_{BE} 时起作用）电路，利用 p 阱与 n^+ 掺杂区（NMOS 管的源漏区）构成下保护（当信号小于$-V_{BE}$ 时起作用）电路，B 信号端连接的多晶硅电阻作为输入保护电阻的一部分被接入电路。版图的右边是相关器件的连接图，从这个图可以清楚的看到器件是如何被使用的，例如，NMOS 管 M_1、M_3 的源漏（n^+ 掺杂）被短接，与 p 型衬底（p 阱）构成二极管。

图 5.17(c)是在基本结构基础上通过对晶体管的选择与连接构造的倒相输出的单元。它选择了一对大尺寸的 MOS 管 M_3、M_4 构成一个倒相器，实现倒相输出的功能。信号从 A 端输入经倒相器从压焊块输出到外部。

图 5.17(d)是在基本结构基础上选择了两对 MOS 晶体管构成两个倒相器。其中，小尺寸NMOS 管 M_1 和 PMOS 管 M_2 连接构成第一级倒相器，驱动大尺寸 NMOS 管 M_3 和 PMOS 管M_4 构成的第二级倒相器，构成"倒相＋倒相"的功能，实现同相输出的要求。

这种通过金属掩模编程构造不同电路的方法通常被用于固定门阵列的 I/O PAD 的设计。这是因为固定门阵列预先并不能确定各 I/O PAD 将来要担当什么角色，只有通过金属连线的变化来确定它的具体功能。

除了掩模编程的输入/输出单元外，还有其他许多的电编程控制的输入/输出单元，在基本结构的基础上通过 MUX 选择数据的方向和基本器件/单元,这里不一一介绍了。

3. 输入、输出双向三态 I/O PAD

在许多应用场合,需要某些数据端同时具有输入、输出的功能,或者还要求单元具有高阻状态。在总线结构的电子系统中使用的集成电路常常要求这种 I/O PAD。图 5.18 所示是一个输入、输出双向三态的 I/O PAD 单元电路。

单元有两个控制端和一个数据端。数据端 D 连接到芯片的内部逻辑,它或是读入压焊块上的信号,或是输出内部信号到压焊块。控制端 C 的状态用于控制 I/O PAD 是输入或是输出。控制端 S/W 的状态决定 I/O PAD 是否处于高阻状态。

当 S/W 为逻辑"1"时,I/O PAD 的工作状态由另一个控制端 C 决定。当 C 为"1"时,G_1、G_2 均等效为倒相器,与 M_1、M_2 组合构成"倒相＋倒相"状态,M_3、M_4 由于 G_3、G_4 的作用均截止,压焊块上的信号经双二极管、电阻保护电路同相的传送到数据

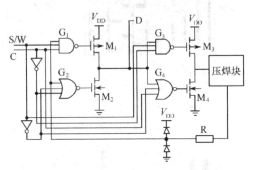

图 5.18　输入、输出双向三态单元电路原理图

端 D,系统处于读入(输入)信号状态,此时的 I/O PAD 完成输入功能。当 C 为逻辑"0"时,M_1、M_2 截止,阻断了压焊块到数据端 D 的输入通路,右半个单元开放,数据端 D 上信号同相的传送到压焊块,I/O PAD 处于同相输出状态。

当控制端 S/W 为逻辑"0"时,与非门 G_1、G_3 输出为逻辑"1",或非门 G_2、G_4 输出为逻辑"0",两对 MOS 管 M_1、M_2、M_3、M_4 均处于截止状态,内部电路和压焊块之间完全被隔离,压焊块处于高阻状态。

如果将控制信号 S/W 去掉,门电路均为两输入结构时,就构成了普通逻辑的输入、输出双向 I/O PAD。

在这个单元的版图设计中需要考虑内、外的驱动问题。对外驱动能力由 M_3、M_4 决定,这与上面介绍的输出单元相同;对内驱动能力由 M_1、M_2 决定,这与前面介绍的输入单元不同。在前面所介绍的输入结构中都没有讨论对内部的驱动问题,为什么在这里要考虑内部驱动呢?这是因为在前面所介绍的输入单元结构中,驱动力主要由外部的信号源提供,不在设计的考虑之列,在这里由于 G_1、G_2、M_1、M_2 组成的逻辑"屏蔽"了外部的驱动源,所以,对内部的驱动只能由 M_1、M_2 组成的倒相器完成。在设计中需要依据内部的负载大小进行晶体管尺寸的设计,设计的基本理论在第 2 章中已进行了介绍。

5.3　积木块设计技术

标准单元由于受到高宽比的限制,单元的规模有限,在构造大的功能模块时,必须采用单元拼接方法。对随机逻辑,通常采用这种方法,对有些模块,采用这种方法将对电路性能产生影响,甚至不可能实现一些所需要的逻辑。因此,在设计上常常需要更大的单元模块,这就要突破标准单元的外部限制,具体地讲,就是突破标准单元在高度上的限制,这些单元被称为积木单元。当然,这种突破也产生了对整体结构的改变,不再能采用"行式结构",必须采用积木块的布图形式(如图 1.13 所示)。

图 5.19 所示是一个实际的微处理器的芯片内部结构,这是一个典型的积木块布图结构。

从图上的标注可以看出,这些模块都具有相对独立的功能,并且大小不一。这中间有些模块

是由重复单元堆积而成,如 RAM、寄存器堆、高速缓存等,有些是独立的子系统,如定时器、串行口、DMA、乘法器、ALU 等,有些是随机逻辑结构,如控制器。

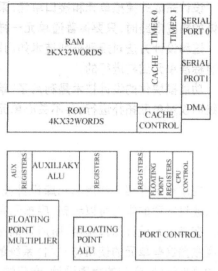

图 5.19　积木块形式的芯片内部结构

单元模块的一些是预先设计好放在单元库中,在设计中调用,这些单元通常是具有一定通用性的模块。有一些则是采用一些阵列技术根据需要在设计中产生并调用,它们都是非通用单元,如各种随机逻辑。因此,真正的设计通常是积木块结构和"行式结构"的混合结构。

由于是这样的非规则边界结构,因此,在芯片上将不再有固定的布线区,而是根据需要在布局时生成布线通道。

因为没有严格的出线位置要求,这些大单元的设计相对比较灵活,通常,为了有利于设计,在建库的过程中也约定一些布线方法,主要是电源和地线的相对位置,数据流和控制流的相对位置和走向等。这样设计的库单元具有较统一的风格,便于设计系统的调用和布线,同时也可尽量地减少连线的交叉跨越。

考虑到库单元的通用性,通常在建立库单元时,将充分地考虑单元的完备性,而实际的调用可能仅仅是单元的部分功能。这样的设计使得积木块单元的硬件量通常是冗余的,往往在版图上可以看到一些引线或端子并没有完全被使用。

5.4　单元库技术的拓展

一个集成系统应该包括几个部分:传感器,模拟信号处理电路,模拟/数字变换,数字处理逻辑,数字/模拟变换,执行机构等。目前的集成系统通常是不包括传感器和执行机构的集成电路。随着微机电系统(MEMS)设计技术与工艺技术的进步,真正的系统集成正逐渐成为可能。

库单元从原则上讲可以是任何电路单元,并不仅仅局限于逻辑单元。只要工艺能够兼容,库单元也可以是线性电路、非线性电路或接口电路或 MEMS 器件。

对于标准单元,因为高度的限制,一些比较大的非逻辑电路单元放在内部阵列并不合适。另一方面,由于数字电路部分、接口电路部分和模拟电路部分以及 MEMS 部分是相对独立的,并且,在系统的信号链中的信号传递通常是串行的,因此,内部单元结构以数字电路为结构主体,而将其他的电路作为功能块单元放在芯片外围 I/O PAD 的位置。因为 I/O PAD 都是单边出线,相对于内部单元,它的高度要求不十分严格。同时,模拟单元和接口单元以及 MEMS 单元需直接与外部进行信息交换,具有与 I/O PAD 相近的特征。因此,不论从设计的灵活性考虑,还是从实际的系统结构考虑,这些功能块都是放在外围比较合适。不妨称这些功能块为功能块 I/O PAD。

积木块结构可以集成大规模的非逻辑电路单元,这使系统设计具有更大的灵活性。

CMOS 电路不仅有极好的数字性能而且有良好的模拟性能。CMOS 提供了理想的模拟开关,提供互补的晶体管结构,提供良好的 MOS 电容。线性、非线性特性几乎完全由 MOS 器件的阈电压和宽长比决定,另外,利用多晶硅制作的 MOS 电容是性能稳定的无极性电容。用 MOS 器件可以很方便地设计运算放大器、电压比较器、A/D、D/A、开关电容滤波器和高低压接口。因此,当今的集成系统的主流技术仍是 CMOS 技术。

设计完成的模拟单元和接口单元，采用与库单元相同的描述形式，存入单元库备用，在实现具体的集成电路时，只要像普通单元一样进行调用即可。

这种设计方法对规则阵列技术如门阵列也同样适用，因为门阵列的 I/O PAD 的设计完全是按照标准单元结构进行的。

功能模块化的设计技术是利用了"单元黑匣"，即利用了单元库设计技术在布局和信号线网布线时仅对单元拓扑进行，并不关心单元的内容的特点。

本章结束语

在本章中介绍了利用单元库设计技术进行系统设计的基础，重点介绍了单元设计的"专家性"，通过本章的学习可以看到，库单元有点像一个小的集成电路的设计，只不过边界条件不同而已。在库单元设计的过程中，所用到的基本知识在第 2、第 3 章中已进行了介绍与讨论，关键是需要根据这些单元的使用与 CAD 系统的特点应用这些知识。归结而言，这些单元的特点是：专门的器件设计；专门的版图设计；专门的工艺限制。专门的器件设计就是根据具体性能的要求去精确地计算与调整每个晶体管的几何尺寸；专门的版图设计就是在边界条件的限制下进行版图设计，最大程度地减小寄生；专门的工艺限制是因为版图的设计规则与工艺线密切相关。根据这些特点，读者应该能够体会在第 3 章中所重点指出的：这条工艺线对我的设计是否合适。如果工艺对用户的设计不合适，那么，与之对应的单元也就不合适了。

在本章中，还用大量的篇幅介绍了 I/O 单元。I/O 单元的设计往往是针对性非常强的设计，需要考虑的问题也较多，同时，它们使用时也受到边界条件的限制，因为它们往往位于芯片的四周，并且往往与系统信号线、电源、地线比较接近，信号的稳定性与可靠性也是一个不可忽略的问题，需要细心地进行设计。另外，随着系统复杂性的增加，I/O 单元的功能性也逐渐增加，在有限的空间内设计具有完备功能、优越性能、高可靠性的单元，其难度可想而知。

从第 4 章所介绍的晶体管规则阵列设计技术延续到本章的标准单元和积木块设计技术，读者是否能够发现，作为设计基础的"单元"越来越大、结构越来越复杂、性能越来越完善？同时，设计的人工干预越来越多，经验性要求越来越大？前者表示了单元的性能越来越优化，后者则表现了局部优化过程的"人的因素"，借助于越来越完善的 CAD/DA 系统，设计越来越趋向于全局与局部的优化。

练习与思考五

1. 分析图 5.20 所示结构，分别画出 A-A 剖面结构图。
2. 阅读图 5.21 所示的 4 个版图，提取对应的电路，并对电路的功能进行分析。
3. 阅读图 5.22 所示版图，分析电路的功能。

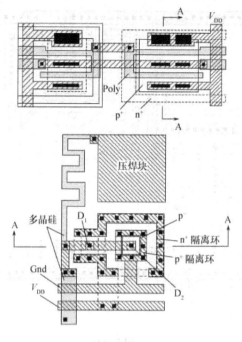

图 5.20

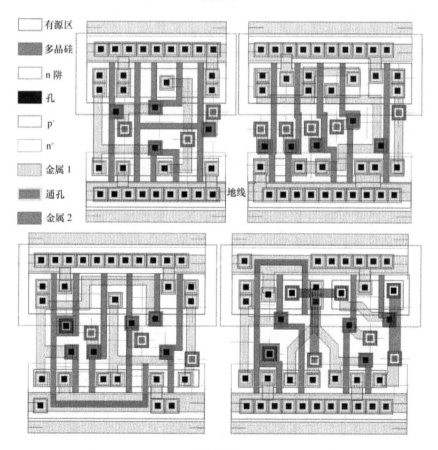

图 5.21

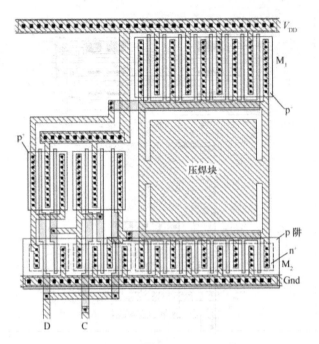

图 5.22

第 6 章　微处理器

微处理器是典型的 LSI、VLSI 器件,在微处理器设计中体现了多种 VLSI 设计技术的应用与模块化的结构。在本章中并不讨论微处理器本身的系统设计,而是讨论如何采用 VLSIC 的设计技术与模块结构去实现常规微处理器内核(Core)中的逻辑模块。

6.1　系统结构概述

微处理器在当今的世界上得到非常广泛的应用,几乎到了无所不在,无所不能的地步。微处理器的品种非常多,人们根据不同的需要采用不同的微处理器。早期人们使用通用型微处理器,通过软件编程和外围电路的设计实现所需的功能。在此基础上,设计者逐渐地将一些功能模块加入微处理器结构,设计内置 ROM 驻留用户程序,逐渐形成了适用于分类工作的专用微处理器。这种微处理器可以独立地承担用户的任务,通常也称这种微处理器为单片机。虽然专用微处理器的核心部分和通用微处理器有许多相似之处,但专用微处理器所具有的一些功能模块却给用户带来极大的便利。例如,配置了模/数转换模块和数/模转换模块的微处理器,可以直接处理模拟信号,而不必在外围附加转换电路,它本身就是一个完整的信息处理系统,实现了系统的小型化或微型化。

在传统的微处理器设计过程中,人们一般以 8 位、16 位、32 位二进制数为一个字,内部指令的传送、处理都是以字来进行,外部数据的输入与输出也以字的格式进行,总线结构也都是以 8 的偶数倍设定宽度。这种以完整的字结构形式构造的微处理器被封装在一定形式的管座中。在早期因为封装技术的落后,不能有效地解决散热的问题,只好以比较少的位数(<8 位)构造微处理器,出现了所谓的位片微处理器,处理完整字长的数据需要几个位片进行组合。至今,位片机还有许多用途,尤其是 1 位位片和 4 位位片,以其成本低廉而在家电市场占有一席之地。

不论是通用微处理器,还是单片微处理器或位片微处理器,其基本内核的构成都很相近。一个微处理器的内核实际上是一个进行数字信号处理与运算的逻辑结构。数字信号被分为数据流与控制流:数据流实质上是我们待处理和运算的数字信息,例如,一个需进行左移或右移的二进制数,两个待相加的二进制数等;控制流则是控制数据做何种操作或运算的命令,是一组二进制代码。与普通数字逻辑电路处理信号的过程不同的是,在微处理器内核中有一个可变逻辑操作和运算功能的模块,待处理的数字信号总是进入这同一个模块进行逻辑操作或(和)算术运算,但每次操作或(和)运算的要求(执行的函数)却可能是不相同的,模块所执行的函数由控制代码进行选择。普通的数字逻辑电路则是将待处理的数字信号顺序(或并行)进入不同的逻辑处理电路,这些逻辑处理电路只能完成规定的(不可变)函数运算。因此,微处理器的逻辑操作和运算模块是一个可以进行多种逻辑操作和算术运算的综合体,在设计者的规定(程序)下,它(它们)进行不同的信号处理,这里,程序的主体就是我们的控制流,当然,这些程序必须经过"翻译"才能被用于控制微处理器各部分。由于数据信号总是经过规定的路径(信号线)进出操作和运算模块,控制信号也总是经过专门的路径(信号线)控制操作和运算模块,因此,信号传输的途径也是一定的。由此可知,微处理器应该包括几个主要的组成部分:将设计者的规定,如程序、中断,"翻译"成具体控制信号的模块;执行各种逻辑操作和算术运算的模块;传输数据信号和控制信号的总线。

通常的微处理器由两个空间(或称为通道)和通信连线组成。两个空间是程序空间(又称为控制通道)和数据空间(又称为数据通道),通信连线主要是指总线,这样的分离式结构被称为哈佛结构。

微处理器采用模块化的结构,在每一个空间(通道)中,由若干的模块分别完成不同的任务。

程序空间主要包括:控制器(Controller),程序计数器(PC)和堆栈(Stack),或还包括程序ROM。控制器的主要任务是将用户的需求,如程序、中断、读写控制等,"翻译"成内部的控制信号去"规定"各电路部分的"行为"。程序计数器主要完成为"提取"新命令而计算地址的工作。堆栈主要实现局部信号的暂存。程序ROM则是用户程序的载体。

数据空间主要包括:算术逻辑单元(ALU),累加器(ACC),移位器(Shifter)和寄存器(Register),或还包括RAM。算术逻辑单元是我们前面所介绍的可变逻辑操作和算术运算的模块,是操作与运算的核心模块。累加器是一个特殊的寄存器,微处理器采用累加器结构可以简化某些逻辑运算。所有运算的数据都要通过累加器,它总是提供送入ALU的两个运算操作数之一,且运算后的结果又总是送回它之中,把它和ALU一起归入运算器中,而不归在通用寄存器组中。寄存器主要完成一些数据的暂存,如操作数、地址、指针的暂存等。RAM则主要是用于数据的暂存,有时,数据寄存器是RAM中的一部分。移位器完成数据位的左移、右移或循环移位。

总线有几种形式:分离的程序总线和数据总线(双总线、三总线)和合并总线(程序、数据复用总线)。

微处理器的运行过程实际上是根据用户预先设置的顺序(用户程序)进行逻辑运算的过程。在每一步的逻辑运算过程中,微处理器和通常的数字逻辑几乎没有什么区别。一条指令进入操作的过程,实际上是一组数字信号作为输入激励去驱动微处理器内部的逻辑模块进行适当的逻辑运算的过程。而运算的结果可能是一个算术解,也可能是一个逻辑值,或可能产生下一条指令的地址,这可能是现地址加一,也可能是加了若干偏移后的地址(如跳转指令)。微处理器就是这样不断地取得输入信号,不断地逻辑运算,一步步地顺序完成人们要求的操作。

从微处理器的工作原理和组成可以知道,微处理器实际上是由一系列的数字逻辑构成,因此,微处理器模块的设计实质上是数字逻辑模块的设计。在当今微处理器设计中所采用的主要技术是所谓的结构化设计技术,就是用规则、重复的单元去构造和实现所需要的逻辑。

6.2 微处理器单元设计

在这一节中将介绍微处理器主要组成单元的结构及设计,从中将了解到VLSI技术在单元构造和实现中的应用。

6.2.1 控制器单元

控制器是微处理器的主控单元,也是不同微处理器之间差异最大的单元。它的功能是根据指令或直接给予微处理器的控制以及内部反馈信息产生一组或多组信号,去控制相关逻辑单元进行适当的操作和运算,因此,它是一个"翻译机"。因此,最简单的设计方法是根据输入的信息(程序、外部控制、内部反馈等)与输出控制的要求列出真值表,然后转换成逻辑函数,再进行具体逻辑设计。因此,控制器可以采用随机逻辑,PLA或ROM设计。

早期的控制器采用随机逻辑实现,由于随机逻辑运用了多种不同的基本逻辑单元,因此,在版图设计中将花费较长的设计周期,并且测试和修改困难。因此,人们逐渐地用规则、重复的结构化单元去取代随机逻辑。在现在的微处理器中,许多控制器已采用 PLA 技术或微码控制器(MicroCoded Controller)技术进行设计。

PLA 技术适合于设计小的控制器,对于要求大量输出信息的控制器,根据真值表推出逻辑表达式变得十分困难,PLA 的结构也将变得十分复杂,难以高效设计。解决的方法之一是利用多块小 PLA 来实现大的逻辑,类似于 MGA。

在第 4 章已讨论过采用 ROM 形式可以根据真值表直接得到相应的结构,微码控制器就是这样的一种结构形式,它的一个重要特点是可以具有非常宽的控制字输出。所谓微码控制器实际上就是一块 ROM 和相应地址发生器的组合,它包含了全部的控制信息。这里并不需要关心控制器是什么函数关系,只要知道在一个特定的状态下,它应给出什么输出即可。一个简单的微码控制器结构如图 6.1所示。

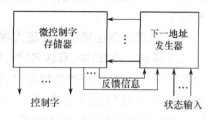

图 6.1 简单微码控制器

这个简单的微码控制器由两个主要部分组成:微控制字存储器和下一地址发生器。微控制字存储器存放的是一系列控制字,这些字用于控制处理器中逻辑模块的行为,它的地址由下一地址发生器所馈给,它实际上是一块 ROM,所以,人们又称它为微 ROM(MicroROM)。下一地址由下一地址发生器根据状态输入信息(如一个指令、一个外部控制或内部的反馈)和(或)从存储器中来的反馈信息生成。

该微码控制器的工作原理是:在一个确定的状态输入激励下,下一地址发生器产生一个微ROM 的地址,选中一个控制字和相应的反馈字。控制字输出用于运算模块的控制,反馈字用于确定下一地址发生器的下一步动作。事实上,在一个状态信息下,运算模块可能会同时或顺序执行多步的动作,这一系列的动作和地址发生一直进行到反馈字和内部反馈信息不再产生新的微ROM 地址结束。如果状态输入是一条单指令周期的指令,则这些动作是在一个指令周期内完成的。

试想一下,如果状态输入是一个启动信号,而反馈字又是不断地生成下一地址,则该控制器就是一个开环的控制器,它将完成一系列的控制,而这时对微 ROM 的设计就类似于计算机编程,只不过这个编程是直接用机器语言编写并且数据具有相当的宽度。如果状态输入是一系列的指令,则微码控制器就将根据指令输出一系列的控制字,完成指令规定的操作,它不再仅仅是顺序操作,它还可执行分支跳转等需要的操作。

图 6.2 所示是一个典型的微码控制器的存储器结构,其中 MAR 是存储器地址寄存器(Memory Address Register),用于暂存一条控制字的地址。

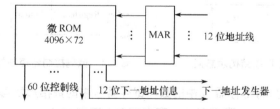

图 6.2 微码控制器的存储器结构示例

在这个示例中,假设了该存储器有 12 位地址,对应了 4K 控制字,每个控制字由 72 位控制信息组成,其中,60 位的数据是用于控制诸如寄存器、ALU、移位器、总线等微处理器组成单元,12 位的数据作为下一地址发生器的反馈信息送到下一地址发生器。

从这个 ROM 结构可以看出,微码控制器的 ROM 结构和普通程序或数据 ROM 的一个很大不同,是普通 ROM 数据位数通常是 8 的偶数倍,例如,8 位 16K ROM,数据位是 8 位,地址是 14 位。微码 ROM 则常常是数据位远多于地址位(控制位),并且数据字的宽度不受 8 的倍数限制,这是因为微处理器所要求的控制信号位数量很多。这样的微码 ROM 的尺寸是非常大的,即它的 ROM 中数据对应的晶体管数非常之多。在这个例子中,将有 29 万多个晶体管,它实在是太庞大了。

那么,是不是必须要如此庞大呢?实际上,对于一个给定的微处理器,在全部的控制字空间(2^N,N 是地址位数)中,有许多控制字空间是浪费的,还有许多控制字是重复的。所谓浪费的控制字空间,是指在这个微处理器中,某些地址根本就不会出现,例如,控制字总量是 800 条,但我们必须用 10 位地址来表示,而完整的 ROM 将有 1024 条控制字空间。所谓重复是指不同的地址对应的控制字却是相同的情况。为减小 ROM 的尺寸,应设法将这些不必要和重复的控制字去除。

在压缩多余和重复控制字空间后,实际的 ROM 尺寸变小,所需的地址位数变少。但由于某些控制字(原先重复的控制字)被多个状态信息选中,将出现由下一地址发生器所产生的多个地址对应一个控制字地址的问题。这就要求设计一个地址映射逻辑,将下一地址发生器所产生的地址"翻译"成实际控制字存储器的地址,这类似于间接寻址方式。

图 6.3 所示为这样的设计示例。在这个示例中,假设将原来的 4096 个控制字去掉不必要的字空间、合并相同的字后变为 256 个控制字,那么,这 256 个字只要 8 位地址就可覆盖。图中左边的 ROM 存放了这 256 个 72 位的字,这个 ROM 被称为毫微指令 ROM(因它比较小)。图中右边的 ROM 被称为微指令 ROM,它实际上类似于一个译码器,它将 12 位地址所对应的 4096 个可能的选择,翻译成 8 位毫微 ROM 的地址。显然这样的设计大大减小了微 ROM 的尺寸。这种结构的缺点是增加了电路的级数,将增加延迟时间,该设计的微 ROM 的延迟时间要大于图 6.2 所示结构。

下面,将通过一个例子来说明这种控制器在微处理器中的工作过程。

图 6.4 所示是一个采用微码控制器的微处理器中一些模块组合的结构图。这里,IR 是指令寄存器,PC 是程序计数器。

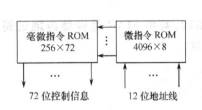

图 6.3 两级微程序存储器结构示意图

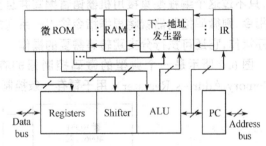

图 6.4 微码控制器控制的运算单元结构示意图

现在要执行的操作是:将寄存器 A 中的数与寄存器 B 中的数相加后再送回到寄存器 A 中。

寄存器 A ← 寄存器 B + 寄存器 A

当开始计算的时候,所指向的程序 ROM(图中未画出)的地址被送入程序计数器 PC 中,这个地址通过地址总线被送到程序 ROM 的地址输入端使一条指令被取出,读出的指令通过数据总线被送入 IR,下一地址发生器根据 IR 的内容在微 ROM 中确定一个控制字序列的开始地址。这个控制字选择寄存器 A 并将它的内容传送到 ALU,如果寄存器硬件支持双港口读方式,则控制字的其他位也将使寄存器 B 被选中,并将其中的内容通过另一组总线送到 ALU。接下来,下一地址发生器根据由微 ROM 送出的下一地址信息以及 ALU 反馈的信息产生控制字的下一地址,控制器输出第二个控制字,命令 ALU 进行加操作。随即,下一地址发生器产生第三个地址,选中第三个控制字,这个最后的控制字使 ALU 存储加的结果到寄存器 A,并且通过刷新 PC 为 IR 得到下一微处理器的指令做准备。

由上例可知,一条微处理器的指令可能需要多个控制字控制操作的过程。下一地址的产生和相应控制字的输出,很大程度上取决于 ALU 的操作,所以,ALU 的状态也将影响下一地址发生器的行为。在上例中,当 ALU 取数完成后,才能发出第二个控制字,当加操作完成后才能发出第三个控制字,否则,将出现错误的运算和操作。当然,这个例子也仅是一个简单而且单纯的操作,实际的操作可能还有许多其他的因素在起作用和产生控制。

6.2.2　算术逻辑单元(ALU)

1. 信号结构

ALU 是数据空间的最主要单元,可以说,它是微处理器的运算核心,程序需要的各种主要算术运算和逻辑操作,都是通过它完成的。如前所述,它应该能够在控制代码的控制下产生不同的逻辑和算术函数,以完成输入数据的处理,实现多种功能。

通常的逻辑操作包括:逻辑与、逻辑或、逻辑异或、取反、求补等,通常的算术运算包括:加、减、比较、移位等,除这些之外,还有其他的许多逻辑操作和算术运算,不一一枚举了。这里将讨论的 ALU 未考虑长运算(如乘法运算),当要求进行长运算时,其硬件结构将扩充,加入专门的运算模块,相应的总线宽度也将发生变化。图 6.5 所示为 ALU 的外部信号结构。

图 6.5　ALU 信号结构

ALU 内部不需要对数据进行寄存,它被要求对输入的信息立即产生反应,从逻辑分类的角度讲,ALU 是组合逻辑结构。操作数 A 和操作数 B 提供了 ALU 的基本输入数据,操作码作为控制信息,对所需的操作进行选择和控制,标志位则表达了操作的属性。操作数的位数(通常是 8、16、32 等)由微处理器的基本数据宽度决定,操作码的位数由所需进行的操作与运算类型数量决定。例如,有 11 种操作和运算类型,则操作码就需要 4 位,每一组代码对应一种操作。如果仅有 8 种类型,则只要 3 位操作码即可。实际设计中经常将其中的一部分操作归类合并,以减少控制位数。

ALU 的核心是全加器,配合相应的函数发生器即可进行多种算术运算和逻辑操作。为什么以全加器作为 ALU 的核心呢?通过下面的介绍和讨论将加以说明。

2. 全加器(Full-Adder)

所谓全加器是指可以进行带进位输入和输出的加法运算单元,输入、输出的逻辑关系如表 6.1 所示。其中,A_i、B_i 为需要相加的两个二进制数,C_{i-1} 为前级进位输入,是第三个加数,S_i 为本位和输出,C_i 为本级进位输出。

由真值表我们可以写出全加器的逻辑表达式:

$$S_i = A_i \oplus B_i \oplus C_{i-1}$$
$$C_i = (A_i \oplus B_i) \cdot C_{i-1} + A_i \cdot B_i$$

毫无疑问,全加器可以实现加法操作 $A_i + B_i + C_{i-1}$。如果我们将 B_i 倒相后输入,那么,根据 A 减 B 等于 A 加 B 的补码的原理,即 $A - B = A + \overline{B} + 1$,则:$A_i + \overline{B_i} + C_{i-1} = A_i - B_i - 1 + C_{i-1}$。

如果 C_{i-1} 等于 0,全加器实现的是带借位的减法,如果 C_{i-1} 等于 1,全加器实现的是普通的减

表 6.1 全加器真值表

输 入			输 出	
A_i	B_i	C_{i-1}	S_i	C_i
0	0	0	0	0
0	1	0	1	0
1	0	0	1	0
1	1	0	0	1
0	0	1	1	0
0	1	1	0	1
1	0	1	0	1
1	1	1	1	1

法运算 $A_i - B_i$。

现在,将前级进位 C_{i-1} 看作是控制信号,我们将发现全加器在不同的控制输入下将表现出不同的逻辑操作功能。

考察本位和 S_i 的表达式,并将本位和的表达式展开:

$$S_i = A_i \oplus B_i \oplus C_{i-1} = (\overline{A_i} \cdot B_i + A_i \cdot \overline{B_i}) \cdot \overline{C_{i-1}} + (\overline{\overline{A_i} \cdot B_i + A_i \cdot \overline{B_i}}) \cdot C_{i-1}$$
$$= (\overline{A_i} \cdot B_i + A_i \cdot \overline{B_i}) \cdot \overline{C_{i-1}} + (\overline{A_i} \cdot \overline{B_i} + A_i \cdot B_i) \cdot C_{i-1}$$

当 $C_{i-1} = 0$ 时:

本位和 S_i 执行的是异或操作 $S_i = \overline{A_i} \cdot B + A_i \cdot \overline{B_i}$。

如果 A_i 为 0,则本位和执行传输 B_i 的操作,$S_i = B_i$。

如果 B_i 输入本身是一个逻辑函数,例如信号 E_i、D_i 的与逻辑、或逻辑等,这时,本位和传输的就是该逻辑函数。

如果 A_i 为 1,则本位和执行信号 B_i 的倒相操作,$S_i = \overline{B_i}$。

同样地,如果 B_i 输入是一个逻辑函数,则本位和执行的是该逻辑函数的倒相操作。

如果 A_i 和 B_i 输入是一对简单的逻辑函数,例如:

$A_i = E_i + \overline{D_i}$,$B_i = \overline{D_i}$,本位和执行的逻辑操作是

$$S_i = A_i \oplus B_i = (E_i + \overline{D_i}) \cdot \overline{\overline{D_i}} + (\overline{E_i + \overline{D_i}}) \cdot \overline{D_i} = E_i \cdot D_i + \overline{D_i} \cdot D_i + \overline{E_i} \cdot D_i \cdot \overline{D_i} = D_i \cdot E_i$$。

如果 $A_i = E_i + \overline{D_i}$,$B_i = D_i$,本位和执行的逻辑操作是

$$S_i = A_i \oplus B_i = (E_i + \overline{D_i}) \cdot \overline{D_i} + (\overline{E_i + \overline{D_i}}) \cdot D_i = E_i \cdot \overline{D_i} + \overline{D_i} + \overline{E_i} \cdot D_i = \overline{D_i} + \overline{E_i} \cdot D_i$$
$$= (\overline{D_i} + \overline{E_i}) \cdot (\overline{D_i} + D_i) = \overline{D_i} + \overline{E_i} = \overline{D_i \cdot E_i}$$。

又如 $A_i = \overline{E_i} + D_i$,$B_i = \overline{D_i}$,则本位和执行的逻辑操作是

$$S_i = A_i \oplus B_i = (\overline{E_i} + D_i) \cdot \overline{\overline{D_i}} + (\overline{\overline{E_i} + D_i}) \cdot \overline{D_i} = \overline{E_i} \cdot D_i + D_i + E_i \cdot \overline{D_i} = D_i + E_i \cdot \overline{D_i} = D_i + E_i$$。

再如 $A_i = \overline{E_i} + D_i$,$B_i = D_i$,则本位和执行的逻辑操作是

$$S_i = A_i \oplus B_i = (\overline{E_i} + D_i) \cdot \overline{D_i} + (\overline{\overline{E_i} + D_i}) \cdot D_i = \overline{E_i} \cdot \overline{D_i} + D_i \cdot \overline{D_i} + E_i \cdot \overline{D_i} \cdot D_i = \overline{D_i + E_i}$$。

由此可见,当输入不同的逻辑函数后,通过全加器的变换,可以得到不同的逻辑操作。同样的道理,当 $C_{i-1} = 1$ 时,也能够得到相应的逻辑操作,这里不一一讨论了。

从上面的分析和讨论可以看出,全加器确实能够在适当的输入与控制下完成不同的算术运算与逻辑操作,而所谓适当的输入与控制则可以通过函数发生器逻辑和编码控制逻辑加以实现。

按照全加器的逻辑表达式就可以直接构造逻辑结构，如图 6.6 所示。特别需要指出的是，由于全加器在数字信号处理中的重要性，设计者们对全加器的具体电路结构进行了大量的研究，得到了多种电路形式，图 6.6 所示的结构仅仅是全加器众多结构中的一种，它完全是根据逻辑表达式得到的。它的一个明显的缺点是信号延迟比较大，本位和的输出需经过两级异或门的传输，本级进位输出则需经过三级门的延迟。

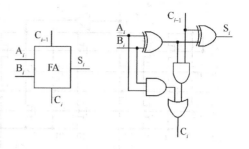

图 6.6　全加器的逻辑结构图

在实际的设计与应用中，可以通过适当的处理和简化，获得其他电路形式的全加器，例如，可以利用在第 4 章中所介绍的传输晶体管逻辑构造全加器，这时需要以传输函数来表达全加器的信号关系。

根据表 6.1 中的真值关系得到如下的两个子真值表：表 6.2 和表 6.3，与普通的真值表不同的是，它们表示了信号传输的关系。

<table>
<tr><td colspan="3" align="center">表 6.2　S_i 真值表</td></tr>
<tr><td>A_i</td><td>B_i</td><td>S_i</td></tr>
<tr><td>0</td><td>0</td><td>C_{i-1}</td></tr>
<tr><td>1</td><td>1</td><td>C_{i-1}</td></tr>
<tr><td>1</td><td>0</td><td>$\overline{C_{i-1}}$</td></tr>
<tr><td>0</td><td>1</td><td>$\overline{C_{i-1}}$</td></tr>
</table>

表 6.2　S_i 真值表

A_i	B_i	S_i
0	0	C_{i-1}
1	1	C_{i-1}
1	0	$\overline{C_{i-1}}$
0	1	$\overline{C_{i-1}}$

表 6.3　C_i 真值表

A_i	B_i	C_i
0	0	A_i
1	1	A_i
1	0	C_{i-1}
0	1	C_{i-1}

从这两个真值表，能够得到本位和与本级进位的另两个逻辑表达式

$$S_i = \overline{A_i} \cdot \overline{B_i} \cdot C_{i-1} + A_i \cdot B_i \cdot C_{i-1} + A_i \cdot \overline{B_i} \cdot \overline{C_{i-1}} + \overline{A_i} \cdot B_i \cdot \overline{C_{i-1}}$$
$$C_i = \overline{A_i} \cdot \overline{B_i} \cdot A_i + A_i \cdot B_i \cdot A_i + A_i \cdot \overline{B_i} \cdot C_{i-1} + \overline{A_i} \cdot B_i \cdot C_{i-1}$$

从这两个逻辑表达式可知，该逻辑可以采用两个四到一的 MUX 实现。由于这两个四到一 MUX 的控制地址是相同的（A_i 和 B_i），传输输入信号取自前级进位的原量和非量以及 A_i 信号，所以，可以进行联合控制。

值得注意的是在本级进位表达式中的第一个与项，从布尔代数讲它是 0，但这里并没有进行逻辑化简，这是因为该表达式表示了一种信号传输的关系，它并不是传统意义上的与或表达式。普通的与或逻辑表达式表示的是所有为 1 的与项的或逻辑关系，与这里的传输关系是不相同的。在两位地址控制的四到一 MUX 的传输逻辑中，两位地址的四种组合中任一个选通的是一条传输路径，至于该路径传输 0 或传输 1 将由输入信号端本身决定。这一点在应用 MUX 结构构造逻辑时必须注意，必须考虑所有地址组合，否则，将出现输出高阻的情况。例如，在上面的本级进位输出表达式中，如果将第一个与项"化简"掉，则当出现两个加数均为 0 时，没有一个通路被导通，在 MUX 的输出端呈现高阻态。同样地，第二个与项也不宜化简为 $A_i \cdot B_i$，因为这样的化简将导致传输概念不清楚。

根据上述的传输逻辑关系，可以很方便地用两个四到一的 MUX 和倒相器组合构造全加器，图 6.7 所示为 NMOS 结构全加器的电路图。

当然，也可以用 CMOS 传输逻辑实现全加器，或采用带有提升电路的 NMOS 传输逻辑来实现，这主要由工艺基础决定，因为当采用 CMOS 结构或带有提升电路的结构实现时都要求采用 CMOS 工艺。

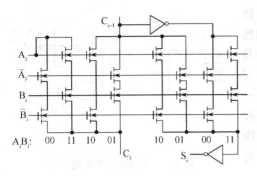

图 6.7 NMOS 结构全加器的电路图

显然,与图 6.6 所示的逻辑图相比,采用传输晶体管逻辑构造全加器所获得的电路结构简单、规则。

在加法器逻辑类中,除了全加器,还有一种半加器(Half-Adder)电路。所谓半加是指在输入的加数中不考虑前级进位输入 C_{i-1},加数只有 A_i 和 B_i 的情况,因此,半加器的真值表是表 6.1前 4 行的状态。半加器的逻辑表达式是

$$S_i = A_i \oplus B_i$$

$$C_i = A_i \cdot B_i$$

半加器的逻辑结构如图 6.8 所示。半加器的本位和逻辑就是一个异或门,本级进位就是一个普通的与门。从前面关于全加器逻辑操作的讨论,我们可以推知,半加器与函数发生器逻辑配合也同样可以实现与、与非、或、或非等逻辑操作。在实际的设计中,如果需要处理的逻辑输入变量只有两个时,可以采用半加器替代全加器使用。

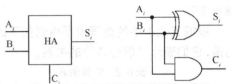

图 6.8　半加器逻辑结构图

下面,仍以第 4 章中例 4-2 设计要求为例,说明采用半加器实现该设计要求的过程与逻辑结构。

【例 6-1】 设计一个实现 4 种逻辑操作的电路,其中控制信号为 $K_1 K_0$,逻辑输入为 A、B,当 $K_1 K_0 = 00$ 时,实现 A、B 的与非操作;当 $K_1 K_0 = 01$ 时,实现 A、B 的或非操作;当 $K_1 K_0 = 10$ 时,实现 A、B 的异或操作;当 $K_1 K_0 = 11$ 时,实现 A 信号的倒相操作。

分析:从前面对全加器逻辑操作过程的讨论可以推知,要实现与非操作,则半加器的 $A_i = A + \overline{B}, B_i = B$,在半加器的本位和得到 $S_i = \overline{A \cdot B}$。为实现或非操作,要求 $A_i = \overline{A} + B$,$B_i = B$,在半加器的本位和得到 $S_i = \overline{A + B}$。半加器的本位和本身就是异或逻辑,所以,只要 $A_i = A, B_i = B$ 即可实现异或操作。对异或逻辑设定 $A_i = A, B_i = 1$ 就可以实现 A 信号的倒相操作。

解:根据上面的分析以及题目的要求,可以得到如下的描述:

K_1	K_0	A_i	B_i	S_i
0	0	$A + \overline{B}$	B	$\overline{A \cdot B}$
0	1	$\overline{A} + B$	B	$\overline{A + B}$
1	0	A	$\overline{A} \cdot B + A \cdot \overline{B}$	
1	1	A	1	$\overline{A}$

由上表经过逻辑化简得到如下的两个表达式:

$$A_i = \overline{K_1} \cdot \overline{K_0}(A + \overline{B}) + \overline{K_1} \cdot K_0(\overline{A} + B) + K_1 \cdot A$$

$$B_i = B + K_1 \cdot K_0$$

可以采用组合逻辑门来构造这两个逻辑表达式,对第一个表达式,采用"或—与—或非—倒相器"实现,对第二个表达式,采用"与—或非—倒相器"实现。

将组合逻辑以及相关的输入信号和半加器加以连接,得到图 6.9 所示的逻辑结构图,在图中用浅色线框起来的两个单元分别是"或—与—或非"组合逻辑和"与—或非"组合逻辑。这两个逻辑可以采用组合逻辑门加以实现。图 6.10 所示为这两个组合逻辑门的电路图。

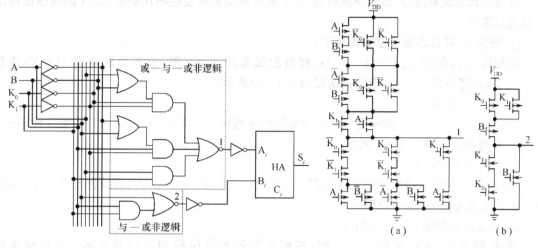

图 6.9　逻辑结构图　　　　　　　　　图 6.10　组合逻辑门电路

其中,图 6.10(a)是"或—与—或非"组合逻辑门,图 6.10(b)是"与—或非"组合逻辑门。
如果采用全加器来构造例题所要求逻辑,则只需将全加器的前级进位输入端接 0 即可。

3. 以全加器为核心构造的 ALU

在这部分内容中,将通过一个简单 ALU 的构造过程,讨论如何以全加器为核心,辅以函数发生器逻辑实现算术运算和逻辑操作。

假设 ALU 的功能如表 6.4 所示,它完成 8 种算术运算和 4 种逻辑运算,其中,算术运算需要考虑进位输入和进位输出,逻辑运算则不需要考虑进位的问题,可以将它设为 0。现在将以全加器为核心构造完成这些功能要求的 ALU。下面将分别讨论用全加器实现算术运算和逻辑操作的设计,最后将两者结合完成整体设计。

表 6.4　ALU 功能表

功能要求	函数 F	进位输入 C_{IN}
传送 A 并且进位输出 $C_{OUT}=0$	F=A	0
A 加 1(递增)	F=A+1	1
加法	F=A+B	0
带进位的加法	F=A+B+1	1
带借位的减法	F=A−B−1	0
减法	F=A−B	1
A 减 1(递减)	F=A−1	0
传送 A 并且进位输出 $C_{OUT}=1$	F=A	1
逻辑或	F=A or B	不需要
逻辑异或	F=A xor B	不需要
逻辑与	F=A and B	不需要
逻辑非	F=not A	不需要

(1) **实现算术运算的设计**

为和数据信号加以区别,这里定义全加器的被加数输入端为 X 端,加数的输入端为 Y 端,前级进位输入端为 J_{IN},本级进位输出端为 J_{OUT},全加器的本级和输出端为 H 端。

在进行算术运算时,X 端始终接数据 A,Y 端根据功能需要接不同的输入,H 端则输出算术运算的结果 F。

① 传送 A,并且本级进位输出等于 0。

根据表 6.4,此时 $J_{IN}=0(C_{IN}=0)$,则当全加器的 $Y=0$ 时,全加器的输出 $H=X$,并且 $J_{OUT}=0$,实现了要求 $F=A$。电路接法如图 6.11(a)所示。

② 数据 A 递增。

此时 $J_{IN}=1(C_{IN}=1)$,现设定 $Y=0$,全加器的本级和 $H=X+1+0=X+1$,实现了运算 $F=A+1$。电路接法如图 6.11(b)所示。

③ 加法运算 $F=A+B$。

此时 $J_{IN}=0$,将 Y 端与数据 B 连接即 $Y=B$, $H=X+Y+0=X+Y$,完成加法 $F=A+B$ 功能。电路接法如图 6.11(c)所示。

④ 带进位的加法 $F=A+B+1$。

显然,因为 $J_{IN}=1$,则当 $Y=B$ 时,将即可实现带进位的加法运算要求。电路接法如图 6.11(d)所示。

⑤ 带借位的减法运算 $F=A-B-1$。

$J_{IN}=0$。因为减法是通过被减数和减数的补码相加实现,所以,$A-B=A+\overline{B}+1$,相应地,带借位的减法 $A-B-1=A+\overline{B}$。因此设定 $Y=\overline{B}$,即可实现带借位的减法运算。电路的连接方法如图 6.11(e)所示。

⑥ 减法运算 $F=A-B$。

$J_{IN}=1$。由上面的分析可以知道,为实现减法运算,只要设定 $Y=\overline{B}$ 即可。而带借位的减法与减法的不同之处仅是 $J_{IN}=0$。电路的连接方法如图 6.11(f)所示。

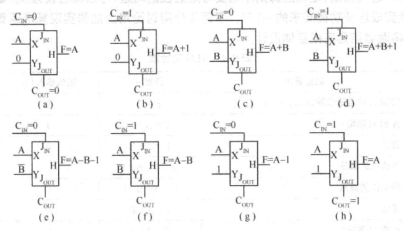

图 6.11 算术运算电路连接

⑦ 数据 A 递减运算。

$J_{IN}=0$。设定 $Y=1$,则全加器的本级和取的是 A 的非量,实现了 A 的递减 $F=A-1$ 要求。电路连接方法如图 6.11(g)所示。

⑧ 传送数据 A 并且进位输出 $C_{OUT}=1$。

$J_{IN}=1$。设定 $Y=1$，由这两个值使 $J_{OUT}=1$，而 $H=A$。实现了运算要求。电路连接方法如图 6.11(h)所示。

因为 X 端始终接信号 A 端，所以在算术运算中的设计实际上是对 Y 和 J_{IN} 的设计，其中，J_{IN} 由进位输入给出，在表 6.4 中已设定要求，Y 则通过逻辑结构实现。通过上面的分析可知，Y 的取值有 4 种：0、1、B 和 $\overline{B}$。可以通过控制码 S_1S_0 和相应的逻辑来产生这 4 个值。

表 6.5 所示为与 Y 相关的逻辑真值表，这里的控制码 S_1、S_0 是任意给出的，一旦给出，则相应的逻辑也就确定了，图 6.12 所示是对应这个真值表所设计的逻辑。如果改变控制真值，则逻辑结构也将随之改变。

表 6.5　Y 状态真值表

S_1	S_0	Y
0	0	0
0	1	B
1	0	$\overline{B}$
1	1	1

图 6.13 是对应上述 8 种算术运算的一位 ALU 的逻辑图，以此结构为基础可以构造多位实现算术运算的 ALU 逻辑。

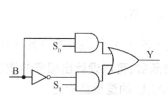

图 6.12　Y 的逻辑图

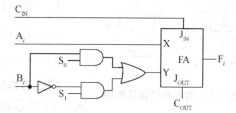

图 6.13　进行一位算术运算的 ALU 逻辑结构

根据上述的讨论和设计，得到了对应 8 种算术运算的信号关系，如表 6.6 所示。

表 6.6　ALU 算术运算的功能和信号关系

功能要求	函数 F	C_{IN}	S_0	S_1	Y	X
传送 $A(C_{OUT}=0)$	F=A	0	0	0	0	A
A 加 1(递增)	F=A+1	1	0	0	0	A
加法	F=A+B	0	1	0	B	A
带进位的加法	F=A+B+1	1	1	0	B	A
带借位的减法	F=A−B−1	0	0	1	$\overline{B}$	A
减法	F=A−B	1	0	1	$\overline{B}$	A
A 减 1(递减)	F=A−1	0	1	1	1	A
传送 $A(C_{OUT}=1)$	F=A	1	1	1	1	A

（2）实现逻辑运算的设计

上面已经讨论了 ALU 实现算术运算的设计，现在要在此逻辑结构基础上通过设计实现逻辑操作的功能。在上述设计中对于不同的运算要求，采用的是对 Y 端的处理，利用函数发生电路(尽管在这里它很简单)实现对 Y 端输入信号的控制。可以想象，逻辑操作的控制可以通过对全加器的 X 端和 J_{IN} 的信号控制实现。

由于逻辑操作不需要考虑进位位 J_{IN}，应将它设置为 0，同时考虑在进行算术运算时它必须起作用，可以通过第三位控制码 S_2 来对 J_{IN} 的输入进行控制，使 $J_{IN}=\overline{S_2}\cdot C_{IN}$，当 $S_2=0$ 时，$J_{IN}=C_{IN}$，当 $S_2=1$ 时，$J_{IN}=0$。

在进行逻辑操作时，全加器的本位和输出为

$$F=X\oplus Y\oplus J_{IN}=X\oplus Y$$

下面，根据具体的要求和控制状态，我们得到：

当 $S_2S_1S_0=100$ 时，$Y=0$，使 $X=A+B$，则 $F=(A+B)\oplus0=A+B$，实现或逻辑。当 $S_2S_1S_0=101$ 时，$Y=B$，只要使 $X=A$，就有 $F=A\oplus B$，实现异或逻辑功能。

当 $S_2S_1S_0=110$ 时，$Y=\overline{B}$，设置 $X=A+\overline{B}$，得到 $F=(A+\overline{B})\oplus\overline{B}=A\cdot B$，实现了与逻辑功能。

当 $S_2S_1S_0=111$ 时，$Y=1$，令 $X=A$，则 $F=A\oplus1=\overline{A}$，完成 A 信号倒相功能。

综合算术运算和逻辑操作要求，推导出全加器的 C_{IN}、Y 和 X 端的输入要求，写出函数发生逻辑的表达式如下：

$$J_{IN}=\overline{S_2}\cdot C_{IN}$$

$$Y=(S_0\cdot B)+(S_1\cdot\overline{B})$$

$$X=A+(S_2\cdot\overline{S_1}\cdot\overline{S_0}\cdot B)+(S_2\cdot S_1\cdot\overline{S_0}\cdot\overline{B})$$

根据这样的逻辑函数，可以设计出相应的逻辑结构，图 6.14 所示是一位 ALU 的逻辑结构图。

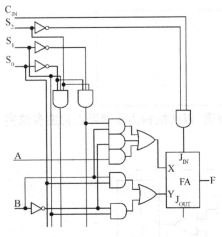

图 6.14　一位 ALU 的局部逻辑结构图

将这个 ALU 的所有功能和控制码汇总，列举在表 6.7 中。

表 6.7　**ALU 功能与控制信息汇总表**

功能要求	函数 F	S_2	S_1	S_0	C_{IN}
传送 A($C_{OUT}=0$)	F=A	0	0	0	0
A 加 1（递增）	F=A+1	0	0	0	1
加法	F=A+B	0	0	1	0
带进位的加法	F=A+B+1	0	0	1	1
带借位的减法	F=A−B−1	0	1	0	0
减法	F=A−B	0	1	0	1
A 减 1（递减）	F=A−1	0	1	1	0
传送 A($C_{OUT}=1$)	F=A	0	1	1	1
逻辑或	F=A or B	1	0	0	×
逻辑异或	F=A xor B	1	0	1	×
逻辑与	F=A and B	1	1	0	×
逻辑非	F=not A	1	1	1	×

通过对表 6.7 所列出的控制码和信号进行分析,可以发现实际上的控制码的位数是 4 位,只不过其中的 C_{IN} 以数据方式设置。如果要求设计多位 ALU,则必然会使用前级进位端,所以,在设计 ALU 的控制逻辑时要根据具体的外围条件设计控制码,如果外部没有提供其他的有效数据控制,则在通常情况下,控制码的位数由 ALU 所要执行的运算功能数量决定。

4. 函数发生逻辑电路

通过 ALU 的设计例子可以看出,在 ALU 中除了全加器以外,最主要的逻辑是函数发生逻辑,它是进行多功能运算的关键部件。图 6.14 所示为逻辑结构形式,下面我们来看看如何灵活设计具体的电路形式,这是一个有趣的问题,我们可以从中再次看到设计的不唯一性。

(1) J_{IN} 函数发生逻辑

在这个 ALU 中,进位输入端或者接外部控制输入(或前级进位输出),或者接"0",它取何值由 S_2 控制。图 6.15 所示为根据 J_{IN} 函数采用二到一的 NMOS MUX 实现这个函数的电路图。在构造这个二到一的 MUX 时,如前面所讨论的那样,虽然,在函数中只有一个与项,但在采用 MUX 结构时,必须考虑 S_2 等于 1 的情况,实际的传输逻辑应为 $J_{IN} = \overline{S_2} \cdot C_{IN} + S_2 \cdot 0$,它表达了一种信号传输关系。当然,也可以采用 $J_{IN} = \overline{S_2} \cdot C_{IN} + \overline{C_{IN}} \cdot 0$。有兴趣的读者可以仿真分析在同样的尺寸下,哪个电路的速度性能更好。

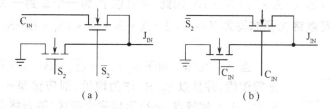

(a)　　　　　　　　(b)

图 6.15　J_{IN} 函数发生电路

(2) Y 函数发生逻辑

从表 6.5 所示的逻辑关系可以看出,Y 函数可以用一个简单的组合逻辑门替代。首先进行函数变换:

$$Y = (S_0 \cdot B) + (S_1 \cdot \overline{B}) = \overline{\overline{(S_0 \cdot B) + (S_1 \cdot \overline{B})}}$$

由这个逻辑表达式,可以采用"与—或非—倒相器"组态构造逻辑门电路,图 6.16 就是这样的结构。当然,也可以根据表 6.5 采用标准四到一的 MUX 来实现 Y 函数的发生逻辑。

考察上面的表达式,可以发现如果将 B 信号作为地址信号,就可以采用一个简单的二到一的 MUX 实现这个逻辑,如图 6.17 所示,显然,它非常简单。

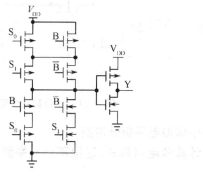

图 6.16　Y 函数发生电路

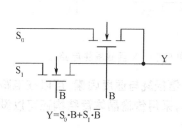

$Y = S_0 \cdot B + S_1 \cdot \overline{B}$

图 6.17　Y 函数的 MUX 结构

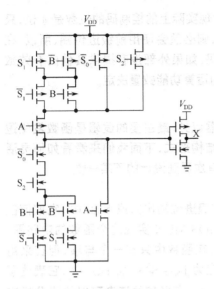

图 6.18　X 函数的组合逻辑门电路

（3）X 函数发生逻辑

重写 X 函数的逻辑表达式如下：

$$X=A+(S_2 \cdot \overline{S_1} \cdot \overline{S_0} \cdot B)+(S_2 \cdot S_1 \cdot \overline{S_0} \cdot \overline{B})$$

首先，采用 CMOS 组合逻辑门进行电路设计。在采用组合逻辑门进行设计时，为了使得电路具有最简形式，应该设法使各逻辑变量出现的次数最少。因为，在函数中逻辑变量每出现一次，意味着对应了一对 MOS 晶体管。对 X 函数进行处理：

$$X=A+(S_2 \cdot \overline{S_1} \cdot \overline{S_0} \cdot B)+(S_2 \cdot S_1 \cdot \overline{S_0} \cdot \overline{B})$$
$$=A+S_2 \cdot \overline{S_0} \cdot (\overline{S_1} \cdot B+S_1 \cdot \overline{B})$$

得到的电路如图 6.18 所示。

再采用传输晶体管逻辑对 X 函数进行设计。

考察 X 函数并针对采用传输晶体管逻辑结构进行分析：在 X 函数中，当 A 为"1"时，X 就为"1"，如果 A 为"0"，则 X 的值取决于 $S_2 \cdot \overline{S_0} \cdot (\overline{S_1} \cdot B+S_1 \cdot \overline{B})$，因此，可以以 A 为一个二到一 MUX 的地址变量控制 X 的取值方向。可以将 X 函数写为 $X=A \cdot 1+\overline{A} \cdot S_2 \cdot \overline{S_0} \cdot (\overline{S_1} \cdot B+S_1 \cdot \overline{B})$。如图 6.19 所示电路。

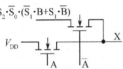

图 6.19　X 函数发生电路 1

当 A="0"时，对于 $S_2 \cdot \overline{S_0} \cdot (\overline{S_1} \cdot B+S_1 \cdot \overline{B})$，如果采用传输晶体管逻辑，并且以 S_2、S_0 作为地址，则应该是一个四到一的 MUX。根据 MUX 的特点，必须写成完全形式（否则将出现高阻状态）：

$$S_2 \cdot \overline{S_0} \cdot (\overline{S_1} \cdot B+S_1 \cdot \overline{B})+S_2 \cdot S_0 \cdot 0+$$
$$\overline{S_2} \cdot S_0 \cdot 0+\overline{S_2} \cdot \overline{S_0} \cdot 0$$

分析该式的后面三项，可以看到：当 S_0 为"1"或 S_2 为"0"时，X 函数都为"0"。得到的电路如图 6.20 所示。

最后，构造 $\overline{S_1} \cdot B+S_1 \cdot \overline{B}$，这是一个异或关系，参考 Y 函数的构造，只要将 S_0 换为 $\overline{S_1}$，电路形式与图 6.17 完全相同。最后，得到了以传输晶体管逻辑构造的 X 函数发生逻辑的电路，如图 6.21 所示。

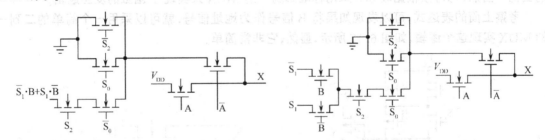

图 6.20　X 函数发生电路 2　　　　　图 6.21　X 函数发生电路

考虑到阈值损耗与速度因素，可以在电路中增加电平提升电路。

毫无疑问，采用传输晶体管结构还可以设计其他电路形式，这里不一一举例，留待有兴趣的读者自己设计。

采用传输晶体管逻辑可以使电路结构非常简单，但由于阈值电压损耗和串联电阻的作用，将对速度性能产生影响,因此在设计电路时要根据具体的性能要求选择合适的结构。

通过上述的设计过程可以看到传输晶体管逻辑在构造多功能函数结构时非常有效,关于这一点,本书的 4.2 节有关 MUX 的应用是一个很好的例子。

在微处理器中,ALU 的速度将影响整个微处理器的处理速度,因此,在实际的 ALU 设计中要尽可能地提高 ALU 的速度,除了器件本身的速度以外,ALU 的结构设计也非常重要。在以全加器为核心的 ALU 中,进位结构的优化是设计的一个重要内容。在上面的结构中,进位是以串行的方式工作的,因此,后一级的工作必须待前级稳定后才能有效,这将对多位 ALU 的速度产生影响。为解决这个问题,人们采用超前进位加法器等结构来改善进位所产生的延迟。

6.2.3 乘法器

当采用 ALU 进行乘法操作时,需要进行一系列的移位操作和加操作。如果希望在较短的时间内,例如在一个指令周期或两个指令周期内,完成多位数的乘法操作,就需要采用专门的乘法器逻辑电路。

乘法器逻辑设计的基本依据就是算术中的乘法竖式。假设有两个 4 位二进制数 $A_3A_2A_1A_0$ 和 $B_3B_2B_1B_0$ 需进行乘法运算。列出乘法运算的竖式如下:

$$
\begin{array}{ccccccccc}
 & & & & A_3 & A_2 & A_1 & A_0 \\
 & \times & & & B_3 & B_2 & B_1 & B_0 \\
\hline
 & & & & A_3B_0 & A_2B_0 & A_1B_0 & A_0B_0 \\
 & & & A_3B_1 & A_2B_1 & A_1B_1 & A_0B_1 \\
 & & A_3B_2 & A_2B_2 & A_1B_2 & A_0B_2 \\
+ & & A_3B_3 & A_2B_3 & A_1B_3 & A_0B_3 \\
\hline
P_7 & P_6 & P_5 & P_4 & P_3 & P_2 & P_1 & P_0 \\
\end{array}
$$

两个 4 位二进制数的乘法将产生一个 8 位的乘积,最高位 P_7 是加法进位的结果。同样地,两个 8 位二进制数乘法操作的结果将产生 16 位的乘积。

根据上面的表示式可以看出算式与逻辑结构的对应关系,在表示式中共有 16 个位乘积(与项),这将对应 16 个与门,将这些与门的输出送入加法器进行相加即可获得乘积 $P_7P_6P_5P_4P_3P_2P_1P_0$。图 6.22 所示是实现这个乘法运算的逻辑结构。

由图可见,这是一个非常规则的结构,主要的单元就是与门和全(半)加器,当输入变量只有两个时使用半加器,否则使用全加器。从逻辑结构可以知道这是一个纯粹的组合逻辑,乘法运算的速度将由各级延迟所决定,除了与门的延迟外,最大的延迟是多级加法器进位延迟,在这个例子中的进位延迟达到六级。当进行两个 4 位二进制数的乘法运算时,总延迟时间等于一级与门延迟加六级加法器进位延迟。只要这些延迟时间之和被控制在一个指令周期内,就能够实现单指令周期的乘法操作。如果考虑取数过程则可能需要两个指令周期完成取数和相乘,显然,数据的位数越多,延迟时间越长,要求硬件的处理速度越快。

这样的设计可以推广到两个多位二进制数的乘法运算结构。因为乘法器以与门阵列和加法器阵列构造,因此,这样的结构又被称为矩阵乘法器。

在需要大量乘法运算的微处理器中,往往专门设计有乘法器硬件逻辑,与 ALU 共同完成所需的所有算术运算,例如,在数字信号处理器(DSP)中通常就设计有专用的硬件乘法器逻辑以加快运算速度。

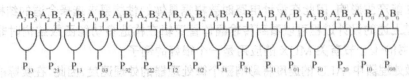

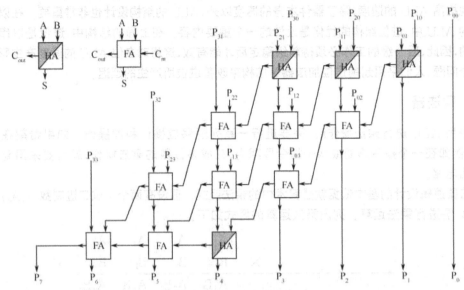

图 6.22　乘法器结构

6.2.4　移位器

移位器是微处理器的又一个重要单元,处理器的许多运算和"位操作"功能都是通过移位实现的,例如,在上面所讨论的乘法运算,如果没有硬件乘法器,就必须借助移位器和 ALU 实现乘法操作。移位器通常是由多组传输晶体管组成,利用这些传输晶体管完成通路选择,实现移位的功能。图 6.23(a)所示为一个 4×4 的 NMOS 开关阵列,共有 16 个 NMOS 晶体管和 16 个控制信号,这些控制信号可以实现对每一个开关的控制,确定 B 信号到 D 信号端的信号传输。如果以 B 作为输入,D 作为输出,每一列都是一个四到一的 MUX,每一行它都是一个一到四的 DMUX。可以进行各种位操作,包括左移、右移、循环移位、位信号交叉等。当然,在操作中不允许出现两个开关选中同一个输出,使两个输入信号发生线逻辑。

虽然这种传输开关阵列结构可以很方便地进行各种位操作,但显然存在着控制信号太多的问题,并且,在微处理器中实际的移位操作形式并不多,没有必要对每一个 MOS 开关分别控制,可以采取分组控制的方法。图 6.23(b)给出了这样的一个结构,这是被广泛采用的"桶型移位器"(Barrel Shifter)的一个局部图。它的工作原理很简单,$S_0 \sim S_3$ 确定了移动量(每一次只有一个移位命令有效),假设 B_0 是输入信号的最低位,D_0 是输出信号的最低位,当 $S_0 = "1"$ 时,B_i 和 D_i 一一对应,即不移位;如果 $S_1 = "1"$,则 $D_{i+1} = B_i$,实现了左移一位操作,依次类推。如果将 D_6 与 D_2 接、D_5 与 D_1 接、D_4 与 D_0 接,则形成循环移位。显然,因为开关晶体管被进行了连接分组,控制信号数量被减少,但和图 6.23(a)相比,它不能进行位交叉运算。

图 6.24 所示是一个桶型移位器的应用示例,它被接成循环移位方式。每一个控制信号连接 8 个晶体管(开关),通过移位信号 S_i 控制连接不同的输入与输出信号端实现不同的移位要求。

表 6.8 列出了在移位控制信号 S_i 的控制下,输入与输出信号的对应关系及该移位器的移位

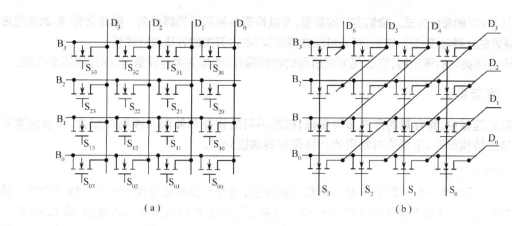

(a)　　　　　　　　　　　　　　　(b)

图 6.23　移位器结构

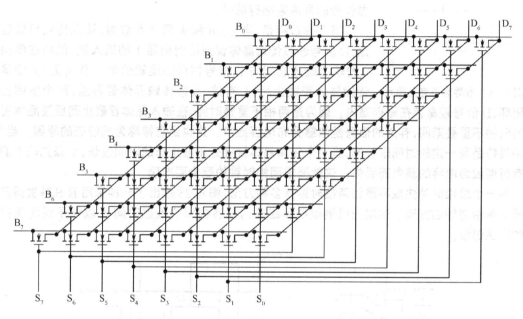

图 6.24　接成循环移位方式的桶型移位器

量。这里,每一次只要一个控制信号为"1",其余均为"0"。

表 6.8　移位器移位关系列表

移位控制	$D_7 D_6 D_5 D_4 D_3 D_2 D_1 D_0$	移位量
$S_0 = 1$	$B_7 B_6 B_5 B_4 B_3 B_2 B_1 B_0$	不移位
$S_1 = 1$	$B_0 B_7 B_6 B_5 B_4 B_3 B_2 B_1$	右移 1 位/左移 7 位
$S_2 = 1$	$B_1 B_0 B_7 B_6 B_5 B_4 B_3 B_2$	右移 2 位/左移 6 位
$S_3 = 1$	$B_2 B_1 B_0 B_7 B_6 B_5 B_4 B_3$	右移 3 位/左移 5 位
$S_4 = 1$	$B_3 B_2 B_1 B_0 B_7 B_6 B_5 B_4$	右移 4 位/左移 4 位
$S_5 = 1$	$B_4 B_3 B_2 B_1 B_0 B_7 B_6 B_5$	右移 5 位/左移 3 位
$S_6 = 1$	$B_5 B_4 B_3 B_2 B_1 B_0 B_7 B_6$	右移 6 位/左移 2 位
$S_7 = 1$	$B_6 B_5 B_4 B_3 B_2 B_1 B_0 B_7$	右移 7 位/左移 1 位

除了这种循环移位方式外,适当的连接还可以非常方便地实现"左移＋低位补 0(补 1)"和"右移＋

高位补 1(补 0)"的移位方式。根据实际的需要,可以构造各种所需的移位器。除此之外,有时移位器仅要求规定的几种移位操作,这时,可通过增减控制和 MOS 开关的方法进行调整。

对于这种类型的移位器,它仅仅完成信号的移位操作,如果需要存储信号,则还需要寄存器。

6.2.5 寄存器

在微处理器中,寄存器的形式多种多样,根据不同的需要和外围总线结构配合,可以设置和选择不同的结构形式,下面将对常用的几种寄存器加以介绍。

1. 准静态寄存器

图 6.25 所示是一个准静态寄存器单元的结构图,由两个倒相器与两个传输晶体管构成。采用写入控制 Load 以及不重叠两相时钟 ϕ_1 和 ϕ_2 共同控制寄存器的读出与写入动作,将 Load 和 ϕ_1 相与(Load·ϕ_1)控制输入传输晶体管的打开,用 ϕ_2 控制反馈传输晶体管的导通来锁存信号。

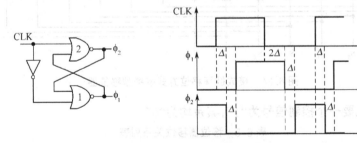

图 6.25　准静态寄存器单元

其工作过程是:当 Load 和 ϕ_1 同时有效时,输入传输晶体管导通,D 信号通过传输晶体管到达倒相器 1 的输入端,然后在倒相器 2 的输出端建立起与 D 信号相同的逻辑信号。当 ϕ_1 为"0"使输入传输晶体管截止后,ϕ_2 有效,反馈传输晶体管导通,两个倒相器形成闭环,D 信号被寄存在寄存器内。因为是两相不重叠时钟,在输入晶体管截止到反馈晶体管导通的时钟不重叠期间,存入的信号是依靠分布电容维持。这也是它被称为准静态的原因。当然,这种维持是有一定的时间限制的,当两个传输晶体管都处于截止态的时间过长,则原先输入的信号有可能因为电容的漏电而丢失。这就要求两相时钟的配合要准确。

用一个单相时钟生成不重叠两相时钟有多种方法,图 6.26 给出了一种采用 R-S 触发器产生不重叠两相时钟的方法。这里假设倒相器和或非门具有相同的延迟时间 Δ 以便于说明两相时钟的产生过程。

图 6.26　生成两相时钟的电路

该结构产生两相时钟的基本原理是:当输入时钟 CLK 从"0"跳变到"1"时,或非门 2 的输出在经过一个门延迟 Δ 后,从原先的"1"跳变到"0",同时,倒相器的输出也从"1"改变为"0",或非门 1 在倒相器输出的"0"信号和或非门 2 输出的"0"信号共同作用下,再经过 Δ 的延迟后,它的输出端 ϕ_1 从原先的"0"跳变到"1"。同样的原理,当 CLK 从"1"跳变到"0"时,或非门 1 首先响应,使输出 ϕ_1 从"1"跳变到"0",但其间经历了两个延迟时间 2Δ(倒相器延迟和或非门 1 的延迟),这个"0"信号和 CLK 信号共同作用于或非门 2,经过 Δ 后使 ϕ_2 从"0"跳变到"1"。循环往复,由此电路便从单相时钟得到了两相不重叠时钟。事实上,Δ 是非常小的时间量,图中为能够清楚地表示信号响应做了夸张处理。

准静态寄存器在微处理器中广泛应用,它既可以作为数据寄存器,也可以作为地址寄存器。

当作为数据寄存器时常常将它构造成双港口结构,以加快微处理器的执行速度。

2. 双港口寄存器

图 6.27 所示为以准静态寄存器为核心的双港口寄存器。所谓双港口是指该寄存器可以通过两条数据总线存取数据,这使数据的总体运算速度得到提高。它通过两组写控制线从 A 总线或 B 总线输入数据,通过两组读控制线输出寄存的数据到总线 A 或总线 B。例如,ALU 的运算要求两个数据字,如果只有一条数据总线,则处理器必须执行两次取数,而双港口寄存器与双数据总线配合就可以同时从两组数据寄存器读出数据。

双港口寄存器的工作过程是:在 WriteA·ϕ_1 或 WriteB·ϕ_1 有效期间,数据从数据总线 A 或数据总线 B 存入寄存器,与前面介绍的准静态寄存器相同,在 ϕ_2 有效时,寄存器通过反馈传输晶体管锁存信号。寄存器数据的读出是在 ReadA·ϕ_1 或 ReadB·ϕ_1 有效期间被执行,数据被送到数据总线 A 或 B。为提高读出速度,总线在 ϕ_2 期间预充到高电平。

图 6.28 所示是另一种双港口寄存器的结构,该双港口寄存器的读出和写入原理是相同的,不同的是,图 6.28 所示的双港口寄存器采用的是下拉晶体管结构,即 NMOS 管开漏结构。

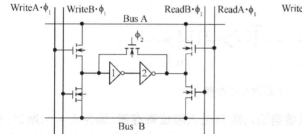

图 6.27 双港口寄存器   图 6.28 具有开漏晶体管的双港口寄存器

它减轻寄存器单元的负载,并且能够简单地实现"线"逻辑。在图 6.27 所示结构中,每个寄存器都将驱动总线,这里的寄存器只需驱动开漏晶体管。在 ϕ_2 期间,总线被预充电到高电平,在读出数据时,如果寄存器存储的是"1"信号,则开漏的 NMOS 管截止,对应总线的某根位线上保持预充电获得的高电平;如果寄存器存储的是"0"信号,则 NMOS 管导通,相应的位线被放电到低电平。图 6.29 所示是相应的总线(图中只画了一位数据线)结构和寄存器连接方式示意图。

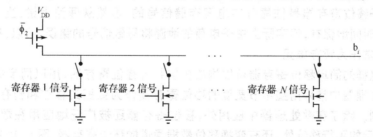

图 6.29 开漏结构寄存器的外部连接结构

在数据寄存器组织结构中,寄存器是以字为基本单位,一个寄存器堆可能有若干个字,每个字的宽度(位数)通常是 8 的偶数倍。图 6.29 中并接的是不同字中处于相同位号的寄存器。至于某一个字被选中将由寄存器指针(类似于寄存器地址)决定。

除了这种以准静态寄存器为核心的双港口寄存器以外,还有以静态寄存器为核心的双港口寄存器结构,如图 6.30所示。这种双港口寄存器结构与 SRAM 单元很相似,两个倒相器连接成闭环结构锁存数据。除存储方式采用静态结构外,其基本工作原理与上述的双港口寄存

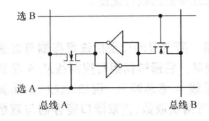

图 6.30 静态存储单元双港口寄存器

器相似。与前面介绍的寄存器不同的是数据的方向,在上面介绍的寄存器的数据流动方向是单向的,在图中是左边进,右边出,它由倒相器的输入输出方向决定。在这个单元中的数据的流向可以是双向的,它可以在同一边写入和读出。

需要注意的是,在数据读出时要考虑数据的相位,从图示结构可以看出,如果数据从同一边写入和读出,则读出的数据就是原数据,如果数据是从一条总线写入,从另一条总线读出,则这个数据要倒相才是原数据。

3. 移位寄存器

移位寄存器是数字逻辑的常用单元,它常被用于数据的暂存,采用先进先出移位方式。它也可以被用做延迟单元,延迟时间以时钟周期数计。数据在两相不重叠时钟的控制下进行移位。图 6.31 所示是简单的移位寄存器的结构图。

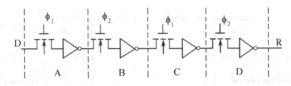

图 6.31 简单移位寄存器

假设在 $\phi_1 = 1$ 期间,有一个数字信号从数据输入端 D 进入移位寄存器,因为 $\phi_2 = 0$,所以,这个数据通过导通的传输晶体管只能被 A 级的倒相器响应,在 A 级的倒相器输出端建立起这个信号的非量。当 $\phi_2 = 1,\phi_1 = 0$ 时,数据进入 B 级,并在 B 级倒相器的输出建立起原输入信号,由于 $\phi_1 = 0$,外部的数据不能在此时移入移位寄存器,同样地,B 级的信号也不会传到 C 级。也就是说,在时钟信号的一个完整周期内,将产生输入信号的两级传送,经过 N 个周期,逻辑输入信号被移动过 2N 级移位寄存器。

之所以采用两相时钟控制移位寄存器,就是利用两相时钟的互不重叠性,因为如果发生时钟重叠,则在重叠的时间内一个数据就有可能出现多级传送,这将导致移位寄存器的失控和信息的错误传输。由于移位寄存器是依靠分布电容存储信号的,虽然从理论上讲,当 MOS 开关关断后,信号可以长时间地保存,但实际上由于电荷的泄漏将导致信号的错误,所以,在采用这种结构存储信号时,通常作为暂存单元。

采用多组这样的简单移位寄存器可以构成多位并行移位寄存器,用以同步地移位寄存若干数据字。在微处理器中常采用整字节宽度的移位寄存器作为数据的移位和暂存。图 6.32 所示这样的结构示例。除了在微处理器中应用外,移位寄存器还被广泛地应用在数字逻辑系统中。除了图 6.32 所示的平行移位外,还有变换移位数据通道的移位寄存器,图 6.33 所示为这种可以变换移位数据通道的结构。

通过增加的传输晶体管,这个移位寄存器既可以进行平行的移位,又可以实现向上移位。当 ϕ_2 和 SH 同时有效时,在移位寄存器中移动的信号就改变了移动的方向。采用同样的原理,可以简单地实现乘 2、乘 4 等操作,可以根据需要设计任意的移位方式,如左移、右移、循环移位等。

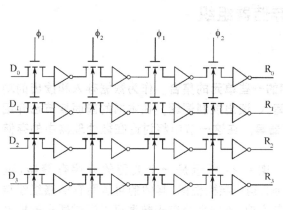

图 6.32　多位并行移位寄存器

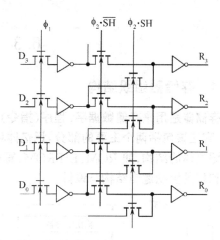

图 6.33　可平行移位和上移的移位寄存器

6.2.6　堆栈

堆栈是微处理器中的另一个重要的存储单元,通常为先进后出的存储和移位结构,一位堆栈的基本结构如图 6.34 所示。

在微处理器中,对堆栈的基本操作是压栈操作(PUSH)和弹出操作(POP)。压栈操作是将数据存入堆栈,并且每进行一个数据的压栈操作,前一次压入的数据往堆栈内部递进一位。弹出操作是将原先存入堆栈的数据取出,但每次弹出的数据是在堆栈中最靠近入口的数据,即后进先出。从图 6.34 可以看出,堆栈是两个简单移位寄存器的重叠结构,其中一个是左进右出,另一个是右进左出。左进右出的移位寄存器是 M_1→倒相器 1→M_6→倒相器 2→M_3→倒相器 3→M_8→倒相器 4→……。右进左出的移位寄存器是……→倒相器 4→M_4→倒相器 3→M_7→倒相器 2→M_2→倒相器 1→M_5。数据出入堆栈的过程实际上是进行的数据的左右移位。

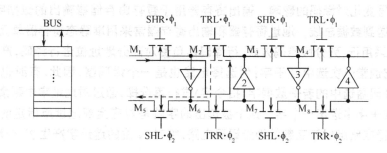

图 6.34　一位堆栈结构

堆栈的工作分为压栈、保持、弹出三种情况。

控制信号 SHR 和 TRR 有效时,在 ϕ_1、ϕ_2 的控制下进行数据的压栈操作。在图 6.34 所示结构中,数据通过 M_1 被压入堆栈。

当 TRR 和 TRL 有效时,在 ϕ_1 和 ϕ_2 的作用下,数据是在由两级移位寄存器首尾相接的闭环中移动。在图中画有两个保持数据的闭环:倒相器 1、M_6、倒相器 2 和 M_2,倒相器 3、M_8、倒相器 4 和 M_4。

在控制信号 SHL 和 TRL 有效时,在 ϕ_1、ϕ_2 的控制下进行数据的弹出操作,数据经 M_5 弹出。

将多组这样的一位堆栈组织在一起,可以实现所需要字宽的堆栈。

6.3 存储器组织

6.3.1 存储器组织结构

存储器是用来存储数据字、程序(指令)字的一些单元的集合。作为数据存入和读出的功能模块,它应该包括两个主要的部分:记忆体和写入/读出控制逻辑。在本书的前面章节已介绍了一些记忆体的结构,如 ROM、E²PROM、寄存器等。在这一节中将讨论在微处理器中的存储器组织和相关控制逻辑结构与设计。

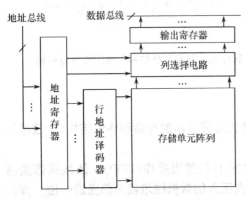

图 6.35 程序存储器组织结构框图

图 6.35 所示是一个典型的程序存储器(程序 ROM)组织结构框图,其他的可读写存储器组织结构与其类似,不同之处在于数据可以通过适当的控制逻辑随时写入存储单元阵列,这时的数据传输是双向的。

这个组织结构包括了两大组成部分:主记忆体——存储单元阵列;控制逻辑——数据选择读出电路。

微处理器的程序存储器主记忆体是 ROM,在结构上和前面章节介绍的结构相同,可大致分为与结构 ROM、或结构 ROM 和与-或结构 ROM。因为与结构 ROM 受到串联晶体管数量的限制,很少被用于程序 ROM 组织,常用的程序 ROM 组织是或结构 ROM 以及与-或结构 ROM。

控制逻辑包括地址寄存器、输出寄存器、行地址译码器和列选择电路。其中,地址寄存器用来暂存由地址总线传送的所选存储单元的地址,同时也隔离了存储器与地址总线,防止在译码过程中总线上信号变化对译码的影响。输出寄存器用于暂存由存储器输出的数据字或指令字,同步地将输出字送到数据总线。地址寄存器和输出寄存器常采用准静态寄存器单元结构。对大尺寸的 ROM,常采用行、列分段译码方式,行译码器负责对部分地址位进行译码,产生相应的存储器位置信息,它通常一次选中若干字;列选择电路也是一个译码器,因此,有时也称它为列译码器,它对由行译码器选中的若干数据字(指令字)进行再选择,通过对地址字中剩余的部分地址位进行译码,从若干字中选出一个字。这个被选出的字就是对应全部地址所指定的存储信息。行译码器和列选择电路组成了完整的地址译码电路,将对 N 位的地址字产生 2^N 个地址值,覆盖全部存储空间。

下面以一个 16K 存储器的工作过程加以分析,说明存储的数据被读出的过程。16K 存储器需要 14 位地址,在设计中常将它分为两段或三段(除行、列外,增加片选控制),这里假设它被分为 10 位和 4 位两段。行译码器负责低位地址 $A_0 \sim A_9$ 的译码,它将产生 1024 个地址值,列选择电路负责高位地址 $A_{10} \sim A_{13}$ 的译码,它将在 16 个输出字中选择一个有效字。当然也可以由行译码器负责高 10 位的地址译码,列选择电路负责低 4 位的地址译码,还可以有其他的分段方式。不同的地址分段方式将产生不同的读出过程,同时也决定了存储器中数据的顺序结构,也就是说,数据存储的顺序与由地址结构决定的读出顺序必须对应。

当地址总线送出 14 位地址并暂存在地址寄存器后,行译码器将 $A_0 \sim A_9$ 翻译成对应的地址,并使存储单元中的 16 个数据字同时被选中。这 16 个字被输出到列选择电路的输入端,由列

选择电路根据 $A_{10} \sim A_{13}$ 确定选择的具体字。通过行译码器和列选择电路从 16K 字中选择一个有效字送到输出寄存器暂存、输出。

对于这样的地址分段方式，整个存储器空间的数据读出顺序是：由高 4 位地址选通了 16 个字输出通道中的一个通道，从 0000 对应的通道开始，接着，低端的 10 位地址从 0000000000 开始到 1111111111 依次确定 1024 个字的输出顺序。读完这 1024 个字以后，高 4 位地址加 1，选中 0001 对应的通道，再读出 1024 个字，依此类推，读出所有的数据。

那么，为什么不把所有存储单元排成一个字宽，2^N 个字高的瘦长组织结构，由一个行译码器产生 2^N 个地址，直接获得输出字呢？这主要是为了简化译码器结构，节约存储器的面积。在微处理器中的程序存储器基本上是一个边长差异不大的矩形，设计时根据每个字的位数、字线（行译码器输出）的驱动能力、存储器的大小以及在芯片上的布局来确定地址的分段。通常首先考虑的是字线的驱动能力，一根字线能够驱动多少个存储晶体管，这也就决定了列选择的地址位数。例如，假设一根字线能够驱动 64 个存储晶体管，也就是 8 个 8 位的字，对应的列选择地址就是 3 位，从这 8 字中再选择，如果根据面积的要求，列选择需要分配 4 位地址，则通常是采取左右两片 ROM 的结构，每一片对应 3 位地址，而最高位的列选择地址就相当于片选。

在实际设计中，考虑到存储晶体管在水平和竖直方向上的尺寸是不相同的，同时还考虑 ROM 的结构形式，需要综合诸因素统筹考虑。

6.3.2　行译码器结构

行译码器有多种结构形式，行译码器的结构设计必须考虑 ROM 的结构形式并与之匹配。对于"与"结构 ROM，行译码器的字线输出除选中的字线为低电平以外，其余的字线必须为高电平；对于"或"结构 ROM，行译码器的字线输出除选中的字线为高电平以外，其余的字线必须为低电平；对于与－或结构的 ROM，在局部"与"结构中，字线输出必须遵循"与"结构 ROM 的规则，整体或结构则必须遵循"或"结构 ROM 的规则。

图 6.36 所示为两种行译码器的逻辑结构，其中图(a)是"或非"结构的译码电路，图(b)是"与非"结构的译码电路，对应不同的字线输出要求。"或非"结构译码器的字线输出对应每个地址只有一根字线是高电平，其他字线输出低电平，这种字线的信号输出对应"或"结构 ROM 的地址译码；"与非"结构译码器的字线输出对应每个地址则只有一根字线是低电平，其他字线输出是高电

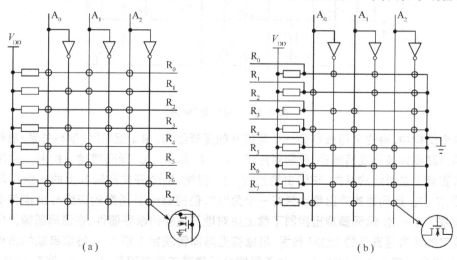

(a)　　　　　　　　　　　　(b)

图 6.36　行译码器结构

平,这种字线的信号输出对应"与"结构 ROM 的地址译码。显然,与非结构的译码器不合适承担多位地址的译码,而或非结构译码器则没有地址位数的限制。

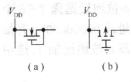

图 6.37 电阻的等效晶体管结构

图中的负载电阻实际上是由晶体管实现的,有两种常用的结构形式:耗尽型 NMOS 晶体管和增强型 PMOS 晶体管。采用耗尽型 NMOS 晶体管做负载时,将栅和源短接,采用增强型 PMOS 晶体管则将它的栅接地使它常通。这两种形式的负载连接方法如图 6.37 所示。耗尽型 NMOS 负载的结构形式被称为 E/DNMOS 结构,PMOS 管做负载的结构形式被称为伪 NMOS 结构。为保证输出电平的逻辑有效性,负载晶体管通常为倒宽长比尺寸以加大它的等效电阻。

从理论上讲,或非结构的译码器可以完成大量地址的译码,每一字线对应一个 N 位输入的或非门,N 为地址的位数。但是,这样的译码器尺寸是比较大的,例如上述的 10 位行地址译码将对应 1024 个或非门,除了 1024 个负载管,还将有 $10 \times 1024 = 10240$ 个 NMOS 管。这种结构的译码器通常只适合于存储单元比较少的存储器,例如微处理器中 RAM 的选择译码。在大尺寸存储器的行译码器结构设计中,采用行地址再分组的译码结构。图 6.38 所示为一个这样的示例电路结构,图示结构的字长是 2 位,对应 $Z_2 Z_1$,共有 32 个字,对应 5 位地址。

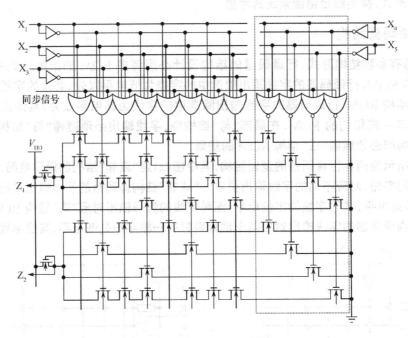

图 6.38 "与—或"结构

在这个结构中,每位 Z 函数都是一个与或非的逻辑结构,由 4 组串联(相与关系)器件进行或非。每组串联器件被分成两部分,分别对应了 $X_1 \sim X_3$ 和 X_4、X_5 译码器输出控制。由浅色线框住的部分实际上是对地的开关,它们由地址 X_4、X_5 控制,每个开关控制其上的一组相与器件对地的通路,X_4、X_5 译码器的输出每次只有一个为"1",使得每个 Z 函数的四组与结构每次只有一个真正有效。$X_1 \sim X_3$ 译码器输出控制了除上述对地开关外的串联器件,在译码器输出线(字线)和与项交叉的地方是真正的 ROM 数据(根据有无晶体管决定 1 或 0)。每组串联的器件包括对地开关,最多会出现 9 个 NMOS 管。对于每位 Z 函数其工作过程是:$X_1 \sim X_3$ 使与 ROM 状态确定,而 X_4、X_5 则决定哪一条与 ROM 有效。例如,当地址 $X_5 \sim X_1$ 为 11001 时,右边第一列对地开关有效,同时左边第二列被选中,我们可以看到,在第四行第二列点上没有 NMOS 管,在第八行第二列点上有 NMOS 管,按照与 ROM 的规则,Z_1 输出为 0,Z_2 输出为 1。

在实际结构中,常采用"与一或"结构的 ROM 形式以减小 ROM 的面积。在"与一或"结构的 ROM 形式中,存储主体被分成若干组,在每组内存储单元和控制单元是以串联的形式连接,构成"与"的逻辑关系,而各组之间则是并联关系,构成"或"的逻辑关系,最后的或输出接到负载上,从每根位线看进去,它是一个"与或非"组合逻辑门。图 6.39 所示是这样的 ROM 版图结构。

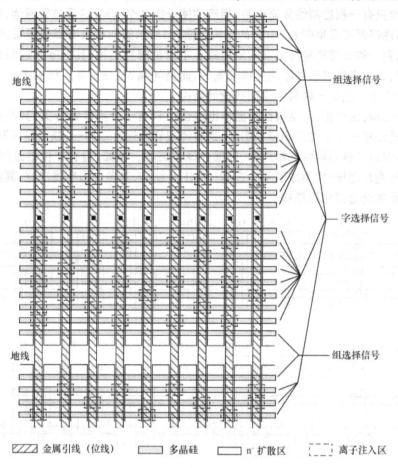

图 6.39　与一或 ROM 局部版图

为节约面积,在这种形式的 ROM 结构中常常采用共用掺杂区的布图方式。在图中,相邻的组以镜像方式布图,或者共用地线(共用源区),或者共用输出(共用漏区)。

应用这样的存储主体结构和译码形式,使 ROM 阵列的面积减小,同时使行译码器硬件规模被减小。以图 6.38 所示电路为例(不计同步控制),如果采用 5 位直接行译码结构(采用或非 ROM 形式),将需要 32 个 5 输入或非门,5 个倒相器,共计 $5 \times 32 + 32$(负载管)+10(倒相器)=202 个 MOS 管。采用分段结构后,则需要 8 个三输入或非门、4 个二输入或非门和 13 个倒相器,共 $3 \times 8 + 2 \times 4 + 12$(负载管)+26(倒相器)=70 个 MOS 管。毫无疑问,地址位数越多,这种差别越大。

因为在行译码器输出的每一个字线上有几十个甚至更多的晶体管要被驱动,在行译码器的输出端往往接有驱动电路,以加强字线的驱动能力。

6.3.3 列选择电路结构

在行译码器中,当一根字线有效后选中的是一行晶体管,包含了若干字,列选择电路将从这若干个字中选出一个有效字,而这个字就是对应了全部地址位选定的存储内容。图6.40所示为两种结构的列选择电路结构,其地址位为3位,根据地址将从8个字中选出一个有效字。

图6.40(a)所示为一个典型的开关结构,在列译码逻辑(图中未画出,仅给出了对应的地址)的控制下,每次只有一根控制线为高电平,相应的使一组8个NMOS晶体管导通,输出一个8位的字。这个列译码器可采用图6.36(a)的结构。图(b)所示的则是没有译码逻辑的结构形式,列选择完全由八到一的多路转换开关MUX构成。不论是哪种结构,其选择原理都是相同的。从图中可以看出,每个字的各位并不是连续安置的,而是间隔安置的,其间隔的大小取决于字线同时选择了多少个字。这是一种各字平衡的设计结构。

比较两种结构,由于图(a)结构在数据输出通道中只有一个晶体管开关,其等效串联电阻比较小,缺点是要设置一个3位译码器。图(b)是将译码和选通合二为一,缺点是串联电阻比较大。在实际设计中有时将这两种结构相组合,即部分译码结构。例如,当有4位地址时,将其中的最高位选择(通常是片选)构造成若干个二到一MUX结构,其多少由字宽决定,其余的3位地址采用图(b)所示的列选择电路结构。

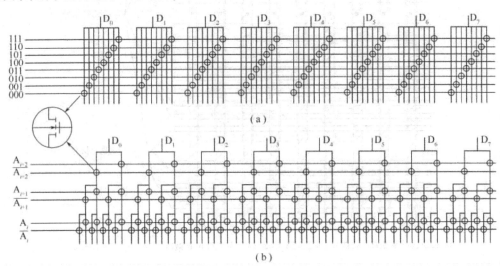

图6.40 列选择电路结构

除了上面介绍的行、列译码结构外,对应不同的存储主体结构,还有其他的多种形式,这里不一一介绍了。关键是理解ROM单元的放置方法。

下面,我们来看一个比较完整的ROM的结构,如图6.41所示。为便于识别,ROM部分和列选择开关部分以版图形式给出,译码器部分则以电路形式给出,为简化描述,所有的负载都以电阻形式表示。

该ROM以8位为基本字长,共计128个字,对应地址为7位。为说明分段译码结构,这里将7位地址分成了5位行地址,2位列选择(列地址),5位行地址又被分成了3位字线地址和2位分组地址。对应地,ROM也被分成了4组,每组8×4个字。显然,这是一个"与－或"结构的ROM,细心的读者可能会发现,组选择和列选择译码器采用的是"与门",而字线译码器却是"与非门"。原因是"与ROM"和"或ROM"的控制有效性不同。

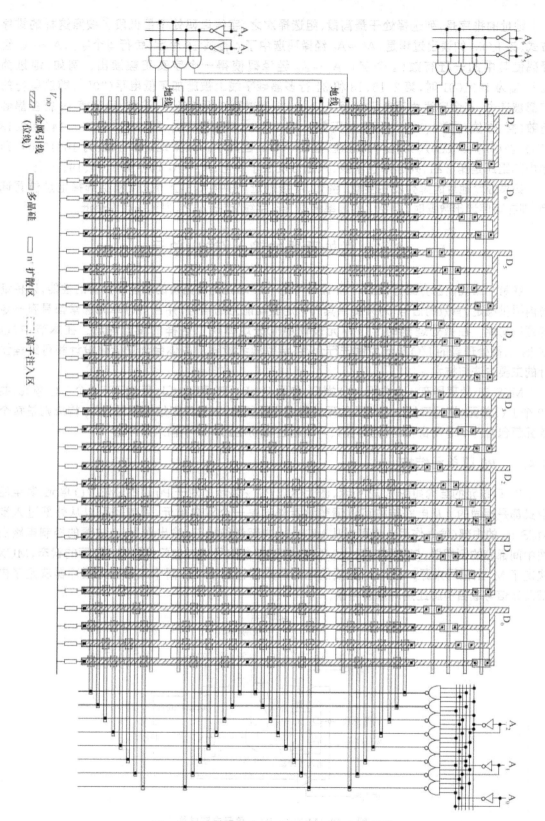

图 6.41 存储容量为 128 字(8 位)的 ROM 结构

地址的排序是：列选择处于最高段，组选择次之，字线译码处于最低段。按照这样的排序方式，该 ROM 的读出过程是：$A_0 \sim A_2$ 经译码选中了 4 行共 16 个字（每行 4 个字），$A_3 \sim A_4$ 经译码使其中的一行有效（4 个字），$A_5 \sim A_6$ 经译码使得一个字真正被读出。例如，地址为 $A_6 \sim A_0$ 为 1001001 时，第 2、15、18 和 31 行多晶硅字线上被施加了低电平（"0"），即这些行的字都被选中，其余字线为高电平。而 $A_4 A_3 = 01$ 使得第 2 组被选中，这样，只有第 15 行多晶硅有效（共 32 位），第 2、18、31 行选中无效。$A_6 A_5 = 10$ 使第 2（D_7）、6（D_6）、10（D_5）、14（D_4）、18（D_3）、22（D_2）、26（D_1）、30（D_0）列选通，输出一个 8 位的字。如果地址加 1（变为 1001010），则选中的组还是第 2 组，列选择也不变，只是行发生了变化，$A_0 \sim A_2$ 选中第 3、14、19、30 行。

如果分段地址的排列发生变化，例如，字线地址（图中 $A_0 \sim A_2$）位置和组选择地址位置调换，则在顺序读出数据时，组变化的频率最高，行（字线）选择次之，列选择频率最低。

6.4 微处理器的输入/输出单元

在第 5 章我们已介绍过，在 VLSI 设计中的 I/O 单元具有完备的功能和完善的性能，以保证对内提供稳定、有效的信号，对外提供具有一定驱动能力的信号，并且 I/O 单元通常都具有一定的逻辑功能。在微处理器的 I/O 单元设计中充分地体现了这样的设计理念。在本节中，以 MCS-51 微处理器的 I/O 单元为例进行介绍，希望读者能够从中体会到功能化设计和可编程设计的主要方法与技术。

MCS-51 处理器有 4 个并行 I/O 端口，称为 P0、P1、P2 和 P3 口，每个口有 8 个 I/O 单元，共 32 个 I/O 单元，相同口的 8 个单元的硬件构成是相同的，不同口则结构不同，基本构成则是每个单元都包含一个专用寄存器（锁存器）、一个输出驱动电路和一个输入缓冲器。

6.4.1 P0 口单元结构

P0 口单元的结构如图 6.42 所示，图上标注 P0.x 表示了对于 P0 口的 8 位 I/O 单元，其电路形式都是相同的。从电路结构可以清楚地看到这是一个双向单元，即信号可以从外部进入到 MCS-51 的内部（输入作用），也可以从 MCS-51 内部送往外部（输出作用）。主要的控制电路由图中间部分的倒相器、与门和二到一 MUX 构成，控制信号通过与门控制着 M_1 管的状态，MUX 决定了 M_2 上信号来源。M_1、M_2 组成的电路形成了输出驱动。两个三态输入缓冲器决定了内部总线信号取自引脚还是内部锁存器。

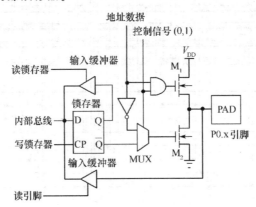

图 6.42　MCS-51 P0.x 单元电路结构

显然，这个单元的信号通路包括了两个：内部总线 ←→ PAD；地址/数据 → PAD。通路的选择由 MUX 控制,当 MUX 连接了锁存器(向下连接),单元作为普通 I/O 口使用,反之,则作为地址/数据总线使用。

1. P0. x 作为普通 I/O 单元

当作为普通的 I/O 单元使用时,控制信号为"0",M_1 管截止,M_2 处于开漏状态,MUX 使 M_2 管的栅极与锁存器的 $\overline{Q}$ 端相连接。

(1) 输出状态

写锁存器信号有效。信号通路为:内部总线的信号→锁存器的输入端 D→锁存器的反向输出 $\overline{Q}$ 端→MUX→M_2 管的栅极→M_2 管的漏极→输出端 P0. x。因为开漏输出,要求外部总线具有上拉电阻(参见第 5 章)。在这种情况下,锁存器的信号与口上的信号是一致的。

(2) 输入状态

数据输入时(读 P0 口)有两种情况:读引脚数据和读锁存器数据。

在读引脚数据时,为防止上一个状态是"0"(即 M_2 处于导通状态),对输入数据产生影响,CPU 将首先通过内部总线给锁存器置"1",使 M_2 管截止。同时,读引脚信号使输入三态缓冲器打开,外部信号进入内部总线。

读锁存器数据方式是专门为执行"读—修改—写"指令而设置的。"读—修改—写"指令的特点是,从端口输入(读)信号,在单片机内加以运算(修改)后,再输出(写)到该端口上。这样安排的原因在于"读—修改—写"指令需要得到端口原输出的状态(保存在锁存器中),修改后再输出,读锁存器而不是读引脚,可以避免因外部电路的原因而使原端口的状态被读错。

2. P0. x 作为地址/数据总线使用

当作为地址/数据总线使用时,控制信号为"1",MUX 使 M_2 管的栅极与倒相器输出端相连接,这样,M_1、M_2 上是倒相器输入和输出的倒相信号,构成推拉结构,具有较强的驱动能力。同时,因为 M_1、M_2 形成的倒相器工作模式,地址/数据被同相输出。因此,当以地址总线或数据总线输出处理器的信号时,该单元从构成上就是一个具有一定驱动能力的输出单元。

如果在作为数据总线时又是输入数据,则控制信号为"0",与 P0. x 作为普通 I/O 单元时的读引脚方式相同。因为输入、输出时的通路不同,因此,P0. x 作为地址/数据总线使用时,不能再作为普通 I/O 单元使用。

6.4.2 P1 口单元结构

P1 口的结构最简单,用途也单一,仅作为通用 I/O 端口使用。输出的信息有锁存,输入有读引脚和读锁存器之分。P1 口单元的电路结构如图 6.43 所示。由图可见,P1 单元与 P0 单元的主要差别在于,P1 端口用内部上拉电阻代替了 P0 端口的 NMOS 管 M_1,直接构造了 R-NMOS 倒相器,并且输出的信息仅来自内部总线。由内部总线输出的数据经锁存器 $\overline{Q}$ 端和 R-NMOS 倒相器后,锁存输出在 PAD 上,所以,P1 端口是具有输出锁存的静态口。

如图 6.43 所示,要正确地从引脚上读入外部信息,必须先使 M_2 管关断,以便由外部输入的信息确定引脚的状态。为此,在作引脚读入前,和 P0 口相同,必须先对该端口写入"1"。P1 口的结构相对简单,单片机复位后,各个端口已自动地被写入了"1",此时,可直接作输入操作。如

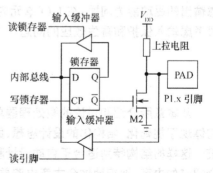

图 6.43 MCS-51 P1. x 单元电路结构

果在应用端口的过程中,已向 P1 端口线输出过"0",则再要输入时,必须先写"1"后再读引脚,才能得到正确的信息。

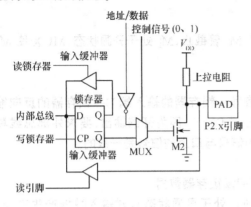

图 6.44　MCS-51 P2.x 单元电路结构

6.4.3　P2 口单元结构

P2 口单元的电路结构如图 6.44 所示。

由图可见,P2 端口在片内既有上拉电阻,又有切换开关 MUX,所以 P2 端口在功能上兼有 P0 端口和 P1 端口的特点。这主要表现在输出功能上,当 MUX 向下接通时,由内部总线输出的数据经锁存器 Q 端和 R-NMOS 倒相器后输出到 PAD 上;当多路开关向上时,输出的地址/数据信号也经倒相器和 R-NMOS 倒相器后,输出在 PAD 上。在输入功能方面,P2 端口与 P0 端口相同,有读引脚和读锁存器之分。

6.4.4　P3 口单元结构

P3 口是一个多功能口,它除了可以作为 I/O 口外,还具有第二功能,P3 口单元的电路结构如图 6.45 所示。

由图 6.45 可见,P3 口和 P1 口的结构相似,区别仅在于 P3 口有两种功能选择。当处于第一功能时,第二输出功能线为"1",此时,内部总线信号经锁存器和 M_2 管输出,其作用与 P1 作用相同,输入情况也相似,只是读引脚时多经过一个缓冲器,但并不影响功能。当处于第二功能时,锁存器输出"1",通过第二输出功能线输出特定的信号,在输入时,第二功能输出为"1",使 M_2 截止,PAD 上信号通过第二功能输入缓冲器进入芯片内部。

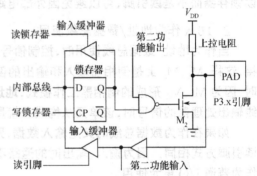

图 6.45　MCS-51 P3.x 单元电路结构

通过上述关于 MCS-51 的 P0~P3 口的介绍,可以体会如下几点:这类 I/O 单元都具有一定的电可控功能,通过控制信号选择输入、输出及其通道;输入、输出之间必须采用适当的隔离,通常采用三态结构或等效形式;输出电路除了正常的功能结构外,还可能是开漏输出,同时,必须考虑输出的驱动能力问题;在 I/O 单元内经常设置锁存器。除了这些外,当进行版图设计时还必须考虑输入保护和寄生效应的问题。

本章结束语

从本章所介绍和讨论的微处理器单元设计,可以看到 VLSI 技术是如何被用于逻辑设计的,它体现了规则化、结构化的设计思想,即采用规则、重复的单元,以简单的基本结构实现复杂的系统。这样的结构特别适合于自动设计和 CAD 方法完成系统的设计。联系第 2、第 4 和第 5 章所介绍过的内容,细细地体会本章电路单元的设计方法与技术,将有助于理解当今系统结构与具体单元的设计问题。总之,理解设计需要反复地将电路结构与设计理念进行对比,从中不断地体会设计,才能不断地加深对设计的理解。

除了上面已介绍的技术方法外,在 VLSIC 中还大量的采用标准单元和积木块单元技术,优化逻辑和电路的性能。

练习与思考六

1. 查找有关资料,分析处理器的控制器采用随机逻辑、PLA 和微码 ROM 的特点。

2. 搜索至少三种全加器的电路结构,并对每一种结构的电路特点进行分析,思考电路设计的不唯一性。

3. 证明:当 $C_{i-1}=1$ 时,如果 $A_i=E_i+\overline{D_i}$,$B_i=\overline{D_i}$,则 $S_i=\overline{D_i}\cdot E_i$;如果 $A_i=E_i+\overline{D_i}$,$B_i=D_i$,则 $S_i=D_i\cdot E_i$;如果 $A_i=\overline{E_i}+D_i$,$B_i=\overline{D_i}$,则 $S_i=\overline{D_i+E_i}$;如果 $A_i=\overline{E_i}+D_i$,$B_i=D_i$,则 $S_i=D_i+E_i$。

4. 以全加器为核心,设计一个具有 8 种功能的一位 ALU,其功能要求见表 6.9。

表 6.9 **ALU 功能表**

功能要求	函数 F
A 加 1(递增)	F=A+1
加法	F=A+B
减法	F=A-B
A 减 1(递减)	F=A-1
逻辑或	F=A or B
逻辑异或	F=A xor B
逻辑与	F=A and B
逻辑非	F=not A

5. 以二到一 MUX 为基本结构,设计一个实现 X 函数的电路结构并给出详细的设计过程。
$X=A+(S_2\cdot\overline{S_1}\cdot\overline{S_0}\cdot B)+(S_2\cdot S_1\cdot\overline{S_0}\cdot\overline{B})$

6. 以全加器和半加器为核心单元,设计进行两个 8 位二进制数相乘的硬件乘法器。

7. 设计一个 4 位的桶型移位器,要求在左移时,低位补"0",右移时高位补"1"。

8. 如图 6.46 所示,假设倒相器的延迟时间为 Δ,与非门的延迟时间为 2Δ,请画出 A 和 B 的波形,并加以说明。如果要求高电平不重叠,在此电路基础上进行改进。

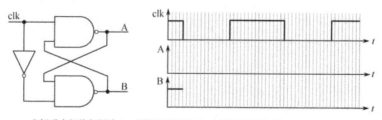

坐标系中细线间隔为 Δ;倒相器延迟为 Δ;与非门延迟为 2Δ

图 6.46 倒相器电容及输出波形

9. 对于图 6.47 所示寄存器电路,如果希望在 Read 和时钟信号作用下,在 D 信号线上读出寄存器的内容,图中的电路应该如何改进。

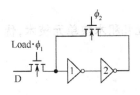

图 6.47 习题 9 电路

10. 根据图 6.33 的结构原理,设计一个乘 4 的电路结构。

11. 根据图 6.41 所示存储器的结构,读出地址 $A_6A_5A_4A_3A_2A_1A_0$ 等于 1110110 和 0100011 处存储的数据。

12. 设计一个 4 位地址的列选择电路,希望在每位(bit)通路上最多只串联 4 个 NMOS 晶体管,尽可能采用简单的结构形式。

13. 设计一个 5 位地址的列选择电路,要求在每位(bit)通路上最多只串联三个 NMOS 晶体管。

14. 分析图 6.48 所示电路,说明:

a) M_4、M_5、NOT1 组成的电路实现什么功能,使该部分电路工作有效的 $D_2D_1D_0$ 应该是什么值,为什么?

b) AND、M_3 组成的电路实现什么功能,使该部分电路工作有效的 $D_2D_1D_0$ 应该是什么值,为什么?

c) XOR、D-FF、M_1、M_2、NOT、TSL-NOT 组成的电路实现什么功能,使该部分电路工作有效的 $D_2D_1D_0$ 应该是什么值,为什么?在控制寄存器中的 D_3、D_4 作用是什么?(三态门 TSL-NOT 控制端为 0 时高阻)。

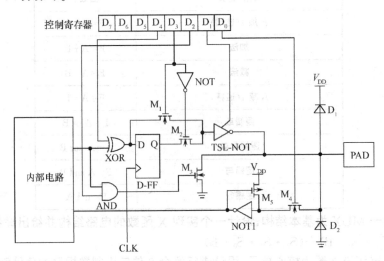

图 6.48 习题 14 电路

第7章 测试技术和可测试性设计

不论在设计过程中经过了怎样的仿真和检查,任何集成电路在制作完成后,都必须通过测试来最后验证设计和制作的正确性。但是,随着集成规模的增加,测试与故障分析的难度越来越大,如何使我们的设计便于测试,特别是能够简单地确定故障的位置与性质成为重要的问题,这就要求在设计初始阶段就必须对测试与分析问题加以考虑。在第3章中已讨论了对于工艺质量的检测技术与方法,本章则主要介绍有关功能测试技术及故障定位与分析的相关技术与方法,介绍如何进行系统的可测试性设计。

7.1 VLSI 可测试性的重要性

在设计 VLSI 时,从一开始就必须考虑测试的问题。

测试的意义在于可以直观地检查所设计的具体电路是否能像设计者要求的那样正确地工作。测试更重要的目的是希望通过测试确定电路失效的原因,以及失效所发生的具体部位,以便改进设计和修正错误。为实现对芯片中的错误和缺陷定位,从测试技术的角度而言就是要解决测试的可控制性和可观察性。但是,因为集成电路的可测试性往往与电路的复杂程度成反比,VLSI 电路本身又是一个复杂的系统,因此,VLSI 的测试问题变的日趋严重。对于一个包含了数万个内部节点的 VLSI 系统,很难直接从电路的输入/输出端来控制或观察这些内部节点的电学行为。从测试的目的来讲,希望内部节点都是"透明的",只有这样才能通过测试判定电路失效的症结所在。为了实现这一目的,可测试性设计成为 VLSI 设计中的一个重要部分。

可测试性的三个重要方面是测试生成、测试验证和测试设计。测试生成是指产生验证电路的一组测试码,又称为测试矢量。测试验证是指一个给定测试集合的有效性测度,这通常是通过故障模拟,以故障测试覆盖率进行估算。测试设计的目的是为了提高前两种工作的效率,也就是说,通过在逻辑和电路设计阶段考虑测试效率问题,加入适当的附加逻辑或电路以提高将来芯片的测试效率。

集成电路芯片的测试分为两种基本形式:完全测试和功能测试。顾名思义,完全测试就是对芯片进行全部状态和功能的测试,要考虑集成电路所有可能状态和功能,即使在将来的实际使用中有些并不会出现。功能测试就是只对在集成电路设计之初所要求的运算功能或逻辑功能是否正确进行测试。显然,完全测试是完备测试,功能测试是局部测试。在集成电路研制阶段,为分析电路可能存在的缺陷和隐含的问题,应对样品进行完全测试。在集成电路产品的生产阶段,则通常采用功能测试来提高测试效率,降低测试成本。

对于完全测试,"全部可能状态"是什么含义呢?假设一个逻辑有 N 个输入端子,如果仅从输入信号组合的角度考虑,它有 2^N 个状态,但它却并不一定是逻辑的全部可能状态。对纯组合逻辑,在静态情况下电路的状态仅与当前的信号有关,因此,对静态的组合逻辑测试只要 2^N 个顺序测试矢量就可完成全部测试;但对动态特性的测试,则还应考虑状态转换时的延迟配合问题,那么,仅仅顺序测试是不够的。更为严重的是对于时序逻辑的测试,由于记忆单元的存在,电路的状态不但与当前的输入有关,还与上一时刻的信号有关,因此,对于有 N 个输入端子的逻辑,它的测试矢量不仅仅是枚举的问题,而是一个数学上的排列问题,在最坏的情况下,它是 2^N 个输入的全排列。可以想象,一个有几十个输入端子的逻辑,它的测试矢量数目将是一个天文数字,要完成这样的测试是不现实的。

为了解决测试问题,人们设计了多种的测试方案和测试结构,在逻辑设计之初就考虑测试的问题,将可测试性设计作为逻辑设计的一部分加以设计和优化。其基本原理是:转变测试思想,将输入信号的枚举与排列的测试方法,转变为对电路内各个节点的测试,即直接对电路硬件组成单元进行测试;降低测试的复杂性,可将复杂的逻辑分成若干块,使模块易于测试;采用附加逻辑和电路使测试生成容易,改进其可控制性和可观察性,覆盖全部的硬件节点;添加自检测模块,使测试具有智能化和自动化。这些技术和方法的应用就是系统的可测试性设计。

7.2　测试基础

7.2.1　内部节点测试方法的测试思想

直接对电路内部的各节点进行测试,可以大大地降低测试的工作量,提高测试效率,还可以直接定位故障的位置。但是,因为电路制作完成后,各个内部节点将不可直接探测,因此,只能通过对系统输入一定的测试矢量,在系统的输出端观察到所测节点的状态。这时的测试矢量的作用是控制被测试节点的状态,并且将该节点的状态效应传送到输出观察点。

对节点的测试思想就是假设在待测试节点存在一个故障状态,然后反映和传送这个故障到输出观察点。在实测中,如果在输出观察点测到该故障效应,则说明该节点确实存在假设的故障,如果观察到的不是故障效应,则说明该节点不存在假设的故障。

造成电路失效的原因很多,既有微观的缺陷,如半导体材料中存在的缺陷,又有工艺加工中引入的器件不可靠或错误,如工艺过程中的带电粒子粘污,接触区接触不良,金属线不良连接或开路等。当然,还有设计不恰当所引入的工作不稳定等因素。作为测试技术,不可能按照这些失效原因一一去查找,也只能是对那些由失效原因所导致的客观结果——电路中信号故障去进行测试,即测试只能针对可见的信号错误进行。那么,在集成电路中什么是故障呢?直观地讲,故障就是节点不正确的电平,短路引起的引线间不正确的连接,引线开路引起的信号传输失效等。

为了能够进行有效的测试,必须将这些失效抽象成为一个故障模型。测试矢量就是针对这些故障模型而产生的一组测试信号。对于每一个测试矢量,它包括了测试输入和应有的测试输出。测试的过程实际上是一个比对结果的过程,通过在芯片的输入端施加测试输入,检出输出信号并与预先生成的输出进行比对,判断电路的正确性,根据输入和输出信号以及测试生成中的信息便可得出失效的位置以及状态,再通过其他的技术手段分析具体的失效原因,本章重点讨论的是故障检测。

为减少测试的工作量,测试生成通常是针对门级器件的外节点。虽然直接针对晶体管级生成测试具有更高的定位精度,但测试的难度与工作量将大大增加。随着集成规模的加大和系统复杂性的提高,针对内部节点的测试也变得日趋复杂和困难,另外,在电路内部的节点也并不是全部可测,这就要求测试技术人员采用新的技术和算法生成测试。设计人员采用具有可测试性的电路结构以及其他辅助结构,提高测试的覆盖率和测试效率。

综上所述,在测试技术中要解决的问题主要有:故障模型的提取,测试矢量的生成技术,电路的可测试性评估,可测试性结构设计以及其他辅助测试技术。

7.2.2　故障模型

对于逻辑电路,当发生实际逻辑值与预期逻辑值不相吻合时,便认为该逻辑电路出现了故障。如果逻辑设计正确,这种不吻合就意味着逻辑电路中的信号没有按照设计要求动作。那么,可以认定是因为电路中的某一点或某一部分出现了不符合设计要求的状态,或者是出现了不应有的连接(信号短路)或开路。

节点状态的错误所导致的故障可大致分为两大类:永久型故障和间歇故障。永久型故障主要是固定故障,是指逻辑电路中某一节点的逻辑值不符合设计要求或电路连接不正确,它并不随时间的变化而变化,一直保持在某种状态固定不变;间歇故障则是随机出现的故障,电路或节点有时正常有时不正常。间歇故障的测试是非常困难的,要通过反复测试和观察去捕捉。通常情况下,当电路或节点不正常时,它的表现为固定故障类型,间歇故障在出现时,通常也是以固定故障形式表现。因此,对于节点状态的不正确的测试可以通过对固定故障的测试实现。

连接错误的情况比较复杂,它既可能导致固定型故障,如信号线对电源或地短路,也可能造成逻辑关系发生变化,如某输入与输出短路构成信号反馈等。开路实际上也是一种连接错误,不同的是它导致的故障是应连接的节点而未连接上,它所表现出来的情况也是比较复杂的。由于连接错误表现的多样性,对于这一类因连接错误而导致的故障的分析也是比较困难的。

1. 固定故障

很显然,按照节点或信号线被固定的状态可以分为固定于 1 故障(以 stuck-at-1 表示,简写为 s-a-1),以及固定于 0 故障(以 stuck-at-0 表示,简写为 s-a-0)。

导致固定型故障的原因很多,可能是信号短路造成的;也可能是器件错误状态造成的,例如,晶体管一直导通或一直截止;还可能是信号线开路造成的。这时,与此信号线连接的器件输入端处于浮置状态,在一定时间后,由于节点电容和漏电的共同作用,它可能被固定在某一逻辑值而以固定型故障表现(但这种故障不稳定),该信号将以什么逻辑状态出现,取决于器件结构和工艺技术。

从测试和测试生成技术的角度看,这些故障都可以通过假设故障和测试故障加以检测。

下面通过对一个三输入与非门的分析来说明固定型故障的外在表现。设三输入与非门的三个输入端分别为 a,b,c,输出为 out。

如果在输出端存在一个 s-a-1 故障(通常表示为 out:s-a-1),则对于任何输入它都不会改变,这个故障在输入 a、b、c 中有 0 时不易被发现,或者说这个故障对于 7 组输入 000,011,101,110,001,010,100 的状态所对应的逻辑没有影响,因为故障值与正确值是相同的,如图 7.1(a)所示。这个故障只有在输入为 111 时,正确的输出 out＝0 被屏蔽,才表现出故障状态,如图 7.1(b)所示。反过来,如果存在 out:s-a-0 故障,则前 7 组输入所对应的正确输出都被屏蔽,不能正确输出 1 信号,如图 7.1(c)所示。故障仅对输入 111 所对应的逻辑值不产生影响,因为故障状态与正确的逻辑输出值相同,如图 7.1(d)所示。因此,对于 out:s-a-1 故障,只有输入状态为 111 才能够反映故障状态;对于 out:s-a-0,除 111 外的 7 种输入状态都能够反映故障。正确地反映故障是测试与分析的关键。

如果在该与非门的输入端存在故障,情况会是怎样呢?为了说明问题,我们假设故障是发生在输入 a、b、c 端到 MOS 晶体管的栅极之间,正常的信号输入从端子 a、b、c 输入,所谓故障则是屏蔽了正确的输入。

假设在 a 信号线上"×"点存在 a:s-a-0 故障,则不论 b 和 c 信号线是何值,输出 out 均为 1。对于多输入的与非门,一个端的高电平并不能够决定输出,为了使 a 信号线的故障状态能够在输出端表现出唯一性，就必须使 b、c 端的信号不干扰输出。因此，为能够反映 a 信号线"×"点的 a：s-a-0 故障，应该在 a 输入端施加 1 电平（请注意假设：故障发生在原始输入 a、b、c 端到 MOS 晶体管的栅极之间，即"×"点），为了不产生干扰，b、c 端也应施加 1 电平。这种 b、c 端的设置称为敏化路径。从信号传输的意义上讲，就是将故障通路"打通"，使输出的状态与故障状态唯一对应。综上所述，a 端的 1 是为了反映故障，b、c 端的 1 是为了传播故障。显然，对于与门和与非门，敏化路径要求所有非故障端设置为 1。对于或门和或非门，敏化路径要求所有非故障端设置为 0。

如果存在 a：s-a-1 故障，只有在输入为 abc=011 时能够检出该故障，因为正常逻辑输出应等于 1，当实际作用到与非门的是全 1，使输出等于 0。图 7.2(a)～(d)说明了故障情况以及它对逻辑输出的影响。

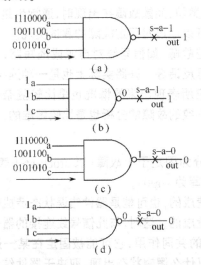

图 7.1　三输入与非门输出故障示意图　　　图 7.2　三输入与非门输入故障示意图

至此，可以归结为：当非故障信号端敏化了路径后，门电路就是一个倒相器或同相器，当输入/输出不满足对应关系时，就表示"×"点存在了故障。

其他输入信号线故障情况有相似的结果，这里不一一赘述。

到这里已引入了反映故障与传播故障的概念，接下来的问题是 a、b、c 的信号从哪儿来呢？如果 a、b、c 端就是外部输入引脚（PIN），毫无疑问，直接由外部引脚控制。如果 a、b、c 的信号来源于内部其他单元，可以想象，这些单元的输入必须被设置以满足 a、b、c 的信号要求，依次类推，可以一直推到 PIN。这就是测试的第三个方面的问题：确定原始输入（PIN 脚信号）。

确定输入的目的，一是能够通过输入引脚信号的设置，使故障状态被反映出来，二是故障效应（故障状态的原量或非量）能够通过被敏化的路径传播到输出引脚。这样就实现了我们前面所希望的结果：在输入端能够控制节点的状态，在输出端能"看"到节点状态。也就是说这样的节点是透明的。

从上面的例子可以得到如下的结论：

① 对于输出端的固定型故障，当正常输出值与故障值相同时，不能反映故障的存在，或者说故障状态被正常状态所掩盖，图 7.1(a)和(d)反映的就是这样的情况。只有正常输出值与故障状态值相反时，故障才可能被暴露，图 7.1(b)和(c)说明的正是这种情况。

② 对于输入端存在的故障，当正常的输入信号（对应故障信号线）与故障状态相同时，故障状态不能够被反映；当正常的输入信号与故障状态相反时，可以区分正常信号与故障状态，但如

果希望故障状态能够传播到输出端,则要求其他的信号端对逻辑门不产生逻辑控制。如果输入信号端 a、b、c 不是原始输入端,而是某个逻辑的输出(如中间节点),情况将与上面对输出的讨论相似。

因为固定型故障是以类似于逻辑值的形式出现,它仅对与故障值相反的正常逻辑状态产生影响,不做完全测试不一定能检出电路中存在的故障。

2. 桥接故障

桥接故障是指由于发生了不应有的信号线连接而导致的逻辑错误。因为对于电源和地线的连接错误将导致固定型故障,所以,这里的桥接故障是除了对电源和地短接以外的连接性错误。

桥接故障比较复杂,它包括相关输入桥接,非相关输入桥接,相关输入、输出桥接和非相关输入、输出桥接。所谓相关是指信号之间存在直接对应关系,非相关则指信号之间没有直接关联。

(1) 输入桥接

只要不是原始输入端发生桥接,通常输入桥接都可等效为非相关输出桥接。相关输出是指输出信号源自同一输入激励,并具有同步且相等的逻辑输出状态,如在第 2 章中介绍的分布式驱动结构。

非相关输出的桥接导致了新的逻辑状态或中间电平值,其结果非常复杂。这里以最简单的输出桥接结果加以讨论。

假设输出桥接的结果是发生了"线与"逻辑,即两个部件的输出 out1 和 out2 连接后为"与函数"关系:当 out1 和 out2 有一个为 0,其连接的结果就为 0;只有 out1 和 out2 均为 1 时,连接的结果才为 1。如果这个桥接对应了一个与门输入桥接(假设三输入 a、b、c 中的 a、b 分别对应接 out1 和 out2,现发生桥接),则逻辑是:

$$out1 \cdot out2 \cdot out1 \cdot out2 \cdot c = out1 \cdot out2 \cdot c = a \cdot b \cdot c$$

对正常的逻辑输出没有影响,但如果这个桥接发生在一个或门上,则逻辑关系将发生变化,此时逻辑是:

$$out1 \cdot out2 + out1 \cdot out2 + c = a \cdot b + c$$

这个结果不再是三输入或的关系。因此,"线与"的桥接结果对与门和与非门不改变逻辑关系,对或门和或非门将改变其逻辑关系。

同样的原理,输出桥接的结果是"线或"时,对或门和或非门的逻辑不产生影响,但对与门和与非门逻辑将改变逻辑关系。

如果输出桥接对应的是非相关输入桥接,即桥接后的信号不是送到同一个逻辑部件输入的情况,例如逻辑门 A 的 a 输入与逻辑门 B 的 b 输入端桥接,则不论是"线与"还是"线或",都将对逻辑函数发生影响。

(2) 输入、输出桥接

因为非相关输入、输出桥接的情况与上面所介绍的输入桥接情况相似,因此,在这里将只讨论相关输入、输出的桥接所导致的错误逻辑。

图 7.3 所示为一个典型组合逻辑电路由于输入、输出桥接而导致的逻辑变化。图中"×"的位置指出了发生桥接的信号线连接。图(a)是一个典型的组合逻辑;图(b)表示在电路中的 A 信号线与 OUT 信号线发生了短接;图(c)则说明了当桥接是"线与"的逻辑关系时所对应的逻辑关系;图(d)是当桥接为"线或"逻辑关系时所对应的逻辑关系。

显然,这样的输入、输出桥接将原先的组合逻辑结构改变为具有记忆功能的逻辑单元,图(c)实际上是一个典型的 R-S 触发器。

图 7.4 所示是一个倒相延迟逻辑,由于桥接改变为可控振荡器的变化过程,原来的输入端 A

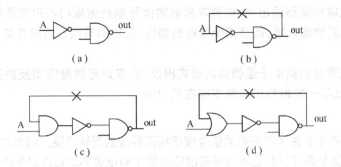

图7.3 桥接故障1

变成了控制端。

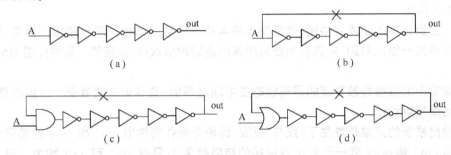

图7.4 桥接故障2

在图(c)逻辑中,当信号输入 A 为 1 时,out 输出的是振荡信号,(d)图则是当 A 为 0 时发生振荡。

由以上的分析可知,输入桥接改变了电路的逻辑关系,输入、输出桥接则从根本上改变了逻辑结构和电路性质。除了逻辑关系的改变以外,桥接对电路的性能也将产生影响。例如,对 CMOS 逻辑,原本不存在的直流通路,但因为线连接而产生通路,出现静态电流。原本无比电路也会因为不应有的连接而变为有比电路,等等。

桥接故障的复杂性和它的不可预测性,使得这种故障分析变的十分复杂。通过测试我们可以发现逻辑错误,但对于一个大的逻辑系统,这个逻辑错误的定位却是极其困难的。

特别需要指出的是:桥接并不仅是由于两条金属"连条"而产生的,它和工艺加工过程密切相关。它可能是连条造成的,也可能是二氧化硅上的针孔造成的,还可能是电路中器件的失效造成的等。所以,在分析这类故障时首先要缩小分析范围。

7.2.3 可测试性分析

表征电路可测试性的关键是电路内部节点的可控制性和可观察性。具体地说,可控制性就是对电路内部每个节点的置"0"与置"1"能力,可观察性就是能否直接或间接地观察电路内部任何节点状态的能力。从前面对三输入与非门固定故障的分析可知,节点所存在的故障只有在某个或某些信号的控制下才能够反映出来,在测试过程中对电路的控制就是设置这些状态,以达到反映故障的目的。直接或间接观察电路内部的节点就是要在某个观察位置"透过"堆积的硬件"看到"所需测试节点的状态,从技术角度讲就是要"打通"一条或几条从待测试节点到观察位置的路径。显然,对于靠近电路输入端的内部节点,其可控制性较好,可观察性较差;对于靠近观察位置(通常是某个或某些原始输出端)的内部节点,可观察性较好,可控制性较差。

对电路内部的每一个可测试节点,可通过以下的 6 个参数去定量地描述其可控制性和可观察性的优劣。

① 为了将节点 N 设置为 0,必须在电路中赋予确定值的组合逻辑节点的最少个数。这里的组合逻辑节点是指电路的原始输入或标准组合单元输出。以 $CC^0(N)$ 表示。

② 为了将节点 N 设置为 1,必须在电路中赋予确定值的组合逻辑节点的最少个数。这里的组合逻辑节点是指电路的原始输入或标准组合单元输出。以 $CC^1(N)$ 表示。

③ 为了将节点 N 设置为 0,必须在电路中赋予确定值的时序逻辑节点的最少个数。这里的时序逻辑节点是标准时序单元的输出。以 $SC^0(N)$ 表示。

④ 为了将节点 N 设置为 1,必须在电路中赋予确定值的时序逻辑节点的最少个数。这里的时序逻辑节点是标准时序单元的输出。以 $SC^1(N)$ 表示。

⑤ 为了将节点 N 的值传输到某个原始输出所需经过的组合逻辑单元的个数,以及为了把节点 N 的逻辑值传播到原始输出必须在电路中赋予确定值的组合逻辑节点的最少个数。以 $CO(N)$ 表示。

⑥ 为了将节点 N 的值传输到某个原始输出所需经过的标准时序单元的个数,以及为了把节点 N 的逻辑值传播到原始输出必须控制的标准时序单元的最少个数。以 $SO(N)$ 表示。

前 4 个参数描述了节点 N 的可控制性,显然这些参数值相加结果的数值越大,节点 N 的可控制性越差,反之则可控制性越好。

后两个参数描述了节点 N 的可观察性,同样地,这两个参数的数值越大,节点 N 的可观察性越差,反之则可观察性越好。

值得注意的是,并不是所有的内部节点都具有可控制性和可观察性,如果电路中的某个或某些节点不可控或不可观察,则称该节点不可测。

从整体上讲,如果集成电路的所有内部节点都满足可控制性和可观察性的要求,那么它是可测试的,测试所需的控制量越少,电路的可测试性越好。反之,如果集成电路内部的一个或多个节点不可控或不可观察,则它的可测试性比较差,或者说它不可完全测试。

当然,可测试性分析不可能采用人工分析,必须借助某些计算机软件(称为分析工具)。在现在的 VLSI 设计系统中,可以借助测试矢量生成软件对电路产生测试矢量,确定不可测试的节点数量与位置,然后通过对逻辑的修改,使测试覆盖率达到 100%。也可借助可测试性分析软件,确定节点的可测试覆盖率,然后修改逻辑,使覆盖率达到 100%。除了不可测试点的描述外,这两种分析方法的不同之处在于,前者给出的是各可测试节点的测试矢量,后者给出了每个可测试节点的可控制性和可观察性强弱。通过对可控制性和可观察性参数的分析,我们可以修改逻辑或者插入测试观察点,改进电路内部节点的可控制性和可观察性,使测试所需的资源降到最低程度。

一个良好的易测试逻辑应该具备以下几个特点:
● 容易产生测试矢量。
● 尽量小的测试矢量集。
● 容易实现故障定位。
● 附加电路尽可能少。
● 附加电路引出线尽可能少。

7.2.4 测试矢量生成

测试矢量是一组测试码,它包含了测试输入和应有的测试输出,其中,测试输入是加到电路原始输入端的激励信号,测试输出是用于比对实测结果的输出信息。根据待测节点的置位要求,以及将假设的故障传播到输出所应给出的信号要求,产生的测试信号就是所谓的测试矢量。

生成测试矢量包括三个环节:

① 为了能够反映在电路内部节点所存在的故障,必须对该节点设置正常逻辑值,设置的正常逻辑值应为假设故障值的非量。这样,如果在原始输出端测到设置的正常逻辑值的效应,则表明该节点没有故障,反之,如果测到的是节点故障值的效应,则表明该节点确实存在假设的故障状态。这里的效应概念是考虑到信号在传播的过程中会被倒相,它不一定是故障或正常逻辑值的原量。

② 为了能够将故障效应传播到某个原始输出,则沿着故障传播路径的所有逻辑门必须被选通,也就是使它们处于开放状态,即敏化路径。具体地说,就是沿着故障传播路径的所有的与门和与非门的非故障信号端必须设置为 1 状态,所有的或门和或非门的非故障信号端必须设置为 0。

③ 根据反映故障和传播故障的要求而设置的节点信号值必须对应到原始输入端(PIN)的信号。

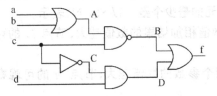

图 7.5 测试生成例子

图 7.5 所示是一个分析测试矢量生成过程的例子,这是一个简单的组合逻辑结构,我们通过它来讨论有关测试生成的问题。现在将对 A、B、C 三个内部节点分别产生测试矢量,也就是说,这里规定:每一次分析中电路只能有一个故障,如果 A 点存在故障则其他节点应该是正常的,B 和 C 点的情况也一样,这就是所谓的单故障分析模型。对于多故障情况,测试生成的过程要复杂得多。这里介绍的只是单故障条件下测试生成思想,实际的测试生成是通过计算机软件实现的。

【例 7-1】 假设存在 A:s-a-1 故障,求测试矢量。

解: 第一步:为了使 A 节点的故障能够被反映出来,设置 A 节点的正常逻辑值为 0,即 $a+b=0$。

第二步:为了将 A 点的故障传播到输出 f,沿着 A→f 的路径必须被敏化,这就要求 $c=1$,$D=0$,在满足这两个条件后,故障 A:s-a-1 被倒相地传播到了原始输出端 f。

第三步:因为 $a+b=0$,所以 $a=b=0$;因为 $D=0$,所以 $d \cdot \bar{c}=0$;又因为 $c=1$,所以 d 可以是任意值。

结论:我们得到 A:s-a-1 的测试输入为 abcd=0010 或 0011,如果 A 点确实存在 s-a-1 故障,则输出的信号值为 0,如果 A 点不存在假设的故障,则输出的信号值为 1。

【例 7-2】 假设存在 B:s-a-1 故障,求测试矢量。

解: 第一步:反映故障,设置 B 节点的正常逻辑值为 0,即 $\overline{A \cdot c}=0$。

第二步:传播故障,敏化 B→f 的路径,$D=0$。

第三步:确定原始输入。

因为 $\overline{A \cdot c}=0$,所以 $A=1$,$c=1$;

因为 $D=0$,所以 $C \cdot d=\bar{c} \cdot d=0$;又因为 $c=1$,所以 d 可以是任意值;

因为 $A=1$,所以 $a+b=1$,ab 可以是 01,10,11 组合。

结论:对 B:s-a-1 故障的测试输入可以是 abcd=0111,1011,1111,0110,1010,1110 中的任意一个,如果 B 点确实存在 s-a-1 故障,则输出的信号值为 1,如果 B 点不存在假设的故障,则输出的信号值为 0。

【例 7-3】假设存在 C:s-a-1 故障,求测试矢量。

解:第一步:反映故障,设置 C 节点的正常逻辑值为 0,即 $\bar{c}=0$。

第二步:传播故障,敏化 C→f 的路径,d=1,B=0。

第三步:确定原始输入。

因为 $\bar{c}=0$,所以 c=1;

因为 B=0,所以 $\overline{A \cdot c}=0$,C=1 并且 A=1;

因为 A=1,所以 a+b=1,ab 可以是 01,10,11 组合。

结论:对 C:s-a-1 故障的测试输入可以是 abcd=0111,1011,1111 中的任意一个,如果 C 点确实存在 s-a-1 故障,则输出的信号值为 1,如果 C 点不存在假设的故障,则输出的信号值为 0。

至此,我们得到了测试 A、B、C 三点存在 s-a-1 故障的测试矢量,但同时我们也发现了一个问题,这三个节点的测试输入都不止一个,并且有重复,例如,对 C:s-a-1 的三个测试输入就包含在 B:s-a-1 的 6 个测试输入中,并且,在原始输出端它们对故障的判断依据也是相同的。那么,如何加以区分呢?很简单,在实测中如果采用 abcd=0111,1011,1111 中的任意一个,在输出端我们没有发现故障,则说明 B、C 点都不存在故障;反过来,如果在输出端发现有故障效应,则再采用 abcd=0110,1010,1110 中的任意一个,判断故障是否发生在 B 点。当然,也可以先用 abcd=0110,1010,1110 中的任意一个做输入,判断 B 点是否发生故障,然后,再用 abcd=0111,1011,1111 中的任意一个输入,判断 C 点是否发生故障。对单故障假设,最后的这一步,实际上可以不做。

现在,我们再来看另一种情况,假设存在 C:s-a-0 故障,求测试矢量。

第一步:反映故障,$\bar{c}=1$。

第二步:传播故障,敏化 C→f 的路径,d=1,B=0。

第三步:确定原始输入。

因为 $\bar{c}=1$,所以 c=0;

因为 c=0 使与非门的输出被置为 1,不可能满足 B=0 的要求,发生了矛盾,这被称为 C:s-a-0 故障不可测。

但是,如果仔细地分析 C 点的情况就会发现,C:s-a-0 故障并不影响逻辑电路的正常工作。

假设在实际电路中确实存在 C:s-a-0 故障,那么,这个故障仅对 c=0 时的输入产生影响,它阻止了倒相器的正常 1 输出信号的传播,但此时,由于 c=0 而使得 f 被直接置为 1(通过与非门和或门的作用),不必考虑其他输入信号的作用,也就是说,C:s-a-0 故障的存在与否并不影响正常的逻辑输出。这样的情况被称为故障冗余。

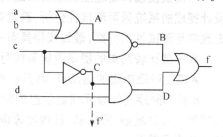

图 7.6 简单的可测试性设计方案

如果 C:s-a-0 故障不是故障冗余情况,而其又不可测时,可通过增加测试观察点的方法加以解决,如图 7.6 中的虚线所示。

这样的设计就是一个最简单的可测试性设计方案。当然,电路越复杂,规模越大,可测试性设计的难度越大。

7.3　可测试性设计

随着 VLSI 系统的规模越来越大,测试也变得越发困难,这包含了两个方面的问题:一是测试矢量的生成越来越困难;二是不可测试的节点越来越多。这就需要引入可测试性设计技术,增加系统的可测试性。

7.3.1　分块测试

正是因为系统的规模变大和系统结构的日趋复杂,以及多元化使得测试难度加大,人们自然而然地想到分块测试方法。分块测试技术是将电路分块,以减小测试的难度。因为电路的复杂性与测试生成的计算机计算时间之间呈指数关系,分块测试后总的测试时间较之完整电路的测试时间将大幅度缩小,并且测试生成的难度也将下降。

另外,现在的 VLSI 系统都采用并行设计方法,即由多个设计者分别完成不同部分的设计,在分块设计的同时也可同步地完成各模块测试生成。当需要改变某一模块的功能时,只要做局部的测试修改即可。当然,这样做将要求把原先的一些内部引线引出以满足测试的需要。这是因为虽然每个模块都有自己的输入和输出端口,但其中有一部分是进行模块间通信用的,并不是原始输入和输出。

适用于分块测试方法的电路主要有大型时序电路和模块/总线结构等易于分块的结构形式。

几乎所有的微处理器和 VLSI 逻辑电路都是由一些功能模块所构成,例如,控制器、译码器、寄存器、ROM、PLA,及数据处理部件等,模块间的数据传输,以及数据与输入、输出端口的连接都是通过系统总线进行,各模块的工作模式通过地址控制。由于这些 VLSI 电路的结构已由面向总线的结构给定,所以,只有很少的模块需要附加辅助测试控制逻辑和信号线,可以利用总线传送测试信息,分别对各模块进行测试。这样的测试方法将复杂的 VLSI 系统的测试转变为一系列中规模电路模块的测试。

当然,这种测试技术紧密地依赖于系统的体系结构,应用有一定的局限性。另外,这仅是测试的一个方案,尽管在系统的设计中考虑了测试的问题,或许增加了一些辅助的测试控制端,但还不能将其称为是真正的可测试性设计。

7.3.2　可测试性的改善设计

可测试性设计是建立在逻辑系统的设计之上的。首先必须先进行逻辑系统的设计,然后对设计完成的系统做可测试性分析,确定有哪些节点的测试比较困难或不可测,在分析的基础上决定改善可测试性的方案,最终获得具有一定可测试性的逻辑系统。

有一些比较简单的提高逻辑系统可测试性的方法,例如:

●增加逻辑电路的测试点,断开长的逻辑链使测试生成过程简化。

●提高时序逻辑单元初始状态的预置能力,这可以简化测试过程,而不需寻求同步序列或引导序列。对触发器、寄存器、计数器等设置置位、复位端,用硬件解决预置问题,使得时序逻辑的预置变得很简单。

●对不可测节点增加观察点,使其成为可测试的节点。

●插入禁止逻辑单元,断开反馈链,将时序逻辑单元变为组合逻辑电路进行测试。改变时钟控制方式,通过禁止逻辑隔离内部时钟,引入外部时钟控制测试同步。

●增加附加测试电路,改善复杂逻辑的可测试性。

图 7.7 所示是一个已完成逻辑设计的电路,图上标注了各个端点的编号,在一个节点的两边,不同的端点编号不同。这里通过分析和计算各个端点的可控制性参数值,确定电路中的关键端点,通过修改逻辑来改善电路的可控制性,以此说明可测试性设计的过程和方法。

下面计算该电路的各个端点的置 0 和置 1 的可控制性参数值。

　①1、2、3 号端点

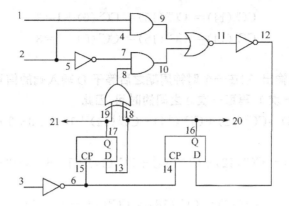

图 7.7　逻辑电路实例

因为是原始输入点,所以,可控制性参数值均为 1。

$$CC^0(1) = CC^0(2) = CC^0(3) = 1, CC^1(1) = CC^1(2) = CC^1(3) = 1$$

② 4、5、6 号端点

因为处于原始输入的一个节点或一个逻辑门之后,所以,可控制性参数值等于 2。

$$CC^0(4) = CC^0(5) = CC^0(6) = 2, CC^1(4) = CC^1(5) = CC^1(6) = 2$$

③ 7 号端点

7 号端点是 5 号端点的取反信号,所以有

$$CC^0(7) = CC^1(5) + 1 = 3, CC^1(7) = CC^0(5) + 1 = 3$$

④ 9 号端点

9 号端点是二输入与门的输出,它的置 0 由任意一输入端的 0 值置位,取小值。

$$CC^0(9) = \min[CC^0(1), CC^0(4)] + 1 = 2$$

9 号端点被置 1 必须是 1 号端点与 4 号端点都为 1,因此需要控制两个信号端,即

$$CC^1(9) = CC^1(4) + CC^1(1) + 1 = 4$$

⑤ 10 号端点

10 号端点置 0 取决于 7 号端点和 8 号端点的任意一个为 0,从图中可以看出,8 号端点较难控制(后面的计算可以证明这一点),取小值,即

$$CC^0(10) = \min[CC^0(7), CC^0(8)] + 1 = 4$$

10 号端点置 1 必须 7 号端点和 8 号端点均为 1,因为 8 号端点尚未计算,因此,我们稍后再计算 $CC^1(10)$。

⑥ 11 号端点

类似前面的分析有:$CC^1(11) = CC^0(9) + CC^0(10) + 1 = 7$,当需要 11 号端点置 0 时,只要 9 号端点与 10 号端点中的任意一个为 1,$CC^1(9)$ 等于 4,虽然尚未计算 $CC^1(10)$,但可以看出它显然大于 4,因为当要求 10 号端点为 1 时,必须 7 号端点和 8 号端点均为 1,而 $CC^1(7) = 3, CC^1(8)$ 不可能等于 0,所以 $CC^1(10) = CC^1(7) + CC^1(8) + 1$,必然大于 4。所以有

$$CC^0(11) = \min[CC^1(9), CC^1(10)] + 1 = 5$$

⑦ 12 号端点

它是 11 号端点信号的非量,所以有

$$CC^0(12) = CC^1(11) + 1 = 8, CC^1(12) = CC^0(11) + 1 = 6$$

⑧ 14、15 号端点

它们位于 6 号端点的一个节点之后,所以有

$$CC^0(14) = CC^0(15) = CC^0(6) + 1 = 3$$
$$CC^1(14) = CC^1(15) = CC^1(6) + 1 = 3$$

⑨ 16 号端点

这是一个触发器的输出,它在一个时钟周期之后等于 D 输入端的信号值。所谓的一个时钟周期就是 14 号端点取一次 1,再取一次 0 之间的时间,因此

$$CC^0(16) = CC^0(12) + CC^0(14) + CC^1(14) + 1 = 8 + 3 + 3 + 1 = 15$$

同样地有

$$CC^1(16) = CC^1(12) + CC^0(14) + CC^1(14) + 1 = 6 + 3 + 3 + 1 = 13$$

⑩ 13、18 号端点

$$CC^0(13) = CC^0(18) = CC^0(16) + 1 = 16$$
$$CC^1(13) = CC^1(18) = CC^1(16) + 1 = 14$$

⑪ 17 号端点

与 16 号端点的分析相同,可以得到:

$$CC^0(17) = CC^0(13) + CC^0(15) + CC^1(15) + 1 = 16 + 3 + 3 + 1 = 23$$
$$CC^1(17) = CC^1(13) + CC^0(15) + CC^1(15) + 1 = 14 + 3 + 3 + 1 = 21$$

⑫ 19 号端点

显然,$CC^0(19) = 24, CC^1(19) = 22$。

⑬ 8 号端点

异或门在输入端信号相异时输出 1,相同时输出 0。

$$CC^0(8) = \min[CC^0(18) + CC^0(19), CC^1(18) + CC^1(19)] + 1$$
$$= \min[16 + 24, 14 + 22] + 1 = 37$$
$$CC^1(8) = \min[CC^0(18) + CC^1(19), CC^1(18) + CC^0(19)] + 1$$
$$= \min[16 + 22, 14 + 24] + 1 = 39$$

现在,可以计算 $CC^1(10)$,即

$$CC^1(10) = CC^1(7) + CC^1(8) + 1 = 3 + 39 + 1 = 43。$$

至此,所有主要的端点可控制性参数值计算完毕,将所有计算结果列于表 7.1 中。

表 7.1 示例逻辑各端点可控制性参数值

端点号 i	$CC^0(i)$	$CC^1(i)$	端点号 i	$CC^0(i)$	$CC^1(i)$
1	1	1	11	5	7
2	1	1	12	8	6
3	1	1	13	16	14
4	2	2	14	3	3
5	2	2	15	3	3
6	2	2	16	15	13
7	3	3	17	23	21
8	37	39	18	16	14
9	2	4	19	24	22
10	4	43			

由上面的可控制性分析可知，由于 8 号端的可控制性最差，$CC^0(8)=37$，$CC^1(8)=39$，也因此导致 10 号端点的 $CC^1(10)=43$。改善可控制性的关键应该是对与 8 号端点相关的电路进行修改，如果在 16 号、17 号节点处插入一个与门，则可以大大地改善 8 号、17 号、18 号、19 号和 10 号端点的可控制性，如图 7.8 所示。

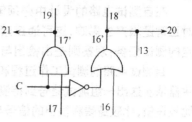

其中，C 是测试控制端，当 $C=1$ 时，逻辑正常工作，当 $C=0$ 时，处于测试状态。

这样改进后，$CC^1(18)=5$，$CC^0(19)=4$，$CC^1(8)=10$，$CC^1(10)=14$，其他相关端点的可控制性参数值也将有不同程度下降。

图 7.8　改善可控制性的结构

如果采用对 D 触发器增加置位和复位端，则 16 号节点、17 号节点的可控制性函数值 $CC^1(17)=CC^1(16)=2$，$CC^0(17)=CC^0(16)=2$，8 号端点的置 0 可控制性参数值 $CC^0(8)=CC^1(8)=7$，也将因此而下降。

当然，设计是不唯一的，设计不同，各点的控制函数值也会不相同，这需要通过对总体资源的考虑决定。这里只是通过上面的例子说明怎样判断关键点和怎样通过插入附加逻辑结构改善节点的可控制性。

可观察性的分析原理与可控制性相似，可观察性是通过对相关端点置 0 或置 1 敏化路径实现的，因此，基本的分析原理是相同的。

改善可测试性带来的最大问题是将增加信号线的数量，这些信号线的一部分用于增加测试的可控制性，一部分用于改善测试的可观察性。显然，如果将这些增加的信号线直接引出到芯片的 I/O 端口是不现实的。目前常用下述的两种方案解决这个矛盾。

（1）使用编码器

如果根据测试的需要而增加的可控制点很多，假设有 2^N 个，显然，无法将这么多的点都作为原始输入的控制点。这时，可设计一个控制端，用以区别电路的正常工作状态和测试状态。在测试状态，N 个输入端信号经过编码器得到 2^N 个输出，分别去控制 2^N 个点。这样增加 $N+1$ 根外部引线即可实现内部的 2^N 个点的不同控制。如果这 N 个信号又是通过计数器产生，则所需的原始输入信号更少，但带来的缺点是增加了测试时间。

如果采用 ROM 作为测试控制的控制源，则具有更大的编码灵活性，易于与测试矢量配合，且 ROM 本身的可靠性高，不易出错。

（2）使用串行移位寄存器

在电路设计中增加串行移位寄存器，使测试控制点的控制值串行移入寄存器，由寄存器对控制线施以控制信号，观测点上的信号值再由寄存器收回，然后再串行移出，就可以观察电路内部节点的值。

由于串行移位寄存器的电路结构规则、简单，所需增加的硬件规模和外部控制线较少。另外，串行移位寄存器的自身测试非常简单，只要在串行移位寄存器的输入端施加一组测试序列，经过若干移位脉冲即可在输出端检测该组测试序列是否正常输出，以此判断串行移位寄存器是否正常，避免了附加的电路本身所带来的测试问题。

显然，这种测试方法将使测试时间增加。

7.3.3　内建自测试技术

顾名思义，内建自测试技术（Built In Self Test，BIST）就是在电路系统内部设计一些附加的自动测试电路,与电路系统本身集成在同一块芯片上。这种电路有两种工作模式,一种是自测试模式,另一种是正常工作模式,在正常工作模式下,自测试电路被禁止。

在自测试电路的设计中必须解决三个问题:隔离、控制和观察。隔离的目的是防止测试逻辑对正常逻辑产生影响,这可通过禁止结构实施;控制当然是为了使测试逻辑有序的工作,完成规定的测试任务;观察则是由检出与比较逻辑组成,其作用是监视测试结果。

自测试电路的测试工作过程和一般的测试过程相似。在测试状态,内建自测试电路的信号发生器依次送出一组测试信号到待测试的逻辑电路,逻辑电路对测试序列的响应则被输出到检出与比较逻辑,比较逻辑将检出的信号与预置的信号值加以比对,然后送出比对结果到观察点。

在设计中可采用的结构是多种多样的。一种设计方案是:内建自测试电路的信号发生器采用 ROM 结构,在每个"字"中包含了测试输入和预置的正常测试输出值。在外部提供的测试时钟控制下,依次地送出测试矢量,其中的测试输入去激励待测试逻辑,预置的输出值则被送到比对逻辑,比对逻辑主要由异或门组成,它将检出的输出与预置的输出去比对,并将结果输出。因为采用外部时钟同步,因此,比对的结果只需很少的几根信号线就可同步地进行观察。这样的设计,附加的输入和输出信号线较少,结构简单。

采用内建自测试技术具有以下的优点:

(1) 简化了外部测试设备。外部测试设备在这种测试模式下,仅完成初始化内建自测试逻辑和提供同步时钟,及检查比对逻辑的输出以判断待测试逻辑是否正常。如果内建自测试逻辑设计有自己的时钟,则外部测试设备只需完成初始化和观察有无错误信息送出即可。但这样的结构对于精确判断具体的故障位置比较困难。

(2) 提高了测试效率。由于内建测试逻辑与被测试逻辑是在相同的环境下工作,所以可以在被测电路的正常工作速度下对它进行检测,这样既可提高测试速度,同时也检查了电路的动态特性。

7.3.4 扫描测试技术

可测试性设计的主要目标是增加内部节点状态的可控制性和可观察性。所以,几乎所有的可测试性设计都是围绕着这个目的展开的。

扫描测试技术主要有两种方式:一种是利用简单的串行移位寄存器,将电路中的各节点与它相连,利用移位寄存器去控制各节点的状态,并读入各节点的响应,串行输出;另一种是在测试状态下,将电路中的所有存储单元(不包括寄存器阵列)连接成移位寄存器,进行串入/串出的状态测试。前者是另外增加移位寄存器,后者是利用附加的多路转换器和原有存储单元,如触发器、寄存器等,重新构造成移位寄存器。

第一种方式是在电路中附加了一个长的串行移位寄存器和多路转换器,它可以控制任何需要控制的节点,并读出需要读出的信息。第二种方式是利用了电路本身具有的存储单元,与附加的多路转换器一起完成时序逻辑单元的测试,对于组合逻辑则直接通过原始输入端施加测试输入,通过原始输出端观察测试输出。

除了在上面所介绍的各种可测试性设计技术以外,还有其他的多种可测试性设计技术。总结可测试性技术的基本思想,就是在尽可能减少附加逻辑部件和信号线的目标下,实现对电路内部节点的控制和观察。

本章结束语

测试问题和可测试性设计实际上是一个非常复杂的问题,甚至可以说是一个技术分支,本章所介绍的内容是非常简单的基础内容。之所以要设置本章的内容是希望读者了解在 VLSI 系统设计中还存在另一类重要的设计问题。可测试性设计尚未成为一个成熟的技术,还有许多待研究的内容,目前还没有一个成熟的设计软件能够对用户已完成的基本系统进行分析、提取,然后自动地对系统进行修正使系统满足测试需求。希望读者通过本章的学习,能够对为什么要进行可测试性设计以及相关的基本概念有一个基本的认识。

练习与思考七

1. 通过网络与资料检索,了解 VLSI 系统的基本测试方法、过程。

2. 通过网络与资料检索,了解 VLSI 系统中 BIST 的基本结构并通过应用实例理解 BIST 技术。

3. 对图 7.9 所示逻辑中 A:s-a-0 故障进行可测试性分析与可测试性设计。

4. 对图 7.10 所示电路中的 A:s-a-0 产生测试码。

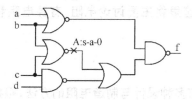

图 7.9　习题 3 电路　　　　　图 7.10　习题 4 电路

5. 对图 7.11 所示电路中的 A:s-a-0 产生测试码。

6. 请计算图 7.12 所示电路中各标注点的可控制性参数值。

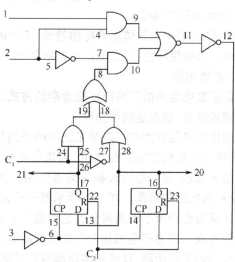

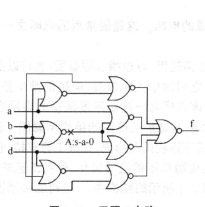

图 7.11　习题 5 电路

图 7.12　习题 6 电路

第8章 模拟单元与变换电路

在 VLSI 中的模拟集成电路单元主要用于处理信号链中的连续小信号,即所谓的模拟信号,模拟电路的设计较之数字逻辑的设计是比较困难的,要求电路的每一个组成单元必须是精确的。在 VLSI 技术中所设计和应用的模拟集成电路应与主流技术相融合,应以 MOS 模拟集成单元为主要的设计对象。在本章中的模拟集成电路设计将主要讨论 MOS 电路技术。

8.1 模拟集成单元中的基本元件

电阻、电容和晶体管是模拟集成单元的主要积木元件,作为基本放大元件的 MOS 晶体管(工作管)的主要特性在第 2 章中已经进行了介绍,这里将主要讨论电阻、有源电阻和电容的设计,还将考虑分布参数对元件性能的主要影响。

8.1.1 电阻

电阻是最基本的电子元件,在集成工艺技术中有多种设计与制造电阻的方法,根据阻值和精度的要求可以选择不同的电阻结构和形状。模拟集成单元中的电阻分为无源电阻和有源电阻,无源电阻通常是采用掺杂半导体或合金材料制作的电阻,而有源电阻则是将晶体管进行适当的连接和偏置,利用晶体管在不同工作区所表现出来的不同电阻特性来制作电阻。

1. 掺杂半导体电阻

众所周知,掺杂半导体具有电阻特性,不同的掺杂浓度具有不同的电阻率,正是利用掺杂半导体所具有的电阻特性,可以制造电路所需的电阻器。

(1)扩散电阻

所谓扩散电阻是指采用热扩散掺杂的方式构造而成的电阻。这是最常用的电阻之一,工艺简单且兼容性好,缺点是精度稍差。

制造扩散电阻的掺杂可以是工艺中的任何热扩散掺杂过程,可以掺 n 型杂质,也可以是 p 型杂质,还可以是结构性的扩散电阻,例如在两层掺杂区之间的中间掺杂层,典型的结构是 n-p-n 结构中的 p 型区,这种电阻又称为沟道电阻。当然,应该选择易于控制浓度误差的杂质层做电阻,保证扩散电阻的精度。图 8.1 所示是一个以 p 型掺杂区做扩散电阻的结构示意图。这个 p 型掺杂区通常是利用了电路制造工艺中某个 p 区掺杂工艺过程同时形成,如果工艺支持,也可以专门掺杂形成。前者不需增加专门的工艺步骤,缺点是电阻率不能灵活变化,受到工艺的限制;后者需要增加工艺步骤,优点是电阻率变化灵活。在图 8.1 所示的结构中,n 型衬底必须设计重掺杂接触区并接一定的高电平。

扩散电阻的误差主要由两个基本因素所造成:掺杂浓度和结深的误差,另外还有几何结构的误差等。掺杂浓度和结深的误差容易理解,这里主要对几何结构所产生的误差加以分析。由图 8.1 可以看到,该电阻的图形呈哑铃状,主要的电阻区是中间长度为 L 和宽度为 W 所定义的条形区域。按照基本的电阻计算方法,L 越长,电阻越大,W 越窄,电阻越大。为了能够在较小的面积中构造尽可能大的电阻,这样的条状图形应该是细长的,例如,以设计规则所允许的最小电阻线宽进行设计。同时,按照设计规则(参见 3.4 节),扩散区必须对其上的孔具有一定的覆盖,必然要求开孔位置的扩散区面积大一些,这就是导致细长电阻呈哑铃状的原因。显然,这多出来的"电阻端头"将附加在细长的基本电阻上,导致实际电阻大于设计的基本电阻。另外,因为电流并不完全是以直线进行传播,从孔区注入的电流到达细长电阻区域所产生的实际电阻分布情况比较复杂,造成计算上的困难。

（2）离子注入电阻

同样是掺杂工艺,由于离子注入工艺可以精确地控制掺杂浓度和注入的深度,并且横向扩散小,因此,采用离子注入方式形成的电阻阻值容易控制,精度较高。离子注入的电阻结构如图8.2所示。

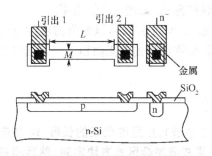 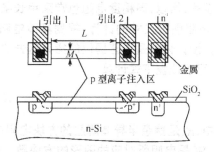

图8.1　扩散电阻结构示意图　　　图8.2　离子注入形成的电阻结构

这个电阻由两部分组成,离子注入区电阻和 p^+ 区端头电阻,因为 p^+ 区端头的掺杂浓度较高,所以附加的电阻值很小,实际电阻阻值主要由离子注入区电阻决定,与热扩散掺杂电阻相比,减小了误差,进一步提高了精度。当然,这样的端头重掺杂技术应用到扩散电阻后也可以减小误差。

（3）掺杂半导体电阻的几何图形设计

由上面对热扩散电阻和离子注入电阻的比对可以看出,电阻的精度与几何图形结构有关。电阻的几何图形设计包括两个主要方面:几何形状的设计和尺寸的设计。

① 形状设计与考虑:图8.1和图8.2所示的只是一个简单的电阻图形,实际的电阻图形形式是多种多样的,图8.3所示了一些常用的扩散电阻的版图形式。

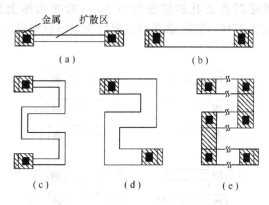

图8.3　常用的扩散电阻图形

从图中可以看出,有的电阻条宽,如图（b）、（d）、（e）结构,有的电阻则条窄,如图（a）、（c）结构;有的是直条形状的电阻,如图（a）、（b）所示,有的则是折弯形状的电阻,如图（c）～（e）所示;有的是连续的扩散图形,如图（a）～（d）结构,有的是用若干直条电阻由金属条串联而成,如图（e）所示。那么,在设计中根据什么来选择电阻的形状呢?

一个基本的依据是：一般电阻采用窄条结构，精度要求高的采用宽条结构；小电阻采用直条形，大电阻采用折弯形。

在电阻的制作过程中，由于加工所引起的误差，如扩散过程中的横向扩散、制版和光刻过程中的图形宽度误差等，都会使电阻的实际尺寸偏离设计尺寸，导致电阻值的误差。电阻条图形的宽度 W 越宽，相对误差 $\Delta W/W$ 就越小，反之则越大。与宽度相比，长度的相对误差 $\Delta L/L$ 常常可忽略。因此，对于有精度要求的电阻，要选择合适的宽度。

因为在光刻工艺加工过程中过于细长的条状图形容易引起变形，同时考虑到版图布局等因素，对于高阻值的电阻通常采用折弯形的几何图形结构。但是，由于在拐角处的电流密度不均匀将产生误差，所以，高精度电阻也常采用长条电阻串联的形式，如图 8.3(e) 结构。

② 电阻图形尺寸的计算：根据具体电路中对电阻大小的要求，可以非常方便地进行电阻图形设计。设计依据是工艺提供的掺杂区方块电阻值和所需制作的电阻阻值。一旦选中了掺杂区的类型，可以依据下式计算。

$$R = R_S \cdot \frac{L}{W} \tag{8.1}$$

式中，R_S 是掺杂半导体薄层的方块电阻（参见 3.2.2 节），L 是电阻条的长度，W 是电阻条的宽度，L/W 是电阻所对应的图形的方块数。因此，只要知道掺杂区的方块电阻，然后根据所需电阻的大小计算出需要多少方块，再根据精度要求确定电阻条的宽度，就能够得到电阻条的长度。

当然，这样的计算是很粗糙的，因为在计算中并没有考虑电阻的折弯形状，以及端头形状对实际电阻值的影响，在实际的设计中需根据具体的图形形状对计算加以修正，通常的修正包括端头修正和拐角修正。

③ 端头和拐角修正：因为电子总是从电阻最小的地方流动，因此，从引线孔流入的电流，绝大部分是从引线孔正对着电阻条的一边流入的，从引线孔侧面和背面流入的电流极少，因此，在计算端头处的电阻值时需要引入一些修正，称为端头修正。端头修正常采用经验数据，以端头修正因子 k_1 表示整个端头对总电阻方块数的贡献。例如 $k_1 = 0.5$，表示整个端头对总电阻的贡献相当于 0.5 方。图 8.4 所示为不同电阻条宽和端头形状的修正因子经验数据，图中的虚线是端头的内边界，该边界到电阻引线孔边界的尺寸通常为几何设计规则中扩散区对孔的覆盖数值。例如，设计规则规定扩散区对其上孔的覆盖为 $0.2\mu m$，就表示图上虚线到孔边界的尺寸为 $0.2\mu m$。对于大电阻（L 远大于 W）情况，端头对电阻的贡献可以忽略不计。

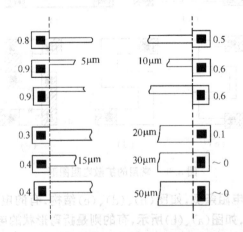

图 8.4　不同电阻条宽和端头形状的端头修正因子

对于折弯形状的电阻,通常每一直条的宽度都是相同的,在拐角处是一个正方形,但这个正方形不能作为一个电阻方来计算,这是因为在拐角处的电流密度是不均匀的,靠近内角处的电流密度大,靠近外角处的电流密度小。经验数据表明,拐角对电阻的贡献只有 0.5 方,即拐角修正因子 $k_2 = 0.5$。

当采用图 8.3(e) 的结构时,由于不存在拐角并且电阻条比较宽,所以这种结构的电阻精度比较高。但缺点是这种电阻占用的面积比较大,会产生比较大的分布参数。

（4）衬底电位与分布电容

制作电阻的衬底是和电阻材料掺杂类型相反的半导体,即如果电阻是 p 型半导体,衬底就是 n 型半导体,反之亦然。这样,电阻区和衬底就构成了一个 pn 结,为防止这个 pn 结导通,衬底必须接一定的电位。要求不论电阻的哪个端头和任何的工作条件,都要保证 pn 结不能处于正偏状态。通常将 p 型衬底接电路中最低电位,n 型衬底接最高电位,这样,最坏工作情况是电阻只有一端处于零偏置,其余点都处于反偏。例如,上端头接正电源的 p 型掺杂电阻,衬底的 n 型半导体也接正电源,这样在接正电源处,pn 结是零偏置,越接近电阻的下端头,p 型半导体的电位越低,pn 结反偏电压越大。

也正是因为这个 pn 结的存在,又导致了掺杂半导体电阻的另一个寄生效应:寄生电容。任何 PN 结都存在结电容,电阻的衬底又通常都是处于交流零电位(直流的正、负电源端或地端),使得电阻对交流地存在旁路电容。如果电阻的一端接地,并假设寄生电容沿电阻均匀分布,则电阻幅模的 $-3\mathrm{dB}$ 带宽近似为

$$f \approx \frac{1}{3RC} = \frac{1}{3R_\mathrm{s}C_0 L^2} \tag{8.2}$$

式中,C_0 是单位面积电容,L 是电阻的长度。

2. 薄膜电阻

寄生效应影响了掺杂电阻的应用,所以,除了利用掺杂区构造电阻外,还常常利用薄膜材料制作电阻。主要的薄膜电阻有多晶硅薄膜电阻和合金薄膜电阻。

（1）多晶硅薄膜电阻

掺杂多晶硅薄膜也是一个很好的电阻材料,由于它是生长在二氧化硅层之上,因此,不存在对衬底的漏电问题,当然也不必考虑它的端头电位问题,因为它不存在对衬底的导通。多晶硅薄膜电阻仍然存在寄生电容,但其性质与 pn 结电容不同,它的寄生电容是多晶硅—氧化层—硅电容,单位面积电容的大小由氧化层厚度决定,如果将它们做在场氧化层之上,则可大大地降低分布电容。

多晶硅薄膜电阻的几何图形设计与电阻值的计算与掺杂电阻相同,只不过它的 R_s 是多晶硅薄膜的方块电阻,可以通过调整多晶硅的掺杂浓度和多晶硅氧化的方法来调整多晶硅电阻的大小。

（2）合金薄膜电阻

合金薄膜电阻采用一些合金材料沉积在二氧化硅或其他介电材料表面上,通过光刻形成电阻条。

常用的合金材料有:Ta、Ni-Cr、SnO、CrSiO 等。当然,随着技术的进步,不同的合金电阻将会不断出现。

合金薄膜电阻通过修正可以使其绝对值公差达到 $1\% \sim 0.01\%$ 的精度。主要的修正方法有氧化、退火和激光修正。

3. 有源电阻

所谓有源电阻是指采用晶体管进行适当的连接并使其工作在一定状态,利用它的直流导通电阻和(或)交流电阻作为电路中的电阻元件使用,这也是集成器件中使用最为广泛的电阻形式。MOS 晶体管和双极晶体管均可担当有源电阻,只要观察它们的特性曲线,就可知道其工作原理类似。

在第 2 章中曾介绍了 MOS 晶体管的平方律转移曲线,将 MOS 晶体管的栅和漏短接,使得导通的 MOS 晶体管始终工作在饱和区。图 8.5 所示为增强型 NMOS 和 PMOS 作为有源电阻时的器件接法和伏安特性曲线。

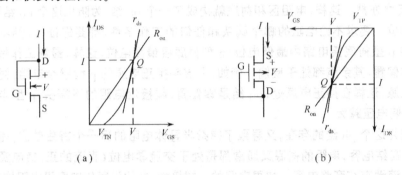

（a）　　　　　　　　　　　　　　　（b）

图 8.5　MOS 有源电阻及其伏安特性曲线

在这种应用中的 NMOS 的源是接较低电位的一端,NMOS 管的电流从漏端流入,从源端流出;而 PMOS 的漏是接较低电位的一端,电流从源端流入,从漏端流出。

工作在饱和区的 MOS 晶体管具有两种电阻:直流电阻和交流电阻。

NMOS 的直流电阻所对应的工作电流是 I,源漏电压是 V,直流电阻

$$R_{\mathrm{on}}\big|_{V_{\mathrm{GS}}=v}=\frac{V}{I}=\frac{2t_{\mathrm{ox}}}{\mu_{\mathrm{n}}\varepsilon_{\mathrm{ox}}}\frac{L}{W}\frac{V}{(V-V_{\mathrm{TN}})^2} \tag{8.3}$$

而交流电阻是曲线在工作点 Q 处的切线。因为 $V_{\mathrm{DS}}=V_{\mathrm{GS}}$,所以

$$r_{\mathrm{ds}}=\frac{\partial V_{\mathrm{DS}}}{\partial I_{\mathrm{DS}}}\bigg|_{V_{\mathrm{GS}}=v}=\frac{\partial V_{\mathrm{GS}}}{\partial I_{\mathrm{DS}}}\bigg|_{V_{\mathrm{GS}}=v}=\frac{1}{g_{\mathrm{m}}}=\frac{t_{\mathrm{ox}}}{\mu_{\mathrm{n}}\varepsilon_{\mathrm{ox}}}\cdot\frac{L}{W}\cdot\frac{1}{(V-V_{\mathrm{TN}})} \tag{8.4}$$

即交流电阻等于工作点为 V 的饱和区跨导的倒数。显然,这个电阻是一个非线性电阻,但因为一般交流信号的幅度较小,因此,这个有源电阻在模拟集成电路中的误差并不大。

对于 PMOS 有源电阻,也有类似的结果。

从上述的分析和曲线可以看出,饱和接法的 MOS 器件的直流电阻在一定的范围内比交流电阻大。在许多的电路设计中正是利用了这样结构的有源电阻所具有的交、直流电阻不一样的特性,来满足电路的需要。利用 MOS 管的工作区域和特点,我们也能够得到直流电阻小于交流电阻的特性。从图 8.6 所示的 MOS 晶体管伏安特性可知,工作在 Q 点的 NMOS 晶体管具有直流电阻小于交流电阻的特点。

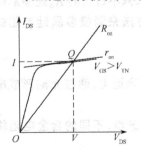

图 8.6　饱和区的 NMOS
有源电阻示意图

对于理想情况,Q 点的交流电阻应为无穷大,实际上因为沟道长度调制效应,交流电阻为一个有限值,但远大于在该工作点上的直流电阻。在这个工作区域,当漏源电压变化时,只要器件仍工作在饱和区,它所表现出来的交流电阻几乎不变,直流电阻则将随着漏源电压

变大而变大。

利用增强型 NMOS 管,耗尽型 NMOS 管和增强型 PMOS 管,可以构造多种有源电阻,图 8.7 所示为 5 种有源电阻形式。

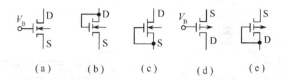

图 8.7　有源电阻的 5 种形式

图 8.7(a)是利用增强型 NMOS 管做有源电阻的结构,因为 NMOS 管的漏、栅、源是单独的节点,因此,只要器件工作在饱和区并能保持栅源电压不变,它将具有图 8.6 所示的特性。

图(b)和图(e)的特性已讨论,这里不再重复。

图(c)是一个耗尽型 NMOS 管栅源短接做负载的形式,只要该器件工作在饱和区,它也将具有图 8.6 所示的特性,所不同的是它对应的是 $V_{GS}=0$ 的那条曲线。

图(d)所示的 PMOS 管有源电阻与图(a)的 NMOS 管类似。

在实际电路中应用这些有源电阻时,根据接入方法的不同,以及节点信号变化的关系不同,它们也将表现出不同的特性。

有源电阻在模拟集成电路中得到广泛应用,后面将介绍这些电阻在电路设计中的应用。

8.1.2　电容

在模拟电路中,电容也是一个重要的元件。在 MOS 模拟电路单元中,由于在工艺上制造集成电容比较容易,并且容易与 MOS 器件相匹配,故集成电容得到较广泛的应用。这些电容大多采用 MOS 结构或相似结构。

1. 以 n⁺ 硅作为下极板的 MOS 电容器

广泛使用的 MOS 电容器结构之一是:以金属或重掺杂的多晶硅作为电容的上极板,二氧化硅为介质,重掺杂扩散区为下极板。

以金属作为上极板的 MOS 电容器结构如图 8.8 所示。

图 8.9 所示是以多晶硅作为电容上极板的结构。这两种结构的 MOS 电容器都是以重掺杂的 n 型硅作为下极板,与电阻的衬底情况相似,这里的 p 型硅衬底也必须接一定的电位(图中未画出),以保证 n⁺ 和 p 衬底构成的 pn 结保持反偏。当这个 pn 结处于反偏后,MOS 电容器

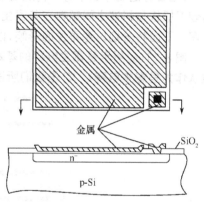

图 8.8　金属上极板 MOS 电容器结构

可被认为是无极性电容器。但是应该看到这种电容器仍然存在 pn 结寄生电容。

2. 以多晶硅作为下极板的 MOS 电容器

以多晶硅作为电容器下极板所构造的 MOS 电容器是无极性电容器。这种电容器通常位于场区,多晶硅下极板与衬底之间的寄生电容比较小。图 8.10 所示为两种以多晶硅作为下极板的电容器的结构。

其中,图(a)是以金属作为电容器的上极板的结构,图(b)是以多晶硅作为上极板的电容器结构。

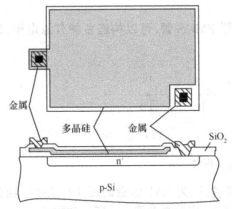

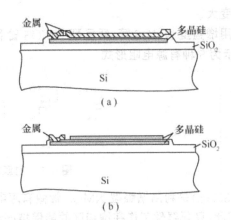

图 8.9　多晶硅上极板 MOS 电容器结构　　　图 8.10　以多晶硅为下极板的 MOS 电容器结构

以上介绍的 4 种 MOS 电容器的电容量大小与电容器的面积有关,与单位面积的电容即两个极板之间的氧化层的厚度有关。可以用下式计算

$$\frac{\varepsilon_0 \varepsilon_{SiO_2}}{t_{ox}} \tag{8.5}$$

真空电容率 $\varepsilon_0 = 8.85 \times 10^{-14} F/cm$;$\varepsilon_{SiO_2}$ 是二氧化硅的相对介电常数,约等于 3.9,两者乘积为 $3.45 \times 10^{-13} F/cm$,如果极板间氧化层的厚度为 $80nm(0.08\mu m)$,可以算出单位面积电容量为 $4.3 \times 10^{-4} pF/\mu m^2$,也就是说,一个 $10^4 \mu m^2$ 面积的电容器的电容只有 $4.3pF$。

3. 电容的寄生器件和叠层结构

集成元器件与分立电子元器件最大不同之一,在于集成元器件的寄生效应。不论采用何种技术,电容总是制作在半导体衬底之上,或多或少都存在着寄生器件。重掺杂半导体下极板和多晶硅下极板与衬底之间都存在着寄生电容。同时,只要极板材料的电阻不可忽略,则寄生电阻也存在。下面将分别讨论寄生的影响,以及如何利用寄生。

图 8.11(a)所示是寄生电容的基本物理结构。这里不论是 PN 结结构还是平板电容结构,都被认作为是寄生电容 C_j,C 是我们所设计的电容。

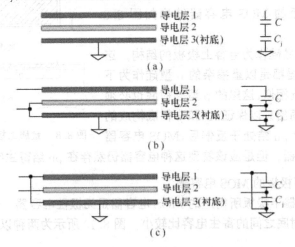

图 8.11　寄生电容结构图

如果电容 C 的一个极板接地，对于图(a)的物理结构就产生两种接法，如图(b)和图(c)所示。由等效电路图可以理解，图(b)的接法使寄生电容被短路，图(c)接法将使实际电容变大(并联)。实际使用时必须应该注意寄生的影响。

图(c)的结构给我们什么启示呢？如果，设计一个多层结构(必须工艺支持)，并按照奇数层相连，偶数层相连的接法，成为并联电容，这将大大地增加单位面积电容值，这种结构的电容被称为叠层电容。

电阻有什么影响呢？寄生电阻串联在电容上，将影响电容的 Q 值，毫无疑问，寄生电阻越小，Q 值越高。

4. 电容的放大——密勒效应

对于跨接在一个放大器输入和输出端之间的电容，因为密勒效应将使等效的输入电容放大，如图 8.12 所示。

假设电容 C_0 跨接在具有电压增益 A_V 的倒相放大器输入和输出端，则

$$i = \frac{v_i - v_o}{1/j\omega C_0} = \frac{v_i - (-A_V \cdot v_i)}{1/j\omega C_0} = v_i \cdot j\omega C_0(1 + A_V) \qquad (8.6)$$

等效的输入阻抗就等于

$$\frac{v_i}{i} = \frac{1}{j\omega(1 + A_V)C_0} \qquad (8.7)$$

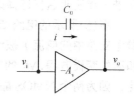

图 8.12　密勒效应

也就是说，等效的输入电容被放大了 $1 + A_V$ 倍。

在实际电路设计中常利用这种效应来减小版图上的电容尺寸，例如频率补偿电容就常采用这样的结构。

8.2　基本偏置电路

模拟电路中的基本偏置包括电流偏置和电压偏置。电流偏置提供了电路中相关支路的静态工作电流，电压偏置则提供了相关节点的静态工作电压。各偏置的作用是使 MOS 晶体管及其电路处于正常的工作状态。通常情况下，MOS 模拟电路中的 MOS 晶体管，不论是工作管还是负载管都工作在饱和区。

8.2.1　电流偏置电路

模拟集成电路中的电流偏置电路基本形式是电流镜。所谓电流镜是由两个或多个关联的相关电流支路所组成，各支路电流成一定的比例关系并保持，即呈现跟随特性。

作为提供静态电流偏置的电路，希望它是恒流源，也就是说，它不能因为输出节点的电位变化而使输出电流值发生变化。

1. NMOS 基本电流镜

所谓恒流源是指当其输出节点的电压在一定范围内变化时，能够保持输出电流恒定的电流源。对于工作在饱和区的 MOS 管，如果不考虑沟道长度调制效应，其输出电流 I_{DS} 在 V_{DS} 变化时能够保持不变，即使存在沟道长度调制，电流变化也比较小。因此，MOS 器件可以作为恒流源的基本单元。为使其工作在饱和区，需要对 MOS 管的工作点进行设置，使器件工作时满足 $V_{DS} \geqslant V_{GS} - V_T$。图 8.13(a)所示为最简单设置 V_{GS} 的电路结构。当电流 I_r 流过电阻 R 时产生所需的 V_{GS}。如果采用有源电阻替代 R，就得到了图(b)所示的电路结构。关于 V_{DS} 和 I_r 的问题在

后续内容中讨论。

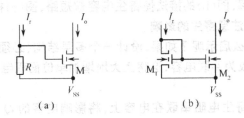

图 8.13　基本电流源

图 8.7 列举了 5 种有源电阻,为什么要选择栅漏短接的 NMOS 管做有源电阻呢?这是怎样考虑的呢?首先,不会选择需要 V_B 偏置的结构,否则将一直"偏置"下去。其次,不会采用耗尽型 NMOS 管,因为需要增加晶体管类型。那么,只剩下 NMOS 和 PMOS 栅漏短接的两种结构,这里因为产生恒流的晶体管是 NMOS,因此,选择 NMOS 制作有源电阻更容易匹配。下面的讨论将进一步表明这样选择的优点。

图(b)所示的电路结构是一种基本的恒流源电路形式,M_1 所对应的支路被称为参考支路,参考支路中的电流 I_r 被称为参考电流。下面定量分析其基本工作原理:当电流 I_r 一定时,根据饱和区的萨氏方程,M_1 的栅源电压 V_{GS1} 就是一个确定值,这个值的大小完全由 M_1 的器件参数决定。因为两个 NMOS 晶体管的栅极连接在一起,同时源极也相连,所以,M_1 和 M_2 的 V_{GS} 具有相同的值,$V_{GS1} = V_{GS2}$。也就是说,由 I_r 和 M_1 参数确定的 V_{GS1} 为 M_2 提供了直流偏置 V_{GS2}。因为 M_1、M_2 都工作在饱和区,所以,参考支路的电流 I_r 和输出支路的电流 I_o 都依据饱和区的萨氏方程。考虑到各器件是在同一工艺条件下制作的,其本征导电因子 K_N' 相同,阈值电压 V_{TN} 也相同。因此

$$\frac{I_o}{I_r} = \frac{K_N' \cdot (W/L)_2 \cdot (V_{GS2} - V_{TN})^2}{K_N' \cdot (W/L)_1 \cdot (V_{GS1} - V_{TN})^2} = \frac{(W/L)_2}{(W/L)_1} \tag{8.8}$$

如果 M_1、M_2 设计的相匹配,M_1、M_2 的平面尺寸相同,即 $(W/L)_2 = (W/L)_1$,则参考支路的电流 I_r 和输出支路的电流 I_o 相等,为对称的镜向电流,$I_r = I_o$,因此,该电路通常被称为基本电流镜。

如果 M_1 和 M_2 的尺寸设计的不相同,则参考支路的电流 I_r 和输出支路的电流 I_o 的关系是 $I_o / I_r = (W/L)_2 / (W/L)_1$,即电流比等于 M_2、M_1 的宽长比之比,称这种基本电流镜为比例电流镜。

如果有多个输出支路,如图 8.14 所示。

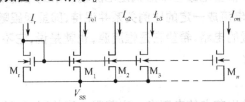

图 8.14　多支路比例电流镜

则各支路电流的比值就等于各 NMOS 晶体管的宽长比之比。

$$I_r : I_{o1} : I_{o2} : I_{o3} : \cdots : I_{on} = (W/L)_r : (W/L)_1 : (W/L)_2 : (W/L)_3 : \cdots : (W/L)_n \tag{8.9}$$

由此可见,在一个模拟集成电路中由一个参考电流以及各成比例的 NMOS 晶体管就可以获得多个支路的电流偏置。

那么,误差情况如何呢?下面来分析这种简单电流镜的误差。误差可分为静态误差和动态误差两种。静态误差表现为电流比值 $I_o : I_r$ 的精确性,动态误差表现为输出电流的恒流性。首先,假设 I_r 是非常精确的(后面将专门讨论 I_r 的问题),同时,也假设 M_1、M_2 非常匹配。那么,引起误差的主要原因是沟道长度调制效应。

如果 $V_{DS1} \neq V_{DS2}$,这时,虽然 M_1、M_2 具有相同的 V_{GS} 值,但不同的 V_{DS} 将使两管的电流比值出现误差。这可以从图 8.6 所绘制的固定 V_{GS} 值伏安特性明显地看到。因为 M_1、M_2 匹配,所以他们的伏安特性曲线也相同,在不同的 V_{DS} 处,因为沟道长度调制的作用,电流大小是不同的。

现在再考察动态情况。在电路中,M_2 的输出端(漏端)的电位经常是变化的,例如,M_2 作为某个放大器的负载时,交流信号的作用导致 V_{DS2} 不断变化。如果不考虑沟道长度调制效应,输出端的交流电阻无穷大,即理想的恒流源负载。实际情况是交流电阻并不是理想状态,因此,当 M_2 管的 V_{DS} 是变化的电压时,输出电流 I_o 也将跟着变化,即产生了动态误差。

作为静态偏置的电流源,希望它们的输出电流稳定,输出阻抗高,是恒流源。从第 2 章有关内容可以知道,如果沟道长度比较大,则沟道长度调制效应的影响较小。因此,可以采用较长沟道器件减小上述误差。但应注意,虽然恒流源可以不考虑器件的频率特性,但当沟道长度变长后,所占用的面积也将随之增加,并导致输出节点的电容增大,影响电路的动态性能,因此,沟道长度只能适度增加。

2. NMOS 威尔逊电流镜

NMOS 基本电流镜因为沟道长度调制效应的作用,交流输出电阻变小,因此,可以针对提高输出电阻采取措施。从电路理论可知,利用串联电流负反馈可以提高电路的输出电阻。图 8.15(a)所示为这样的设计思想,作为电阻的 M_3 插入到输出管 M_2 的源极与 V_{SS} 之间,形成串联电流负反馈。但这样的基本设计是不够的,因为这时的 $V_{GS1} \neq V_{GS2}$,参考式(8.8)很容易理解,这样电路的输出电流与参考电流不再保持常数比例关系,失去了电流镜的特性。当然,这个结构还是恒流源。

要使电路成为电流镜,需要设法使相关联的两个 MOS 管 V_{GS} 相等。显然,栅漏短接的 M_3 提供了一个有效的偏置 V_{GS3},它可以提供给一个 MOS 管,并使两者 V_{GS} 相同,如图 8.15(b)所示,$V_{GS1} = V_{GS3}$,根据式(8.8),又得到比例电流关系。图 8.15(b)所示的电路被称为威尔逊电流镜,它是一个共源—共栅结构。较之基本电流镜,它的输出阻抗提高,M_2 管的输出电阻 $r_{d2} \approx g_{m2} r_{ds2} r_{ds3}$,具备了更好的恒流特性。如果假设 M_1、M_2、M_3 匹配,则将因为 $V_{DS1} = V_{GS2} + V_{GS3} \neq V_{DS3}$ 而引起静态电流比例的误差。并且,因为衬底偏置效应的作用,M_2 管的 V_{GS2} 大于 V_{GS3},这些是需要改进之处,在稍后讨论。

针对图 8.15(a)电路,这里重新提出前面的问题,能否在 5 种有源电阻结构中采用带偏置 V_B 的 NMOS 管有源电阻呢?答案是肯定的。偏置电压 V_B 由参考支路提供,产生偏置电压最简单的方法是电阻分压器,如图 8.15(c)所示。M_1、M_4 作为两个电阻形成了分压结构,分别为 M_2、M_3 提供偏置电压。

如果 $M_1 \sim M_4$ 设计的完全相同,则 $I_o = I_r$,根据萨氏方程,相同器件通过相同的电流,其 V_{GS} 值也相同,即 $V_{GS1} = V_{GS2}$,$V_{GS4} = V_{GS3}$,又因为 M_1、M_2 管的 $V_{GS1} = V_{GS2}$,使 $V_{DS3} = V_{DS4}$,M_3、M_4 管的工作状态完全相同。M_1、M_2 V_{DS} 的可能差别所产生的影响,将因为 M_3 管的存在而受到抑制,静态与动态电流比例误差被减小。

下面,根据图 8.15(c)电路的提示对图 8.15(b)结构进行改进。图 8.15(c)中 M_1 的存在使得 M_3、M_4 工作状态相同,M_1 就是一个电阻,它上面的压降就是 M_2 的 V_{GS2},因此,可以采用同样的方法,在图 8.15(b)电路中的 M_1 上方插入一个电阻,用此电阻"消耗"掉部分电压,图 8.15(d)

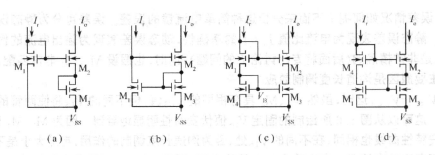

图 8.15　电流镜电路的演变

所示的电路说明了这样的设计。毫无疑问，如果 $I_o = I_r$，且 $M_1 \sim M_4$ 完全相同，则 $V_{GS4} = V_{GS2}$，$V_{GS1} = V_{GS3}$，$V_{DS1} = V_{DS3}$，决定电流比的 M_1、M_3 工作状态完全相同。图 8.15(d) 的电路结构称为改进型威尔逊电流镜。

上面所讨论的 NMOS 电流镜所能提供的电流偏置通常情况下是灌电流，即电流是流入漏极的情况。如果需要的是拉电流，即电流是从 MOS 晶体管的漏极流出的情况，可采用 PMOS 电流镜。几种对应的结构如图 8.16 所示。

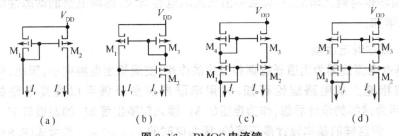

图 8.16　PMOS 电流镜

3. 提高动态范围的设计

在 NMOS 电流镜中（在 PMOS 电路也相类似），因为 NMOS 管必须工作在饱和区，即 $V_{DS} \geqslant V_{GS} - V_{TN}$，所以，当设定了 V_{GS} 后，V_{DS} 的变化范围也就确定了，V_{DS} 的最小值以器件不退出饱和为基本依据。显然，V_{DS} 的最小值越小，电路中相应节点的信号动态范围越大。例如，NMOS基本电流镜中的 M_2 管作为放大电路的负载，它的漏极作为放大器的输出节点，V_{DS2} 的最小值就限定了该输出节点的负向摆幅（负向动态范围）。因此，如何设计电路结构以提高信号幅度也是一个重要的设计问题。

首先，以上面已介绍的电路为对象，分析 M_2 管漏极电位的最小值。为简单起见，假设电路中的 $V_{SS} = 0$。

NMOS 基本电流镜中 M_2 管漏源电压最小值为 $V_{DS2|min} = V_{GS2} - V_{TN}$（临界饱和条件），这里称为 V_{ON}，即 $V_{GS2} = V_{ON} + V_{TN}$，即 V_{GS2} 与 V_{ON} 之间存在关联性。减小 V_{GS2} 可有效地减小 V_{ON}，但是，从萨氏方程可以看到，对于一定的电流要求，减小 V_{GS2} 必然导致器件尺寸的增加。下面将针对一定的 $V_{GS} = V_{ON} + V_{TN}$ 值，讨论如何通过电路设计尽可能地提高电路的动态范围。

对于图 8.15(b)~(d) 电路，$V_{D2} = V_{DS3} + V_{ON}$。在图 8.15(b) 和 (d) 电路中，$V_{DS3} = V_{GS3}$，显然不便改变，那么，图 8.15(c) 电路的 V_{DS3} 能够等于 V_{ON} 吗？不行。因为只要 V_{G1}（V_{G2}）的电位不变，V_{S2}（等于 V_{DS3}）的电位就不能变化，否则就将引起电流的变化。正是两个电流关联的 V_{GS1}、V_{GS4}（它们的和等于 V_{G2}）限制了 V_{S2}（V_{DS3}）的下行。如果希望得到最小的压降 $V_{D2} = 2V_{ON}$，需要修改设计。

图 8.17(a) 所示设计将 M_1、M_4 的电流分开，V_{G1} 的独立设计使 $V_{GS1} = V_{TN} + 2V_{ON}$，这时的

$V_{GS2} = V_{TN} + V_{ON}, V_{DS3} = V_{ON}, V_{DS2} = V_{ON}$，使 $V_{D2} = 2V_{ON}$，**实现了提高信号动态范围的设计。**

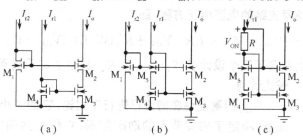

图 8.17　提高动态范围的设计演变

这个电路的缺点是 M_3、M_4 的 V_{DS} 不再相同，如前所述，它一方面引起静态电流比例误差，另一方面，增加了参考支路。下面对这两个问题分别进行设计修正。

因为 M_4 栅漏短接，不可能使 V_{DS3} 和 V_{DS4} 相同，必须在 M_4 的漏极上方先接一个电阻，然后再与 M_4 的栅相连，这个电阻上的压降是 V_{TN}，使 M_4 的 $V_{DS4} = V_{ON}$，并保持 $V_{GS4} = V_{TN} + V_{ON}$，即保持 M_3 的栅源电压工作点不变。图 8.17(b)显示了这样的设计，插入的 M_5 担当了这个电阻的角色，而 M_5 的栅电压由 M_1 提供。这时，M_3、M_4 状态完全相同，M_2、M_5 的 V_{GS} 相同。至此解决了静态电流比例误差问题。

接下来解决多余参考支路问题。比较 V_{GS1} 和 V_{D5}，$V_{GS1} = V_{TN} + 2V_{ON}$，$V_{D5} = V_{GS4} = V_{TN} + V_{ON}$，它们之间压差是 V_{ON}，只要一个简单的电阻 R，通过 I_{r1} 产生 V_{ON} 即可，图 8.17(c)所示是最终的设计，在这个设计中消去了多余的参考支路。

前面的分析常采用电阻分析原理，利用有源器件替代电阻进行电路实现。读者可以思考一下，为什么这里没有进一步采用有源器件替代电阻 R？

设计者正是在不断发现电路缺点，不断修改、完善电路使得电路性能得到提高。具体采用什么样的单元应根据电路特性要求进行选择，当现有电路单元不能满足设计要求时，就应该分析现有单元为什么达不到设计要求，然后进行修改完善，得到新的电路单元。从上面的分析可以看出：提高动态范围设计并没有深奥的理论和复杂的技巧，只是基本电路知识和理论的应用。

4. 参考支路设计

参考支路的主要作用是建立了一个电路的基准，在一个模拟模块中通常至少有一个参考支路。正是因为它提供了基准，所以它的外在表现形式 I_r 的精度和稳定度是非常重要的，它将决定与之相关各支路电流的精度和稳定度，并对整个电路的工作状态都将产生影响。在电路中如何获得参考支路电流 I_r 呢？这个参考电流的误差或不稳定又与什么有关呢？结构设计中如何提高参考电流的精度和稳定度呢？这是本小节重点讨论的问题。

值得注意的是，对参考电流稳定性设计的最终目的是要保持 V_{GS} 的稳定性，因为对与之相连的各支路输出电流的控制是通过 V_{GS} 实现的。从萨氏方程可以明确地看出：对于确定工艺和器件尺寸的 MOS 管，只要 V_{GS} 不变，电流就不可能变化，V_{GS} 与电流的关系是唯一的。这个结论的前提条件是不考虑衬底偏置的影响。

形成参考支路电流的基本原理很简单，只要能够形成从电源到地的直流通路即可。参考支路的基本构成元件是电阻或(和)有源电阻。在本段中以 NMOS 基本电流镜为基本电路进行讨论，设计方法可以推广到其他的电流镜电路。

(1) 电阻—晶体管参考支路

如图 8.18 所示，在 NMOS 电流镜的参考支路对电源串联一个普通的电阻形成电流通路，这个支路的电流就是参考电流。

很容易列出这个参考支路的电流电压方程,即

$$V_{DD}+|V_{SS}|=V_{GS1}+I_rR=V_{GS1}+K'_N(W/L)_1(V_{GS1}-V_{TN})^2R \tag{8.10}$$

这个方程中实际上包含了三个设计参数:V_{GS1}、I_r、R。其中 I_r 的设计可以转化为 M_1 管的宽长比计算。

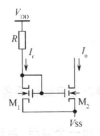

图 8.18　电阻—晶体管参考支路

V_{GS1} 的重要性在前面已进行了讨论,它的大小决定了各支路的基本偏置,决定了相关节点的动态范围,它和 I_r 共同决定了 M_1 管的尺寸。$V_{GS1}=V_{TN}+V_{ON}$,因此,由电路对信号动态范围的要求(这通常是重要的电路指标)就可以简单地确定 V_{GS1} 大小。

例如:假设在图 8.18 所示电路中,NMOS 管的阈值电压 $V_{TN}=1V$,$V_{SS}=-5V$,M_2 漏端节点的交流负向摆幅最大达到 $-2V$,因此,M_2 的 V_{DS} 最小值为 $V_{ON}=3V$。为保证当 M_2 的源漏电压达到最小值时它仍然工作在饱和区,既满足 $V_{DS2} \geqslant V_{GS2}-V_{TN}$,则 V_{GS1} 的值应设计为 4V。

根据式(8.10),设定一个 I_r 就有一个确定的 R,反之亦然。因为参考支路的功耗是无功功耗,所以,通常将电流 I_r 设计得比较小,通过各输出支路 MOS 管的尺寸调整各支路的电流。在确定了 V_{GS} 和 I_r 后,根据饱和区的萨氏方程就可计算出 M_1 的宽长比。因为 I_r 比较小,因此,M_1 管的宽长比通常采用小尺寸,有时甚至是倒宽长比结构,即沟道长度大于沟道宽度的结构。最后,由式(8.10)可以简单地得到电阻 R 的取值。

电阻—晶体管参考支路结构简单易于设计,但是,该电路 I_r 的稳定性存在比较大的缺陷。I_r 非常容易受电源电压波动的影响。式(8.10)本身就说明了这样的问题,电阻上压降与 V_{GS1} 之和等于电源电压之和,所以,当电源电压降低或升高,或者出现波动(如电源噪声)时,都将引起参考电流的变化或波动,以至于对整个电路的静态工作点都产生影响。

(2) 有源电阻—晶体管参考支路

采用有源负载替代无源电阻构造参考支路的结构如图 8.19 所示。这里给出的有源负载有 5 种基本形式,对应了三种 MOS 器件,当然,还可以有其他的有源负载结构。在一个具体的电路中,因受到各种因素制约,通常只能选择其中一种或两种电路,这里给出多种结构只是为了对比说明如何分析电路特性。

以增强型 NMOS 管做有源负载有两种常用电路形式:外加偏置 V_B 的结构和栅漏短接的结构。

图 8.19(a)所示的结构是外加偏置的电路形式,偏置电压 V_B 将 M_3 偏置在饱和区,如果这个偏置能够保证 V_{GS3} 恒定,则参考支路电流将呈现恒流的特征。下面来讨论其恒流性质以及外界对其恒流性的影响。

参考支路的电压关系为:$V_{DD}+|V_{SS}|=V_{DS3}+V_{GS1}$。如果正负电源电压是稳定的,则 V_{DS3} 和 V_{GS1} 都将保持不变,参考电流是一个稳定值。如果电源电压值发生变化(如电池电压下降)或波动(如电源噪声),在满足两个条件时参考电流仍能保持恒流特性。这两个条件就是:偏置电压 V_B 使 V_{GS3} 保持恒定;M_3 管的沟道长度调制效应很小,可以忽略。V_{GS3} 保持恒定确保了 M_3 管沟道导电水平不变;沟道长度调制效应很小保证了 M_3 管的电流不会因 V_{DS3} 的变化而发生变化。在这种情况下,M_3 的电流保持不变使得 M_1 管的状态保持稳定,M_1 管的 V_{GS1} 将保持不变,从而保证电流镜各输出支路的工作状态不变,保持输出电流 I_o 不变。

要使 V_{GS3} 不随电源电压的变化而变化,就要求 V_B 的值不随正电源变化,而随负电源同步变化,即要求 V_B 对正电源不敏感,对负电源敏感。这样,当正电源变化时,由 V_{DS3} 消耗了正电源的

变化量。当负电源变化时，V_B到V_{SS}的差值保持不变，也就保证了两个器件 M_1、M_3 的V_{GS}不变。但事实上，要做到这一点是比较困难的。如果只有单电源供电，则V_B只要对正电源不敏感即可。

若要 M_3 的沟道长度调制效应比较小，一个简单的做法是加大 M_3 的沟道长度。

图 8.19(b)的结构省略了外偏置，采用栅漏短接的有源电阻形式，电路结构相对简单。参考支路的电压关系是：$V_{DD}+|V_{SS}|=V_{GS3}+V_{GS1}$。显然，如果电源电压发生变化，$V_{GS3}$、$V_{GS1}$和参考电流也将随之变化，$V_{GS1}$的变化将直接引起 M_2 和与之相连的其他晶体管的工作状态发生变化。

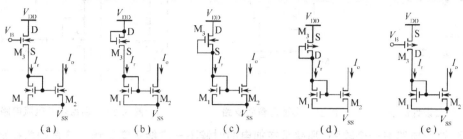

图 8.19　有源负载形式的参考支路

采用耗尽型 NMOS 晶体管 M_3 取代电阻负载，构成了图 8.19（c）所示的电路结构，$V_{DD}+|V_{SS}|=V_{DS3}+V_{GS1}$。这个电路结构结合了图 8.19(a)和图(b)两个电路的优点，省略了偏置电压，避开了关于V_B对电源电压敏感要求的问题，用V_{DS3}消耗了电源电压的变化，使V_{GS1}保持稳定。

这个电路的缺点是增加了耗尽型器件类型，这需要工艺的支持。因为对某条工艺线，它所能支持的器件类型是不能随意添加的。

图 8.19(d)和图 8.19(e)所示的结构需要 CMOS 工艺支持，因为它们采用 PMOS 晶体管作为 NMOS 电流镜的负载。

图 8.19 (d)所示结构的工作情况与图 8.19(b)相似，$V_{DD}+|V_{SS}|=V_{GS3}+V_{GS1}$，所以，它受电源电压变化的影响也是一样的。

图 8.19(e)的情况与图 8.19(a)结构相似，所不同的是对V_B的要求正好相反。

将图 8.19(a)和图 8.19(e)两种结构相结合，如图 8.20 所示，只要保持V_{B1}和V_{B2}不变，即对电源变化不敏感即可。由V_{DS4}消耗掉正电源的变化，由V_{DS3}消耗掉负电源的变化，保持参考电流的稳定和V_{GS1}的稳定。

以上的讨论都是在所有器件工作在饱和区的条件下进行的，一旦器件退出了饱和区进入非饱和区，V_{DS}将不再能够仅仅消耗电源电压的变化而电流不变，V_{DS}的变化将直接引起电流的变化，V_{GS1}也不再能够保持不变。

综上所述，设计关键是如何能够保持V_{GS1}稳定。

（3）自给基准电流的结构

如果在电流镜中的参考电流就是一个恒流，如图 8.21 所示，那么，整个电路中的相关支路电流就获得了稳定不变的基础。

图 8.22 所示为一种自给基准电流的结构形式。M_1、M_2、M_3 组成了一个两输出支路的 NMOS 电流镜，M_4、M_5 和 M_6 组成了两输出支路的 PMOS 电流镜。将 PMOS 电流镜的一个输出支路与 NMOS 电流镜的参考支路相连，同时将 PMOS 的参考支路与 NMOS 电流镜的一个输出支路相连，构成互为参考结构。这样，这个电路一旦工作就互相为对方提供参考电流。当电源电压波动时，由 M_2 和 M_4 的V_{DS}承担了波动所产生的变化，保持电流的不变。M_3、M_6 可以以恒流直接提供电路中的支路静态工作电流，推而广之，当对 M_3 或 M_6 并联若干输出支路时，可根

据需要提供整个电路中的各支路静态工作电流。

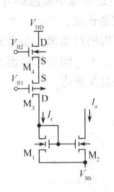

图 8.20　综合设计例子

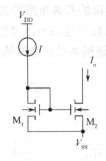

8.21　恒流源参考支路

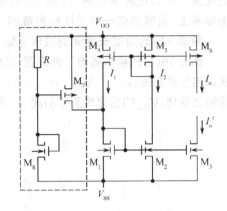

图 8.22　自给基准电流电路

但是,这个电路有一个缺陷,那就是在加电的时候不一定能正常工作。这是因为在加电时可能因未形成电流通路而使 $M_2(M_4)$ 的状态不确定,如 $M_2(M_4)$ 不导通又不能提供正常的电流通路,将使 I_1 和 I_2 均为零。

为解决这个问题,在电路中增加了 M_7、M_8 和 R 所构成的"启动"电路(图中,虚线框起的部分),由 M_8 和 R 构成的分压电路给 M_7 提供直流偏置使其工作,进而使 M_1 开启形成 I_1 的直流通路,并因此使整个电路进入正常工作状态。M_7 的尺寸可以设计得比较小,因为一旦电路正常工作后,不希望它的电流对电路产生太大的误差。"启动"电路的设计是多种多样的,基本指导思想是:该部分电路仅在加电时用于启动电流镜,一旦电流镜正常工作后,要求该部分电路对电流镜的影响越小越好,如有可能,当它完成启动任务后被关断。

8.2.2　电压偏置电路

在前面的讨论中实际上已经用到了电压偏置的概念,例如,电流镜中 V_{GS1} 和有源负载的偏置电压 V_B。在参考支路的介绍中,反复强调了只要 V_{GS} 不变,电流就能够保持不变的概念,可见偏置电压的重要性。在这一部分将介绍一些典型的电压偏置电路。

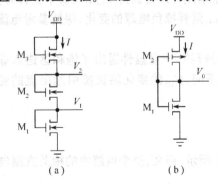

图 8.23　分压器电路

在模拟集成电路中的电压偏置分为两种类型:通用电压偏置电路和基准电压电路。通用电压偏置电路用于对电路中一些精度要求较低的电路节点施以电压控制;基准电压电路则是作为电压参考点对电路的某些节点施以控制。

1. 通用电压源

通用电压源是一些简单的电路,按电路要求产生直流电压去控制相关器件的工作状态,一般没有特殊要求。

最简单的电压源是分压电路,基本原理就是电阻分压,电压输出既可以是单点的,也可以是多点的。在电子线路中常采用电阻分压电路作为电压偏置的发生电路,在模拟集成电路中则常采用有源电阻作为分压电路的基本单元。图 8.23 所示为全 NMOS 分压器电路和 CMOS 分压器电路,其中图 8.23(b)电路实际上就是图 8.19(d)的参考支路。

无论是全 NMOS 结构还是 CMOS 结构,从电源通过分压电路流向地的电流对支路中的每个晶体管都是相同的,通常不必考虑从电压输出节点流出的电流对分压值的影响。这是因为在

MOS 电路中的 MOS 晶体管是绝缘栅输入,它不需要静态偏置电流,这也是 MOS 电路与双极电路所不同的一个重要特性。为减小无功损耗,分压器中的电流通常都设计得比较小,常采用倒宽长比的器件尺寸。

对于 NMOS 分压器,各 NMOS 晶体管的本征导电因子 K'_N 都是相同的,并且阈值电压标称值 V_{TN} 也是相同的(实际值由于衬底偏置效应而有差异)。因此,如果电流一定,在这个电路中的每个晶体管的分压值 V_{GS} 就只取决于晶体管的宽长比(W/L)。

从饱和区萨氏方程我们可以得到

$$V_{GS} = V_{TN} + \sqrt{\frac{I}{K'_N(W/L)}} \tag{8.11}$$

对于图 8.23(a),$V_1 = V_{GS1}$,$V_2 = V_{GS1} + V_{GS2}$。

图 8.23(b)是一个 CMOS 的分压器结构,它的分压原理与 NMOS 并没有什么区别,它的 V_o 也可以用式(8.11)计算。

同样地,采用全 PMOS 也可以构造分压电路,其基本结构与全 NMOS 相似,也可将 PMOS 晶体管接成栅漏短接的形式。计算 PMOS 的 V_{GS} 的公式为

$$V_{GS} = V_{TP} - \sqrt{\frac{I}{K'_P(W/L)}} \tag{8.12}$$

要注意的是,这里的 V_{GS} 和 V_{TP} 都是负值。

在采用上面所介绍的计算中,只要给出了输出电压的要求和电流设定,就可以算出 MOS 晶体管的宽长比。毫无疑问,上面所介绍的参考支路除了需要额外电压偏置的电路结构外,都可以用做电压偏置电路使用。也可以简单地修改成多输出节点的分压器。具体的输出电压计算方法类似,也需要考虑它们的输出电压的稳定性问题,也可借鉴自给基准电路原理并加以应用。这里不再赘述。

在设计中值得注意的是,当器件存在衬底偏置时,各串联的 NMOS 管(PMOS 管)的实际阈值电压的差异将引起输出电压的误差。在设计中必须考虑衬底偏置的影响。

2. 基准电压源

理想的基准电压源,要求它不仅有精确稳定地电压输出值,而且具有低的温度系数。温度系数是指输出电参量随温度的变化量,温度系数可以是正的,也可以是负的,正温度系数表示输出电参量随温度上升而数值变大,负温度系数则相反。

为了得到小温度系数的输出电参量,自然会想到利用具有正温度系数的器件和具有负温度系数的器件适当地组合,实现温度补偿,得到低温度系数甚至零温度系数的电路结构。在一般的半导体集成电路中,基本的温漂源主要包括:负温度系数的 pn 结正向导通电压、以隧道击穿方式工作的 pn 结反向击穿电压(通常小于 4.5V);正温度系数的 ΔV_{BE}(与热电势

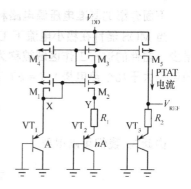

图 8.24　基准电压源示例

$V_t = kT/q$ 相关)、以雪崩击穿方式工作的 PN 结反向击穿电压(6~8V);除了采取正负温度系数抵消的方法进行低温漂的设计外,还可以采用消除法去掉温漂源的影响,例如,对 MOS 器件阈值电压的温度系数,可以采用两管关联用 ΔV_{GS} 消除阈值电压温漂的影响。集成电阻的温度系数比较大,因此,在模拟单元中电阻通常成对出现,并以比例关系存在于电路方程中,以减小电阻温度特性差的问题(参见第 2 章比例电阻部分)等。

根据上述的原理,一个简单的设计例子如图 8.24 所示。

在这个电路中，$M_1 \sim M_5$ 匹配设计，同时引入了 PNP 晶体管 $VT_1 \sim VT_3$，其中，VT_2 是由 n 个 VT_1 并联而成以保证比例 n。

因为在不同的电流密度下，晶体管的 V_{BE} 将有所不同，电流越大，V_{BE} 越大，因此，当由 $M_1 \sim M_4$ 构成的 PMOS 改进型威尔逊电流镜的两个支路提供相同电流时（$I_{D1} = I_{D2}$），VT_1、VT_2 的 V_{BE} 将不同，产生 ΔV_{BE}。

由二极管正向伏安特性 $I_D \approx I_S \mathrm{e}^{\frac{V_{BE}}{V_t}}$，得到

$$V_{BE} = V_t \ln \frac{I_D}{I_S} \tag{8.13}$$

$$\Delta V_{BE} = V_{BE1} - V_{BE2} = V_t \ln \frac{I_{D1}}{I_{S1}} - V_t \ln \frac{I_{D2}}{I_{S2}} = V_t \ln \frac{I_{D1}}{I_{S1}} - V_t \ln \frac{I_{D1}}{nI_{S1}} = V_t \ln n \tag{8.14}$$

当电阻 R_1 上的压降等于这个 ΔV_{BE} 时，就能够保证 X、Y 点的电位相同，同时，如前所述，$M_1 \sim M_4$ 各管工作状态相同，使电流镜电流严格相等。

$$I_{D1} = I_{D2} = \frac{V_t}{R_1} \ln n \tag{8.15}$$

作为电流镜的另一个输出支路，M_5 的电流等于 I_{D1}（I_{D2}），显然，如果暂不考虑 MOS 管失配和 R_1 的温度系数，输出电流的大小与绝对温度成正比（称为 PTAT 电流源）。当 I_{D5} 流过 R_2 和 VT_3 时，产生基准（参考）电压为

$$V_{REF} = V_{BE} + \frac{R_2}{R_1} V_t \ln n = V_{BE} + \frac{R_2}{R_1} \frac{kT}{q} \ln n \tag{8.16}$$

电路中的双极型晶体管 $VT_1 \sim VT_3$ 可以采用 PMOS 的源漏掺杂工艺制作发射区，n 阱做基区，p 型衬底做集电区。

该电路利用了正负温度系数温漂源相抵的技术，利用了比例电阻消除电阻温漂的影响等技术。

下面介绍的基准电压源电路利用了工作在亚阈值区 MOS 管。

当 MOS 器件在极小电流下工作时，栅极下方呈现的沟道相当薄，并且包含的自由载流子非常少。器件的这一工作区域被称为弱反型或亚阈值区。工作在亚阈值区的 NMOS 晶体管，当漏源电压大于几个热电势 $V_t(= kT/q)$ 时，其电流可以表示为

$$I_{DS} = B \left(\frac{W}{L} \right) \exp \left[\frac{q(V_{GS} - V_{on})}{nkT} \right] \tag{8.17}$$

由此式，我们可以得到

$$V_{GS} = \frac{nkT}{q} \ln \left[\frac{I_{DS}}{B(W/L)} \right] + V_{on} \tag{8.18}$$

在式（8.17）、式（8.18）中，B 为常数，n 为工艺所决定的参数（通常 $n = 1 \sim 3$），这两个参数通常由实验提取，V_{on} 是弱反型导通电压。

利用 MOS 器件在亚阈值区电流、电压的指数关系，采用图 8.25(a) 所示的结构，我们可以得到具有正温度系数的 ΔV

$$\Delta V = V_{GS1} - V_{GS2} = \frac{nkT}{q} \ln \left[\frac{I_{DS1} \cdot (W/L)_2}{I_{DS2} \cdot (W/L)_1} \right] \tag{8.19}$$

这是一个正温漂源，如果有一个负温漂源与它相抵消，则可以得到低温漂的电压基准。

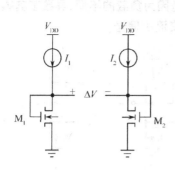

（a）电压差与温度成比例的结构

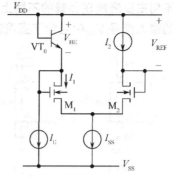

（b）温度补偿 CMOS 基准电压电路

图 8.25　CMOS 基准电压源

图 8.25(b)所示是一个电路结构,这里的负温漂源是 V_{BE}。图中连接成二极管结构的 NPN 晶体管是由 CMOS 结构中的 n^+ 掺杂区(NMOS 的源漏掺杂)作发射区,p 阱为基区,n 型衬底为集电区的寄生双极晶体管。

如果 M_1、M_2 的尺寸相同,则为获得 ΔV,必须使它们的 V_{GS} 不同即电流不相同。从电路结构我们得到

$$V_{REF} = V_{BE} + \Delta V = V_{BE} + \frac{nkT}{q}\ln\left(\frac{I_{DS1}}{I_{DS2}}\right) \tag{8.20}$$

$$\frac{\partial V_{REF}}{\partial T} = \frac{\partial V_{BE}}{\partial T} + \frac{nK}{q}\ln\left(\frac{I_{DS1}}{I_{DS2}}\right) \tag{8.21}$$

由这个公式,依据具体工艺得到的 n 和温度系数,设计 I_{DS1}/I_{DS2} 的比值,可以得到低温度系数的基准电压,甚至零温度系数的基准电压。

这个电路利用了几个技术对温度漂移进行控制:利用 ΔV_{GS} 消除了 MOS 管阈值电压温漂的影响;利用工作在亚阈值区的 MOS 管 ΔV_{GS} 与热电势相关的正温度系数和 PN 结负温度系数相抵消的技术;控制电流采用比例电流,具有较好的温度一致性(式(8.21)中因此未考虑电流比值的温度系数)。这里小结技术特点,实际上也是希望读者能够了解如何利用这些技术进行新的电路设计。这类利用 V_{BE} 和 V_t 正负温度系数相抵设计的电路又被称为带隙基准电压源。

8.3　放　大　电　路

放大器是模拟电路的基本信号放大单元。在模拟集成电路中的放大电路有多种形式,其基本构成包括放大器件(有时又称为工作管)和负载器件。放大电路的设计主要有两个内容:电路的结构设计和器件的尺寸设计。电路的结构设计是根据功能和性能要求,利用基本的积木单元适当地连接和组合来构造电路,通过器件的设计实现所需的性能参数。这个过程可能要经过多次反复,不断地修正电路结构和器件参数,最后获得符合要求的电路单元。

在本节中介绍的放大电路主要是线性、小信号应用电路。

8.3.1　单级倒相放大器

倒相放大器的基本结构通常是漏输出的 MOS 工作管和负载的串联结构。

1. 基本放大电路

图 8.26 所示为 6 种常用的 MOS 倒相放大器电路结构。其基本工作管是 NMOS 晶体管,各

放大器之间的不同主要表现在负载的不同上，也正是因为负载的不同，导致了其输出特性上的很大区别。图中的输入信号 V_{IN} 中包含了直流偏置和交流小信号。

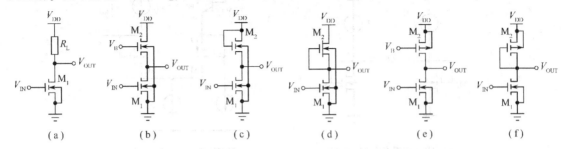

图 8.26　基本放大电路

下面将逐一地介绍各放大电路的特性及其参数计算，重点内容是放大器的主要参数——电压增益。电压增益的一般表达式为

$$A_V = -\frac{v_o}{v_i} = -\frac{i_o \cdot r_o}{v_i} = -\frac{g_{m1} \cdot v_i \cdot r_o}{v_i} = -g_{m1} \cdot r_o \qquad (8.22)$$

式中，g_{m1} 是工作管 M_1 的跨导，r_o 是放大器的输出电阻，负号表示倒相输出。

（1）电阻负载 NMOS 放大器

以电阻作为放大器负载是电子线路中普遍采用的结构，如图 8.26(a)所示。它的电压增益 A_V 为

$$A_V = -g_{m1}(R_L /\!/ r_{o1}) = -\sqrt{2\mu_n C_{ox}(W/L)_1 I_{DS}}(R_L /\!/ r_{o1}) \qquad (8.23)$$

式中，r_{o1} 是 M_1 的交流输出电阻。放大器的电压增益与工作管的跨导成正比，与输出电阻成正比。在基本偏置一定的情况下，增大放大器电压增益主要通过加大 NMOS 管的宽长比和输出电阻值实现。放大器的输出电阻由 M_1 的交流输出电阻和 R_L 并联构成，M_1 的交流输出电阻 r_{o1} 是饱和区的输出电阻，不考虑沟道长度调制效应，它应该是无穷大，其实际值为 $|V_{A1}|/I_{DS}$，其中 V_{A1} 是 M_1 的厄莱电压。r_{o1} 通常远大于负载电阻 R_L，所以，放大器的输出电阻主要由 R_L 决定。但是，加大 R_L 将引起工作点变化，影响放大器的输出动态范围。所以，采用电阻负载的放大器增益提高比较困难。

（2）E/E NMOS 放大器

E/E NMOS 放大器有两种结构形式，如图 8.26(b)和图(c)所示。

对于图 8.26(b)所示结构，通过直流偏置电压 V_o 使 M_2 工作在饱和区。E/E NMOS 放大器的电压增益 A_{VE} 为

$$A_{VE} = -g_{m1}(r_{o1} /\!/ r_{o2}) \qquad (8.24)$$

式中，r_{o1} 是 M_1 的输出电阻，是 M_1 工作在饱和区的漏端交流输出电阻；r_{o2} 是 M_2 的输出电阻，是 M_2 工作在饱和区时的源端交流输出电阻。

分析 M_2 的工作就可以知道，因为 M_2 的栅和漏都是固定电位，M_2 的源极电位对应了放大器的输出端 V_{OUT}，当交流输入信号使放大器的输出 V_{OUT} 上下摆动时，使 M_2 的 V_{GS} 和 V_{DS} 同幅度的变化，$\Delta V_{GS} = \Delta V_{DS}$，使 M_2 的工作曲线遵循平方律的转移曲线。这里的 r_{o2} 是从 M_2 源极看进去的等效电阻，其阻值远比 r_{o1} 小，因此，$r_{o1} /\!/ r_{o2} \approx r_{o2}$。按照式(8.4)，$r_{o2} = 1/g_{m2}$，得到

$$A_{VE} \approx -g_{m1} \cdot r_{o2} = -\frac{g_{m1}}{g_{m2}} \qquad (8.25)$$

考虑到 M_1、M_2 有相同的工艺参数和工作电流,则

$$A_{VE} \approx -\frac{g_{m1}}{g_{m2}} = -\sqrt{\frac{2\mu_n C_{ox} I_1 (W/L)_1}{2\mu_n C_{ox} I_2 (W/L)_2}} = -\sqrt{\frac{(W/L)_1}{(W/L)_2}} \tag{8.26}$$

要提高放大器的电压增益,就必须增加工作管和负载管尺寸的比值。

观察电路中各器件的工作点可以知道,对于负载管 M_2 因为它的源极和衬底没有相连,所以,存在衬底偏置电压,当它的源极电位随信号变化而变化时,M_2 的 V_{BS} 也随之变化,即 M_2 存在衬底偏置效应,并且衬底偏置电压值是变化的。那么,这个衬底偏置效应又是如何作用于器件的呢?

首先,在直流状态下,衬底偏置效应使 M_2 的实际阈值电压提高,导致它的工作点发生偏离。在设计中应注意这种偏离,加以修正。更为严重的是,衬底偏置效应导致 M_2 的交流等效电阻发生变化,而使电压增益发生变化。做如下的分析:

假设,V_{OUT} 向正向摆动,则 M_2 的 V_{GS} 减小,使得其输出电流 I_{DS2} 减小,同时,V_{OUT} 的正向摆动又使得 V_{BS} 的数值变大,衬底偏置效应加大,也使 I_{DS2} 减小;反之,当 V_{OUT} 向负向摆动(减小),则 M_2 的 V_{GS} 加大,使得其输出电流 I_{DS2} 增加,同时,V_{OUT} 的负向摆动又使得 V_{BS} 的数值变小,衬底偏置效应的作用较之直流工作点减小,也使 I_{DS2} 增加。由此可见,对于 M_2,V_{GS} 的作用和 V_{BS} 的作用是同相的。因此,可以看作为有一个"背栅"与器件的"正面栅"在共同作用,相当于"正面栅"所对应的交流电阻 r'_{o2} 和"背栅"所对应的交流电阻 r_{o2B} 的并联,其结果是使 M_2 的交流电阻减小。这时 M_2 的输出电阻为

$$r_{o2} = \frac{1}{\dfrac{1}{r'_{o2}} + \dfrac{1}{r_{o2B}}} = \frac{1}{g_{m2} + g_{mB2}} \tag{8.27}$$

式中,g_{mB2} 是 M_2 的背栅跨导。放大器的电压增益变为

$$A'_{VE} \approx -\frac{g_{m1}}{g_{m2} + g_{mB2}} = -\frac{1}{1+\lambda_B} \cdot \frac{g_{m1}}{g_{m2}} = -\frac{1}{1+\lambda_B} \cdot A_{VE} \tag{8.28}$$

式中,$\lambda_B = g_{mB2}/g_{m2}$,是表征衬底偏置效应大小的参数,称为衬底偏置系数。

从式(8.28)可以看出,衬底偏置效应使放大器的电压增益下降,这是设计者所不希望的。

采用同样的方法,可以对图 8.26(c)所示结构做类似的分析。现在,换一种方法来分析这个电路的电压增益。

考虑到工作管和负载管电流是相同的,有:$I_{DS1} = I_{DS2}$,即

$$K'_N (W/L)_1 (V_{IN} - V_{TN})^2 = K'_N (W/L)_2 (V_{DD} - V_{OUT} - V_{TN})^2 \tag{8.29}$$

在不考虑衬底偏置效应时,放大器在工作点 Q 附近的电压增益为

$$A_{VE} = \frac{v_{out}}{v_{in}} = \frac{\partial V_{OUT}}{\partial V_{IN}}\Big|_Q = -\sqrt{\frac{(W/L)_1}{(W/L)_2}} \tag{8.30}$$

与图 8.26(b)所示电路的分析相同,即图 8.26(c)电路也一样存在衬底偏置效应,并且影响相同。

(3) E/D NMOS 放大器

E/D NMOS 放大器电路如图 8.26(d)所示。因为耗尽型 NMOS 负载管 M_2 的栅源短接,所以,不论输出 V_{OUT} 如何变化,M_2 的 V_{GS} 都保持零值不变。但由于存在衬底偏置效应的作用,沟道的电阻将受它的影响。放大器的交流电阻将主要由衬底偏置效应决定,E/D NMOS 放大器的电压增益为

$$A_{VD} \approx -g_{m1} r_B = -\frac{g_{m1}}{g_{mB2}} = -\frac{1}{\lambda_B} \cdot \frac{g_{m1}}{g_{m2}} = -\frac{1}{\lambda_B} \sqrt{\frac{(W/L)_1}{(W/L)_2}} \qquad (8.31)$$

比较式(8.28)和式(8.31),不难看出,以耗尽型 NMOS 晶体管作为负载的 NMOS 放大器,其电压增益大于以增强型 NMOS 晶体管做负载的放大器。但两者有一个共同点,那就是:减小衬底偏置效应的作用将有利于电压增益的提高。对 E/D NMOS 放大器,如果衬底偏置效应的作用减小,则 λ_B 将减小,当 λ_B 趋于零时,放大器的电压增益将趋于无穷大。这是因为当不考虑衬底偏置效应时,如前所述,M_2 提供的是恒流源负载,其理想的交流电阻等于无穷大。从信号的角度考虑,意味着工作管因输入电压交变而产生的沟道电流变化完全传输到后级电路。

(4) PMOS 负载放大器

以增强型 PMOS 晶体管为倒相放大器负载所构成的电路结构如图 8.26(e)和图(f)所示,这样的结构以 CMOS 技术作为基础。由于 PMOS 管衬底和源极短接,这样的电路结构不存在衬底偏置效应。图 8.26(e)和图 8.26(f)电路的结构差别在于 PMOS 晶体管是否接有固定偏置,但也正是因为这一点差异使得它们在性能上产生了较大的差别。

图 8.26(e)电路的 PMOS 管由固定偏置电压 V_B 确定其直流工作点,当输出电压 V_{OUT} 上下摆动时,只要 PMOS 管 M_2 仍工作在饱和区,其漏输出电流就可以保持不变,NMOS 管所产生的变化电流完全流向后级。考虑到沟道长度调制效应的作用,M_1 和 M_2 的交流输出电阻为有限值,可以表示为

$$r_{o1} = \frac{|V_{A1}|}{I_{DS1}} \text{ 和 } r_{o2} = \frac{|V_{A2}|}{I_{DS2}} \qquad (8.32)$$

式中,V_{A1} 和 I_{DS1} 分别为 M_1 的厄莱电压和工作电流,V_{A2} 和 I_{DS2} 分别为 M_2 的厄莱电压和工作电流。如前所述,NMOS 晶体管 M_1 的跨导表示为 $\sqrt{2\mu_n C_{ox}(W/L)_1 I_{DS1}}$。考虑到 $I_{DS1} = I_{DS2} = I_{DS}$,则放大器的电压增益为

$$A_V = -g_{m1}(r_{o1}//r_{o2}) = -\frac{1}{\sqrt{I_{DS}}} \cdot \frac{|V_{A1}| \cdot |V_{A2}|}{|V_{A1}| + |V_{A2}|} \cdot \sqrt{2\mu_n C_{ox}(W/L)_1} \qquad (8.33)$$

从式(8.33)可以看出,放大器的电压增益和工作电流的平方根成反比,随着工作电流的减小,电压增益将增大,但当电流小到一定的程度,即器件进入亚阈值区时,电压增益将不再变化而趋于饱和。电压增益与工作电流的关系如图 8.27 所示。

从式(8.17)可以知道,在亚阈值区的 MOS 晶体管的跨导和工作电流的关系不再是平方根关系,而是线性关系。因此在电压增益公式中的电流项被约去,增益成为一个常数。

由以上的分析可知,在 CMOS 结构中减小沟道长度调制效应可以提高增益,也就是说,应尽量采用恒流源负载。

那么,图 8.26(f)所示的电路结构情况是否和图 8.26(e)一样呢?回答是否定的。

由于 M_2 的栅漏短接,V_{OUT} 的变化直接转换为 M_2 管的 V_{GS} 的变化,使 M_2 的电流发生变化。所以,M_2 不是恒流源负载,M_2 所遵循的是平方律转移函数关系。其电压增益的分析类似于图 8.26(c)E/E NMOS 电路的情况。但与 E/E NMOS 相比,它的负载管不存在衬底偏置效应。电压增益为

$$A_V = -\frac{g_{m1}}{g_{m2}} = -\sqrt{\frac{\mu_n (W/L)_1}{\mu_p (W/L)_2}} \qquad (8.34)$$

因为电子迁移率 μ_n 大于空穴迁移率 μ_p,所以,与不考虑衬底偏置时的 E/E NMOS 放大器相比,即使是各晶体管尺寸相同,以栅漏短接 PMOS 为负载的放大器的电压增益大于 E/E

NMOS 放大器。如果考虑实际存在的衬底偏置效应的影响，这种差别将更大。

在图 8.26(b)和图 8.26(e)中，负载管的偏置 V_B 可以就采用前面所介绍的电压偏置电路，图 8.28 所示为一个完整放大器电路结构的例子。

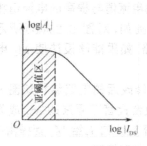

图 8.27　电压增益与工作电流的关系

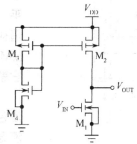

图 8.28　CMOS 放大器电路结构

对以 PMOS 管为工作管的放大器电路其构造与分析与以 NMOS 管为工作管的情况类似，负载的偏置情况也类似，这里不再讨论了。

通过以上对 6 种基本放大器电压增益的分析，我们可以总结如下：要想提高基本放大器的电压增益，可以从以下三个方面入手：

① 提高工作管的跨导，最简单的方法是增加它的宽长比。

② 减小衬底偏置效应的影响，提高输出电阻。

③ 采用恒流源负载结构，使工作管所产生的电流变化完全作用到后级电路。

基本放大器的另一个重要参数——输出电阻。对于输出电阻，在前面的分析中实际上已经进行了讨论，它等于工作管与负载管输出电阻的并联，这里不再一一列举。

2. 基本放大器的改进

(1) 消除或减小衬底偏置效应影响

① 版图与工艺设计：之所以产生衬底偏置效应是因为 MOS 器件源和衬底间的 pn 结反偏。消除衬底偏置的一个最简单的方法是将 MOS 器件的源与衬底短接，但这必须获得工艺的支持。

如果是全 NMOS 结构，由于是制作在相同的 p 型衬底之上的，所有器件的衬底是连接在一起的，只有源端接地（单电源供电）或最负（正负双电源供电）的 NMOS 管的源和衬底是相连的，其他的 NMOS 管都不能够实现源和衬底的短接。

如果是 p 阱 CMOS 工艺，可以通过源和衬底短接消除电路中存在衬底偏置的 NMOS 管。具体技术是对这些 NMOS 管的每一个单独制作一个 p 阱，并将 NMOS 管的源极和衬底接触区相连。对电路中源极未接正电源的 PMOS 管，不能够消除衬底偏置。如果是 n 阱 CMOS 工艺，则可以采用单独制作 n 阱的方法消除 PMOS 管的衬底偏置，对 NMOS 管则不行。

这种设计的缺点是器件源极的节点电容将增加，原因是这些独立阱对衬底的电容将附加在器件源极上。

如果工艺允许，由衬偏系数 $\gamma = \sqrt{2q\varepsilon_{si}N_A}/C_{ox}$ 可知，也可以通过调整衬底掺杂浓度减小衬底偏置的影响。

② 电路改进：除了工艺措施消除器件的衬底偏置的方法外，还可以采用电路结构的设计改进减小衬底偏置对放大器性能的影响。

虽然到目前为止，我们只讨论了放大器负载管存在衬底偏置使其输出电阻减小进而对放大器增益的影响，实际上，除了负载管会存在衬底偏置问题外，可以想象，工作管也有可能存在衬底偏置。本段只讨论如何减小负载管衬底偏置效应对电路性能的影响，如何减小工作管衬底偏置效应对电路性能影响的问题留待后续章节介绍。

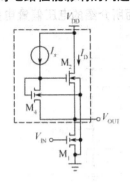

图 8.29 减小衬底偏置影响的设计

基本指导思想是：当负载管的衬底偏置效应使负载管导电水平下降时，设法提高负载管的 V_{GS} 值，提高负载管的导电水平。如果能够使下降的电流值与提高的电流值相等，则可以抵消衬底偏置的影响。例如，对图 8.26(d) 所示的以耗尽型 NMOS 管做负载的电路，如果能够设法使 M_2 电流保持不变，它就成为恒流源负载。

以这个电路为例，修改后的电路结构如图 8.29 所示。用浅色线框起的晶体管组合代替了原来的 M_2 成为电路负载，恒流源 I_x 远小于工作电流 I_D。由 I_x 给 M_4 管提供电流偏置，产生的 V_{GS4} 作为 M_2 的栅源电压偏置。

如果不考虑衬底偏置的影响，当 V_{OUT} 上下摆动时，因为恒流源 I_x 的限制，V_{GS4} 保持不变，M_2 以恒定的 V_{GS2} 工作。实际上由于衬底偏置效应的影响，M_2 管的工作电流将会随着输出信号 V_{OUT} 的上下摆动而发生变化，同时 M_4 管也会随着 V_{OUT} 的摆动出现导电能力（导通水平）的变化，衬底偏置效应对两个管子的影响是相同的。当输出信号上行时，M_4 的衬底偏置电压值增加，沟道电阻变大，为维持沟道电流 I_x 不变，必然导致 V_{GS4} 变大，使得 V_{GS2} 变大，由增加的栅源电压所产生的沟道附加电流补充 M_2 管因为衬底偏置电压变化所减小的电流，保持了 M_2 管电流的恒定。当输出信号下行时的情况类似，读者可以自己分析。

（2）MOS 推挽放大器

前面所介绍和讨论的放大器都是以单一的 MOS 管为工作管的结构，用做有源负载的 MOS 管的放大能力未被利用。

CMOS 推挽放大器仍然采用一对互补 MOS 晶体管作为基本单元，如图 8.30 所示，在输入信号 V_{IN} 中包括了直流电压偏置 V_{GS} 和交流小信号 v_i。与图 8.26 中所示的 CMOS 电路结构不同的是，输入的交流小信号 v_i 同时作用在两个晶体管上，两个 MOS 管互为工作管和负载管，它的结构与 CMOS 数字集成电路中的倒相器完全一样。因为两管的沟道不同，所以，当输入信号电压向正向摆动时，NMOS 管的电流增加，PMOS 管的电流减小，即两管的交流电流变化方向相反，放大器的输出电流为两管电流数值之和。M_1 的输出交流电流等于 $g_{m1} \cdot v_i$，M_2 的输出交流电流等于 $g_{m2} \cdot v_i$。放大器的输出电压等于

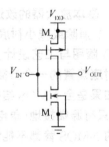

图 8.30 MOS 推挽放大器

$$v_o = -(g_{m1} \cdot v_i + g_{m2} \cdot v_i) \cdot (r_{o2} /\!/ r_{o2}) \tag{8.35}$$

放大器的电压增益为

$$A_V = \frac{-v_o}{v_i} = -\frac{(g_{m1} \cdot v_i + g_{m2} \cdot v_i)}{v_i} \cdot (r_{o1} /\!/ r_{o2}) \tag{8.36}$$

如果通过设计使 M_1 和 M_2 的跨导相同，即 $g_{m1} = g_{m2} = g_m$，则有

$$A_V = -2g_m (r_{o1} /\!/ r_{o2}) = \frac{-2}{\sqrt{I_{DS}}} \cdot \frac{|V_{A1}| \cdot |V_{A2}|}{|V_{A1}| + |V_{A2}|} \cdot \sqrt{2\mu_n C_{ox}(W/L)_1} \tag{8.37}$$

放大器的输出电阻 $r_o = r_{o1} /\!/ r_{o2}$，与图 8.26(e) 所示的固定栅电压偏置的电路相同，公式中采用了 NMOS 管的跨导，采用 PMOS 管的跨导当然也可以，因为在匹配设计时，两管跨导是相同

的。如果这个电路中器件参数与图 8.26(e)电路相同,则 CMOS 推挽放大器的电压增益是固定栅电压偏置的电路的两倍。

8.3.2 差分放大器

差分放大器是模拟集成电路的重要单元,通常将它作为电路的输入级使用。

1. 基本的 MOS 差分放大器

(1) 电路结构

MOS 差分放大器的电路结构如图 8.31 所示。其中,图 8.31(a)所示是以 NMOS 晶体管作为差分对管的电路结构,图 8.31(b)所示是以 PMOS 晶体管为差分对管的电路结构。电路中的负载可以是各种形式,通常为有源负载。M_5 被偏置在饱和区,作为另一个负载,它提供恒流 I_{SS}。这个恒流源接在差分对管的源端,构成对共模信号的负反馈,抑制差分放大器的共模信号放大能力。对于差分放大器,要求两个支路上的器件完全匹配,即两个支路的对应器件电学参数和几何参数完全相同,并且如第 2 章所介绍的,它们的版图在形状和位置上也有特殊的要求,目的是尽量减小失配。如果两支路完全匹配,在静态条件下,即输入的差模电压为零时,差分放大器两个支路的电流相等,输出电压差 $V_{D1} - V_{D2}$ 等于零。

差分放大器的主要任务是放大差模信号,抑制共模信号。

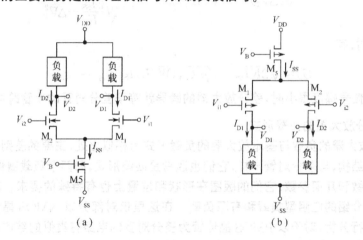

图 8.31　MOS 差分放大器电路结构

(2) 电流-电压特性

差分对管是完全匹配的一对同种 MOS 晶体管,它们具有相同的电学参数和几何参数,电路上构成共源结构。下面以 NMOS 晶体管作为差分对管的放大器为对象,分析差分放大器电路在差模输入情况下的电流-电压特性。

因为匹配,所以,$V_{TN1} = V_{TN2} = V_{TN}$,$K_1 = K_2 = K = K'_N(W/L)$。器件都工作在饱和区,它们的电流关系为

$$I_{D1} = K \cdot (V_{GS1} - V_{TN})^2, \quad I_{D2} = K \cdot (V_{GS2} - V_{TN})^2, \quad I_{SS} = I_{D1} + I_{D2}$$

输入的差模电压为

$$\Delta V_I = V_{GS1} - V_{GS2}$$

在差模电压下产生的差模电流为

$$\Delta I_D = I_{D1} - I_{D2}$$

由以上的三组关系,经过数学推导,可以得到如下的电流-电压方程

$$\Delta I_\mathrm{D} \approx K \cdot \Delta V_\mathrm{I} \cdot \sqrt{\frac{2I_\mathrm{SS}}{K} - \Delta V_\mathrm{I}^2} \tag{8.38}$$

当输入的差模电压比较小时,忽略二次项,差模电流与差模电压近似地为线性关系。当差模电压达到 $\pm\sqrt{I_\mathrm{SS}/K}$ 时,$\Delta I_\mathrm{D} = I_\mathrm{SS}$,即差分对的差模电流达到了下负载的恒流源电流,这时,再增加差模电压,差模电流将不再变化。图 8.32 所示为差分电路的输入差模电压和输出差模电流的关系曲线。

从电流—电压特性曲线可以看出,当差模输入电压较小时,放大器具有较好的线性特性;随着差模输入电压增大,曲线开始弯曲,放大器逐渐失去了线性,当差模电压达到 $\pm\sqrt{I_\mathrm{SS}/K}$ 时,电流呈现饱和而不再变化。

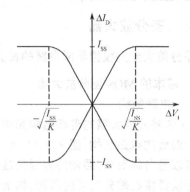

图 8.32 差分放大器的差模电流—电压特性

(3) MOS 差分放大器的跨导 按照放大器跨导的定义,有

$$G_\mathrm{M} = \frac{\partial(\Delta I_\mathrm{D})}{\partial(\Delta V_\mathrm{I})} = K\sqrt{\frac{2I_\mathrm{SS}}{K} - \Delta V_\mathrm{I}^2} - K\frac{\Delta V_\mathrm{I}^2}{\sqrt{\dfrac{2I_\mathrm{SS}}{K} - \Delta V_\mathrm{I}^2}} \tag{8.39}$$

当 $\Delta V_\mathrm{I} \to 0$ 时,有

$$G_\mathrm{M} \approx \sqrt{2KI_\mathrm{SS}} = \sqrt{\mu_\mathrm{n}C_\mathrm{ox}(W/L)I_\mathrm{SS}} = g_\mathrm{m1} = g_\mathrm{m2} \tag{8.40}$$

即当输入的差模信号幅度很小时,差分放大器的跨导就等于差分对管的单管跨导。

2. **MOS 差分放大器的负载形式**

MOS 差分放大器的负载与基本放大器的负载形式有相似之处,主要的差别在于差分放大器的负载是成对的结构,与差分对管一样,它们也通常是匹配形式,即两个负载器件是同种器件,具有相同的电学参数和几何参数,它们的版图在形状和位置上也有特殊的要求。差分放大器的负载可以是前面所介绍的电阻型负载和有源负载。在这里仅对部分以 NMOS 晶体管为差分对管的放大器电路进行分析,对于以 PMOS 晶体管为差分对管的电路有类似的结构和分析。

图 8.33 所示为三个常见的 MOS 差分放大器电路结构。

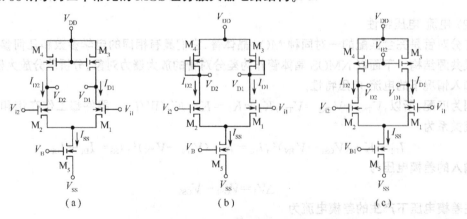

图 8.33 MOS 差分放大器电路结构

(1) 增强型 NMOS 有源负载结构

增强型 NMOS 晶体管作为 MOS 差分放大器有源负载的电路结构如图 8.33(a)所示。

加在差分放大器输入端的差模电压 $v_{i1} - v_{i2} = v_{id}$ 作用在 M_1 和 M_2 的栅极之间,如果 M_1 的栅源信号电压 $v_{gs1} = v_{id}/2$,则 M_2 的栅源信号电压为 $v_{gs2} = -v_{id}/2$。因为信号对称,M_1 和 M_2 的源极电位不会随着差模输入的幅值变化而变化,也就是说,对于差模输入,M_1、M_2 的源极是交流地。

现考察差分放大器的 M_1、M_3 支路,因为 M_1 源极位于交流地,所以,M_1、M_3 支路的交流放大特性和 E/E NMOS 基本放大器相同。考虑到该支路只对差模输入信号的一半进行了放大($v_{gs1} = v_{id}/2$),因此,其交流输出 v_{d1} 为

$$v_{d1} = -A_{VE} \cdot \frac{v_{id}}{2} \tag{8.41}$$

式中,A_{VE} 是 E/E NMOS 放大器的电压增益。同理,对 M_2、M_4 支路有

$$v_{d2} = A_{VE} \cdot \frac{v_{id}}{2} \tag{8.42}$$

因此,只有同时从差分放大器的两个支路取出电压信号,才是对差模输入信号的完整放大信号。这时,差模输出为

$$v_{od} = A_{VE} \cdot v_{id} \tag{8.43}$$

现在,我们来考虑衬底偏置效应的问题。毫无疑问,在 NMOS 管衬底都接负电源的情况下,M_1、M_2、M_3 和 M_4 都存在衬底偏置,因为它们的源极电位和衬底电位不同,这将导致 $M_1 \sim M_4$ 的实际阈值电压偏离标称值。但是,对于差模输入,M_1、M_2 的源极电位不变(看作交流地),只有负载管 M_3、M_4 的衬底偏置电压随差模输入而变化,从而导致 M_3、M_4 的交流电阻受衬底偏置效应的调制。

由此可以看出,E/E NMOS 差分放大器的电压增益与 E/E NMOS 基本放大器相同。即 E/E NMOS 差分放大器的电压增益为

$$A_{VEd} = \frac{v_{od}}{v_{id}} = \frac{1}{1 + \lambda_B} \sqrt{\frac{(W/L)_1}{(W/L)_3}} \tag{8.44}$$

式中,$\lambda_B = g_{mB3}/g_{m1}$。

如果信号单端输出,则电压增益只有一半。同时,对于单端输出,我们必须考虑差分放大器的电压极性。如果是 v_{d1} 输出,输入端 v_{i1} 是反相输入端,v_{i2} 是同相输入端;如果是 v_{d2} 输出,输入端 v_{i2} 是反向输入端,v_{i1} 是同相输入端。

(2) 耗尽型 NMOS 有源负载结构

以耗尽型 NMOS 晶体管作为差分放大器的负载,其电路如图 8.33(b)所示。从对 E/E NMOS 差分放大器的分析可以推知,E/D NMOS 差分放大器的电压增益和 E/D NMOS 基本放大器相同,即

$$A_{VDd} = \frac{v_{od}}{v_{id}} = \frac{1}{\lambda_B} \cdot \sqrt{\frac{(W/L)_1}{(W/L)_3}} \tag{8.45}$$

与 E/D NMOS 基本放大器一样,耗尽型负载的电压增益大于增强型负载的电压增益。

同样的原因,当单端输出时,差分放大器的有效电压增益只有一半。

(3) PMOS 恒流源负载

以 PMOS 晶体管作为差分放大器的有源负载,有两种电路形式,其一是 PMOS 管栅漏短接形式,其二是将 PMOS 晶体管设置成恒流源,如图 8.33(c)所示,这里只讨论后者。

恒流源负载管 M_3、M_4 没有衬底偏置效应。对这个电路的分析仍然可以借用对 PMOS 恒流

源负载的基本放大器方法,并有相同的结果。

$$A_{VCd} = \frac{v_{od}}{v_{id}} = \frac{1}{\sqrt{I_{D1}}} \cdot \frac{|V_{A1}| \cdot |V_{A3}|}{|V_{A1}| + |V_{A3}|} \cdot \sqrt{2\mu_n C_{ox}(W/L)_1} \tag{8.46}$$

当然,即使是这种高增益放大器,当单端输出信号时,其有效的电压增益也仅为双端输出差分放大器的一半。

通过对以上三种差分放大器电压增益的分析,我们得到这样的结论:这类 MOS 差分放大器双端输出的差模电压增益,等于构成它的单边放大器的电压增益;当输出电压信号取其单输出端时,等效的电压增益仅为差分放大器电压增益的一半。

其他的有源负载形式可以类推得到,这里不再一一讨论。

(4) 电流镜负载

以上三种负载形式差分放大器的共同问题是,如果信号电压单端输出,放大器的电压增益要受到损失。但如果取双端输出,则意味着后级放大器也必须是双端输入的放大器。

为了能够在差分放大级就完成单端无损耗输出,一般采用了电流镜负载实现双端输入单端输出,称为双转单。前面所介绍的 4 种电流镜单元都可以根据差分结构和需要选择使用,图 8.34(a)所示以 PMOS 电流镜为负载的差分放大器的电路形式。

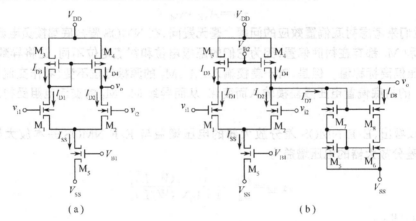

图 8.34　电流镜负载

由电流镜完成双转单的工作原理分析如下:

当差模输入信号电压使 $v_{gs1} = v_{id}/2, v_{gs2} = -v_{id}/2$ 时,在差分对管中产生变化电流,因为电路对称且匹配,所以改变的电流的数值是相同的,M_1 电流增加 ΔI_D,M_2 电流减少 ΔI_D,即产生 $-\Delta I_D$。M_1 连接的是电流镜的参考支路,这使得电流镜的参考电流也增加了 ΔI_D,并因此使电流镜的输出支路电流增加 ΔI_D。同时,M_2 减少了对电流镜的电流要求($-\Delta I_D$),根据基尔霍夫电流定律,由电流镜输出支路流出的多余电流 $2\Delta I_D$ 只能流出输出节点,供给外部负载(图中未画出)。反之,如果差模输入电压使 M_1 减少电流 ΔI_D,即产生 $-\Delta I_D$,M_2 增加电流 ΔI_D。电流镜的参考支路电流减少 ΔI_D,导致电流镜输出支路的电流供给能力减少 ΔI_D,而此时 M_2 要求的电流增加 ΔI_D,那么,这 $2\Delta I_D$ 只能通过对外部负载的电流抽取获得,即差分放大器的输出电流变化为 $-2\Delta I_D$。由于采用了电流镜,在差分放大器中就完成了双端转单端的功能,其特点是采用单端电压输出而不损失电压增益。

以电流镜做负载的差分放大器电路是模拟集成电路中的常见结构。它的电压增益推导如下:

在平衡点$(v_{id} \to 0)$附近,差分放大器的跨导$G_M = \sqrt{2K_N I_{SS}}$,M_1、M_3(M_2、M_4)的输出电阻为

$$r_{o1} = \frac{|V_{A1}|}{I_{D1}} = \frac{2|V_{A1}|}{I_{SS}} \quad \text{和} \quad r_{o3} = \frac{|V_{A3}|}{I_{D3}} = \frac{2|V_{A3}|}{I_{SS}}.$$

差分放大器的电压增益为

$$A_{VCd} = G_M(r_{o1} /\!/ r_{o3}) = \sqrt{\frac{2K_N}{I_{SS}} \cdot \frac{2|V_{A1}| \cdot |V_{A3}|}{|V_{A1}| + |V_{A3}|}}$$

$$= \frac{2}{\sqrt{I_{SS}}} \cdot \frac{|V_{A1}| \cdot |V_{A3}|}{|V_{A1}| + |V_{A3}|} \cdot \sqrt{\mu_n C_{ox}(W/L)_1} \tag{8.47}$$

式(8.47)实际上与式(8.46)完全相同。电路中M_1的栅输入端为差分放大器的同相输入端,M_2的栅输入端为差分放大器的反相输入端。

图8.34(a)电路虽然实现了双端输入单端输出且电压增益没有损失,但是,因为PMOS电流镜两个支路的电流随输入信号而变,因此,要求PMOS管有足够的频率响应。为得到足够的频响,器件不再能够采用较长的沟道以获得足够的输出电阻。另外,PMOS管因为空穴迁移率小于电子迁移率的缘故,其自身的频率特性比NMOS差。因此,如果PMOS管以恒流源的形式出现,则可以有效地避开频响差的缺点。问题是,这里还必须实现双转单的要求。

图8.34(b)所示是这样的设计。在电路中,PMOS管M_3、M_4连接成恒流源形式,NMOS管$M_5 \sim M_8$构成了高阻抗输出的电流镜,利用该电流镜实现双转单。电路中,$I_{D3} = I_{D1} + I_{D8}$,$I_{D4} = I_{D2} + I_{D7}$,如果I_{D2}增加ΔI_D,因为I_{D4}是恒流,所以,I_{D7}必然减小ΔI_D,I_{D8}也会随着I_{D7}减小ΔI_D而减小ΔI_D。这时,因为差模输入的关系,I_{D1}减小了ΔI_D,它和I_{D8}减小的ΔI_D共同作用,使I_{D3}中多余的$2\Delta I_D$电流流出输出节点。通过NMOS电流镜实现了双转单。

当然,NMOS电流镜同样会存在频率响应的问题,但是,因为NMOS的频率特性优于PMOS且采用了高阻抗的结构,因此,差分放大器的总体性能大大优于图8.34(a)所示的电路结构。

8.3.3 源极跟随器

在前面介绍的各种单级放大器都是倒相放大器,其共同的特点是在工作管的漏极输出信号电压。与双极电路中的射极跟随器一样,MOS电路也有同相输出的电路结构,MOS工作管的源极输出信号跟随输入信号。这样的电路称为源极跟随器,具有输入阻抗高,输出阻抗低,电压增益或称为电压传输系数接近于1(小于1)的特点。源极跟随器电路及其变化形式的电路在MOS模拟集成电路中有广泛的应用。

源极跟随器电路的基本构成是MOS工作管和在其源极与地(或负电源)之间串接的负载。图8.35所示为两种E/E NMOS源极跟随器的电路图。电路的差别在于图8.35(a)是固定栅电压偏置负载结构,M_2所构成的是恒流源负载,图8.35(b)是栅漏短接的负载结构,其等效负载电阻值较小。由于电路中的工作管M_1的源和衬底间存在电压差,所以,M_1存在衬底偏置效应。与前面的讨论类似,源跟随器也可以采用其他的有源负载形式。

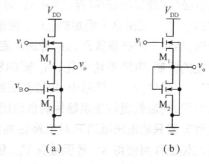

图8.35 E/E NMOS源极跟随器

图8.35(a)电路的电压传输系数A_S可用如下方法求得。

根据电路写出基本的小信号电压方程

$$\begin{cases} v_{\text{gs1}} = v_{\text{i}} - v_{\text{o}} & (8.48) \\ v_{\text{BS1}} = -v_{\text{o}} & (8.49) \\ v_{\text{o}} = i_{\text{o}} \cdot (r_{\text{o1}} /\!/ r_{\text{o2}}) = (g_{\text{m1}} \cdot v_{\text{gs1}} + g_{\text{mB1}} \cdot v_{\text{BS1}}) \cdot (r_{\text{o1}} /\!/ r_{\text{o2}}) & (8.50) \end{cases}$$

将 v_{gs1} 和 v_{BS1} 代入式(8.50),得到

$$v_{\text{o}} = (g v_{\text{m1}} \cdot v_{\text{i}} - g_{\text{m1}} \cdot v_{\text{o}} + g_{\text{mB1}} \cdot v_{\text{o}}) \cdot (r_{\text{o1}} /\!/ r_{\text{o2}}) \qquad (8.51)$$

令 $\lambda_{\text{B1}} = g_{\text{mB1}} / g_{\text{m1}}$,解出源极跟随器的电压传输系数为

$$A_{\text{S}} = \frac{v_{\text{o}}}{v_{\text{i}}} = \frac{g_{\text{m1}}}{\dfrac{1}{r_{\text{o1}}} + \dfrac{1}{r_{\text{o2}}} + g_{\text{m1}} \cdot (1 + \lambda_{\text{B1}})} \qquad (8.52)$$

因采用恒流源负载形式,通常情况下 $1/r_{\text{o1}}$ 和 $1/r_{\text{o2}}$ 远小于器件跨导 g_{m1},所以,电压传输系数

$$A_{\text{S}} \approx \frac{1}{1 + \lambda_{\text{B1}}} \qquad (8.53)$$

源极跟随器的输出电阻 r_{o} 等于

$$r_{\text{o}} = \frac{1}{\dfrac{1}{r_{\text{o1}}} + \dfrac{1}{r_{\text{o2}}} + g_{\text{m1}} \cdot (1 + \lambda_{\text{B1}})} \approx \frac{1}{g_{\text{m1}} \cdot (1 + \lambda_{\text{B1}})} \qquad (8.54)$$

对于图 8.35(b) 所示结构,做类似的分析,同时考虑到 M_2 的输出电阻较小,得到跟随器的电压传输系数和输出电阻为

$$A_{\text{S}} = \frac{v_{\text{o}}}{v_{\text{i}}} = \frac{g_{\text{m1}}}{\dfrac{1}{r_{\text{o1}}} + \dfrac{1}{r_{\text{o2}}} + g_{\text{m1}} \cdot (1 + \lambda_{\text{B1}})} \approx \frac{g_{\text{m1}}}{\dfrac{1}{r_{\text{o2}}} + g_{\text{m1}} \cdot (1 + \lambda_{\text{B1}})} = \frac{g_{\text{m1}}}{g_{\text{m2}} + g_{\text{m1}} \cdot (1 + \lambda_{\text{B1}})} \qquad (8.55)$$

$$r_{\text{o}} = \frac{1}{\dfrac{1}{r_{\text{o1}}} + \dfrac{1}{r_{\text{o2}}} + g_{\text{m1}} \cdot (1 + \lambda_{\text{B1}})} \approx \frac{1}{g_{\text{m2}} + g_{\text{m1}} \cdot (1 + \lambda_{\text{B1}})} \qquad (8.56)$$

由以上的分析可知,源极跟随器的电压传输系数是小于 1 且接近于 1。和双极型电路中的情况相似,负载电阻越大,串联电流负反馈的作用越大,源极对栅极信号的跟随性越好。那么,图 8.35(a) 结构是否还能够进一步提高跟随系数,使其达到或更接近于 1 呢?

分析图 8.35(a) 电路可以了解传输系数小于 1 的物理机理。当输入信号 v_{i} 上行时,M_1 管的源极电位跟随着上行,使得 M_1 管的衬底偏置电压值增加,使 M_1 管的导通能力减弱,趋向于沟道电流减小,而 M_2 管的恒流源特性要求电路中的电流不变。为满足这样的要求,M_1 管的栅源电压必然增加以适应电流,假设 M_1 管的栅源电压由两部分构成:静态时的偏置电压 V_{GS1} 和动态时的 ΔV_{GS1},正是这个增加的 ΔV_{GS1} 使信号传输损失,输出端上行电压不能够完全跟随输入。下行时,相对于静态偏置点,M_1 管的衬底偏置电压值减小,沟道电流有增加的趋势,但因为 M_2 管电流的限制,电流不能变化,M_1 管的栅源电压只能以减小来适应电流不变的限制,产生负的 ΔV_{GS1}。显然,ΔV_{GS1} 值越小,传输系数越接近于 1,如果 ΔV_{GS1} 值等于零,传输系数 A_{S} 等于 1。毫无疑问,衬底偏置效应是器件的物理现象,只要器件的源—衬底电压存在,就存在衬底偏置效应,设计方案只能设法抵消它对电路性能的影响。分析上述的工作原理我们发现一个关键点:M_2 管的恒流作用使得 M_1 管调整其 V_{GS1} 值以适应恒流特性。如果能够满足当输入上行时,M_2 管电流适当减小,跟随 M_1 管的沟道电流变化,当输入下行时,M_2 管电流则适当的增加,就能够保持 V_{GS1} 值不变,并实现传输系数接近 1。由此可知,如果能够产生一个机制,它能够在 M_2 的偏置上产生微动 ΔV_{GS2},并且这个微动的极性与输入信号 v_{i} 相反,就能够实现我们的目的。讨论至此,概念已经非常清楚了,只要增加一个增益很小的倒相放大器,其输入接 v_{i},输出接 M_2 栅极。一

方面为 M_2 管提供偏置,另一方面反向跟随输入变化。在本章稍后一点可以看到这样的应用。

读者或许会提出这样的疑问:前面提到采用恒流源负载,其跟随特性优于图 8.35(b)所示的普通有源负载,现在,却希望 M_2 电流有所变化,是否存在矛盾呢?仔细分析就会发现,关键是 M_2 管的电流怎样变化。图 8.35(b)中 M_2 管的电流是随着输入上行而增加,随着下行而减小,加剧了 ΔV_{GS1} 变化,使传输损耗增加。因此,结论是一致的。

至此,我们已经介绍了针对负载管衬底偏置和针对工作管衬底偏置的修正技术。基本立足点是:衬底偏置效应是器件的物理现象,设计方案只能设法抵消它对电路性能的影响。

8.3.4 MOS 输出放大器

MOS 输出级的基本考虑除了一般放大器的特性之外,主要是电流输出驱动能力,输出电压的动态范围等设计问题。如果是电压输出,则希望尽可能减小输出电阻。

1. 源极输出级

最简单的 MOS 输出级电路是源极跟随器。图 8.35 已经介绍了两种简单的源极跟随器电路,图 8.36 所示是另一个电路形式。M_1、M_2 和 M_3 组成分相器电路,输入给 M_1 的信号 v_i 在 M_1 的漏和源产生两个相位相反的信号,分别送到 M_4 和 M_5 的栅极。如果 M_2、M_3 设计的相同,则分相器将产生两个大小相等,相位相反的信号。当输入 v_i 向负向摆动时,M_4 的导通更充分,输出电流增加,M_5 电流减小,两者的作用使外部负载获得了较大的拉出电流。反之,当 v_i 向正向摆动时,M_5 电流灌入的能力增加,M_4 输出的电流减小。同样地为外部负载提供较大的灌入电流。

这个电路的输出电压正向最大值为 $V_{DD}-2V_{TN}$,输出电阻与一般的源极跟随器相近,主要和器件的跨导有关,如果不考虑衬底偏置效应的影响,从式(8.54)我们知道源极跟随器的输出电阻 $r_o \approx \dfrac{1}{g_{m1}}$,加大器件的跨导有利于减小输出电阻。因为双极晶体管的跨导比 MOS 管要大得多,所以,采用衬底 NPN 晶体管可以利用双极器件跨导远大于 MOS 器件的特点。图 8.37 给出了两种利用 NPN 晶体管的跟随器输出电路。其中,图 8.37(a)结构是将图 8.35(a)中的 NMOS 管直接换为衬底 NPN 管得到的结构。图 8.37(b)结构的基本原理与图 8.36 所示结构相近,通过 M_1、M_3 组成的倒相放大器将相位相反的两个信号同时送到 VT_1 和 M_2 的输入,构成推挽结构。不仅减小了输出电阻,而且提高了电路的电流驱动能力。

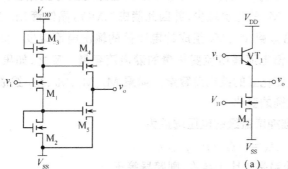

图 8.36 NMOS 输出级电路

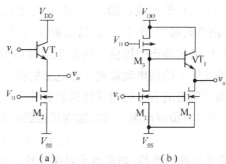

图 8.37 利用衬底晶体管的输出级

2. 甲乙类输出级

甲乙类输出级的基本结构还是源极输出,它利用了互补型器件(CMOS)构成了对称的源极跟随结构,如图 8.38 所示。M_3 是工作管,M_6 是负载管,M_4、M_5 提供了 M_1、M_2 的偏置,避免交越失真。以 M_3、M_6 为主构成共源放大电路,如果没有 M_4、M_5,则图 8.38 所示电路就成为乙类放大器。PMOS 管 M_1 和 NMOS 管 M_2 构成一对源极输出的对管。这里特别要注意的是:因为是源级跟随结构,所以,NMOS 管 M_2 位于上面,PMOS 管 M_1 位于下面,并且与之对应的 M_5、M_4 也有相应的位置。

3. 推挽增益级

图 8.39 所示的电路同样是利用了推挽结构,但将输入电压的变化转化为输出电流的变化,再利用电流镜输出。

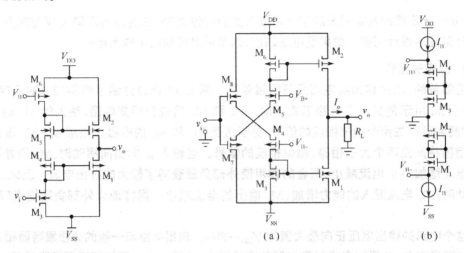

图 8.38　甲乙类输出级　　　　图 8.39　推挽增益级

图 8.39(a)中 M_4、M_8 和 M_5、M_7 构成推挽结构,如果 M_4、M_5 的静态偏置 V_{B-} 和 V_{B+} 和输入端的静态偏置相同,则输入推挽电路工作在乙类;如果 V_{B-} 和 V_{B+} 在静态情况下使 M_4、M_8,M_5、M_7 都处于导通状态,则推挽电路工作在甲乙类。图 8.39(b)所示为静态电压偏置电路提供了使推挽电路工作在甲乙类的偏置电压。

现在来讨论图 8.39(a)所示推挽增益级的工作原理。当输入信号 v_i 从交流 0 点向正向变化时,M_4、M_8 的栅源电压增加,变化量 $v_{gs4} + v_{gs8} = v_i$,M_5、M_7 的栅源电压等量减少。栅源电压的变化导致 M_4、M_8 的电流增加,M_5、M_7 的电流减少,并因此使由 NMOS 晶体管 M_3、M_1 组成的电流镜的输出电流增加,由 PMOS 晶体管 M_6、M_2 组成的电流镜的输出电流减少。如果两个电流镜匹配设计,则在输出端提供了两倍电流镜电流变化量的灌电流容量。反之,如果 v_i 向负向变化时,电路提供了两倍电流镜电流变化量的拉电流容量。如果 M_3、M_1,M_6、M_2 组成的是比例电流镜,则输出电流的容量也将成比例的变化。

当外部接有负载电阻 R_L 时,推挽增益级的电压增益为

$$A_V = -G_M(R_L /\!/ r_{o1} /\!/ r_{o2}) \tag{8.57}$$

G_M 是放大器的跨导,如果电流镜是 1 比 1 结构,则跨导等于

$$G_M = \frac{g_{m4} \cdot g_{m8}}{g_{m4} + g_{m8}} \tag{8.58}$$

如果采用比例电流镜,则可以提高放大器的跨导,如果电流镜采用威尔逊结构,则可以提高输出阻抗。

8.4 运算放大器

运算放大器是模拟电路中最典型的电路。它通常是由我们在前面介绍的基本积木单元构造而成。典型的运算放大器的组成包括：偏置电路，输入级（通常是差分输入级），中间增益级和输出级等。下面根据电路特点分别对两级 CMOS 运算放大器进行介绍。

8.4.1 普通两级 CMOS 运放

从基本单元模块的讨论，我们可以知道 CMOS 结构具有独特的优点，比其他的 MOS 电路更适合构成模拟电路。利用 CMOS 中的互补晶体管结构，可以方便地直接把双极型模拟集成电路映射为同类的 CMOS 模拟集成电路。图 8.40 所示为一个具有两个放大级的 CMOS 运算放大器电路。

这个运算放大器电路由 5 个基本电路单元模块组成：偏置电路、差分放大电路、源极跟随器、推挽输出级和频率补偿网络。

基本偏置电路包括了 M_{10}、M_{11} 和 M_5、M_6。其中，M_{10}、M_{11} 组成了 NMOS 比例电流镜的参考支路，其输出支路 M_5 为差分放大级提供了恒流源负载，同时，与之相连的 M_6 也为源极跟随器提供了恒流源负载。

差分放大级由 $M_1 \sim M_5$ 组成，其中 M_5 是恒流源负载。以 NMOS 晶体管 M_1、M_2 作为差分输入对管，以 PMOS 基本电流镜作为差分放大级的有源负载完成双转单。

M_7、M_6 构成 NMOS 的源跟随器电路，实现电平位移，并为 M_9 提供静态偏置。V_{GS7} 确定了 M_8、M_9 的栅极直流电压的差值，M_8、M_9 构成了 CMOS 推挽输出级。因为是恒流源负载的源跟随结构，交流信号在 M_8、M_9 上近似相等。源极跟随器的直流电平位移量 ΔV 由 M_7 的静态电流 I_{DS7} 和 M_7 的尺寸决定。

$$\Delta V = V_{GS7} = V_{TN} + \sqrt{\frac{I_{DS7}}{K'_N(W/L)_7}} \tag{8.59}$$

在电流一定的情况下，只要改变 M_7 的宽长比即可改变直流电平的位移量，用以保证输出失调为 0。

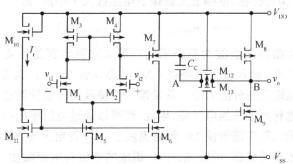

图 8.40 两级 CMOS 运放电路

M_8、M_9 构成 CMOS 推挽放大级，它们同时接受来自差分输入级的信号，两者互为负载，但同时又都是放大管。其工作原理与图 8.30 介绍的 CMOS 推挽放大级相同。当输入电压正向变化时，M_9 的电流增加，M_8 电流减少，负载电流由 M_9 提供，输出电压向负向变化；反之，当输入电压向反向变化时，M_9 电流减少，M_8 电流增加，负载电流（流出放大器）由 M_8 提供，输出电压向正向变化。

M₁₂、M₁₃构成一个常开的 CMOS 传输对,它被作为电阻使用,和电容 C_C 组成频率补偿网络。它们跨接在输出放大级的输入与输出端之间,利用密勒效应提高它们的等效阻抗,满足频率补偿的要求。CMOS 传输对中晶体管的源和漏与传输的信号有关,但 M₁₂ 和 M₁₃ 的同一侧源漏定义总是相反的,因此,从一侧看进去总是一个是漏电阻,一个是源电阻,也就是说,一个电阻大,一个电阻小。它们的并联电阻取决于小电阻,当 M₁₂、M₁₃ 设计的跨导相同时,等效电阻 $r_{AB} \approx 1/g_m$,g_m 是 M₁₂(M₁₃)的跨导。

8.4.2 采用共源—共栅(cascode)输出级的 CMOS 运放

图 8.41 所示是另一个两级 CMOS 运算放大器的简化电路。所谓简化是指这个电路中的偏置电路被电流源 I_B 和偏置电压 V_{B8}、V_{B9} 所替代而未画出。

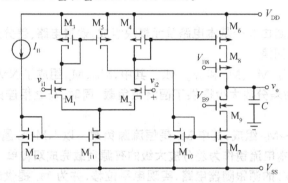

图 8.41   CMOS 共源—共栅运放

共源—共栅运放的名称来源于第二级放大电路中 M₆、M₈ 和 M₇、M₉ 的结构。其中,M₆、M₇ 是共源结构,M₈、M₉ 是共栅结构,所以,M₆、M₈ 构成了共源—共栅组态,同样,M₇、M₉ 也构成了共源—共栅组态。

和双极型电路中的共射—共基组态相似,在 MOS 放大器中,采用共源—共栅组态的目的通常是为了减小工作管的密勒电容,从而减小放大器的输入电容,以减轻前级放大器的输出负载。由于 M₈、M₉ 的共栅结构的存在,使得放大器输出电阻被大大增加,即

$$r_o \approx (g_{m8} r_{ds8} r_{ds6}) /\!/ (g_{m9} r_{ds9} r_{ds7}) \tag{8.60}$$

这个运放由偏置电路和两级放大电路组成。基本偏置电路是电流源 I_B 和 NMOS 晶体管 M₁₂、M₁₁ 所组成的电流镜。输入放大级是以 NMOS 晶体管 M₁、M₂ 为差分对管,以两组有源电阻为负载所组成的双端输出差分放大级。双端输出的差模信号被同时送到了共源—共栅放大级的输入端。这里巧妙地利用了三组电流镜,因此,也可以通过电流镜的电流传输作用解释运算放大器的工作原理。当输入差模信号使 M₁ 管电流减少,M₂ 管电流增加时,因为差分放大器的有源负载都位于电流镜的参考支路,因此,M₃、M₅ 组成的电流镜电流减少,并因此使 M₁₀ 管电流减少,同时,M₄ 的电流增加。通过电流镜的作用,M₇ 管电流减少,M₆ 管电流增加,负载电流由 M₆ 提供,负载电容充电,输出端电位上升。反之,M₆ 电流减少,M₇ 电流增加,负载电流由 M₇ 提供,负载电容放电,输出电位下降。由此我们也可知道,M₁ 的栅极是运算放大器的反相输入端,M₂ 的栅极是运算放大器的同相输入端。

对于图 8.41 所示的运放还可以采用前面所讨论的方法进行分析。暂不考虑 M₈、M₉ 的共栅作用,M₆、M₇ 是一个 CMOS 推挽放大器(参见图 8.30),它需要同相的输入信号,因为差分放

大器的两个输出是反相信号,因此,必须有一个倒相器来完成反相的工作,M_5、M_{10}构成了一个简单的倒相放大器实现了这样的要求。

8.4.3 采用推挽输出级的 CMOS 运放

图 8.42 所示是一个具有输出放大级的运算放大器电路。其输出放大级的结构与图 8.38 所示的甲乙类推挽输出级相似,所不同的是,这里的工作管是 PMOS 晶体管,而图 8.38 中的电路是以 NMOS 晶体管为工作管。那么,为什么采用 PMOS 晶体管做工作管呢?其目的主要是移动直流电平。因为,差分输入级是以 NMOS 差分对管为工作管,其漏输出端的直流电位高于输入端,如果仍采用图 8.38 中的结构,则运算放大器输出端的直流电位必然偏高,使运放的输出动态范围不匹配。当 PMOS 晶体管用做工作管后,将被差分输入级所抬高的直流电平下移。通过工作电流的设计,可以获得所需的直流电平移动量。

这个运算放大器的电压增益主要由差分输入级和 M_5、M_6、M_7、M_{10} 所组成的放大级提供。

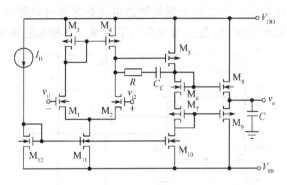

图 8.42　带有推挽输出级的运放

8.4.4 采用衬底 NPN 管输出级的 CMOS 运放

为获得低的输出电阻,运放的输出级可以采用衬底晶体管输出级的结构,利用双极型晶体管的跨导高于 MOS 晶体管的特点,降低源跟随输出级的输出电阻,如图 8.43 所示。

该运算放大器由基本偏置电路,差分输入级,衬底晶体管输出级和频率补偿网络组成。

基本偏置电路 R、M_6 构成的分压结构为 M_7、M_8 提供了电压偏置,使它们都工作在饱和区,为差分放大级和输出级提供了恒流源负载。因为差分放大级是以 PMOS 晶体管为工作管的电路形式,所以,PMOS 管 M_7 是作为差分放大级的上负载使用。

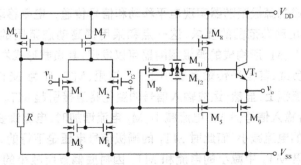

图 8.43　采用衬底晶体管输出级的运放

在差分输入级中通过电流镜 M_3、M_4 完成了双端转单端的任务,同时,因为是 PMOS 管作差分对管,其漏输出端的电位低于输入端的直流电位,因此,后级采用 NMOS 作放大管平衡直流电平。从上面几个运放的分析可以看出,在 CMOS 运放中常采用互补型的 MOS 晶体管来平衡直流电平。

输出级采用的结构与图 8.37(b)所示结构完全一致,这里不再对它进行分析。

该运放的频率补偿网络中的电阻与图 8.40 中运放相同,电路中的频率补偿电容是利用了 M_{10} 的栅电容,因为输出级中 M_5 的漏电位高于栅电位,所以 M_{10} 是处于导通状态,其沟道成为电容的下极板。可以想象,如果 M_{10} 反接,将因为沟道未导通使电容大大减小。

8.4.5 采用共源—共栅输入级的 CMOS 运放

共源—共栅结构在 8.4.2 节中已进行过讨论,并且式(8.60)也说明了采用共源—共栅结构可以提高输出电阻。将共源—共栅结构用于差分输入级可以得到同样的效果,图 8.44 所示的 CMOS 运算放大器在差分输入级采用了由 M_1、MC_1(M_2、MC_2)构成的共源—共栅结构,提高了差分放大器工作管的输出电阻。因为放大器的输出电阻是工作管电阻与有源负载的并联并且取决于小电阻,因此,与之配套,PMOS 电流镜也采用了共源—共栅高阻结构。

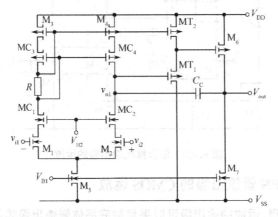

图 8.44　采用共源—共栅输入级的 CMOS 运放

该运放由两级组成,第一级是差分放大级,第二级是由 M_6、M_7 构成的以 PMOS 管为工作管的共源放大电路。高输出阻抗的共源—共栅结构提高了差分放大器的电压增益,部分地弥补了 PMOS 放大电路增益稍小的不足。V_{B1} 为 M_5、M_7 管提供电压偏置,形成恒流源负载,V_{B2} 则为共栅电路 MC_1、MC_2 提供偏置。

由 MT_1、MT_2 构成的源极跟随器实现电平移动和信号传递。电平移动的目的是使 M_6 管具有较小的 V_{GS},满足输出动态范围的要求,这一点和采用提高动态范围的电流镜出发点是一致的。对比图 8.40 中 M_7、M_6 所构成的源极跟随器可以发现,其负载形式发生了变化。图 8.40 的跟随器采用了恒流源负载,其信号传输系数小于 1。这里,MT_2 作为 MT_1 的负载,其输入接到了差分放大电路的电流镜上,显然,运放输入信号的变化将直接引起 MT_2 的电流变化,信号极性与 MT_1 相反。当差分输入信号使 M_1 电流减小,M_2 电流增加时,电流镜参考支路(R、M_3、MC_3)电流减小,也使 MT_2 的电流减小,而此时 MT_1 的栅极信号电压是下行的,MT_1 的衬偏增加也使 MT_1 管电流减小,如果 MT_2 中减小的电流和 MT_1 因衬底偏置所减小的电流相等,则可以保持 MT_1 的 V_{GS} 不变,使传输系数等于 1。反之,当差分输入信号使 M_1 电流增加,M_2 电流减小时,电流镜参考支路电流增加,MT_2 的电流也增加。此时 MT_1 的栅极信号电压是上行的,衬底偏置减小使 MT_1 管电流增加,同样可以保持 MT_1 的 V_{GS} 不变。MT_2 的电流调整量可以简单地通过电流镜关系得到。

与前面的电路一样，密勒电容 C_C 是频率补偿元件。

从上面对 5 个 CMOS 运算放大器的分析，我们看到 CMOS 电路结构非常简单，可以由基本的电路模块"搭接"而成。在构造运算放大器电路时最基本的考虑是：电压增益或跨导，带宽，直流电平的平衡，及输出电阻等基本要求。当然，对于某些性能方面有较高要求的电路，其电路结构可能会相对复杂，这需要根据设计要求，在基本设计理论的指导下不断地优化电路结构直致满意的结果。

以上介绍的是两级放大器的结构，如果需要高的电压增益，则可以考虑采用三级放大器结构。但是，当放大级的级数超过两级（包括两级）后，运放的闭环稳定性问题是一个较严重的问题，在电路设计中必须采取相应的措施，保证运算放大器闭环工作的稳定性。

8.5 电压比较器

电压比较器是另一个重要的模拟单元。比较器的作用是对两个模拟信号进行比较，输出一个逻辑值。比较器输出为逻辑值的特性是它和一般模拟集成电路的主要不同之处。图 8.45 所示为比较器的符号和电压传输特性。

理想的电压比较器，当输入电压 V_P 大于等于参考电压 V_N，即 $V_P \geqslant V_N$ 时，电压比较器的输出为高电平；当 $V_P < V_N$ 时，电压比较器的输出为低电平。如果参考电压 V_N 接的是同相端，情况正好相反。

电压比较器结构设计的和运算放大器类似，也是双端差分输入，单端输出的放大器。但是在许多具体要求上，它又和运算放大器有很大的不同。主要表现在：

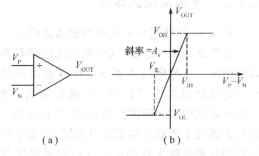

图 8.45 电压比较器符号和电压传输特性

① 电压比较器的输出电压摆幅和直流电平，都被设计得和逻辑电平相适应，它不需要正负极性对称的输出。

② 电压比较器的输出是在两种输出电平之间摆动，电压增益仅是为了减小使输出从一种逻辑状态转换到另一种逻辑状态所需的差分输入变化量。

③ 因为电压比较器是大信号应用，所以总是工作于开环状态，不需要设计频率补偿网络。

在实际设计中还必须特别注意减小电压比较器的失调电压。对于高性能的电压比较器，应具有高的开环增益、低的失调电压和高的压摆率。

8.5.1 电压比较器的电压传输特性

图 8.45(b)所示为在不考虑失调情况下的电压比较器的电压传输特性。当输入电压小于参考电压的差值达到 V_{IL} 后，输出电压变为低电平 V_{OL} 并且不再变化；反之，当输入电压大于参考电压的差值达到 V_{IH} 后，输出电压变为高电平 V_{OH} 并且不再变化；当输入电压和参考电压的差值在 V_{IL} 和 V_{IH} 之间时，输出电压以一定的变化率发生改变，而这个变化率就是图中的斜率，它等于电压比较器的电压增益 A_v。

$$V_{OUT}=\begin{cases} V_{OH} & (V_P-V_N)>V_{IH} & (8.61) \\ A_V(V_P-V_N) & V_{IL}\leqslant(V_P-V_N)\leqslant V_{IH} & (8.62) \\ V_{OL} & (V_P-V_N)<V_{IL} & (8.63) \end{cases}$$

电压比较器的电压增益越大,比较灵敏度越大。

8.5.2 差分电压比较器

在 8.3.2 节中介绍的差分放大器,如果将它的工作区域再扩展到饱和区(图 8.32 中的差模电流饱和区),就可以作为电压比较器应用,称为差分电压比较器。

由对 CMOS 差分放大器的分析可知,在其他参数相同的情况下,恒流源电流 I_{SS} 越小,在差模输入时的线性范围越小($\pm\sqrt{I_{SS}/K}$)。因此,适当地设计可以很方便地将普通的差分放大器电路用作为电压比较器。设计的目标是使差模电压达到一定的数值时,其输出的电压对应电压比较器的 V_{OH} 或 V_{OL}。

当然,仅一级放大器难以有效地提高电压比较器的电压增益,不能满足电压比较器的比较灵敏度和转换时间的要求。为增加增益,可采用两级放大电路构造电压比较器。

8.5.3 两级电压比较器

图 8.46 所示是一个具有两级放大器的 CMOS 电压比较器结构图。

从电路的结构上看,这个电压比较器与普通的运放非常相像。参考电流 I_B 和 M_8 构成基本偏置电路。第一级是差分放大级,以 NMOS 晶体管为差分对管,以 PMOS 电流镜作为有源负载,并完成双转单,M_7 作为差分放大器的下负载提供恒流源偏置,由这个电流的设置可以确定差分放大级的电压增益和线性范围。第二级放大器是以 PMOS 为放大管的共源放大器。通过对 M_5 的设计以及偏流设计可以改变放大器的电压增益。

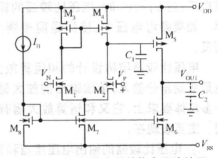

图 8.46　两级放大器结构电压比较器

在平衡点,即 $V_P=V_N$ 时,要求所有的器件均工作在饱和区。为减小失调电压,差分放大器中的 M_1、M_2,M_3 和 M_4 相匹配,这要求 M_1、M_2 的宽长比应设计的相同,且在版图中位置对称,几何图形相同,高精度要求时还应采用同心布局结构。同样的,M_3、M_4 也应保持宽长比的一致与对称。

因为比较器由两级电路组成,其总的传输延迟时间由每级的传输延迟相加。电路中的 C_1 和 C_2 是寄生电容,它们的存在将影响到每级放大器的传输延迟时间。由于传输延迟的存在,使得电压比较器的实际状态转换时间变长,需考虑传输延迟和转换时间两个部分。为减小传输延迟,应尽量设法减小寄生电容 C_1 和 C_2。

除了上面介绍的两种电压比较器外,还有许多其他的电路形式,这里不一一介绍了。

8.6　D/A、A/D 变换电路

自然界的各种信息,大部分是以模拟信号的形式存在,而当今的信号处理则大部分采用数字形式。在 VLSI 系统中经常集成了对模拟信号和数字信号的处理电路。数字—模拟变换电路和模拟—数字变换电路,作为模拟信号和数字信号的接口,承担了不同处理电路之间的信号模式的转换工作。在本节中,我们将在介绍这两类变换电路的基本工作原理的基础上,重点介绍 MOS 电路结构的 D/A、A/D 变换电路。

8.6.1　D/A 变换电路

数字—模拟(D/A)信号变换电路的作用是将数字信号转换为相应的模拟信号,它输入的是数字信号,输出的是模拟信号。

D/A 变换电路的基本原理是线性叠加。在一组数字信号中,每一位具有不同的权重,最基本的权重结构与二进制数的各位权重结构相同,相邻位的权重相差一倍。将每一位数字(0 或 1)与一个模拟量相对应,根据数字信号各位上的数字是 0 或 1,确定相对应的模拟信号的无或有,将这些存在的模拟信号进行线性叠加,得到与输入数字信号对应的模拟输出。输出的模拟信号可以用下式表示。

$$A = K \cdot V_{\text{REF}}(b_1 2^{-1} + b_2 2^{-2} + b_3 2^{-3} + \cdots + b_N 2^{-N}) \tag{8.64}$$

其中,A 为输出的模拟信号,K 为比例因子,V_{REF} 是基准电压,b_i 是第 i 位数字信号,b_1 是数字信号的最高位,b_N 是最低位。显然,$K \cdot V_{\text{REF}}/2^i$ 是第 i 位数字信号所对应的模拟量的大小,也就是第 i 位的权重。对于有 N 位的数字信号,其对应的最小模拟量为 $K \cdot V_{\text{REF}}/2^N$,它也对应了不同数字信号的模拟量之间的最小差值。

从上面的分析可知,D/A 变换电路输出的模拟信号并不是连续的,而是离散化的。在满量程输出电压相同的情况下,数字信号的位数越多,D/A 变换的分辨率越高,误差越小。当然,对应的电路越复杂。

D/A 变换电路的基本类型有三种,它们是:电流定标的 D/A 变换器,电压定标的 D/A 变换器,电荷定标的 D/A 变换器。

1. 电流定标的 D/A 变换器

电流定标的 D/A 变换器的基本工作原理是利用权电流网络,在电路的内部产生一组二进制加权电流,然后根据数字信号的各位信息,对这些电流线性叠加,产生模拟输出。

最常见的加权电流网络是 R-$2R$ 梯形网络,变换器的电路结构如图 8.47 所示。

R-$2R$ 梯形网络的特点是:从网络的任何一个节点向右看过去,它的电阻都是两个 $2R$ 电阻的并联,当所有 $2R$ 电阻的下端头接地时,得到如图 8.48 所示的电阻网络结构。从最上端流入的电流自左向右被不断地一分为二,使得相邻支路的电流成二的倍数关系。即

$$I_1 = 2I_2 = 4I_3 = \cdots = 2^{N-1}I_N \tag{8.65}$$

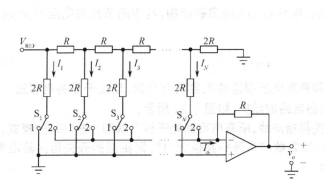

图 8.47　采用 R-$2R$ 梯形网络的电流定标的 D/A 变换器

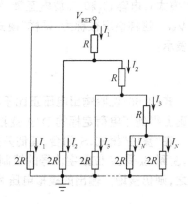

图 8.48　R-$2R$ 梯形网络结构

这正是我们所需要的二进制加权电流。

从 R-$2R$ 梯形网络中获得的二进加权电流，在与数字信号对应的开关 S_1 的控制下，在运放的反向输入端（虚地）线性叠加，通过运放得到模拟电压输出。

2. 电压定标的 D/A 变换器

电压定标的 D/A 变换器是将一个电阻链连接在基准电压与地之间，选择电阻链的抽头来获得模拟电压输出。一个 N 位的 D/A 变换器电路的电阻链是由 2^N 个阻值相同的电阻串联而成。输出电压的选择由二进制开关完成。图 8.49 所示为一个 3 位 D/A 变换器电路的结构图。

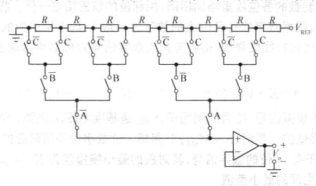

图 8.49　3 位电压定标的 D/A 变换器结构图

这种电路的结构非常简单，由 3 位数字信号确定电阻链的输出部位，通过选通的开关通道将模拟电压送到电压跟随器的输入端。设置电压跟随器的目的是将变换器与外部隔离，保证变换器的变换精度，正因为如此，也要求电压跟随器输入端的直流偏置电流要小，与电阻链上的电流相比可忽略不计。

这种结构的 D/A 变换器特别适合于 MOS 工艺，因为在 MOS 工艺中可以很方便地制作模拟开关，而且 MOS 结构电压跟随器的直流偏置电流几乎可以忽略。随着数字信号的位数增加，如果还采用图 8.49 所示的结构，必然使串联的 MOS 开关增加。一个简单的解决方案是采用 6.3 节图 6.40(a)图中所介绍的结构，即数字译码和开关阵列相结合的结构。

3. 电荷定标的 D/A 变换器

电荷定标的 D/A 变换器是利用对加到电容网络上的总电荷进行定标的方法产生模拟电压。其基本工作原理可以通过图 8.50 所示的简单电路来加以说明。图中的电容 C_A 接地，C_B 则周期性的在地和内部电压基准之间转换。假定开始时，开关 S_0 闭合，S_1 指向地（这种情况被称为"复位"模式），电容 C_A 和 C_B 放电至零，输出电压 $V_x = 0$。然后，打开开关 S_0，并将开关 S_1 接至基准电压 V_{REF}（这种情况被称为"采样"模式），电容 C_A、C_B 成串联结构，其中间节点的电压 V_x 可以用下式表示：

$$V_x = V_{REF} \frac{C_B}{C_A + C_B} \tag{8.66}$$

式(8.66)说明输出电压正比于和基准电压相连的电容的电容量，反比于总的电容量。在此基础上得到了电荷定标的 D/A 变换器电路的结构，如图 8.51 所示。

在"复位"模式，S_0 闭合，其他开关都指向地，所有电容都处于放电状态。在"采样"模式，S_0 打开，S_1 到 S_N 受 N 位数字信号的控制，如果数字信号的某位为"1"，则相应的开关指向基准电压，反之，则仍接地。输出的模拟电压为

$$V_o = V_{REF} \frac{C_{eq}}{C_{tol}} \tag{8.67}$$

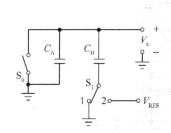
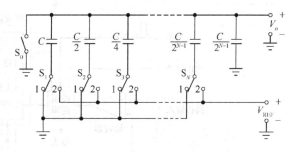

图 8.50 电荷定标原理示意图 　　图 8.51 　电荷定标的 D/A 变换器结构

式中，C_{eq} 是连接到 V_{REF} 的各电容容量之和，C_{tol} 是整个电容网络的总电容。因此，C_{eq} 和 C_{tol} 可表示为

$$C_{eq}=b_1 C+\frac{b_2 C}{2}+\frac{b_3 C}{2^2}+\cdots+\frac{b_N C}{2^{N-1}} \tag{8.68}$$

$$C_{tol}=C+\frac{C}{2}+\frac{C}{2^2}+\cdots+\frac{C}{2^{N-1}}+\frac{C}{2^{N-1}}=2C \tag{8.69}$$

由上面的公式我们可以得到输出电压的表达式为

$$V_o=V_{REF}(b_1 2^{-1}+b_2 2^{-2}+\cdots+b_N 2^{-N}) \tag{8.70}$$

由于 MOS 工艺可以制作具有高精度比值的电容和理想的模拟开关，因此采用 MOS 技术可以很好地制作电荷定标的 D/A 变换器。但这个电路的缺点是变换器的位数不能很多，因为，随着数字信号的位数增加，最小电容和最大电容的比值将随之加大，最大电容的电容量也成倍的增加。因此，这种结构的 D/A 变换器的位数一般不超过 8 位。

8.6.2　A/D 变换电路

A/D 变换是 D/A 变换的逆变换，它将模拟信号变换为数字信号。A/D 变换器的数字信号输出可以是串行的，也可以是并行的。在串行输出时，数字信号的传输是从最高位（MSB）开始逐位传送。在并行输出时，数字信号作为二进制代码，同时出现在 N 位的输出端头上。

A/D 变换器电路有多种形式，归结起来，主要有积分型 A/D 变换器、数字斜坡型 A/D 变换器、逐次逼近型 A/D 变换器和并行 A/D 变换器。在这里我们将介绍逐次逼近型 A/D 变换器和并行 A/D 变换器。

1. 逐次逼近型 A/D 变换器

（1）变换原理

逐次逼近型 A/D 变换器是一种以相应的数字代码，根据试探误差对模拟输入进行逐渐逼近的反馈系统。其结构框图如图 8.52 所示。

这个系统由一个逐次逼近寄存器、一个 D/A 变换器和一个比较器组成一个反馈环。其工作原理简述如下：在开始变换之前，由 N 位移位寄存器和 N 位保持寄存器构成的逐次逼近寄存器被清零。变换过程从数字信号的最高位开始到数字信号的最低位逐次试探、逼近。在第一个时钟周期，以"1"作为试探解加到 N 位保持寄存器的最高位 MSB，其他各位仍保持为零，N 位保持寄存器将输出加载到 N 位 D/A 变换器产生相应的模拟信号。如果 D/A 变换器的输出电压 $V_o \leqslant V_A$（V_A 是待变换的模拟输入信号），则比较器的输出保持不变，于是，保持寄存器的最高位 MSB 就保存了"1"信号，否则，就用"0"取代"1"存于 MSB。在第二个时钟周期，将"1"送入 N 位保持寄存器的次高位进行试探，与第一个时钟周期的情况类似，如果 $V_o \leqslant V_A$，比较器输出状态不变，就将"1"保存在次高位，否则，用"0"来代替"1"。依次类推，从高位到低位依次逐一进行试

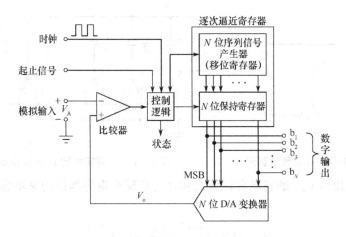

图 8.52   逐次逼近型 A/D 变换器结构框图

探,直到第 N 位试探完成。N 位数字信号逐次逼近的过程需要 N 个时钟周期。

判断试探的"1"究竟是保持还是被"0"所取代,由比较器和逐次逼近寄存器逻辑完成。试探位借助于 N 位序列信号发生器(移位寄存器)从 MSB 顺序移向 LSB。每次逼近的结果存留在保持寄存器中。控制逻辑对每一次逼近都执行一个开始/停止命令,每次逼近动作由时钟信号同步。存储在 N 位保持寄存器中的数据形成数字输出,在 MSB 到 LSB 各位的试探都结束后,控制逻辑发出一个状态信号,允许数字输出。

图 8.53 所示为一个 4 位逐次逼近型 A/D 变换器的试探、逼近流程。

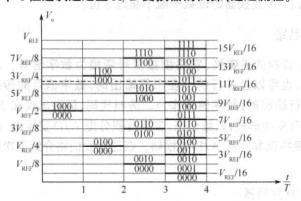

图 8.53   4 位逐次逼近式 A/D 变换器变换流程

图中,T 是一个时钟周期;t 是时间;t/T 则表示了第几个时钟周期;V_o 是 D/A 变换器的输出。粗实线是对应试探的数字信号(在粗实线之上的数字)由 D/A 变换器产生的模拟输出。因为是 4 位数字信号,所以,基准电压 V_{REF} 被分成了 16 段。

现举例说明这个 4 位逐次逼近型 A/D 变换器的逐次逼近过程。假设,一个模拟输入信号 V_A,其值介于 $11V_{REF}/16$ 和 $12V_{REF}/16$(即 $3V_{REF}/4$)之间,如图中虚线所示。逼近试探开始后,首先,最高位被置 1,D/A 变换器对应 1000 产生了输出模拟电压 $V_{REF}/2$,经比较器比较后,模拟输入信号大于 D/A 变换器输出,数字信号的最高位 1 被保存。第二个时钟周期,数字信号的第二位被置 1,D/A 变换器对应 1100 产生输出模拟电压 $3V_{REF}/4$,经比较,模拟输入信号小于 D/A 变换器输出,数字信号的第二位被替换为 0,这时,保持寄存器的内容为 1000。第三个时钟周期,数字信号的第三位被置 1,D/A 变换器对应 1010 产生输出模拟电压 $5V_{REF}/8$,经比较器比较,模拟信号大于 D/A 变换器的输出,数字信号第三位的 1 被保存。第四个时钟周期,数字信号的最后一位被置 1,对应 1011,D/A 变换器产生输出模拟电压 $11V_{REF}/16$,经比较,模拟信号大于 D/A 变换器输出的模拟电压,最低位的 1 被保存。最后对应模拟输入信号 V_A 产生数字输出 1011。

(2) 电荷重新分配型 A/D 变换器

电荷重新分配型 A/D 变换器是根据前面介绍的电荷定标的 D/A 变换器原理导出的。它采用了一个电荷定标的 D/A 变换器和逐次逼近寄存器与比较器构成反馈环路,完成 A/D 变换。图 8.54 所示为该 A/D 变换器处于不同工作状态时的电容、开关网络和比较器及相互关系。

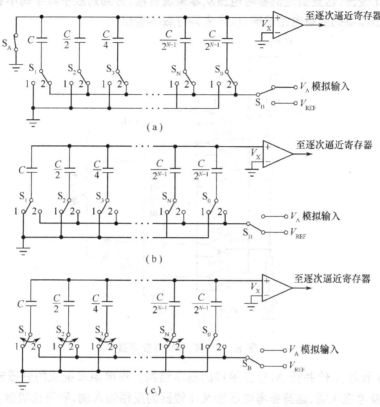

图 8.54 电荷重新分配型 A/D 变换器工作状态

电荷重新分配型 A/D 变换器采用基本的二进制权电容梯形网络。在梯形网络中还包含了一个附加的电容(与开关 S_0 相连),其值等于 LSB 电容的容量。变换过程分为三个节拍。第一个节拍称为采样模式,开关 S_A 闭合,所有电容的顶板接地,所有底板接模拟输入 V_A,如图 8.54(a) 所示。在整个电容网络(等于 $2C$)中存储了正比于 V_A 的电荷 Q_x,

$$Q_x = V_A \cdot C_{tol} = 2CV_A \tag{8.71}$$

第二个节拍称为保持模式,开关 S_A 断开,所有电容的底板接地,如图 8.54(b) 所示,由于电容上的电荷保持不变,电容顶板的电位 $V_x = -V_A$。

第三个节拍称为重新分配模式,逐次逼近的过程开始。开关 S_A 仍然断开,S_B 接基准电压 V_{REF},除 S_0 仍保持接地外,$S_1 \sim S_N$ 依次接 V_{REF} 或地。首先,对应 MSB 的开关 S_1 接至 V_{REF},其他开关接地。由于 $C = C_{tol}/2$,电压 V_x 获得一个增量 $V_{REF}/2$,

$$V_x = -V_A + V_{REF}/2 \tag{8.72}$$

如果此电压的变化使比较器的输出改变状态,则说明 MSB 应为 0,开关 S_1 接向地。如果比较器不改变状态,则 MSB 应为 1,S_1 保持和 V_{REF} 连接。依次类似,对每一位都进行试探,产生相应的数字输出码。这个逐次逼近的过程如图 8.54(c)所示。当试探结束时,$V_x \approx 0$。

逐次逼近型 A/D 变换器最大的缺点是变换速度比较低,数字信号的位数越多,完成一个变换所需要的时钟数越多,变换速度越低。

2. 并行 A/D 变换器

并行 A/D 变换器是速度快而工作原理又十分简单的变换器。这种变换器采用若干接了固定参考电压的比较器,这些固定的参考电压从零至满量程,分别对应于数字码中各量化电平。所有比较器的输出和编码逻辑电路相连,以产生并行数字输出。

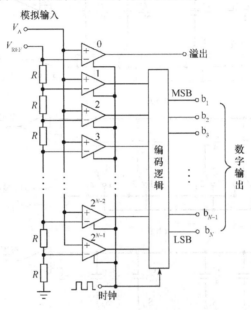

图 8.55　并行 A/D 变换器

图 8.55 所示为 N 位并行 A/D 变换器的基本结构。由电阻串组成的分压器产生 2^N-1 个锁存比较器的参考电压值,这些参考电压接至比较器的反相输入端,所有比较器的同相输入端并联至模拟输入 V_A。一定有这么一个参考电压点,在该点上面的比较器参考电压大于该模拟值,这些比较器都输出 0;在该参考点下方所有比较器参考电压小于或等于该模拟值,它们的输出均为 1。这些信号被送入编码逻辑,选中相应数字编码,输出相应的数字信号。

例如,若 V_A 大于比较器 3 的参考电压而小于比较器 2 的参考电压,则比较器 0 至比较器 2 均输出 0,比较器 3 及其下方的比较器 4 至比较器 2^N-1 的输出均为 1。

比较器 0 是一个溢出指示比较器,当输入的模拟信号超过了基准电压 V_{REF}。则比较器 0 将输出 1,表示信号超过范围即溢出。

电路中的编码逻辑可以采用规则阵列技术加以实现,如 PLA 或随机逻辑加 ROM 结构等。

并行 A/D 变换器广泛地应用于视频信号处理领域,其变换速度是其他结构变换器无法达到的,当要求的变换位数增加后,通常采用分级的方式减小硬件的规模。

这里来看一个简单的并行 A/D 变换电路的例子,在这个例子中有比较器,电阻串,还有逻辑门电路,如图 8.56 所示。

图(a)是这个并行 A/D 变换电路的结构图,由三部分组成:4 个串联电阻 R 分压构成三个参考电压点;三个电压比较器实现输入模拟信号与参考电压的比较;编码逻辑实现数字输出。由图可以看出,这是一个两位数字输出的并行 A/D 变换电路,对于多位的结构,其原理是相同的。

表 8.1 所示是这个并行 A/D 变换电路的行为描述：

表 8.1　两位并行 A/D 变换电路变换原理

V_{in}	C0	C1	C2	A1	A0
$V_{\text{in}} < \dfrac{1}{4} V_{\text{REF}}$	0	0	0	0	0
$\dfrac{1}{4} V_{\text{REF}} \leqslant V_{\text{in}} < \dfrac{2}{4} V_{\text{REF}}$	1	0	0	0	1
$\dfrac{2}{4} V_{\text{REF}} \leqslant V_{\text{in}} < \dfrac{3}{4} V_{\text{REF}}$	1	1	0	1	0
$\dfrac{3}{4} V_{\text{REF}} \leqslant V_{\text{in}}$	1	1	1	1	1

从上表可以得到编码逻辑设计的基本依据。C0～C2 和 A1、A0 实际上是一个逻辑真值表，依据这个真值表就能够简单地实现逻辑设计。该例采用组合逻辑"与或非"和倒相器实现编码逻辑。

电压比较器采用了一个简单的两级结构，如图 8.54(b)所示，电路的结构与图 8.41 所示的共源—共栅运放非常相似。

图(c)是这个并行 A/D 变换电路的版图，基本工艺是 n 阱 CMOS。版图的下部是由多晶硅制作的电阻，它实际上是一个中间抽头的折弯电阻，其大小等于 4 个 R 值。版图中部是三个电压比较器，每个电压比较器版图的下部是 CMOS 差分对的下负载，其栅接偏置 V_{B}，中间是两组 NMOS 对管，左边一对是差分输入对管，右边是 NMOS 电流镜，上部是两组 PMOS 电流镜。版图的最上面是 4 个门电路，自左相右依次为倒相器、三输入与或非门、倒相器、倒相器。n 阱内是 PMOS 管，阱外是 NMOS 管。

本章结束语

模拟集成单元与数字电路单元不同，往往没有程式化的基本结构，感觉上设计难度比较大。虽然模拟电路设计需要一定的经验，但是，电路问题毕竟是科学问题，设计本身是有规律的，关键是如何能够通过学习去体会设计的内在联系。在本章中，从基本的无源元件电阻、电容开始，到最后的整体电路模块设计，实际上遵循了以用为主的原则，即后续的设计问题尽可能与已经介绍过的元件或单元发生联系。例如，介绍放大器时，对固定的工作管讨论了其不同负载形式对放大器特性的影响；讨论衬底偏置对放大器性能的影响，以及改进的思路都是联系了第 2 章的内容，包括运放的介绍也是如此。在介绍每一类单元时，重点强调了如何从基本结构出发，不断地发现问题，不断地改进设计，遵循了基本原理→基本电路→缺点分析→改进(包括多种技术)→新电路单元→缺点分析→改进……的规则，力争做到每一个设计都有目标、有技术、有进步。这些介绍都是希望给读者一个思路，一个设计的思路。当然，要理解设计的规律，还需要读者不断地思考和总结，建议读者在学习本章时不断地翻看前面的内容，所谓温故而知新，建议读者要不断地揣摩设计者的思路，并结合已掌握的知识去理解设计。

练习与思考八

1. 通过学习本章，查找 3、4 处具有前后联系的有关设计并进行思考，分别进行小结。

2. 针对本章所出现的电路查找双极晶体管构造的相关电路，从中体会之间的对应关系与差别。

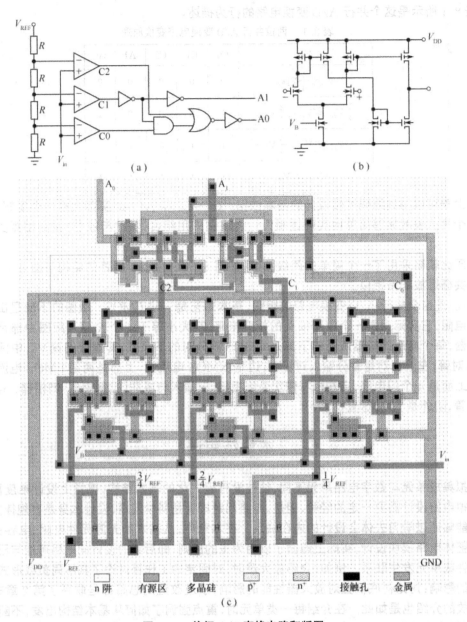

图 8.56 并行 A/D 变换电路和版图

3. 仿照图 8.2 离子注入电阻结构,画出端头采用 p^+ 掺杂的扩散电阻俯视图和剖面结构图。

4. 查找 NPN 晶体管构造的多支路比例电流镜,并与图 8.14 所示 NMOS 多支路比例电流镜进行比较,分析两者的差别,体会绝缘栅结构带来的优点。

5. 图 8.17(c) 中电阻可以采用有源器件替代吗?为什么?

6. 按照式 (8.16) $V_{REF} = V_{BE} + \dfrac{R_2}{R_1} V_t \ln n = V_{BE} + \dfrac{R_2}{R_1} \cdot \dfrac{kT}{q} \ln n$ 计算,当 $\dfrac{R_2}{R_1} \cdot \dfrac{k}{q} \ln n$ 为多少时,V_{REF} 的温度系数可以为 0。假设 $V_{BE} = 0.65$,V_{BE} 的温度系数为 $-2\text{mV}/℃$。

7. 参考 8.3.1 节的介绍,分析当以 PMOS 管为工作管时,推导基本放大器在 6 种负载情况下的电压增益表达式。

8. 推导以 PMOS 管为工作管,NMOS 基本电流镜为负载的差分放大器的电压增益表达式。

9. 思考并解释对于恒流源负载源极跟随器,通常情况下 $1/r_{o1}$ 和 $1/r_{o2}$ 远小于器件跨导 g_{m1} 的原理。

10. 假设所有 NMOS 管的衬底连接到 V_{SS},所有 PMOS 管衬底连接到 V_{DD},分析图 9.39 所示电路中,哪些 MOS 晶体管将受到衬底偏置效应的影响,衬底偏置效应对电路的直流工作点将产生什么影响。

11. 分析图 8.41 所示的 CMOS 共源—共栅运放中,哪些 MOS 管存在衬底偏置,这些器件的衬底偏置效应将导致器件的哪些参数变化,并既而对电路性能产生什么影响。

12. 根据图 8.56 所示,对图(b)的电压比较器标注器件编号,并在图(c)所示的对应版图上找到相应的器件并编号。

13. 分析下图给出的运放电路的组成、电路特点,并分析运放输出信号的动态范围。

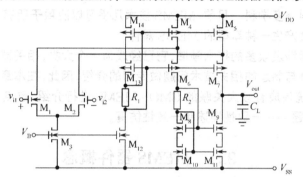

图 8.57　习题 13 电路

第 9 章　微机电系统（MEMS）

MEMS 是 Micro Electro Mechanical System 的缩写，即微机电系统。MEMS 技术由集成电路技术发展而来，集成电路技术是它的起始点。它用微电子技术和微加工技术（包括硅体微加工、硅表面微加工、LIGA 和硅片键合等）相结合的制造工艺，制造出各种性能优异、价格低廉、微型化的传感器、执行器、驱动器和微系统。MEMS 是近年来发展起来的新型多学科交叉技术，它可将机械构件、光学系统、驱动部件、电控系统集成为一个整体微型系统，涉及机械、电子、化学、物理、光学、生物、材料等多学科。目前，MEMS 技术几乎可以应用于所有的行业领域，它与不同技术的结合，往往便会产生一种新型的 MEMS 器件。

因为 MEMS 技术涉及众多的技术领域，它已经成为一个大类，相关器件也层出不穷，已有许多专著对 MEMS 设计与制造的相关技术问题做专门的介绍，因此，在本章中仅围绕本书的核心：VLSI，对与 VLSI 系统集成有较大关联的 CMOS MEMS 进行介绍，重点讨论 MEMS 器件在系统设计中所面临的问题——一致性描述和一致性仿真。

9.1　MEMS 器件概念

首先，我们观察图 9.1 的器件结构，初看上去就是一个 MOS 晶体管，它也确实是一个 NMOS 管。与本书前面所介绍的 MOS 管的不同之处在于它的栅介质不是氧化层，而是空气，其结果是多晶硅栅极可以相对于衬底上下运动。当然，为避免整个多晶硅栅脱落，在沟道区外部的多晶硅被设法固定在基座材料上。在这个特殊的 MOS 管上施加和普通 MOS 器件相同的栅源、栅漏直流电压，当栅极与衬底之间相对位置发生变化，即空气隙大小发生变化时，栅极与衬底之间的电容就发生变化，感应的电荷量也发生变化，该 MOS 管的沟道电流就会像普通 MOS 管受到变化电压作用一样发生变化。注意，这里施加的是直流电压，却因为栅极的运动产生了变化的输出电压。

显然，只要将普通 MOS 管的栅介质二氧化硅腐蚀掉就成为这样的结构，这称为结构被释放，原先的栅氧化层被称为牺牲层。

这个被释放的结构为器件提供了一个重要的部件：可动部件。当某种原因使 MOS 管栅区的多晶硅上下运动时，沟道中变化的电流就反映了栅电极运动的快慢和幅度。由物理学知道，一定结构的物体存在一个固有的谐振频率，当外部激励频率与结构的谐振频率一致时，结构将发生谐振（共振现象），这时的振动幅度将达到最大，对应测得的 MOS 器件沟道交变电流的

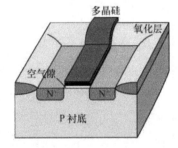

图 9.1　空气栅介质 NMOS 管

幅值也将达到最大。因此，利用这样的原理可以传感外部的机械运动信息。

另一方面，施加在栅极和衬底之间的直流电压，将在栅极与衬底之间产生静电场，进而产生静电力。因为栅极是局部自由的，作用在非常小间距内（空气隙厚度）的静电力将使栅极向衬底方向发生弯曲，直到弯曲的多晶硅产生的弹性回复力（弹簧原理）等于静电力，形变停止并保持。如果在直流电压上再叠加一个小信号的交变电压，就将使多晶硅栅极发生振荡，当交变电压的频

率等于多晶硅栅结构的谐振频率时,将检测到最大的振幅,这就和电路中的选频网络类似了。如果长时间振动,多晶硅结构将因疲劳而发生谐振频率的变化,如果我们能够监测这种谐振频率的漂移,则可以分析多晶硅材料的疲劳特性。

1967 年由 Westinghouse 公司的 Harvey Nathanson 等发明的谐振栅晶体管(RGT)正是利用了上述的工作原理。RGT 是最早以静电方式工作的 MEMS 器件实例。

上面所介绍的结构对于 MEMS 的最大贡献,在于利用普通的微电子加工技术实现了可以运动的机械结构。正是利用这些运动结构,使 MEMS 得到越来越多的应用。

当然,MEMS 器件结构并不局限于含有运动部件,例如,MEMS 流量传感器,传感器本身并没有运动部件,结构上只是几根发热条和温度传感器,当流体流过的时候,将带走发热条的热量,温度传感器则用于感知这种热损失,进而反映流体的流速情况,流体的流速越快,带走的热量越多。又如,电容式湿度传感器,湿度感知材料是电容器的介电层,当湿度变化时,感知材料的介电常数将发生变化,并导致电容量发生变化,电容量的变化反映了湿度的大小。

9.1.1 几种简单的 MEMS 结构

1. 简单梁结构

多晶硅栅结构实际上是构成了一个梁(桥),梁是最常见的 MEMS 结构,图 9.2(a)所示为另一个梁的结构。该结构由几个部分组成:多晶硅上极板(相当于图 9.1 中 MOS 器件的栅极板),多晶硅下极板(相当于 MOS 器件衬底),支撑上极板的桥墩(MEMS 中称为锚区),锚区和下极板被固定在表面绝缘的衬底上。在上下极板之间是空气隙,由上极板、空气隙和下极板组成了一个平板电容器。因为梁的两端是固定在衬底上,不能发生移动和旋转,这样的梁结构被称为双端固支梁,又因为梁的中间部分与两边部分的宽度不同,因此,更贴切的名称为变截面双端固支梁。如果梁是等宽结构,可简单称为双端固支梁。

工作原理是相似的,当上极板上下运动时,平板电容器的大小发生变化,可以用于检测外部发生的机械运动,例如,利用这个结构测量加速度。当发生垂直于结构的加速度(速度发生变化)时,中心部分较大面积的平板(通常称为质量块)因惯性而发生相对运动,改变了两极板间距离,通过检测间距变化,以及变化的时间就能够得到加速度量。如果外部的信号是具有频率变化特性的交流信号,一定存在一个频率使结构谐振,因此,该结构在电学上具有选频的功能,即可以将谐振频率检出。显然,不同的结构尺寸谐振频率不同。此外,如果给结构一个稳定的外力,使上极板向下弯曲,则可以将其作为可变电容。如果能够设法将上极板接触到下极板,该结构就可以制作成为一个开关等。

常识告诉我们,厚度和宽度一定,梁的长度越长,使梁发生形变(如弯曲)所需施加的力越小,反之则所需的力越大。从物理学角度分析,这是因为当梁向下弯曲时,梁的实际长度将发生变化,产生轴向拉伸。对于同样的纵向距离,梁的长度越长,单位长度拉伸变化量越小,产生的抵抗力也越小。出现拉伸作用的根本原因是梁的两边被固定住了。因此,如果一端固定,一端自由,情况将发生变化。图 9.2(b)和图 9.2(c)是将双端固支梁切断,变成为两个梁,这样的梁被称为悬臂梁。使悬臂梁发生同样的纵向位移所需要施加的力小于双端固支梁,这是由于一端自由,因此不存在长度变化,仅在发生弯曲时产生少量的弯曲应变。如果以厚度的水平中心线为基准,当悬臂梁向下弯曲时,中心线以上部分产生张应变(拉伸),下部产生压应变(压缩)。

图 9.2(b)和图 9.2(c)给出了两种不同的检测方式。图 9.2(b)的检测还是通过电容方式,图 9.2(c)结构是在悬臂梁靠近锚区处制作了一个特殊的电阻:压敏电阻。压敏电阻是利用掺杂半导体所具有的压阻效应而工作,制作在悬臂梁根部是因为形变时那里具有比较大的应力(应力集中

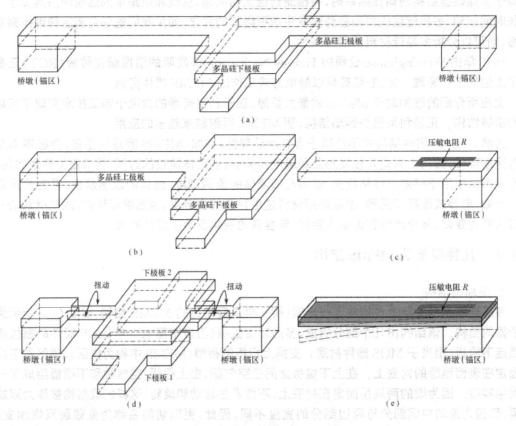

图 9.2　几种简单梁的结构示意图

处)。毫无疑问,也可以在图 9.2(b)悬臂梁的根部设计一个压敏电阻作为敏感元件。

再来看一个静电执行器的例子,仍然是梁结构,如图 9.2(d)所示。与图 9.2(a)结构不同之处有几点:窄梁变得更细;窄梁长度变短;下极板分裂为中心对称的两块。所谓静电执行是指结构的工作方式是依靠静电力驱动。该结构的基本工作原理是:当在下极板 1 与上极板之间施加驱动电压时产生静电力,使得上极板靠近下极板 1 的方向以窄梁为轴向下旋转,并在窄梁上产生扭力,当电压撤除后,结构依靠窄梁的扭力恢复到平衡位置;当在下极板 2 与上极板之间施加驱动电压时产生静电力,使得上极板靠近下极板 2 的方向以窄梁为轴向下旋转,并在窄梁上产生扭力,当电压撤除后,结构依靠窄梁的扭力恢复到平衡位置。这个结构仿佛一个跷跷板,在静电力的作用下进行摆动。以静电力作为驱动力的驱动方式称为静电驱动。

这个结构可以做什么用呢?假设以上极板的中心平板作为反射板,在结构平衡时(图中所示位置)有一束光垂直照射在上极板的中心位置,因为反射面的法线方向与入射光平行,所以发生垂直反射,其他地方看不到这束反射光。当存在驱动电压时,反射面发生倾斜,反射面的法线方向与入射光具有了一定的角度,按照基本光学原理,反射光与入射光之间存在了夹角,在空间的某处就能够看到这束反射光。平板倾斜的角度不同,反射光所射向的方向就不同。因此,这个结构可以作为光束传播方向控制器,典型应用是作为光开关和显示器。当然,入射光也可以与平衡位置极板呈一定的夹角。

现在回过来看结构特点。采用细的窄梁是使扭动所需要的力减小,显然,一个轴比一个平板更容易扭转;窄梁变短的原理在上面已经讨论讨论,目的是尽量阻止上极板平行向下运动;下极板分裂成两快是为了能够以跷跷板方式工作。现在再加上一点要求:作为反射面的中心平板要进行镜面处理。

图 9.2(e)所示的结构是一个由两种不同材料叠加制作的悬臂梁。要求这两种材料具有不同的热膨胀系数。该结构工作原理实际上就是双金属片结构的工作原理。当系统处于一定的温度环境下时,因为两种材料的热膨胀系数不同而导致热膨胀量不同,这样的差异使得悬臂梁发生弯曲并进而将应力作用传递给压敏电阻产生电信号。不同的环境温度,弯曲量不同,得到的电信号大小也不同。显然,这是一个温度传感器的工作原理。如果设法在结构上制作一个发热源,例如一个发热条,在结构上产生热量,同样的原因,悬臂梁要发生弯曲运动,这时,该结构就是一个热执行器。图 9.2(e)结构的虚线表示梁将向下运动,因此可以得到这样的结论:上层材料的热膨胀系数大于下层材料,这可以用于比较不同材料的热膨胀系数。

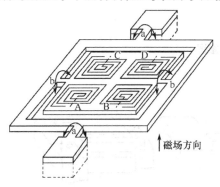

图 9.3 绕两轴扭动的磁驱动结构示意图

前面介绍了比较简单的结构和驱动方式,下面再介绍一个相对比较复杂的结构,如图 9.3 所示。它是一个以两个轴 a-a、b-b 为中心进行扭转的平板。在平板的下面,均匀地沉积了一层永磁材料(图中未画出),产生一个向上的磁场。在平板上制作了 4 个线圈,根据需要通以一定方向的电流,依靠电流在线圈中所生产的磁场和永磁场相互作用进行工作。显而易见,这是一个以磁驱动方式工作的结构。当 A 线圈和 B 线圈中的电流产生了与永磁场相斥的磁场,并且 C 线圈、D 线圈产生与永磁场相吸的磁场时,平板绕 b-b 轴向内扭动;反之,如果 A 线圈和 B 线圈中的电流产生了与永磁场相吸的磁场,并且 C 线圈和 D 线圈产生与永磁场相斥的磁场时,平板绕 b-b 轴向外扭动。在这种情况下,b-b 轴是转动轴。如果 A 线圈和 C 线圈中的电流产生了与永磁场相斥的磁场,并且 B 线圈和 D 线圈产生与永磁场相吸的磁场时,平板绕 a-a 轴顺时针扭动,反之则逆时针扭动。

2. 简单膜结构

如果将梁的四周固定,则构成了膜结构;将一个长宽相近的矩形薄板的四边固定,就构成了矩形膜;如果膜是圆形且周边固定,就称为圆膜,图 9.4 所示为这两种膜结构。图 9.4(a)所示的矩形膜上制作了压阻,当膜受力变形时,压阻的阻值发生变化,检测阻值的变化即可传感压力的变化。图 9.4(b)所示的圆膜,它显示了以电容变化感知压力变化的原理。

膜结构可以用于制作压力传感器,如果将膜下方封闭成腔体并保持一定的气压,类似图(b)的结构,则当外界的气压大于腔体内气压时,膜将向下弯曲变形产生弹性回复力,同时压缩腔内空气使内部压力变大,两者共同平衡了外部的压力。因膜变形导致压敏电阻变化,或者电容极板间距变化,通过将压力转变为电信号实现传感。

对于未封闭为腔体的膜结构,可以传感作用在其上的机械压力。采用压阻进行信号能域转换是一种简单的传感方法。

3. 水平运动结构

前面我们从空气隙栅介质 MOS 晶体管引出了可以上下运动的 MEMS 结构,那么,是否可以构造部件横向运动的 MEMS 结构呢?毫无疑问。如果将上下运动称为垂直运动,则横向运动通常称为水平运动。

这里来看一个有趣的例子,三个相似的结构,不同点是梁的尺寸参数发生了变化。图 9.5 所

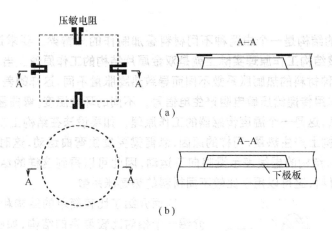

图 9.4　简单膜结构示意图

示是这些 MEMS 结构的示意图。

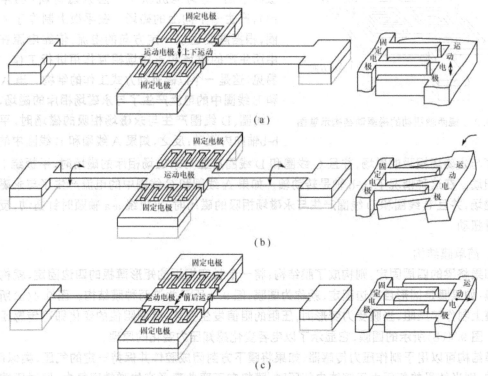

图 9.5　结构和运动形式示意图

　　图中结构由 4 个基本部件组成：左右两个桥墩（锚区）、左右两根支撑梁、运动电极和固定电极。桥墩和支撑梁支撑起结构的运动电极，使其被悬挂起来以便运动。两个固定电极被支撑在另一对锚区上，固定电极的前端是一排梳齿。运动电极与图 9.2 所示的变截面双端固支梁结构相似，主要差别在于中间不再是平板，在垂直于梁的前后两个方向各出现了一排梳齿。该梳齿和固定电极的梳齿交叉重叠，形成并联电容结构，每一对梳齿构成一个平板电容，梳齿间隙就是平板电容的极板间距，极板相互正对的部分就是平板电容的面积，同时，固定电极梳齿的前端面（根部）和运动电极梳齿根部（梳齿前端面）也构成了一个个小的平板电容。显然，当结构处于静止状态时，在固定电极与运动电极之间存在一个一定大小的电容。因为运动电极的质量主要集中在中间的带齿平板上，因此，中间的带齿平板被称为质量块，它是惯性响应的重要部件。

结构的核心是一个可以运动的悬挂结构。显然，图示的悬挂结构可以有三种主要的运动方式：上下运动、扭转运动和水平运动。在图 9.5 中，图(a)用于反映了运动电极上下运动；图(b)用于表示运动电极扭转运动；图(c)则说明了运动电极水平运动。

从牛顿第一定律可以知道，当一个物体没有受到外力作用时，将保持静止状态或匀速直线运动状态。牛顿定律表明了物体具有惯性，因此，悬挂结构运动的发生取决于惯性的作用。如果将图 9.5(a)的完整结构向上或下突然运动时，中间的质量块因为惯性暂时保持静止，但固定电极和 4 个锚区都是固定在绝缘衬底之上的，他们将立刻进行上下运动，导致固定电极和运动电极发生相对运动。因为相对位置发生了变化，由固定电极梳齿和运动电极梳齿构成的电容的大小发生了变化，检测这种变化以及发生的时间间隔，就能够检测物体上下运动的加速度。图 9.5(a)表示这种运动形式，右边的梳齿局部图形则表示了电容变化的机理。这种加速度检测的另一个情况是，物体本来在运动，梳齿构造的电容保持着一个特定的值，随着结构的突然制动，中间的质量块因为是悬挂结构，它将仍保持原来的运动速度，这也将使得梳齿间电容值发生变化，这时测得的是负的加速度。

扭转运动和水平运动发生的原因及检测机理与上述过程相同。

这里要特别指出的是，对于水平运动形式，如果不考虑梳齿根部与前端面电容变化的非线性（注意：电容极板间距发生变化），按照电容公式 $C = A\dfrac{\varepsilon}{d}$，梳齿平行部分的电容变化是因为极板正对的面积发生了变化。但因为前后两组电容一组面积增加，一组面积减小，因此，总电容不发生变化。如果检测时采用差分方式，即比较两组电容的变化，这样不但能够检测出加速度，还能够检测出加速度的方向。对于垂直运动和扭转运动则不能够采用差分方式，因为两组电容变化相同，应直接检测总电容变化量。

在三种结构中，支撑梁的尺寸是不相同的，平行运动（包括垂直运动和水平运动）希望梁在运动方向上的尺寸要小，使得梁在这个方向比较"软"，扭转运动则希望梁要"细"。从图上可以明显的看到这种变化。

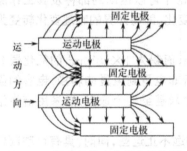

图 9.6　梳齿间静电力分布示意图

以上是三种结构作为惯性传感器工作的原理分析。如果在固定电极与运动电极之间施加电压，则将在极板（梳齿）间产生静电力，图 9.6 示意了静电场的分布，为防止图形过于混乱，这里以平面图方式给出分布示意（参见图 9.6）。显然，垂直于极板的静电力左右平衡，垂直于梳齿前端面的静电力因距离较远而较小，梳齿前端的边缘静电力成为主要起作用的力。在静电力的作用下，运动电极将水平地向右运动，移动量的大小与静电力的大小成正比，即与施加的电压大小成正比。

以图 9.5(c)水平运动的结构为例，如果在某个固定电极和运动电极间施加电压，在静电力的作用下，中间的悬挂结构将向该固定电极方向运动。如果两个固定电极都施加电压，则运动电极将向电压高的一端运动。如果所施加的电压包含交流成分，则运动电极将在平衡位置附近振动。如果交流信号的频率正好等于结构的谐振频率，运动电极将出现最大的振动幅度。

假设在一个固定电极施加交流信号（可以含有直流偏置，即给运动电极一个初始位置），在另一个固定电极检测电容的变化，则图 9.5(c)所示结构可以作为选频器使用，可以将谐振频率检出。依照这样原理构建的典型器件是梳状谐振器。

进一步的问题是：如果希望梳状结构不是平行相向运动（间距不变），而是垂直相向运动（间距改变,面积不变),即图 9.5 中运动电极沿着支撑梁的轴线方向运动,图 9.7 所示是一种能够使极板垂直相向运动的结构。

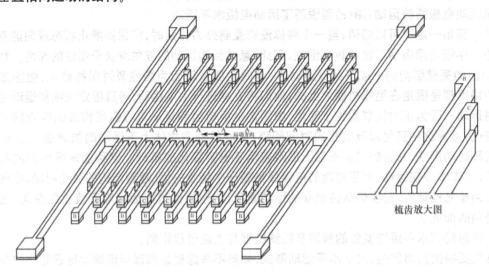

图 9.7　极板垂直相向运动的结构示意图

　　该结构的主梁为 H 型结构,中间水平横梁近似为刚性结构,即不会发生形变,两根竖直梁比较薄,支撑着整个结构并允许横梁左右运动。在结构上有三组梳齿(又被称为"指"):A、B、C,所有的 A 齿与横梁相连,并可以在横梁的带动下左右运动;所有 B 齿相连并和 A 齿构成间距可变的电容,这里称为 A-B 组电容;所有 C 齿相连并也和 A 齿构成极板间距可变的电容,称为 A-C 组电容。B、C 两组梳齿固定不动,当 A 组梳齿在横梁的带动下左右运动时,A-B 组电容和 A-C 组电容一个增加,一个减小。毫无疑问,这个结构也可以作为惯性传感器使用,实际上也是这样做的,我们在第 1 章介绍的 ADI 公司的加速度传感器 ADXL—50 就是基于这种结构。

　　到此为止,我们已介绍了几种简单的 MEMS 结构,重点讨论了可以运动的部件及其工作原理,主要介绍的传感机制是利用结构的运动引发电容或电阻的变化,即将外界的物理变化转变为电量的变化,因为只有这样,电路系统才能够进行信号处理。

　　在第 8 章(8.1.2 节)我们曾进行过计算,一个厚度为 $80nm$,面积为 $1 \times 10^4 \mu m^2$ 的氧化层介质的电容,其电容量只有 $4.3pF$。因此,如果通过电容原理进行非电量到电量的转换,电容的面积必须要大一些。MEMS 器件通常都比较大,可以达到几百微米甚至几个毫米,当采用梳齿结构时则经常是许多对梳齿。

　　以上给出了一些基本的 MEMS 结构,实际上,MEMS 结构远不止这些,同时,具有可动部件也不是 MEMS 的唯一特征。在本段中之所以用可动部件作为对于 MEMS 介绍的起始,是因为它与 MOS 器件的关联,同时也是最容易理解的内容。单个的 MEMS 结构或器件并不是本书所要讨论的重点,下面以 MEMS 器件与信号处理系统集成的例子介绍集成微系统。

9.1.2　集成微系统

1. 基本问题

　　微机电系统实际上是一个很宽泛的概念,对于集成微系统而言,涉及的内容则相对窄一些。集成微系统要满足以下几个方面的要求:工艺兼容、设计描述与仿真一致、电参数范围合理、MEMS 与处理电路有效隔离与级连、封装有效。

　　工艺兼容是不言而喻的,集成器件的制造不能存在工艺冲突。如果 MEMS 器件具有运动结构,还必须考虑工艺处理温度对结构的影响。某些对于普通 MOS 器件没有太大影响的工艺性能,对 MEMS 结构是有影响的,甚至是严重地影响。例如,对于普通的 MOS 晶体管,即使多晶硅存在内应力,也会因为多晶硅—栅氧化层—衬底是一体化的,同时也因为栅电极尺寸较小,多晶硅所存在的内应力并不能对器件性能产生明显的影响。但对于图 9.1 所示的空气栅介质 MOS 管,栅极被释放后,多晶硅栅极就可能因为内应力而变形,例如,拱起、下弯甚至扭曲。这种多晶硅的内应力是在其生长过程中所产生的,与工艺过程及控制有重要的联系。关于工艺的问题在下节有较为详细的介绍。

设计描述与仿真一致是分析、验证系统行为的重要基础。对于 MEMS 器件的设计不仅是电学性能的设计,还牵涉到力学、材料学、结构学、热学等多个学科,所以其设计方法和技术与普通的电路和器件有很大的差别。但是,如果设计完成的 MEMS 器件以及信号处理系统不能够以相同的方法进行描述,那么,对于器件与系统的仿真就无法在同一个软件环境下进行,也就无法知道 MEMS 器件对外界的响应将会对系统产生何种作用,更无法预测系统对 MEMS 器件的控制有效性如何。对 MEMS 器件与信号处理系统采用相同的方式进行描述,并能够采用同一个仿真软件模拟 MEMS 器件与信号处理系统之间的信号传递与控制,这是重要的设计与分析技术问题。关于设计描述与仿真一致性问题将在本章 9.3 节和 9.4 节进行详细的介绍。

电参数范围合理是指 MEMS 器件的电参数和信号处理系统的电参数差别在合理、有限的范围内。例如,当采用静电力驱动一个如图 9.6 所示的梳状结构时,驱动电压可达到几十伏,而通常电路系统的电压只有几伏。因此,必须兼顾 MEMS 和信号处理系统。

MEMS 与处理电路有效隔离与级连是指既不能产生相互干扰,又必须保证信号的有效传输。因为 MEMS 和信号处理系统常常出现信号类型差异的问题,类似于数字系统与模拟系统需要进行有效的信号隔离一样,MEMS 和处理电路也必须有效隔离。除此之外,因为 MEMS 结构的特性,以及需要感知外界等原因,常常要求 MEMS 器件与信号处理电路在芯片的几何空间上相隔一定的距离,另一方面,MEMS 器件的信号又非常微弱,空间上的距离有可能导致信号传输上的损失。因此,集成微系统要能够符合隔离与信号有效传输的要求。

至于封装问题,也是一个集成微系统所必须考虑的方面。就像第 7 章对可测试性设计所阐述的那样,在设计之初就必须考虑封装设计问题。举例而言,当 MEMS 存在可动部件时,不可以采用通常的塑料封装(集成电路常用的封装结构),否则,MEMS 的可动部件将被"粘住"。同时,封装过程将有可能引入额外的应力,并进而引起结构产生形变。

显然,要同时满足各方面的设计要求是十分困难。有时,不得不采用两片技术,即先分别制作 MEMS 器件和处理电路,然后封装在一个封装体内,早期的许多微系统采用了这样的技术。

2. 信号处理

从前面所介绍的内容可以看到,至少有两种传感方法:电阻变化和电容变化。显然,测量电容变化较之测量电阻变化要难得多。另一方面,由于传感器的电容变化量非常小,甚至为 10^{-18}F,因此,直接测量电容的变化是非常困难的。不可回避的是,有些 MEMS 器件只能够或最适合的检测方法就是电容变化,因此,围绕着如何感知电容的变化方法,人们设计了许多的结构与方法。目前主要的信号处理方式包括:电容—频率(C-F)转换、电容—电流(C-I)转换、脉冲宽度调制(PWM)以及电容—电压(C-V)转换等。其中,C-V 转换又包括了电桥法、开关电容法和电荷放大法。

(1)C-F 转换

图 9.8 所示为一个 C-F 转换电路的原理框图,具体的电路是一个多谐振荡器,采用的检测原理是将电容的变化转变为振荡频率的变化,即 C-F 转换。该电路由:PMOS 压控电流源、NMOS

威尔逊电流源、施密特触发器和传感电容几部分组成。

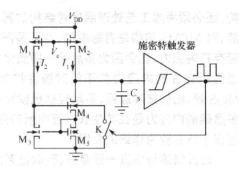

图 9.8 C-F 检测原理图

由 PMOS 管 M_1、M_2 构成的受电压 V_c 控制的两输出支路电流源,提供恒流 I_1、I_2,设计使 $I_1 < I_2$。通过调整 V_c 可以改变 M_1、M_2 的偏置电压,进而改变电流的大小,并使得振荡频率发生变化。

NMOS 威尔逊电流源受开关 K 的控制,当开关断开时,它就是普通的威尔逊电流源,当开关闭合时,所有 NMOS 管均截止。

施密特触发器具有开关阈值电平不同的特点,当输入上升并达到高阈值电平 V_H 时,施密特触发器的输出电平由高转变为低电平("0");当输入由大于或等于 V_H 的电压开始下降时,输出翻转(由"0"到"1")并不是发生在输入刚刚小于 V_H 时,而是在输入继续下行到低阈值电平 V_L 时才发生输出翻转。同样的,只有当输入由小于或等于 V_L 上升到 V_H 时才再次发生翻转(这时是"1"到"0"),其波形如图 9.9 所示。由图可见,由于采用了恒流源对电容进行充放电,因此,电容上的电压线性变化,其变化率为 I/C。

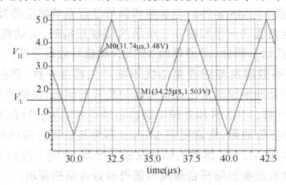

图 9.9 施密特触发器输入—输出波形图

C_S 是用于反映 MEMS 器件行为的传感电容,当没有外界变化时,电容保持一个基本值,当外界作用被感知时,C_S 将发生变化。

该电路的工作原理非常简单。假设一开始,施密特触发器输出为高电平,使开关 K 闭合,威尔逊电流源被截止,I_2 流入地,I_1 则对电容 C_S 充电,充电速度为 I_1/C_S,当充电使电容上的电压达到 V_H 时,施密特触发器翻转,其输出由高转向低,使开关 K 断开,这时的 $M_3 \sim M_5$ 构成了电流镜,设计使 M_3 和 M_5 电流相同,都为 I_2。因为 $I_1 < I_2$,为补充 M_5(M_4)电流的不足,电容开始放电,其电流大小为 $I_2 - I_1$,放电速度为 $(I_2 - I_1)/C_S$,当放电使电容 C_S 上电压等于 V_L 时,施密特触发器再次翻转。循环往复,电路振荡,在施密特触发器的输出端产生一定频率的方波信号。显而易见,当电容 C_S 大小变化时,振荡频率也随之发生变化。电容变化被转换为频率变化。如果后级接一个定时计数器,则可以定量计算外界的信号作用。

这样的信号处理方式可用于处理变化较慢的外界信号,例如,气压、温度、湿度等。

(2) C-I 转换

图 9.10 所示为一个 C-I 转换电路的原理图。图中,C_S 是用于反映 MEMS 器件行为的传感电容,C_P 是电压比较器 Comp 的输入寄生电容,电压比较器采用正负电源 V_{DD} 和 V_{SS} 供电,比较器输出控制着两个 MOS 管 M_1、M_2 的导通与截止。V_{ref} 为参考电压源,φ_1、φ_2 为两相时钟。

假设初始时刻开关 K_2 闭合,K_1 断开,传感电容 C_S 的电压为 0,电压比较器输出为 0。因为

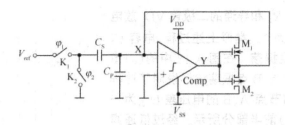

图 9.10 C-I 变换电路原理图

X 端和 Y 端电压均为 0,因此,M_1、M_2 的 V_{GS} 均为 0,M_1、M_2 截止。

当开关 K_1 上的信号 φ_1 有效,使 K_1 闭合,同时,φ_2 无效,K_2 断开,传感电容 C_S 的一端连接到 V_{ref},由于电容上电压不能突变,使电压比较器的反相端(即 X 点)电压被举到 V_{ref},电压比较器输出为 V_{ss},并因此使 PMOS 管 M_2 导通(此时 M_1 处于截止状态),形成"$V_{ref} \rightarrow C_S \rightarrow M_2 \rightarrow V_{ss}$"的电流通路,电容充电的结果导致 X 端电位逐渐下降,当达到 0 时,电压比较器输出回到 0,M_2 截止。此时,传感电容 C_S 上的电压为 V_{ref}。给传感电容充电的电流大小为 ,其中 $I_1 = C_S V_{ref}$,T_1 为充电时间。

当开关 K_2 的信号 φ_2 有效,使 K_2 闭合,同时,φ_1 无效,K_1 断开,传感电容 C_S 的电压不能突变,使电压比较器的反相端(即 X 点)电压被举到 $-V_{ref}$,电压比较器输出为 V_{DD},并因此使 NMOS 管 M_1 导通(此时 M_2 处于截止状态),形成"$V_{DD} \rightarrow M_1 \rightarrow C_S \rightarrow$ 地"的电流通路,电容放电,X 端电位由负值逐渐上升,当达到 0 时,电压比较器输出回到 0,M_1 截止,传感电容 C_S 上的电压恢复为 0。给传感电容放电的电流大小为 $I_2 = C_S V_{ref} / T_2$,其中 T_2 为反向充电时间。

如此循环,如果充放电时间相同($T_1 = T_2$)且两相时钟与充放电速度配合得当,则电容上总的电流为

$$I_S = F_S \cdot V_{ref} \cdot C_S \tag{9.1}$$

式中,F_S 为两相时钟的频率。

(3)脉冲宽度调制(PWM)

脉冲宽度调制也是利用传感电容变化引起充放电时间变化的原理,所不同的是,该方法可以用于差分电容,即传感电容为一对,当有传感信号时,其中一个电容值增加,另一个电容值等量减小。

图 9.11 所示为一个 PWM 电路的原理图,图中,差分传感电容 C_1、C_2 和电阻 R_1、R_2 以及二极管 VD1、VD2 构成了两个充放电网络。RS 触发器(RS-FF)为低电平触发结构。电压比较器 $Comp_1$ 和 $Comp_2$ 同相端连接到比较电压 $+E$,反相端连接到传感电容的一端,它们的输出连接到 RS-FF 的 R 端和 S 端。图中 LP 为低通滤波器,其输出信号 $\overline{U}$ 反映了电容充放电的快慢。

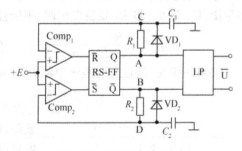

图 9.11 PWM 电路原理图

在上电状态,传感电容 C_1、C_2 上电压为 0,两个电压比较器的反相端信号小于同相端的电压($+E$),因此电压比较器的输出均为"1",RS-FF 的输出为随机状态,这里假设 Q 端为"1"。

当没有传感信号时,电容 $C_1 = C_2$。Q 端的高电平通过电阻 R_1 为电容 C_1 充电,其时间常数为 $\tau = R_1 C_1$,当电容 C_1 上的电压大于同相端的电压值($+E$)时,比较器 $Comp_1$ 翻转,输出端由高电平(下面简称为 1)变为低电平(下面简称为 0),使得 RS-FF 翻转,其 Q 端由 1 变为 0,电容 C_1

上的电荷迅速通过电阻 R_1 和导通的二极管 VD_1 放电到 0，同时，$\overline{Q}$ 端由 0 变为 1。类似上述过程，电容 C_2 开始充电，循环往复形成振荡。在图 9.12 中的 (a) 图和 (b) 图，t_4 时刻之前的 A、B 点振荡波形说明了这样的情况。在 t_4 时刻之前节点 A、B 的电压差 U_{AB} 为一对称波形，如图 9.12(c) 前半部分所示。经过低通滤波器后输出 $\overline{U}$ 为 0。显然，电压比较器的比较电压 E 值越大，电容充电所需要的时间越长，振荡频率越低。当 $C_1=C_2$ 时，两个电容的充放电时间相等，$T_1=T_2$。如果两个电容是非对称的，即基本电容大小不同，则 $T_1 \neq T_2$，同样的，如果外界作用引起电容发生变化，也将使 $T_1 \neq T_2$。

假设在 t_4 时刻之后，外部信号发生变化，外部信号的作用使传感电容产生变化 ΔC，假设差分电容 C_1 变为 $C_1+\Delta C$，C_2 变为 $C_2-\Delta C$。这将使 C、D 两点的充放电速度发生变化。充放电的时间常数将变化为 $\tau_1'=R_1(C_1+\Delta C)$ 和 $\tau_2'=R_2(C_2+\Delta C)$，并且因充放电的变化而导致振荡信号的占空比发生变化，在图 9.12 (a)、(b)、(c) 中 t_4 时刻以后的波形说明了这样的变化。因为占空比的变化，导致低通滤波器的输出不再为 0，如图 (f) 所示，显然，在 U_{AB} 中高电平持续时间越长，$\overline{U}$ 值越大。

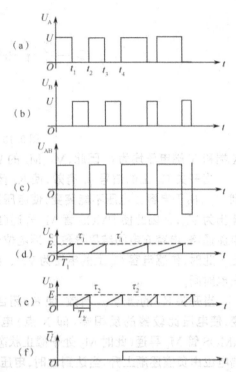

图 9.12　PWM 电路主要节点波形图

(4) C-V 转换

C-V 转换包括了电桥法、开关电容法和电荷放大法。其中，电桥法是比较经典的方法，是通过判断惠斯顿电桥是否平衡，以及不平衡的幅度实现电容变化的测量。

① 电桥法：

经典的惠斯顿电桥是由 4 个电阻构成的平衡结构，如图 9.13 所示。其中 R_S 是可变电阻。

惠斯顿电桥的 4 个电阻：R_S、R_1、R_2、R_3 的标称值相同，都为 R，这样，没有外界的作用时，电桥平衡，V_{out} 为 0。当 R_S 发生变化时，平衡被破坏，V_{out} 不再为 0。假设此时的 $R_S=R+\Delta R$，则

$$V_{out}=\left(\frac{R_2}{R_S+R_2}-\frac{R_3}{R_1+R_3}\right)E=\left(\frac{R}{2R+\Delta R}-\frac{R}{R+R}\right)E=\left(\frac{-\Delta R}{2R+\Delta R}\cdot\frac{1}{2}\right)E \qquad (9.2)$$

如果对应 R_3 的位置也是一个和 R_S 下同的可变电阻，则

$$V_{out}=\left(\frac{R}{2R+\Delta R}-\frac{R+\Delta R}{2R+\Delta R}\right)E=\left(\frac{-\Delta R}{2R+\Delta R}\right)E \qquad (9.3)$$

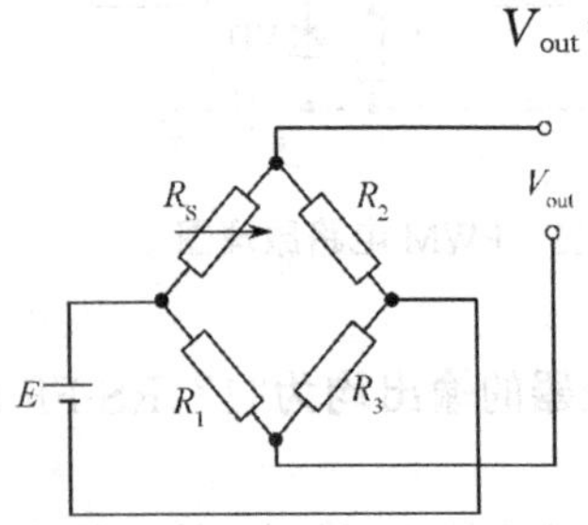

显然，系统的敏感度得以提高。

如果设计压阻器件使它 (们) 对不同方向的作用力有不同的变化，再利用惠斯顿电桥进行检测，则系统将得到更多的应用。

不同的传感机制将产生不同的电信号，也将有不同的处理方式，处理电路的复杂程度也将不同。

在 MEMS 应用中，这个 R_S 电阻可以是压阻器件，如果需要实现 C-V 变换，则这个 R_S 为容抗，信号源 E 也不再是直流，需要改变为交流，此时 $R_S=1/j\omega C_s$，其中 C_S 是传感电容，ω 是信号

图 9.13　惠斯顿电桥

源的频率。

② 开关电容法：

开关电容，顾名思义，就是利用开关与电容的组合（配合）实现信号处理的方法。开关电容电路的基本原理是利用开关将电容的某个或两个电极连接到信号源进行电荷传递，当开关以某个频率工作时，在单位时间内传递的电荷就形成了电流。显然，电容大小不同，充放电的速度也不同，在特定开关频率下产生的电流也就不同。图 9.14 所示为一个开关电容电路的原理图，特别需要指出的是，开关电容电路的形式是多种多样的，这里只是一个例子。

图中，V_{ref} 为参考电压源，φ_1、φ_2 为两相时钟，分别控制开关 $K_1 \sim K_5$ 断开与闭合。C_S 是传感电容，C_{ref} 是参考电容，C_1 是积分电容。

当 φ_1 为高电平时，K_1、K_2、K_4 闭合，同时，φ_2 为低电平，K_3、K_5 断开，电容 C_1、C_{ref} 放电，传感电容 C_S 充电，充电结束时，传感电容 C_S 上存储的电荷为 $Q_S = C_S V_{ref}$。

当 φ_2 为高电平时，φ_1 为低电平，K_3、K_5 闭合，同时，K_1、K_2、K_4 断开，电容 C_1、C_{ref} 充电，传感电容 C_S 放电，充放电结束时，传感电容 C_S 上存储的电荷 0，参考电容 C_{ref} 的电荷为 $Q_{ref} = C_{ref} V_{ref}$，积分电容 C_1 上的电荷为 $Q_1 = V_{ref}(C_s - C_{ref})$，即传感电容上的电荷进行了重新分配，此时的输出电压为

$$V_{out} = V_{ref}(C_S - C_{ref})/C_1 \tag{9.4}$$

显然，传感电容的变化将引起输出电压的变化。

③ 电荷放大法：

电荷放大的原理如图 9.15 所示。电路由运算放大器 Amp、传感电容 C_S、反馈电容 C_f 和直流反馈电阻 R 组成。输入信号 V_{in} 给传感电容 C_S 充电，则使运放输出端反方向充电以达到电荷平衡。

$$V_{out} = -\frac{Q_{in}}{C_f} = -\frac{C_s \cdot V_{in}}{C_f} = -\frac{C_s}{C_f} \cdot V_{in} \tag{9.5}$$

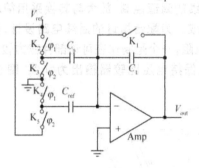

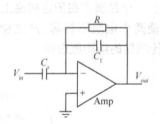

图 9.14　开关电容电路原理图　　　　图 9.15　电荷放大原理图

传感电容和反馈电容的比值决定了信号电压的放大倍数。如果传感电容是差分电容，则可以采用图 9.16 所示的双电容电路结构，这时的输出电压由式（9.6）给出。式中，A_3 是运算放大器 Amp_3 的电压增益。

$$V_{out} = A_3\left(\frac{C_{s1}}{C_f}V_{in} - \frac{C_{s2}}{C_f}V_{in}\right) = A_3\frac{C_{s1} - C_{s2}}{C_f}V_{in} \tag{9.6}$$

图 9.17 所示为另一种双电容电路，利用了求和原理。输出电压如式（9.7）所示。

$$V_{out} = \frac{C_{s2}}{C_f}V_{in} - \frac{C_{s1}}{C_f}V_{in} = \frac{C_{s2} - C_{s1}}{C_f}V_{in} \tag{9.7}$$

不同的传感机制将产生不同的电信号，也将有不同的处理方式，处理电路的复杂程度也将不同。

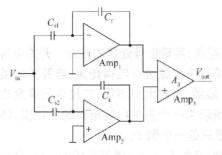

图 9.16　开关电容电路原理图

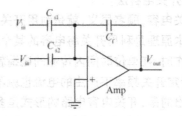

图 9.17　双传感电容电荷放大电路原理图

3. 应用举例

下面结合具体的应用,介绍 MEMS 传感器和电路系统集成的例子。

计步器常用于人们锻炼时记录行走的步数、平均行走速度等。图 9.18 所示是信息链的结构,下面将采用从信息链到具体电路结构逐渐映射的方式,分析设计过程以及对应的硬件。

图 9.18　信息链结构

步伐传感主要解决将人行走的运动信息转变为电子信息,显然,采用惯性传感比较合适。阈值控制的目的是避免轻微的振动被误传感,也就是说必须达到一定的振动幅度才表明人体是在行走运动。作为计步器必须设计计数器和定时器,因此,必须将行走的信号转变为计数脉冲,放大和变换电路实现从传感到计数脉冲的转变。显示作为人机界面起到表示和控制观察的作用,它应该是一个包含了驱动和显示控制以及显示器的模块。

传感器采用惯性工作原理,可以采用图 9.2(b)结构原理,为了能够简单的实现传感与检测,采用压阻结构进行非电量到电量的转换。拟订后续的阈值控制、放大与转换采用简单的电压比较器,即可以控制阈值,又同时完成了计数脉冲生成。为配合拟订的后续电路设计,传感器采用了双电阻结构,一个是制作在固定衬底上的普通电阻,一个是制作在可动部件应力较大区域的压阻,并且设计使两个电阻不相等,产生稳态差值,保持电压比较器输出为“0”。图 9.19 所示为 MEMS 惯性传感器的结构原理图。

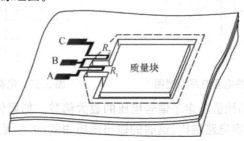

图 9.19　MEMS 惯性传感器结构原理图

MEMS 器件具有一个悬浮的质量块,下面被掏空(这里暂不讨论工艺问题,留待 9.2 节具体介绍),图上虚线表示了下面空间的区域,质量块的形状像个乒乓球拍,“球拍”的把子被固定在衬底上,质量块的质量主要集中在平板上。因为力矩比较长,质量集中部分的体积又比较大,因此,在惯性的作用下,“球拍”将绕固定点上下摆动。压敏电阻 R_1 制作在“把子”的根部,当摆动发生时,压敏电阻的大小将发生变化,材料的设计使压敏电阻被拉伸时变大。在 R_1 旁边衬底上制作了另一个电阻 R_2,它略大于 R_1。两个电阻的公共点为 B,A、C 分别为 R_1、R_2 的另一个连接点。

图 9.20 所示为一个简单计步器的原理框图,整个系统包括了几个主要的部分,并分属不同的信号系统:MEMS 传感部分、模拟信号处理部分、数字信号处理部分和显示控制与驱动部分。

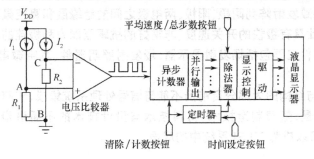

图 9.20　计步器原理框图

电阻 R_1、R_2 在恒流源 I_1、I_2 的作用下产生比较电压,如果 $I_1 = I_2$,则比较差值完全由电阻大小决定。静止情况下,$R_1 < R_2$,电压比较器的反相端 C 信号大于同相端 A,比较器输出低电平,当 MEMS 结构中质量块向下运动,电阻 R_1 被拉伸,压阻效应使电阻 R_1 变大,当 A 端电压超过 C 端,将使电压比较器翻转,产生高电平,当弹性回复力使质量块回到平衡位置时,比较器再次输出低电平。在一定的压阻变化范围内,利用电流源 I_1、I_2 可以方便地实现阈值的调整。

因为步速不可能均匀,因此,采用异步计数器进行计数,为了能够记录和计算在设定时间内的平均速度,定时器必须能够设定时间,因此,时间设定按钮是必须的,可以采用以分为单位增加的方式进行设定。清除/计数按钮实际上是一个复位键,当按下该按钮后可以计数与计时。计数结果与定时结果被送到除法器电路,根据平均速度/总步数选择按钮开关显示平均速度或是总步数,实际上,该按钮就是用于开关定时器的信号,使计数器的数据或者被分钟数除,或者被 1 除。

处理后的数据被送到显示控制,转变为显示屏所需的笔画信息或点阵信息。驱动器将根据显示屏的要求产生驱动控制波形(参见图 1.5)并送往显示器。

计步器的功能简单,系统复杂性较低,但在这个系统中既有 MEMS 器件(结构),又有模拟电路、数字电路、显示控制与驱动电路,是一个比较典型的系统结构。当然,后面的数字部分完全可以采用一个简单的位片,例如,一个 4 位位片。

作为传感器、执行器的 MEMS 器件与结构有许多,大致可以分为以下几大类:

(1) 微传感器

微传感器主要包括机械类、磁学类、热学类、化学类、生物学类等,每一类中又包含有很多种。例如,机械类中又包括力学、力矩、加速度、速度、角速度(陀螺)、位置、流量传感器等,化学类中又包括气体成分、湿度、PH 值和离子浓度传感器等。

(2) 微执行器

微执行器主要包括微马达、微齿轮、微泵、微阀门、微开关、微喷射器、微扬声器、微谐振器等。

(3) 微型构件

三维微型构件主要包括微膜、微梁、微探针、微齿轮、微弹簧、微腔、微沟道、微锥体、微轴、微连杆等。

(4) 微机械光学器件

微机械光学器件是利用 MEMS 技术制作的光学元件及器件,目前制备出的微光学器件主要有微镜阵列、微光扫描器、微光阀、微斩光器、微干涉仪、微光开关、微可变焦透镜、微外腔激光器、光编码器等。

(5) 真空微电子器件

真空微电子器件是微电子技术、MEMS 技术和真空电子学发展的产物,是一种基于真空电子输运器件的技术,采用已有的微细加工工艺在芯片上制造集成化的微型真空电子管或真空集成电路。它主要由场致发射阵列阴极、阳极、两电极之间的绝缘层和真空微腔组成。由于电子输运在真空中进行,因此具有极快的开关速度、非常好的抗辐照能力和极佳的温度特性。目前研究较多的真空微电子器件主要包括场发射显示器、场发射照明器件、真空微电子毫米波器件、真空微电子传感器等。

虽然,上述器件与结构的大部分目前仍不能与信号处理系统集成,仍有许多是目前 VLSI 技术所不能支持的,但是,随着制造技术、材料技术与设计技术的不断进步,将会有越来越多的 MEMS 器件与结构可以成为 VLSI 系统中的成员。

9.1.3 多能域问题和复杂性设计问题

本书不对 MEMS 设计中的细节进行讨论,这里仅对设计中的一些基本问题,以及设计的复杂性问题进行简单地介绍。

作为 VLSI 系统中的一个部分,MEMS 器件或结构必须与信号处理部分能够在同一个设计环境下进行设计,没有这一点,设计验证的实时性和准确性难以得到保证。在前面的介绍中,我们只是通过某些电路元件传感了外界的物理、化学作用,或者说进行了能域的变换,将非电量信号转变为电量信号。但是,并没有涉及实时的信号间交互,在许多场合,当传感器传感了外界作用后,信号处理系统还将返回一个信号去控制传感器的行为,也就是说存在闭环工作的可能性。例如,一个惯性系统,因为极板间距的尺度很小,如果没有反控制,非常容易发生极板间短路(碰撞)。对于这种情况,有的系统应用了力反馈原理,当极板位移超过一定的限度时,系统给运动部件一个反向的静电力,将运动电极"拉"回到一个可靠的位置。当速度保持的时候,由惯性力和静电力的共同作用,运动电极保持在一个稳定的可靠位置。惯性越大,系统反馈的力也越大,显然,通过衡量系统反馈力的大小,就能够知道惯性的大小。这时,分立的分析就显得无力了,必须进行实时分析。但是,一个是力学能域,一个是电学能域,如何进行一致性的描述呢?同样的,对惯性传感器,当运动电极运动时,必然使其下部的空气受到挤压(极板间距变小时发生)或拉伸(极板间距变大时发生),极板下的空气将被压出或外部的空气被吸入,这样的结果将产生运动阻尼。空气阻尼作用属于流体问题,这又是另一个能域的问题。再者,所有通电的材料都将产生热,环境中的热将使材料产生热膨胀,发生热变形,从信号系统的角度看,就是将产生温漂。如果希望在同一个系统中反映这种发热的影响,还必须考虑热力学问题和材料性质问题。

是不是没有运动部件的 MEMS 器件问题会简单一些呢?也不尽然,例如,一个用于复制 DNA 片段的微管道,微管道由多节粗细不同、温度不同的管道连接而成,在管道中通过含有待复制 DNA 片段的液体,其中,温度和流速控制是关键。设计的问题显然也是足够复杂的,包括了流体问题、生物问题、热控制问题,当然也包括了电学问题。

因此,一般而言,MEMS 设计是一个多能域的问题,这也是 MEMS 器件的工作特点和设计特点。

除了多能域特点外,MEMS 的另一个特点是对材料的要求。之所以采用硅作为 MEMS 结构的基本材料,重要的原因是硅材料有着非常优良的机械特性。但是,有些硅基材料会在材料生长时受高温影响而产生一些内部应力,例如,利用化学气相沉积(CVD)生长的多晶硅,是常用的 MEMS 结构层材料,在多晶硅生长过程中可能会产生张应力或压应力,甚至存在应力梯度。当使用存在应力的材料制作结构时,随着结构被释放,变形也发生,例如结构拱起或下塌。这种初始形变将直接影响器件的性能,同时,使设计出现不确定。诸如多晶硅的热膨胀系数、热导率、热扩散率、杨氏模量、断裂强度等，都不同程度的具有工艺相关性，因此，设计难度因为材料的这些特性而明显增加。

和前面所介绍的 VLSI 设计一样，我们希望 MEMS—VLSI 设计也是在稳定、有效的工艺支持下进行，当然，多能域的问题仍然是设计的挑战。

9.2 CMOS MEMS

CMOS MEMS，顾名思义，就是能够将 CMOS 电路与 MEMS 器件集成在同一个芯片上的技术，其制造技术具备兼容性。CMOS MEMS 是一种集成技术，它利用 CMOS 集成电路的主流制造工艺制造 MEMS 器件。实现单片集成的 CMOS MEMS 系统具有如下特点：①可以实现高的信噪比，增强了微弱信号处理的能力，可以获得具有更高传感灵敏度的系统；②可以制备大阵列的敏感单元，并且可以片内直接控制与读取各单元；③可以实现智能化。

9.2.1 材料的复用性

因为希望将 CMOS 电路和 MEMS 结构集成在同一个衬底上，除了工艺过程需要兼顾外，当然希望各主要的材料也能够复用。所谓复用就是这些材料既是制造 CMOS 电路的材料，又是制造 MEMS 结构的材料，只有充分的复用才可能最大程度地减少其他材料的引入，降低工艺的复杂程度。表 9.1 所示是部分在 CMOS 电路和 MEMS 结构中复用的材料。

表 9.1 部分在 CMOS 和 MEMS 中复用的材料

CMOS 层/结构	MEMS 层/结构
n 阱/p 阱	结构材料、热导体、热堆
源/漏注入	电阻、压阻、热电堆、电极
场氧层	结构材料、绝热材料、牺牲层材料
多晶硅（POLY1、POLY2）	结构材料、电阻、压阻、热电堆、电极
PSG（BPSG）	结构材料、绝热材料、牺牲层材料
金属	导体、热导体、镜面、电极、结构材料
氮化硅（场氧屏蔽材料）	绝缘衬底材料

下面以图 9.2(a) 所示结构的制作过程为例，具体地说明材料层的作用，彩图 17 是该结构制造过程示意图。这里主要的 MEMS 结构材料是多晶硅 1 和多晶硅 2。在 CMOS 电路中，多晶硅 1 通常是栅电极材料，多晶硅 2 则通常用于制作电容的上极板、电阻等。

图 9.2(a) 是一个双端固支梁结构，它有两个锚区。显然，这两个锚区电学上不能短路。因此，首先需要构建绝缘衬底。彩色插页中彩图 17(a) 显示了在普通硅衬底上沉积氮化硅形成的绝缘衬底，与 CMOS 工艺（参见 2.3.2 节）一样，在沉积氮化硅之前，通常需要生长一层底氧层。

接下来，采用 LPCVD 在氮化硅上沉积一层多晶硅（poly1）并进行 n^+ 掺杂，该层多晶硅比较薄（几百纳米），通过光刻与刻蚀形成下极板。彩图 17(b) 显示了加工后的下极板。

彩图 17(c) 显示了在平面上采用低温沉积二氧化硅工艺制作的掺磷二氧化硅（PSG），经过表面处理并光刻刻蚀形成了左右两个锚区（局部）的窗口，暴露出氮化硅层。PSG 层比较厚并且易腐蚀，在结构中作为牺牲层。

然后是沉积 poly2 作为结构层，poly2 是低应力材料，可以通过高温热处理实现低应力要求。poly2 也比较厚，经过光刻与刻蚀工艺形成变截面双端固支，固支点在 PSG 上锚区的窗口，poly2 直接生长在氮化硅绝缘层上。彩图 17(d) 显示了光刻与刻蚀之后的结构图形。有时，为了在同一层上引出电信号，也可以在制作下电极（poly1）时，在锚区处也制作一层多晶硅 1 图形，然后，在锚区处的多晶硅 2 生长在多晶硅 1 之上，该多晶硅 1 被作为固支梁的引出电极。

最后，通过湿法或干法腐蚀将 PSG 层去除，poly2 结构被释放。

下面介绍一个采用 MEMS 技术构建非挥发性存储器的例子，同样采用了双多晶硅工艺。彩色插页中彩图 18[①] 给出了 MEMS DRAM 的结构及其工艺流程。

首先介绍该单元结构及其工作原理。彩图 18(h) 所示是该单元的等效电路原理图，单元由一个 MEMS 开关和一个平板电容构成。当写信号时，MEMS 开关被吸合，图右边的触点与电容的上极板接触，待存储信号由源端传向电容并以电荷的形式存储在电容上；当开关断开时，因为电容的上极板完全悬浮，没有电荷泄漏通道，使得存储的信号具有了非挥发性。同样原理，当读信号时，开关闭合，读出存储的信号。通常的 DRAM 是依靠处于截止态的 MOS 开关管保持电容上信号，其挥发特性与反偏 pn 结泄漏电流有关，这里的 MEMS 开关是一个真正的机械结构，当断开时形成真正的开路状态，使得信号保持特性优异。

彩图 18(i) 所示是该 MEMS DRAM 的三维结构，多晶硅 2 构造的悬臂梁左端与多晶硅 1 制作的源极板直接连接在一起，在栅极没有开关的信号时，悬臂梁右端触点与多晶硅 1 构造的电容上极板之间保持一定的空隙，当在栅极加信号时，悬臂梁下弯，右边触点与电容上极板接触，进行存储信号的读写。

彩图 18(a)～(g) 所示为该结构的制作过程。首先在硅衬底上生长一层二氧化硅，然后沉积一层氮化硅形成绝缘层，图(a) 显示了剖面结构。接下来在氮化硅上沉积多晶硅 1，通过光刻与刻蚀形成单元的三个区域，自左向右为：源极板、栅极板和平板电容的上极板，如图(b) 所示。图(c) 则表明了在多晶硅 1 上低温沉积二氧化硅后的结构，这层二氧化硅通常是掺磷材料（PSG），比较厚。在 PSG 层上通过光刻与刻蚀形成一个较浅凹区，在凹区下的剩余 PSG 厚度就是将来开关触点到电容上极板的间距，如图(d) 所示。进一步的刻蚀是形成悬臂梁锚区，锚区是将来多晶硅 1 和多晶硅 2 连接的区域，结构如图(e) 所示。当再沉积多晶硅 2 并进行了梁图形光刻以后，形成了所需的悬臂梁结构，剖面结构如图(f) 所示。最后，PSG 层被腐蚀去除，梁结构被释放，如图(g) 所示。此时的悬臂梁左侧连接到源极板（多晶硅 1），中间和栅极形成静电驱动的 MEMS 结构，右侧，悬臂梁与电容上极板形成具有较小间距的接触点结构。显然，接触点间距越小，静电驱动所需的电压越小，但受震动影响越大。

虽然，CMOS 工艺中的许多材料可以被用于制造 MEMS 结构，但实际上结构层材料还是具有一些特殊的要求，例如上面所介绍的 PSG 和 poly2，这里的 PSG 比较厚，远大于 CMOS 中的 PSG，poly2 则除了比较厚外还要求低应力，这些都和 CMOS 工艺有一定的差别。虽然是同种类材料，但通常 MEMS 结构材料是特别制作的。

9.2.2 工艺的兼容性

由于 MEMS 结构对材料有一些特殊的要求，并且每一次热处理都将对已加工完成的器件结构和参数产生影响，为了能够实现 CMOS MEMS 集成，在实践中采用了三种基本的 CMOS MEMS 工艺：前 CMOS 微机械加工；内 CMOS 微机械加工；后 CMOS 微机械加工。

1. 前 CMOS 微机械加工

所谓前 CMOS 微机械加工就是"先制作 MEMS"。先制作 MEMS 的优点在于 MEMS 结构

---

① Weon Wi Jang、Jeong Oen Lee、and Jun—Bo Yoon，A DRAM—LIKE MECHANICAL NON—VOLATILE MEMORY，School of EECS，Korea Advanced Institute of Science and Technology，TRANSDUCERS07，2007

材料制造过程中的高温热处理不会对 CMOS 电路产生影响,而后制作的 CMOS 电路加工时的高温对 MEMS 器件结构的材料特性影响较小。例如,上面介绍的为了降低 POLY2 应力所采用的高温热处理工序,如果在 CMOS 电路后制作,将对已完成的掺杂层产生"推进",使结深发生变化,表面浓度降低。

前 CMOS 微机械加工通常是先制作 MEMS 结构材料,进行高温热处理,形成基本 MEMS 结构并将其密封起来,然后对硅片做平坦化处理,将这种已基本完成 MEMS 结构的硅片作为后续 CMOS 电路制造的衬底材料,进行 CMOS 电路的工艺加工,并通过 CMOS 电路中的互连金属材料对 CMOS 和 MEMS 进行信号连接,最后通过专门的掩模板控制对 MEMS 区域进行解封和结构释放。

从彩图 17 所示的结构可以看出,MEMS 结构总高度比较高,例如,在典型表面 MEMS 工艺中,底氧层厚 300nm,氮化硅厚 180nm,多晶硅 1 厚 300nm,牺牲层厚 2000nm,多晶硅 2 厚 2000nm,如果再加上封闭材料厚度,则 MEMS 结构区的总高度将达到 $5\sim6\mu m$。因此,如果 MEMS 区域的起始材料是普通的硅圆片,则 MEMS 区域将高高的凸起在晶圆表面,使平坦化处理难以实现。解决的方法之一是首先在硅片上 MEMS 制造区域刻蚀成一个凹槽,在凹槽内制作 MEMS 器件与结构,然后对凹槽内用 LPCVD 沉积二氧化硅,最后采用 CMP 进行表面平坦化处理,得到 CMOS 加工的衬底材料。

2. 内 CMOS 微机械加工

内微机械加工就是在 CMOS 工艺制作的过程中插入 MEMS 结构材料生长与图形加工,通常是在制作互连之前,并且,厚多晶硅(POLY2)的高温热处理温度低于 900℃,以减小对 CMOS 器件掺杂区杂质分布的影响。显然,将正常的 CMOS 工艺中断,转向 MEMS 器件工艺是一个不利的因素,有可能对正常的 CMOS 电路产生影响。因此,代工厂(Foundry)通常不承接这样的加工,只有少数自己具备加工能力的大公司能够实现内 CMOS 微机械加工。

内微机械加工的优点也是显然的,它可以根据需要增加工艺、材料,具有更大的设计与制造灵活性。

3. 后 CMOS 微机械加工

顾名思义,后微机械加工就是在 CMOS 电路制作完成后再制作 MEMS 器件与结构。因为 CMOS 电路比较"娇气",对加工环境要求较高,这也是内 CMOS 工艺不为大部分代工厂接受的一个重要原因,他们担心完成了部分加工的 CMOS 电路受到外部不良环境的影响而失效。后微机械加工是在 CMOS 电路加工完成并被封起来以后,再在 MEMS 工艺线上加工。对 CMOS 电路比较重要的影响是温度,此时的 CMOS 电路已经完成,金属层难以承受高温。解决的方法主要有两个:采用耐高温金属作为 CMOS 电路的互连;采用低温工艺进行 MEMS 材料制备与加工。

后 CMOS 微机械加工主要有两种:MEMS 结构通过加工 CMOS 材料层本身来形成;在 CMOS 衬底材料上构造微结构。第一种方案中,大多数微结构已经在常规的工艺流程中形成,后加工通常只进行少量的工艺步骤,例如,释放结构。第二种方案中,通常要对衬底材料进行一些必要的加工,例如,在衬底的背面刻蚀一个深槽,一直刻蚀到接近表面,形成一个薄膜。

相比较而言,CMOS 器件尺寸小,精度要求高,MEMS 结构尺寸比较大,相对材料层的厚度也大。因此,CMOS MEMS 关键是要能够兼顾两者,并能够实现信号的互连。不能够兼顾时,采用键合技术也是一个很好的选择,即 CMOS 和 MEMS 分别加工在不同的芯片上,预留好信号连接区域,然后进行直接键合(直观的讲,就是设法将两个芯片贴在一起),实现一体化。

从第 3 章我们已经了解了工艺对设计既是支持也是制约,同样的,CMOS MEMS 的设计也要受到工艺的制约,对于一个设计问题存在着如何选择工艺,或者说一个具体的工艺能够支持设计者实现哪些设计。对于 VLSI 设计问题,我们更关心的是一个体系中如何描述 CMOS 电路,如何描述 MEMS 器件,它们的信号如何传输和控制。为什么要考虑这个问题呢?如前所述,CMOS MEMS 不再是单一电域的问题,而是一个多能域的问题,不同能域的问题,其描述方法以及分析方法是不相同的,甚至有非常大的差别。

9.3　MEMS 器件描述与分析

在电路系统设计软件中,电路的描述常采用电路网表形式,而分析则通常是基于基尔霍夫定律并结合器件模型建立线性方程组,然后求解。器件模型则是以电阻、电容、电感以及各种受控源为基本元件,以等效电路形式进行描述,不同的分析类型,模型的等效电路形式有所不同。

MEMS 器件有许多种形式,类属于不同的能域,其描述和分析方法不同。以力学域器件为例,这类 MEMS 器件大多采用运动方程进行行为描述,分析则大部分采用有限元(FEM)、边界元(BEM)或有限差分(FDM)方法进行。这几类分析都属于数值求解方法,计算量大且耗费大量的计算机时。更重要的是这些方法都不能够与电路系统的分析进行无缝连接,更谈不上对 MEMS 器件的实时反馈控制。

因为 MEMS 器件的多样性和复杂性,很难用统一的方法和理论进行介绍和讨论,为便于理解,下面以简单的双端固支梁为例,介绍对其的描述与分析。

9.3.1　简单梁受力与运动分析

图 9.21(a)所示为双端固支梁的示意结构与受力关系。不考虑重力与残余应力的影响,在无外力作用时梁保持水平静止状态,从图形上看梁是直的。

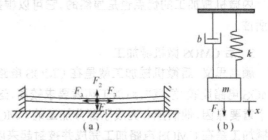

当在梁的中心点处施加一向下的静力 F_1 时,梁将向下弯曲,同时,在梁的结构中将产生两个作用力来平衡 F_1,使梁的弯曲量(中心向下位移)为一稳定值,这两个力为梁的弹性回复力 F_2 以及轴向拉力 F_3。F_2 的作用是试图向上抵抗 F_1,F_3 沿梁的平行方向指向左右锚区,F_3 在竖直方向的分量与 F_1 方向向反,其效果是使梁"变硬"。F_2、F_3 共同抵抗梁向下弯曲,

图 9.21　双端固支梁受力关系及等效原理图

当合力为零时,梁在新的位置平衡并保持。显然,F_1 越大,梁向下弯曲的越多,产生的 F_2、F_3 也越大。当 F_1 撤销后,F_2、F_3 使梁回复到初始位置,同时 F_2、F_3 也消失。

如果一定大小的外力 F_1 突然加载到水平静止的梁上时,因为初始形变较小,由 F_1、F_2、F_3 所形成的合力向下且较大,梁将以一个比较大的运动速度向下弯曲,随着弯曲量变大,合力越来越小,梁向下弯曲的速度也越来越小。但是,因为此时梁已具有了速度,因此,当合力已经为零时,梁并没有停止运动,梁因速度所具有的动能将使梁继续向下弯曲,使得合力为负值,即 F_2 与 F_3 竖直分量的和大于 F_1,梁将在过冲后反向向上运动,经过若干个震荡后停止在合力为零的平衡位置。这是一个动态过程。

如果外力 F_1 是一个在一定静力下叠加了一定交变量的力源,则梁将在一个平衡点附近振动。毫无疑问,梁的运动具有速度与加速度。

当梁的运动具有速度后就将产生运动阻尼,这种阻尼是由于梁的运动导致了梁下部空隙处的空气运动,当梁向下弯曲运动时,下部的空气被挤出,当梁向上运动时,外部的空气被吸入。空气的进出将抵抗梁的运动,阻尼力的大小与梁运动速度成正比,阻尼力的方向与梁运动速度方向相反。

运动结构遵循牛顿定律 $F=ma$。运动的固支梁受到 4 个力的作用:外力 F_1;梁形变产生的弹性回复力 F_2;形变引起的轴向拉力 F_3;运动阻尼力 F_Z。在梁的厚度以及宽度尺寸远小于梁的长度时,通常可以忽略轴向拉力 F_3 的作用。弹性回复力遵循虎克定律 $F_2=kx$,其中 k 是材料的弹性系数,x 是位移。阻尼力 $F_Z=bu=b\dfrac{\mathrm{d}x}{\mathrm{d}t}$,其中,$b$ 是阻尼系数,$u=\dfrac{\mathrm{d}x}{\mathrm{d}t}$ 是梁运动的速度。根据牛顿定律写出的运动方程为

$$F_1-kx-b\frac{\mathrm{d}x}{\mathrm{d}t}=m\frac{\mathrm{d}^2x}{\mathrm{d}t^2} \tag{9.3}$$

由此,我们可以将梁以运动模型的形式进行描述,如图 9.13(b)所示,该模型非常清楚地描述了系统的受力与运动行为。有了式(9.3),结合具体的力,就能够对运动进行求解。

对于导电衬底,如果在梁和衬底间施加一个电压 V(当然,梁和衬底间是绝缘的),由这个电压产生静电吸引力,即此时的外力为静电力。由静电理论可知,电压越大,静电力越大,梁与衬底之间间距越小,静电力也越大。静电力 F_1 与电压 V 的关系为

$$F_1=\frac{\varepsilon A}{2(d-x)^2}V^2 \tag{9.4}$$

式中 ε 为空气介质的介电常数,A 为极板面积,d 为梁和衬底之间的初始间距(即无外力时的位置),x 是位移的大小,坐标原点为梁初始位置,向下为正。由此得到静电驱动梁的运动方程为

$$\frac{\varepsilon A}{2(d-x)^2}V^2-kx-b\frac{\mathrm{d}x}{\mathrm{d}t}=m\frac{\mathrm{d}^2x}{\mathrm{d}t^2} \tag{9.5}$$

9.3.2 Pull-in 现象

静电驱动下的梁随着电压的增加,向下弯曲量逐渐增加。假设电压是缓慢地逐渐增加,这时可以忽略阻尼的影响。在这个过程中有一个有趣的现象:当位移达到某个位置时,即使不增加电压,梁也会突然向下"坍塌",出现梁的中部直接吸向衬底的情况。这种情况称为吸合(Pull-in)现象,发生吸合的临界电压称为吸合电压(Pull-in 电压)V_{PI}。如果梁结构被用于制作开关,则Pull-in电压就是开关的阈值电压。

那么,在什么位置将发生吸合现象呢?

忽略阻尼力和轴向拉伸力的作用,梁上所受的作用力为静电力与弹性恢复力之和,即

$$F_{net}=\frac{\varepsilon A}{2(d-x)^2}V^2-kx \tag{9.6}$$

静电力方向向下,弹性回复力方向向上。当合力为 0 时,梁保持静止,如果由某个随机因素对梁产生一个扰动,间距变为 $(d-x)+\mathrm{d}x$,则合力也将产生一个微变,即

$$\mathrm{d}F_{net}=\frac{\partial F_{net}}{\partial x}\bigg|_V\mathrm{d}x \tag{9.7}$$

如果 $\mathrm{d}x$ 是正值时 $\mathrm{d}F_{net}$ 也是正值,即由 $\mathrm{d}x$ 产生的静电力的变化大于弹性回复力,梁将进一步向下弯曲。如果 $\mathrm{d}x$ 是正值时 $\mathrm{d}F_{net}$ 是负值,即产生的弹性回复力的变化大于静电力,梁的位移将抵消微扰,回到稳定点。由式(9.7)可得到

$$dF_{net} = \left(\frac{\varepsilon A}{(d-x)^3} V^2 - k \right) dx \tag{9.8}$$

由式(9.8)可知,回到稳定点的条件是括弧中的值为负,即

$$k > \frac{\varepsilon A}{(d-x)^3} V^2 \tag{9.9}$$

显然,随着所施加的电压逐渐增加,一定会有一个临界点电压 V_{PI},在这个临界点处有

$$k = \frac{\varepsilon A}{(d-x_{PI})^3} V_{PI}^2 \tag{9.10}$$

式中,x_{PI} 为临界位移。此时同时满足 $F_{net} = 0$。由式(9.10)和式(9.6)得到

$$\frac{\varepsilon A}{2(d-x_{PI})^2 V_{PI}^2} - \frac{\varepsilon A}{(d-x_{PI})^3} V_{PI}^2 x_{PI} = 0 \tag{9.11}$$

即

$$x_{PI} = \frac{1}{3} d \tag{9.12}$$

此时的极板间距为 $\frac{2}{3}d$。由此可以计算得到吸合电压为

$$V_{PI} = \sqrt{\frac{8kd}{27\varepsilon A}} \tag{9.13}$$

由上面的分析和推导可知,在位移距离达到 $\frac{1}{3}d$ 时,梁结构进入一个不稳定的状态。实际上,如果电压施加存在变化速度时,情况将更加复杂。因为具有了速度就意味着将产生运动阻尼,同时,梁所具有的动能将使梁的运动产生惯性,因此,加载电压的过程越快,发生吸合的电压临界值越小。举例而言,假设,在缓慢施加电压过程中测得的 $P_{PI} = 30V$,如果加载时电压的上升时间为 $0.1\mu s$,则可能在 $28V$ 时就发生了吸合现象。因此,一个具体梁的吸合发生与电压的作用过程有很大的关系。可想而知,在理论吸合点附近,梁处于不稳定状态。

类似于电路分析,MEMS 分析主要包括:直流特性分析、瞬态特性分析、交流特性分析和温度特性分析。仍以双端固支梁为例,直流分析得到的是电压—位移关系;交流分析得到的是频率—振幅关系,特别是谐振特性;瞬态分析得到的是电压—时间—位移关系;温度特性则表现在不同的温度下上述三个特性的变化。

由上面的介绍与分析可以理解,即使是这样一个简单的系统,其描述方法与分析过程都比较复杂。关键是与我们 VLSI 系统的描述与分析方法具有较大的差别,必须采用与 VLSI 系统相同的描述方法与分析、控制方法,才能够在一个统一的设计系统下进行设计与分析。

9.4 MEMS 器件建模与仿真

所谓模型是指以某种形式描述的器件行为,例如,对于双端固支梁,它的实体是以结构层描述的 MEMS 器件,式(9.3)是以数学式表达的运动,而式(9.5)是具体到静电驱动模式下的运动方程,因此,式(9.3)和式(9.5)是梁运动的数学模型。图 9.14 所示为一个双端固支梁的状态图,这也是一个模型:信号流图模型。在这个图中清楚地说明了各状态变量之间的关系。由静电力、阻尼力和弹性回复力组成的合力产生了加速度,按照牛顿第二定律,合力除以质量等于加速度。加速度经过一次积分得到速度,速度再积分得到位移。阻尼力的大小与速度有关。弹性回复力、静电力与位移有关。如果从信号的关系考虑,可以理解为正、负反馈问题:静电力使得位移增加,而位移增加又将使静电力加大,形成正反馈关系;弹性回复力则随着位移增加而加大,阻止位移

增加,形成负反馈关系;阻尼力对速度也是负反馈的关系,最终的位移是信号传输与正负反馈的共同作用。

根据图 9.22 可以非常方便地得到双端固支梁的等效电路模型,因为状态图中的各模块都可以映射为具体的电路单元。毫无疑问,对状态图或者转换得到的等效电路图可以采用电学仿真工具进行分析,例如 Simulink 和 Spice。

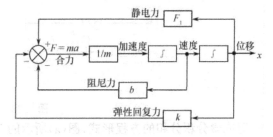

图 9.22　双端固支梁的状态图

对 MEMS 结构与器件建模通常包括 4 个层级:系统级、器件级、物理级和工艺级。

工艺级建模是根据工艺流程、制造掩模(MASK)、材料参数和属性,建立结构的几何轮廓模型,用于预测器件实际制作后的几何形状以及细部特征。

物理级建模研究真实器件在三维连续空间的行为,得到解析解或近似解。

器件级建模是对物理级建模的替代,采用宏模型或降阶模型的形式,这种形式的模型描述了系统中器件的基本物理行为,它的描述形式和系统级描述是直接兼容的。常用的模型形式是等效电路宏模型,即以等效电路的方式描述器件的物理行为。

系统级建模是最高层次的建模,用以描述系统的动态行为,模型采用框图(状态图)或集总参数形式的电路模型描述。图 9.14 所示的就是系统级模型的例子。

显然,在 VLSI-MEMS 中,使用等效电路形式的宏模型和系统级模型使得 MEMS 器件与电路系统具有更好的描述一致性,更便于采用统一的仿真工具对包含有 MEMS 器件的VLSI系统进行仿真。

9.4.1　等效电路建模基础:类比

不同能域的参量通常具有不同的量纲,不能直接进行相等处理,例如,力和电压,力的单位是牛顿,电压的单位是伏特;又如,热流的单位是瓦特;电流的单位是安培。但是,寻找他们的共性会发现,力和电压都是作用在两个端点之间,它们都是跨变量(across variable);热流和电流都是从一个端点流入,从另一个端点流出,它们都是穿变量(through variable)。利用共性特征,可以采用类比进行等效,即可以将力类比为电压,热流类比为电流。利用类比方法,不同能域的参量发生了联系。这是利用了抽象技术,只要两者具有相同的外部行为,可以不必考虑其物理原因,利用一个参量"仿真"另一个参量。显然,对应不同的能域,不同的分析,有许多类比的对象,在本书中,只对目前和 VLSI 有较大关联的部分结构与器件进行类比,关键说明类比建模的原理,并且,目标模型是以等效电路进行描述,其原因不言而喻。

1. 一个类比的例子

仍以图 9.13 所示的双端固支梁为例,说明如何将一个力学结构类比为一个电学系统,这里的力学结构遵循的是牛顿力学定律,而电学系统遵循基尔霍夫定律。

根据前面关于双端固支梁运动方程的讨论,可以重新写出以运动速度为参变量的运动方程,不失一般性,这里的力是普通的外力 $F(t)$,即

$$F(t) = m\frac{\mathrm{d}u(t)}{\mathrm{d}t} + k\int u(t)\mathrm{d}t + b \cdot u(t) \tag{9.14}$$

这是一个含有微分和积分的方程,在电学系统中,有许多电路形式都具有与式(9.14)形式相同的行为方程,图 9.23 所示为两个我们非常熟悉的电路形式,它们都具有与式(9.14)形式类似

的电流—电压方程。

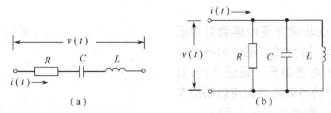

图 9.23　RLC 电路

写成微分积分和的方程形式,图(a)所示的 RLC 串联电路可以表示为

$$v(t) = R \cdot i(t) + \frac{1}{C}\int i(t)\mathrm{d}t + L\frac{\mathrm{d}i(t)}{\mathrm{d}t} \tag{9.15}$$

图(b)所示的 RLC 并联电路的电流—电压方程为

$$i(t) = \frac{v(t)}{R} + C\frac{\mathrm{d}v(t)}{\mathrm{d}t} + \frac{1}{L}\int v(t)\mathrm{d}t \tag{9.16}$$

　　显然,做类比和参数代换,就可以使力学系统与电学系统发生联系。在图(a)中,将力类比为电压,即 $v(t) \leftrightarrow F(t)$;速度类比为电流,即 $i(t) \leftrightarrow u(t)$,并且使 $R=b, C=1/k, L=m$,图(a)电路所表现的行为和解的数值大小就和图 9.21 所示的力学结构完全相同。这样的类比方法称为力—电压(F-V)类比。

　　同理,将电流类比为力,即 $i(t) \leftrightarrow F(t)$;电压类比为速度,即 $v(t) \leftrightarrow u(t)$,并且使 $R=1/b$, $C=m, L=1/k$,图(b)电路所表现的行为和解的数值大小也与图 9.13 所示的力学结构完全相同。这样的类比方法称为力—电流(F-I)类比。从跨变量和穿变量的关系看上去,F-I 类比似乎不合逻辑,但在力学系统到等效电路的转换中,这样的类比有时更简单。

　　显然,采用类比所构建的等效电路系统,其行为和解具有与力学系统相同的特点和数值,借助于这样的方法,使得在普通的电学系统中也能够简单地描述和仿真 MEMS 器件与结构,如果不考虑 MEMS 是另类结构,你似乎在 VLSI 描述中看不到 MEMS 器件或结构。这样的类比方法为我们得到 MEMS 器件的等效电路模型提供了技术路径。

　　在介绍具体对象的类比之前,首先定义一些广义量:广义力 $e(t)$,广义流 $f(t)$,与广义流相关的广义位移 $q(t)$,它们都是时间的函数。在电域内,有三个参数与之对应:电压 $v(t)$,电流 $i(t)$,电荷 $Q(t)$。即电压属于广义力的范畴,电流属于广义流的范畴,电荷属于广义位移的范畴。在力学域内,力属于广义力的范畴,速度属于广义流的范畴,位移属于广义位移的范畴。由此可见,广义参量的引入打破了能域的界限。广义量乘积 $e \cdot f$ 的量纲是功率,$e \cdot q$ 量纲是能量。还可以定义一个广义动量 $p(t)$,即

$$p(t) = \int_{t_0}^{t} e(t)\mathrm{d}t + p(t_0) \tag{9.17}$$

2. 简单广义器件

　　广义器件是一种跨能域的表示,一个形式上的电阻在电学域内是具有阻碍电流运动的物理实体,在力学域内就可能是一个阻碍运动的阻尼器。

　　(1) 广义电阻器

　　在大部分情况下,广义电阻器是一个耗能元件,如果广义电阻器是线性元件,则该广义电阻器的特性是广义力与流的简单比例关系,即

$$e(t) = Rf(t) \tag{9.18}$$

　　(2) 广义电容器

和电学域的电容器一样，广义电容器表征了储能元件，可以将其与势能进行联系。在广义力的作用下形成的位移导致势能变化，因此，势能可以表示为

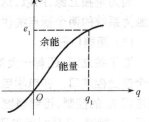

图 9.24　广义电容的能量与余能

$$W(q_1) = \int_0^{q_1} e \, \mathrm{d}q \tag{9.19}$$

$W(q)$ 为广义电容器的存储势能。图 9.24 所示为能量与力、位移之间的关系，由图可以看出，能量对应了广义力 e 曲线下面在位移区间内的面积。同时，图上还出现了一个"余能"（co-energy）区域。余能 $W^*(e)$ 为

$$W^*(e) = eq - \int_0^q e \, \mathrm{d}q \tag{9.20}$$

在电学域，广义电容器就是一个普通的电容，电容上存储电荷的过程就是能量积聚的过程。

$$W(Q) = \int_0^Q v \, \mathrm{d}q = \int_0^Q \frac{q}{C} \, \mathrm{d}q = \frac{Q^2}{2C} \tag{9.21}$$

其余能为

$$W^*(V) = VQ - \frac{Q^2}{2C} = CV^2 - \frac{C^2 V^2}{2C} = \frac{CV^2}{2} \tag{9.22}$$

在力学域，广义电容器可以是一个弹簧系统，因为其上也会因外力做功而产生势能（称为弹性势能）。按照胡克定律 $F = kx$，k 是材料的弹性系数，x 是位移，当力使弹簧长度变化了 x_1 时，弹簧所存储的能量为

$$W(x_1) = \int_0^{x_1} F(x) \, \mathrm{d}x = \frac{1}{2} k x_1^2 \tag{9.23}$$

式（9.21）和式（9.23）具有相同的能量函数形式，如果进行类比可以得到与第 1 段相同的结论 $C \leftrightarrow 1/k$（数值相等）。

（3）广义电感器

从电学域知识我们知道，电容上的电压不能突变，电感上的电流不能突变，如果从能量的角度描述则表征为能量不能突变，因此，可以说电容和电感是惯性元件。推而广之，广义电容和广义电感也都是惯性元件。

电学域的电感，不失一般性，其能量同样为 $e \cdot q$，因此，将广义量在电学域的具体参量代入：

$$W(Q) = \int_0^Q v \, \mathrm{d}q = \int_0^Q L \frac{\mathrm{d}i}{\mathrm{d}t} \, \mathrm{d}q = \int_0^i L i \, \mathrm{d}i = L \frac{i^2}{2} \tag{9.24}$$

在力学域，对于一个运动物体，其能量可以用动能表示。一个具有质量 m 的物体，当以速度 u 运动时，其动能为 $\frac{1}{2} m u^2$，比较式（9.24），可以得到 $L \leftrightarrow m$。显然，这里仍沿用了 F-V 类比，在 F-V类比下，电流可以与运动速度类比。

在电学域，电感量越大，其阻碍电流变化的能力越大；在力学域，物体的质量越大，其阻碍运动速度变化的惯性越大。因此，电感量与质量的类比反映了惯性。

（4）单端口广义源

单端口广义源指的是独立源，包括广义流源和广义力源。

广义流源是指对所有广义力值 e，流 f 都保持不变的独立流源。

广义力源是指对所有广义流值 f，力 e 都保持不变的独立力源。

在电学域，广义流源是恒流源，广义力源是恒压源。在力学域，广义流源可以是恒定速度，广义力源可以是恒定外力。

因为是独立源,所以,这两个源都表现为单端口。广义流源为系统提供一个流的通道,广义力源为系统的两个端点提供一个广义力的作用。

（5）两端口器件

除了独立源,还有一大类信号源是受控源,显然,受控源至少有两个端口:一个是控制端口,一个是受控端口。在电学域内有许多的受控源,例如,一个双极型晶体管,其输出电流 I_C 受到基极电流 I_B 的控制,控制强度用电流增益表示。又如:一个 MOS 晶体管,其输出电流 I_{DS} 既受栅源电压 V_{GS} 控制,又受衬偏电压 V_{BS} 的控制,控制强度用跨导和背栅跨导表示。常用的线性受控源是:电压控制电压源;电压控制电流源;电流控制电压源和电流控制电流源。例子中的双极型晶体管是两端口器件,是电流控制电流源,MOS 晶体管是三端口器件,是电压控制电流源。

在广义域内有两个重要的两端口单元:变压器和回相器。它们的特点是本身不存储能量,也不消耗能量。因为它们是两端口单元,因此,输入的功率应该等于输出的功率,即满足 $e_1 f_1 + e_2 f_2 = 0$。假设控制强度因子为 n,则如果输出广义力被放大 n 倍,则输出的广义流就将被缩小 n 倍。如果是交叉控制,即由流控制力（力控制流）,也存在类似的关系。图 9.25 所示为两端口单元的力—流关系。

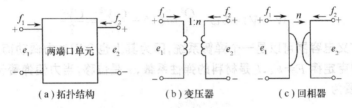

（a）拓扑结构　　　　（b）变压器　　　　（c）回相器

图 9.25　两端口单元

以数学形式表示的变压器和回相器的定义如下。

变压器:

$$\begin{pmatrix} e_2 \\ f_2 \end{pmatrix} = \begin{bmatrix} n & 0 \\ 0 & -\dfrac{1}{n} \end{bmatrix} \begin{pmatrix} e_1 \\ f_1 \end{pmatrix} \tag{9.25}$$

回相器:

$$\begin{pmatrix} e_2 \\ f_2 \end{pmatrix} = \begin{bmatrix} 0 & n \\ -\dfrac{1}{n} & 0 \end{bmatrix} \begin{pmatrix} e_1 \\ f_1 \end{pmatrix} \tag{9.26}$$

下面来看一个变压器应用的例子。图 9.26 所示为一个力学结构的示意图,这是一个两级连动的系统,外力 F 作用在质量块 m_2 上,并通过弹簧 k_2 将力传递到 m_1 上。

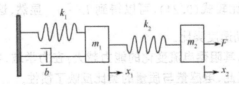

图 9.26　两级连动结构示意图

以速度作为变量,可以写出该系统的运动方程,即

$$F - k_1 x_1 - b\frac{\mathrm{d}x_1}{\mathrm{d}t} - m_1 \frac{\mathrm{d}^2 x_1}{\mathrm{d}t^2} - k_2(x_2 - x_1) = m_2 \frac{\mathrm{d}^2 x_2}{\mathrm{d}t^2} \tag{9.27}$$

因为不是一个位移体系的量不能够直接等效电路建模,因此,按照 x_1 和 x_2 分类。得到

$$F-k_1x_1-b\frac{\mathrm{d}x_1}{\mathrm{d}t}-m_1\frac{\mathrm{d}^2x_1}{\mathrm{d}t^2}+k_2x_1=m_2\frac{\mathrm{d}^2x_2}{\mathrm{d}t^2}+k_2x_2 \tag{9.28}$$

令

$$f=(k_1-k_2)x_1+b\frac{\mathrm{d}x_1}{\mathrm{d}t}+m_1\frac{\mathrm{d}^2x_1}{\mathrm{d}t^2} \tag{9.29}$$

式(9.28)可以改写为

$$F-f=m_2\frac{\mathrm{d}^2x_2}{\mathrm{d}t^2}+k_2x_2 \tag{9.30}$$

以上的变化过程是以位移作为参变量的,同样的,也可以以速度作为参变量,得到相关方程为

$$f=(k_1-k_2)\int u_1\mathrm{d}t+bu_1+m_1\frac{\mathrm{d}u_1}{\mathrm{d}t} \tag{9.31}$$

因此,式(9.28)可以改写为

$$F-f=m_2\frac{\mathrm{d}u_2}{\mathrm{d}t}+k_2\int u_2\mathrm{d}t \tag{9.32}$$

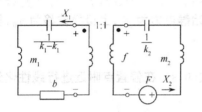

图 9.27　等效电路模型

现在,以变压器来传递力 f,因为没有对 f 的放大与缩小,因此,n 在这里取为 1。参考图 9.15 的类比,同时,将外力 F 作为独立源,就能够得到如图 9.27 所示的等效电路。图中,以大写 X_1 和 X_2 表示参变量,在以位移作为参变量时,等效电路中的 X_1(X_2)是电荷(位移—电荷移动类比),如果是以速度作为参变量,等效电路中的 X_1(X_2)是电流(速度—电流类比)。

由上面的介绍,我们很容易联想到大学课程中的"电路原理"相关知识,只不过将单一电学域的内容(或定义)推广到了广义空间,涵盖了多个能域。

9.4.2　MEMS 器件等效电路宏模型

从上面的例子我们可以看到,不同的物理量必须进行转换或通过某个联系机制去处理,才能进行统一的描述和分析。在这一节,我们针对一些比较典型的 MEMS 器件或结构进行等效电路宏模型建模,然后将分析类型从静态扩展到动态,重点是 MEMS 器件的交流小信号特性。

1. 极板纵向相对运动的机电换能器

一对纵向相对运动的极板结构如图 9.28 所示。假设,极板的面积 $A_e=l\cdot b$,上极板是可运动的,下极板是固定的。如果该结构采用静电驱动,且外加电压 $V(t)$ 和电流 $i(t)$ 是时间的函数,在电压的作用下,静电力 $f_{et}(t)$ 的大小也是随时间而变的。上极板在静电力的作用下上下运动,假设极板的原始间距为 d,x_t 是 t 时刻位移的大小,坐标原点为上极板初始位置,向下为正,在某个时刻的距离则为 $d-x_t$。

由两极板 t 时刻位置所形成的空气介质电容器大小为 $C_t=\dfrac{\varepsilon_0A_e}{(d-x_t)}$。

不同极性的电荷通过电场方式产生静电力,外加电压和电流变化的结果是在极板上产生数量变化的电荷,某个时刻静电力的大小和极板上该时刻电荷的多少有关,同时,还和极板间的距离有关,因此,静电

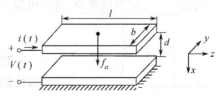

图 9.28　纵向相对运动的极板结构

力的大小可以表示为 t 时刻电荷与极板位置的函数。

由式(9.21)可知,t 时刻因电荷存储而在图 9.20 所示结构中产生的总能量为

$$W=\frac{q_t^2}{2C_t}=\frac{q_t^2(d-x_t)}{2\varepsilon_0 A_e} \tag{9.33}$$

式中,q_t 是 t 时刻极板上的电荷量,$d-x_t$ 是 t 时刻两极板之间的间距。

如前所述,广义力与广义位移的乘积 $e \cdot q$ 表示的是能量,再由式(9.21),可以得到电压与电荷、位移之间的关系

$$V_t=\frac{\partial W}{\partial q_t}\bigg|_{x_t=\mathrm{const}}=\frac{q_t(d-x_t)}{\varepsilon_0 A_e}=\frac{d}{\varepsilon_0 A_e}q_t-\frac{1}{\varepsilon_0 A_e}q_t x_t \tag{9.34}$$

同理,静电力与电荷的关系为

$$f_{et}=\frac{\partial W}{\partial x_t}\bigg|_{q_t=\mathrm{const}}=-\frac{q_t^2}{2\varepsilon_0 A_e} \tag{9.35}$$

显然,如果将电容、电压、电荷的基本关系 $Q=CV$ 代入上式,它就是式(9.4),负号表示静电力变化与极板间距变化相反。

为进行动态分析,将各个参数写成偏置量和变化量:$V_t=V_0+v(t)$,$f_{et}=f_0+f_e(t)$,$x_t=x_0+x(t)$,$q_t=q_0+q(t)$。在偏置电压 V_0 的作用下,初始静电力为 f_0,上极板位移为 x_0,初始电容为 $C_0=\frac{\varepsilon_0 A_e}{d-x_0}$,极板初始电荷为 $q_0=V_0 C_0$。

下面推导交流小信号的机电耦合关系,对式(9.34)和式(9.35)在偏置点附近进行线性化处理,得到

$$v(q,x)=\frac{\partial V_t}{\partial q_t}\bigg|_{x_0}q+\frac{\partial V_t}{\partial x_t}\bigg|_{q_0}x=\frac{(d-x_0)}{\varepsilon_0 A_e}q-\frac{q_0}{\varepsilon_0 A_e}x=\frac{q}{C_0}-\frac{v_0}{(d-x_0)}x \tag{9.36}$$

$$f_e(q,x)=\frac{\partial f_{et}}{\partial q_t}\bigg|_{x_0}q+\frac{\partial f_{et}}{\partial x_t}\bigg|_{q_0}x=\frac{q_0}{\varepsilon_0 A_e}q=\frac{v_0}{(d-x_0)}q \tag{9.37}$$

显然,这里的 q 和 x 都是时间的函数,同时,令 $\frac{q_0}{(d-x_0)}=\Gamma$,就可以将式(9.36)和式(9.37)写成

$$v(t)=\frac{1}{C_0}q(t)-\frac{\Gamma}{C_0}x(t) \tag{9.38}$$

$$f_e(t)=\frac{\Gamma}{C_0}q(t) \tag{9.39}$$

式(9.38)也可表示为

$$q(t)=C_0 v(t)+\Gamma x(t) \tag{9.40}$$

将式(9.40)代入式(9.39),得到静电力与电压的关系

$$f_e(t)=\Gamma v(t)+\frac{\Gamma^2}{C_0}x(t)=\Gamma v(t)+\frac{\Gamma^2}{C_0}\int u(t)\mathrm{d}t \tag{9.41}$$

将式(9.40)对时间求导,得到极板上的电流,即

$$i(t)=C_0\frac{\mathrm{d}v(t)}{\mathrm{d}t}+\Gamma u(t) \tag{9.42}$$

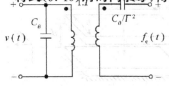

图 9.29 F-V 类比机电耦合等效电路宏模型

利用匝比为 Γ 的变压器和电容,可以非常简单地得到 F-V 类比的机电耦合等效电路宏模型,该模型表征了式(9.41)和式(9.42)。图 9.29 所示为该宏模型的电路形式。在变压器的左边,电流由两部分组成:电压 $v(t)$ 对电容的充放电电流,对应式

(9.42)右边的第一项；因为匝比为Γ，变压器初级线圈中电流应为$\Gamma u(t)$，才能使变压器右边速度（流变量）为$u(t)$，对应式(9.42)右边的第二项。静电力与变压器右边的结构直接由式(9.41)对应得出。

将此模型对应的静电力应用到一个双端固支梁上，可以建立静电驱动双端固支梁的等效电路宏模型。梁结构如图9.30所示，不失一般性，假设在梁上还作用了一个外力$f_{\rm m}$，其方向向上。

梁系统的运动受到静电力$f_{\rm et}(t)$和外力$f_{\rm m}$的共同作用，采用类比方式，结合式(9.14)和图9.15(a)的等效电路，这样的力学系统的等效电路宏模型如图9.31所示。因为电路的右侧是一个谐振电路形式，因此，如果输入的电压的频率是变化的，例如逐渐增加，一定将发生谐振，采集RLC谐振网络的端电压，就可以得到幅频特性。电路系统中可以充分的利用这种幅频特性进行信号滤波。

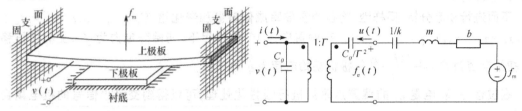

图9.30　静电驱动双端固支梁结构示意图　　图9.31　双端固支梁 F-V 类比机电耦合等效电路宏模型

在上述的建模过程中，首先建立了电压到静电力的关系，通过 F-V 类比将由数学关系表示的机—电行为转换成纯电学的表示，至此，MEMS 器件在描述形式上和普通的电学元件具有了一致性，能够在同一个仿真系统中进行行为仿真。

从式(9.41)和式(9.42)还可以看到：静电力中不仅有电压的作用，还有位移的作用；输入电流中不仅有输入电压的作用，还有梁运动速度的作用。这意味着机和电具有耦合关系，即机和电是相互作用的。式(9.42)特别能够说明这一点，在电压激励下，梁受迫运动，梁运动的结果是改变了由两个极板所构成的电容的大小，因此，极板构成的电容就可以理解为是两个电容的并联，一个是初始电容C_0，一个是可变电容。这个可变电容电容量的改变由运动过程决定，因此导致对这两个并联电容的充放电电流受到运动的作用。

2. 极板水平相对运动的机电换能器

两块极板除了纵向相对运动外，还可能发生相对水平运动。为便于分析，假设下极板在左端固定，上极板相对下极板左右运动，结构如图9.32所示。

如果该结构采用静电驱动，且外加电压$V(t)$和电流$i(t)$是时间的函数，在电压的作用下，静电力$f_{\rm et}(t)$的大小也是随时间而变的，上极板在静电力的作用下将左右运动，假设极板的间距为d并保持不变，上下极板初始重叠距离为l，x是t时刻位移的大小，坐标原点为梁初始位置，向右为正，在某个时刻，上下极板重叠距离则为$l-x_{\rm t}$。

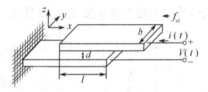

图9.32　水平相对运动的极板结构

与极板纵向相对运动分析类似，极板t时刻位置所形成的空气介质电容器大小为$C_{\rm t}=\dfrac{\varepsilon_0 b(l-x_{\rm t})}{d}$。$t$时刻系统所具有的总能量为

$$W_{\rm t}=\frac{q_{\rm t}^2}{2C_{\rm t}}=\frac{q_{\rm t}^2 d}{2\varepsilon_0 b(l-x_{\rm t})}=\frac{\varepsilon_0 b(l-x_{\rm t})}{2d}V_{\rm t}^2 \tag{9.43}$$

通过对式(9.43)求导数可以得到电压、静电力和相关参数间的关系

$$V_t = \frac{\partial W_t}{\partial q_t}\bigg|_{x_t = \text{const}} = \frac{q_t d}{\varepsilon_0 b(l - x_t)} = \frac{q_t}{C_t} \tag{9.44}$$

$$f_{et} = \frac{\partial W_t}{\partial x_t}\bigg|_{q_t = \text{const}} = -\frac{\varepsilon_0 b V_t^2}{2d} = -\frac{q_t^2 d}{2\varepsilon_0 b(l - x_t)^2} \tag{9.45}$$

t 时刻极板上的电流 i_t 为

$$i_t = \frac{dq_t}{dt} = \frac{d(C_t V_t)}{dt} = \frac{\varepsilon_0 bl}{d}\frac{dV_t}{dt} - \frac{\varepsilon_0 b}{d}x_t\frac{dV_t}{dt} - \frac{\varepsilon_0 b}{d}V_t u_t \tag{9.46}$$

式(9.46)中，$u_t = \dfrac{dx_t}{dt}$ 为上极板 t 时刻水平运动的速度，x_t 为上极板 t 时刻水平位移，q_t 为极板 t 时刻的电荷。

下面进行动态分析，同样地，将各个参数写成偏置量和变化量：$V_t = V_0 + v(t)$，$f_{et} = f_0 + f_e(t)$，$x_t = x_0 + x(t)$，$q_t = q_0 + q(t)$。在偏置电压 V_0 的作用下，初始静电力为 f_0，上极板位移为 x_0，初始电容为 $C_0 = \dfrac{\varepsilon_0 b(l - x_0)}{d}$，极板初始电荷为 $q_0 = V_0 C_0$。

在位移 x_0 和电量 q_0 的偏置点附近进行线性化处理，可以得到交流小信号的机电耦合关系式

$$v(q, x) = \frac{\partial V_t}{\partial q_t}\bigg|_{x_0} q + \frac{\partial V_t}{\partial x_t}\bigg|_{q_0} x = \frac{d}{\varepsilon_0 b(l - x_0)}q + \frac{dq_0}{\varepsilon_0 b(l - x_0)^2}x$$
$$= \frac{q}{C_0} + \frac{q_0}{C_0(l - x_0)}x \tag{9.47}$$

$$f_e(q, x) = \frac{\partial f_{et}}{\partial q_t}\bigg|_{x_0} q + \frac{\partial f_{et}}{\partial x_t}\bigg|_{q_0} x = \frac{q_0}{C_0(l - x_0)}q + \frac{q_0^2}{C_0(l - x_0)^2}x \tag{9.48}$$

由式(9.47)和式(9.48)可以清楚的了解，极板上的交变电压除了和电量有关外，还和极板的位置有关；静电力除了和电量有关外也和位置有关，式(9.48)仅表示了静电力的大小。它们具有机电耦合的关系。

类似地，定义一个系数 $\Gamma = \dfrac{q_0}{(l - x_0)}$，同时考虑到 q 和 x 都是时间的函数，可以得到

$$f_e(t) = \Gamma v(t) \tag{9.49}$$

$$i(t) = C_0\frac{dv(t)}{dt} - \frac{q_0}{(l - x_0)}u(t) = C_0\frac{dv(t)}{dt} - \Gamma u(t) \tag{9.50}$$

静电力方向和运动速度方向向左，和 x 轴正方向相反。采用 F-V 类比，得到的小信号机电耦合等效电路宏模型如图9.33所示。

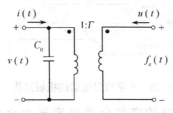

图 9.33 F-V 类比机电耦合等效电路宏模型

图9.6所示的梳齿结构属于极板水平相对运动的结构，由图可以看出，真正作用到水平运动极板上使其运动的力是极板边缘上的静电力，这从式(9.45)的 $f_{et} = -\dfrac{\varepsilon_0 b V_t^2}{2d}$ 也能够清楚的看到，静电力不再是和极板相对面积有关，而是仅与极板宽度相关。

以上的这些分析模型都是针对结构的主运动模式的，可以想象，一个实际的悬挂系统可能的运动形式是多种多样的。图9.5给出了三种运动方式：上下、扭动、水平，实际上，这些只是它们的主运动模式，它们还可能进行其他方向的运动。例如，图9.5(c)结构的支撑梁非常窄，它的主要运动模式是前后运动，毫无

疑问,这样薄的支撑非常可能发生绕支撑梁扭动,而上下运动也是一种可能的形式,只不过相对于前后运动和扭动其幅度较小。对于这样的多种运动形式发生在同一结构上的情况,在振动力学中以振动模态进行表示,在建模中则以分布参数形式进行表征,因为篇幅的限制,这里不做详细介绍。但是,因为不同的模态对应不同的振动频率和方向,因此,实际应用中可以利用这两点差异进行特殊的信号感知,例如,可以用于检测和方向有关的物理量,有兴趣的读者可以参考有关文献。

9.4.3 器件特性与仿真

建立 MEMS 器件的等效电路宏模型或者系统级模型的目的,是使 MEMS 器件与电路系统具有描述的一致性和仿真的一致性。MEMS 器件的信号范畴主要是模拟信号,所以,描述与仿真应与模拟电路一致。按照一般电路系统的分析类型,对 MEMS 器件的分析主要包括直流特性、交流特性和瞬态特性分析。下面以两个简单的 MEMS 器件为对象,介绍 MEMS 器件结构的运动及其特性,这两个 MEMS 器件分别具有极板纵向相对运动和水平相对运动的特征,这是两种主要的运动形式。在对具体器件和结构进行分析前,先来看一个仿真的结果,说明器件可能的特性和应用时产生的可能影响。

彩色插页中彩图 19 所示为一个双端固支梁在静电驱动下的位移特性,其中,图(a)给出的是施加在双端固支梁上的驱动电压,这里是一个逐渐增加的阶梯电压,随着电压的增加,梁的中心逐渐向下移动。图(b)中梁在稳定时的平衡位置说明了这种位移,在每次驱动电压变化时,梁都会在新的平衡位置附近发生振动,经过一段时间后停止在平衡位置。图(c)说明了这种变化瞬间所产生的振动。这种振动正是悬挂结构所具有的重要特点:运动物体的惯性作用,当梁结构在变化的驱动电压激励下向下运动时,并不是达到静电力与弹性回复力平衡点就停止运动,而是由于惯性继续向下运动,弹性回复力则阻碍这种过冲,当惯性消失时,梁的中心点已位于平衡点下方,这时弹性回复力大于静电力,梁又反方向向上运动,并冲过平衡点继续向上,然后又向下。如果没有空气的阻尼,梁将在平衡点附近振荡下去,因为阻尼的作用,振荡的能量逐渐消失,过冲逐渐减弱,最后停止在平衡位置。

如果驱动电压增加的过程变化比较缓慢,也就是上升沿的上升时间比较长,则这种过冲现象就可以有效地消除,图 9.34 所示为对于同一个结构,不同的电压变化速率对位移稳定过程的影响,自左向右驱动电压的上升时间逐渐加大,即变化越来越缓慢,MEMS 结构从一个位置变化到另一个新位置也越来越平稳。这样的变化关系提示我们,在电子系统中利用 MEMS 器件时,如何获得稳定的信号。从信号的角度讲,这种位置变化期间的瞬态振荡特性可能引入噪声。

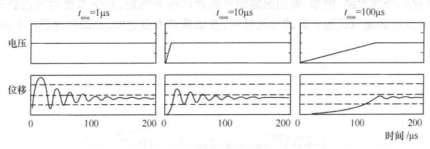

图 9.34　驱动电压变化速度对稳定过程的影响

例如,采用 MEMS 技术制作一个可变电容,其工作原理是利用一个可纵向相对运动的上极板位置变化改变电容的大小(即平板电容的极板间距变化)。工作时,必须等电容的间距稳定后才能允许信号通过这个电容,否则,通过的信号将受到电容振荡过程的调制。

对于交流分析,主要是针对结构振动过程。在上一段曾经提过,一个结构的振动有多个模态,图9.35说明了这样的振动特性,这是采用分布参数等效电路模型对双端固支梁仿真的结果,不同的振动模态其谐振频率不相同。本节下面的交流分析仅针对主运动模式。

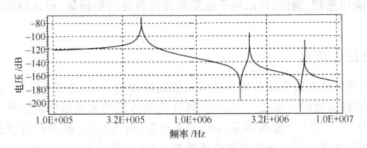

图9.35 双端固支梁多模态的幅频特性

1. 双端固支梁的特性与分析

双端固支梁的结构原理如图9.22所示,它是典型的极板纵向相对运动的MEMS器件结构。

(1) 直流特性

对双端固支梁施加一个驱动电压,在稳态情况下梁就有一个特定的弯曲位移,即有一个特定的位移量。式(9.6)给出了两个极板之间静电力和位移的关系,显然,在稳定时合力为零,即静电力等于弹性回复力,因此有

$$\frac{\varepsilon A}{2(d-x)^2}V^2 - kx = 0 \tag{9.51}$$

由此式可以解得在驱动电压下的位移,结构材料越硬,表现为k值越大,位移越小。值得注意的是,该式是稳态时的电压-位移关系,有效计算是在吸合(Pull-in)之前,在吸合电压点附近,结构已经处于不稳定状态。当要求器件稳态运用时,需要偏离吸合电压点。当然,如果是利用吸合,例如器件作为开关运用,则是另一种情况。直流特性分析时没有未考虑阻尼的作用,空气对运动的阻尼发生在具有运动速度的条件下,如果驱动电压是缓慢的增加或减少,则位移过程中可以忽略阻尼的作用。

(2) 交流特性

当对于一个双端固支梁施加交流激励时,梁结构将受迫振动。当外加的交流激励频率与梁结构的谐振频率相同时,梁振动的幅度将因为共振原理而达到最大。交流特性分析是给梁结构施加频率变化的外加激励,例如,外加激励信号的频率逐渐增加,从仿真结果可以看到出现峰值点。图9.36显示的是双端固支梁的交流特性,在谐振频率点之外,振动幅度迅速衰减。

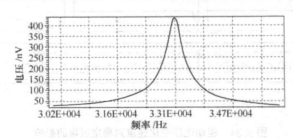

图9.36 双端固支梁交流小信号幅频特性

在前面建模时,分析过程采取了静电驱动工作方式,结构可以作为滤波器应用。这里该双端固支梁被作为力传感器应用,外部作用在传感器上的力是一个振动,在电路中以一个交流小信号

电压源 f_m 来表示这种外力,如图 9.37 所示。交流特性分析采用的是电路仿真软件 SPICE,电路则是利用了图 9.23 所示的双端固支梁 F-V 类比机电耦合等效电路宏模型。因为考察的是外力的作用,因此,电路左边所示的电压 V 仅是对双端固支梁所施加的一个偏置,该偏置使梁具有一个初始静电力和相应的位移,显然,这是一个不失一般性的设置,其大小对振动过程分析没有影响。

外电路是在原模型上添加的负载,用于观察外力的作用,其中 R_O 是电压源 E 的内阻,R_L 是负载电阻。

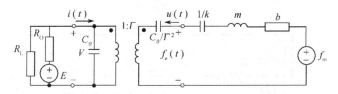

图 9.37　双端固支梁交流分析电路

(3) 瞬态特性

由彩图 19(c)可知,当运动结构从一个稳态点运动到另一个稳态点时,存在一个由振动到逐渐稳定的动态过程,瞬态特性分析就是为了观察这个动态过程,了解这个动态过程对系统稳定性的影响。

图 9.38 所示为双端固支梁在外加驱动电压时所产生的动态图像(注:在下面给出的结果中,具体的计算数值与双端固支梁的结构参数、材料参数等有关,本书不对这些设计参数进行讨论,关键是理解这些器件或结构的行为和作用,具体数值并不重要)。仿真时,假设外力 $f_m=0$,在结构上施加一个上升时间非常小的 30V 跳变电压,跳变后电压保持。在图 9.30 所示的仿真结果图中,图(a)是上极板的运动速度特性,图(b)是上极板的位移特性,负值表示位移方向向下。

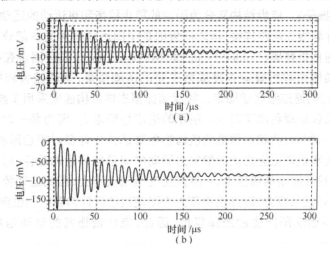

图 9.38　静电力作用下的双端固支梁瞬态特性

系统稳定时,位移值应和式(9.51)计算结果一致。

如果假设上极板的运动是由外力引起的,不失一般性,再假设有一个直流电压偏置作用在两极板之间,使上极板有一初始位移。静电力作用是建立了一个稳态,而外力是引起一个动态变化。最终的稳态位置由静电力(原偏置)和外力共同作用,如果外力作用方向与静电力相同(这里向下),产生的位移将较大,如果外力方向是向上的,即与静电力方向相反,则实际位移较小。

假设,静电偏置电压为 30V(为与上图条件相同),同时对上极板施加向上的外力,假设

$f_m = 2 \mu N$，并假设该作用力是突变的。仿真结果显示在图 9.39 中,同样的,图(a)是上极板的运动速度特性,图(b)是上极板的位移特性,负值表示位移方向向下。

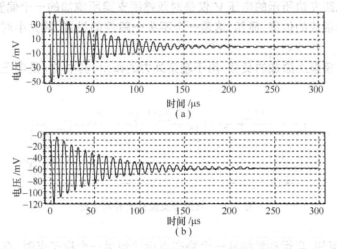

图 9.39　静电力和外力共同作用下的双端固支梁瞬态特性

比较图 9.38 和图 9.39,可以清楚地看出,在静电力和向上的外力共同作用下,双端固支梁的实际位移小于仅受静电力作用的情况。前者向下位移约 87.265nm,后者位移 59.337nm（注：这里的 nm 和图中 nV 相对应）。因为初始位移的影响,结构运动时的最大速度也减小了。

2. 梳状谐振器的特性与分析

梳状谐振器是典型的 MEMS 器件,常作为滤波器使用,基本结构如彩图 20 所示。

整个梳状谐振器由三部分组成:两边各一的梳齿换能器（Comb Transducers）和中间的运动部件（经常被称作为振子）。梳齿结构又分为固定的静止梳齿和可运动的运动梳齿,其中,静止梳齿被固定在衬底上并和相关电路连接,运动梳齿则是中间运动部件的一部分。中间的运动部件除了运动梳齿外还包括折叠梁（Folded-Beam）和锚区（Anchor）,锚区固定在衬底上并连接折叠梁和有关电路。运动梳齿和折叠梁连接成为主要的运动质量,运动梳齿和折叠梁均处于悬挂（Suspension）状态,它们通过锚区被固定。梳状谐振器主体结构通常采用多晶硅制造。

梳齿换能器的工作原理利用了图 9.6 所示的边缘场静电力,因为每一对静止与运动梳齿所形成的静电力非常小,所以,梳状谐振器的梳齿换能器部分由许多对梳齿所构成,以提供足够的驱动力。在静止梳齿和运动梳齿之间的静电力驱动中间悬挂的运动部件,做平行于梳齿方向的运动,折叠梁一端连接在固定的锚区上,一端连接在运动梳齿上,因此运动梳齿的位移将导致折叠梁变形,从而产生弹性回复力,该弹性回复力力图使运动部件回到初始位置。因为运动结构的滑膜阻尼远小于上下运动所产生的压膜阻尼,因此,梳状谐振器的运动阻尼小于同面积的梁结构。

为说明机电工作原理,现在对梳状谐振器进行电路连接,如彩图 21 所示。为形成电连接,许多 MEMS 器件采用双层多晶硅工艺,第一层多晶硅（通常称为多晶硅 1）用于制作电极,第二层多晶硅（通常称为多晶硅 2）用于制作结构。彩图 21 中的梳状谐振器也采用了这样的工艺,采用多晶硅 2 制作的运动部件下部有一块多晶硅 1,通过锚区实现多晶硅 1 和多晶硅 2 的连接,这块多晶硅 1 底部电极实现了运动部件的电连接。

静止梳齿和运动梳齿形成了机电耦合结构,外部施加的电压经过梳齿组转变为结构的运动。在图中有三个偏置电压源 V_1、V_2、V_3,它们决定了运动部件的稳态位移。如果 $V_1 = V_2$,不论 V_3

是何值,运动部件稳定在初始的静止平衡位置;如果$|V_1-V_3|>|V_2-V_3|$,运动部件将向下运动;如果$|V_1-V_3|<|V_2-V_3|$,运动部件将向上运动。

假设在一定的偏置电压下,运动部件处于稳定状态,相对初始位置存在一定的位移。现在来考察交变信号 v_1、v_2 的作用:如果 v_1、v_2 的大小相等、极性相反,则运动部件将在稳态点附近振动;如果 v_1、v_2 完全相同,则运动部件仍将稳定在稳态点。

(1) 直流特性

在梳状谐振器的上下两边施加驱动电压,如果上下两边的驱动电压相同,梳状谐振器的运动部件将稳定在原位置。为简化分析,假设 $V_3=0$,$V_1=V_{in}+V_0$,$V_2=V_0$,V_0 是偏置电压,V_{in} 为输入直流扫描电压,用以产生运动部件的位移。运动梳齿的个数为 n,静止梳齿的个数为 $n+1$,运动梳齿和静止梳齿构成了 $2n$ 个电容,根据前面对极板水平相对运动的机电换能器的讨论,可以得到下边梳齿换能器受到的静电力为

$$f_{et1}=2n\frac{\varepsilon_0 bV_1^2}{2d}=n\frac{\varepsilon_0 bV_1^2}{d} \tag{9.52}$$

同理,上边梳齿换能器受到的静电力为:

$$f_{et2}=2n\frac{\varepsilon_0 bV_2^2}{2d}=n\frac{\varepsilon_0 bV_2^2}{d} \tag{9.53}$$

这里,参数 b 是梳齿的厚度(实际上也是结构层多晶硅 2 的厚度),d 是静止梳齿和运动梳齿之间的间距。

运动部件所受静电力的合力为上下两边梳齿结构静电力的差,并且,当结构稳定时,静电力合力的大小等于由折叠梁所产生的弹性回复力:

$$\frac{n\varepsilon_0 b}{d}(V_1^2-V_2^2)-kx=0 \tag{9.54}$$

因为前面已假设梳状谐振器的下边静电力大于上边的静电力,所以,运动部件在静电合力的驱动下向下运动,产生向下的位移 x。当输入电压 V_{in} 不断变化时,不断地形成新的位移。

因为驱动力来自于梳齿间边缘场静电力,因此,在同样的驱动电压下,梳状谐振器运动部件的位移远小于前面介绍的双端固支梁。

(2) 交流特性

首先建立梳状谐振器交流分析的等效电路宏模型。

由前面对极板水平相对运动的机电换能器的分析,得到了图 9.25 所示的 F-V 类比机电耦合等效电路宏模型。因为梳状谐振器的运动仍然遵循牛顿运动定律 $F=ma$,并且,结构上受力情况也与双端固支梁相同,这里可以直接写出梳状谐振器的运动方程:

$$f_{et1}-f_{et2}=m\frac{du(t)}{dt}+k\int u(t)dt+b\cdot u(t) \tag{9.55}$$

假设 $V_3=0$,$V_1=v_{in}+V_{in}+V_0$,$V_2=V_0$,V_0 是偏置电压,v_{in} 为输入交流信号,用以产生运动部件的振动。为观察梳状谐振器右端的输出特性,这里连接一个负载电阻在右端的静止梳齿上。由方程(9.55)和图 9.25 所示的 F-V 类比机电耦合等效电路宏模型,可以得到对梳状谐振器进行交流分析时的等效电路宏模型,如图 9.40 所示。

上图中,变比 $\Gamma=2n\Gamma_0$,其中 $\Gamma_0=q_0/(l-x_0)$;

$C_{01}=C_{02}=2nC_0$,其中 $C_0=\frac{\varepsilon_0 b(l-x_0)}{d}$;

这里的参数 Γ_0 和 C_0 都是单极板时的情况。

采用 SPICE 软件对梳状谐振器进行交流分析,得到器件的幅频特性,如图 9.41 所示。

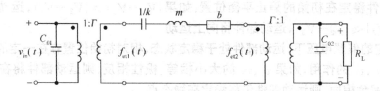

图 9.40　梳状谐振器 F-V 类比交流分析等效电路宏模型

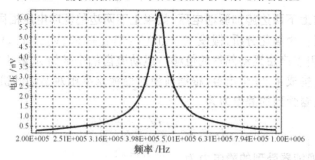

图 9.41　梳状谐振器交流小信号幅频特性

与双端固支梁情况类似,梳状谐振器也有不同的振动模态,也将对应不同的谐振频率。

(3) 瞬态特性

与双端固支梁类似,梳状谐振器从其具有的悬挂结构特征上可以想象,当对梳齿换能器施加一个突变的信号时,运动部件也同样存在一个稳定过程。图 9.42 所示为当对结构施加突变的电压信号时,梳状谐振器中运动部件的速度特性与位移特性。其中,图(a)是运动部件的速度特性,图(b)是位移特性。

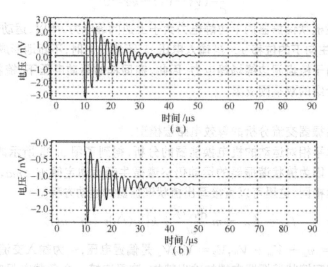

图 9.42　梳状谐振器的瞬态特性

实际上,在上述分析中施加给 MEMS 结构的驱动电压幅度通常比较大,因此,瞬态分析时应采用大信号模型,不能直接采用小信号等效电路宏模型进行分析。在本书中所做的瞬态分析均是采用了大信号等效电路宏模型,因建立大信号等效电路宏模型较之小信号模型复杂,并且还牵涉到仿真软件的具体描述,所以,在本书中没有对此部分内容进行介绍。有兴趣的读者可以参考有关的文献。

MEMS 器件的结构形式多种多样,工作原理所涉及的物理基础非常广泛,本章内容仅涉及了与本书的核心 VLSI 技术相关的 MEMS 技术的部分问题。还有许多可以与 VLSI 集成的 MEMS 器件,因为篇幅与主题的关系不能一一介绍。

本章结束语

正如本书第 1 章所介绍的那样,完整的信息系统包括了传感、信号处理与执行等多个信息环节。MEMS 器件乃至将来的纳机电系统 NEMS 都在信息交换与信息处理中扮演着重要的角色,并且因其多样性的特点,将具有广泛地应用空间,借助于这些新型器件,实用化的信息系统被从单一的电域延展到自然界的各个物理域。

本章仅仅介绍了非常简单的 MEMS 器件与结构,但是,从相关内容的介绍与讨论,想必读者已经对多能域的概念有了一些了解。因为本章并没有对 MEMS 器件如何设计进行介绍,读者暂时撇开有关 MEMS 器件与结构设计的有关问题。在理解了类比的概念后,单从建模与仿真内容的角度考察 MEMS 器件,相关的过程实际上都是我们已经熟悉的知识。正如我们对 MOS 器件建模那样,一个简单地电压控制电流源就将电荷感应工作机制进行了抽象,但是,当需要考虑输出对输入端的影响时就必须引入密勒效应,模型的建立与对物理效应的理解就变得复杂起来。对于其他类型的 MEMS 器件,建模与分析方法也都是类似的。

练习与思考九

1. 利用互联网搜索力—电、热—电、磁—电以及光—电形式的 MEMS 器件与结构资料,并针对这些双能域的典型 MEMS 器件进行思考,尝试建立相关的分析模型。

2. 针对彩图 21 所示的梳状谐振器分析梳齿结构的吸合(Pull-in)现象。

3. 图 9.43 所示为一个机械结构,在固定电极与运动电极间施加电压形成静电驱动。假设结构层厚度为 h,极板原始间距为 d,极板重叠长度为 l,整个运动部件的质量为 m,空气的阻尼系数为 b。写出该系统的运动方程,画出状态图并加以说明。建立交流小信号机电耦合模型并画出等效电路宏模型。

图 9.43 习题 3 图

第 10 章　设计系统与设计技术

VLSI 系统设计通常包括了两个主要的设计层次：系统的硬件结构设计和系统的版图设计。系统结构设计的目标是逻辑和电路，设计的结果是硬件逻辑、电路结构。系统设计通常从行为描述（或逻辑描述）开始，到门级（或者门级/功能级）硬件结构结束。

系统的版图设计是针对具体的硬件结构，根据实施的技术，将硬件结构转换为两维平面上的几何图形的设计过程。这个过程又称为物理设计。

结构设计和版图设计是两大设计分枝，但又彼此依赖。结构设计的结果是版图设计的基本蓝图，版图设计的结果又将反过来影响系统的性能甚至功能。因此，一个 VLSI 系统设计的优劣将由这两个设计方面决定。

设计系统是设计工具的集成，它为设计优秀的 VLSI 系统提供了强有力地设计手段。离开了设计系统，VLSI 系统设计不可能实现。设计系统除了提供结构设计和版图设计的工具外，还提供了仿真和检查工具，以及其他辅助工具。

设计系统发展很快，随着设计与制造技术的不断进步，设计系统的功能也越来越强大、越来越完善、越来越智能化。本章将从一般设计系统的架构开始，结合设计技术介绍设计系统，以自动综合技术为对象介绍自动设计技术，以面向制造的设计（DFM）技术介绍应用软件发展与技术需求之间的关系。

10.1　设计系统的组织

设计系统是一个软件包，它包含了许多应用软件和数据库。应用软件主要由设计软件和分析检查软件，以及数据交换接口软件组成，数据库主要包括两部分：基本数据库和新建数据库，当然，设计系统还包括了一个管理和支持软件。图 10.1 所示为一个设计系统的基本组织结构。

10.1.1　管理和支持软件模块

管理和支持软件模块是一个"主程序"，它负责组织各软件的运行，管理数据库，协调软件与软件、软件与数据库之间的数据传输与交换，它甚至还要负责新软件、新数据库的添加、管理与协调。总之，它是一个软件与数据库的组织者与管理者。

10.1.2　数据库

可以说，数据库是一切设计的基础，没有它，各软件就失去了操作的对象，设计也就无从谈起。数据库包括两个主要部分：基本数据库和新建数据库。基本数据库通常是随设计系统一起引入的，某些是与应用软件结合的，某些基本数据库的内容可以修改，例如描述工艺规则参数的数据库。新建数据库则是由使用者根据设计需要添加的数据库，它不断被积累扩充，它是基本数据库的一种扩展，如 IP 核，它是一种扩展的数据库，不论它们来源于何处，是购买的，还是自己开发的，都不是系统自带的。下面对几种常用的数据库加以简单地介绍。

1. 逻辑单元库

逻辑单元库的内容是各种逻辑单元的行为、符号，内部连接与外部端口的描述，是逻辑描述

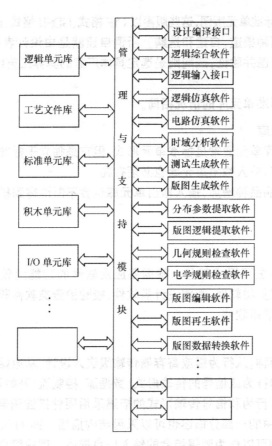

逻辑单元库

工艺文件库

标准单元库

积木单元库

I/O 单元库

管理与支持模块

设计编译接口

逻辑综合软件

逻辑输入接口

逻辑仿真软件

电路仿真软件

时域分析软件

测试生成软件

版图生成软件

分布参数提取软件

版图逻辑提取软件

几何规则检查软件

电学规则检查软件

版图编辑软件

版图再生软件

版图数据转换软件

图 10.1 设计系统的组织结构

的基础。我们之所以能调用逻辑单元描述结构并且能将逻辑与晶体管形成对应,以及能够进行仿真,正是因为有逻辑单元库的存在。

当我们设计了新的逻辑单元模块,并将它作为进一步设计的基本模块时,就要对逻辑单元库进行扩展。当然,在管理上对基本逻辑单元和用户单元是加以区别的。

2. 工艺文件库

工艺文件库通常包括两方面的内容:几何设计规则和电学设计规则(模型参数)。在第 3 章中我们已对这两个设计规则的具体内容进行了介绍,这里只讨论它们在设计中的作用。

任何 VLSI 系统的最终实现都必须经过工艺过程。即使是现场编程器件也不例外,只不过它的工艺已预先完成而已。在设计中,几何设计规则是版图设计与检查的依据,电学规则则是仿真分析的依据。

在设计中,人们往往忽视了工艺数据库的作用,因为我们常常"看不到"工艺对设计的影响。实际上,工艺数据库的内容和加工工艺是否一致,将直接影响到我们的仿真结果的真实性,影响到设计是否能在工艺线上实现的问题。

3. 标准单元库和积木单元库

这是一个可选库,如果采用标准单元实现设计则必须具备标准单元库。标准单元库通常有两种类型:框加库和完备库。

框加库只描述标准单元的拓扑结构,即外框描述,并不具备具体的标准单元版图内容。版图设计进行到布局、布线结束,最后的版图生成和后仿真由提供标准单元的厂家生成。

完备库则包含了具体的标准单元版图,这些版图以 CIF 格式、GDSII 格式、EDIF 格式描述。

标准单元库的来源有两种渠道:自建和选购。所谓自建就是由设计者针对某条工艺线的具体设计规则设计单元库的版图并验证;选购则是选定具体厂家的具体工艺线,购买该工艺线对应的标准单元库。

积木单元库的情况与标准单元库的情况相同。

4. 输入输出(I/O)单元库

这是一个基本库,它的库单元通常是标准单元形式,但它是独立于标准单元库而存在的。这是因为即使没有标准单元库,输入输出单元库也必须存在。

同样的,随着设计的产品品种增加,输入输出单元库也会不断地得到扩充。

10.1.3 应用软件

应用软件是设计系统的主要组成部分。根据各应用软件的功能大致可将应用软件分为 5 类:逻辑设计类软件,仿真工具类软件,版图设计类软件,校验检查类软件和其他应用类软件。其中,前 4 类软件是设计中的常用软件。

1. 逻辑设计类软件

逻辑设计入口主要有两种:从行为级或寄存器传输级进入设计;从原始逻辑进入设计。

前者是从待设计系统的行为或信号的传输形式(数据流、控制流)开始设计,采用逻辑综合软件实现门级逻辑结构。系统行为和信号传输形式的描述采用硬件描述语言(HDL),根据设计要求或已有的设计基础,系统中的一部分描述也可以采用结构描述。即 HDL 的三种描述形式(行为、信号传输和结构描述)都可以作为逻辑综合的输入信息描述。逻辑综合软件是一个强有力的设计工具,它可以直接生成门级或门级/功能级的逻辑结构。

从原始逻辑进入设计也是一种最常见的设计入口形式。所谓原始逻辑是指已有的逻辑结构,它通常是由中小规模集成电路"搭制"的分立系统,或以往综合(或设计)得到的一些有用的模块,作为系统设计的蓝本,根据集成系统的特点进行逻辑再设计。逻辑输入接口软件采用人机交互图形方式将逻辑输入系统。

实际上,以上两种设计入口并不是绝对分离的,经常是结合了两种方法实现设计。因为有时我们已具有了一些性能优越的功能模块,通过将这些模块和其他逻辑综合的结果一起进行再综合,得到系统的逻辑结构。设计编译接口对设计描述信息和有关的库信息进行组织和管理,进行逻辑综合和优化。

2. 仿真工具类软件

仿真工具类软件主要有三种:逻辑模拟器、电路模拟器和时域分析器。

逻辑仿真或称逻辑模拟工具是对所设计的逻辑进行分析的一类软件,对已完成设计的系统,它模拟在实际工作时的行为和状态,用以验证设计的正确性和检查系统性能的优劣。逻辑仿真通常分为前仿真和后仿真,所谓前仿真就是对初步完成的设计进行分析,而后仿真则是对已完成了版图设计的系统进行再仿真的过程,通过对加入了版图分布参数的系统的再仿真,分析实际集成系统的功能和性能。

电路仿真软件则是对电路细节进行分析的一个有用的工具。借助电路仿真软件,我们可以掌握电路对信号响应的详细过程。对于含有模拟单元的 VLSI 系统,模拟单元的特性分析必须应用电路仿真软件。对于数字系统,电路仿真软件将帮助我们分析关键电路单元,优化系统的性能。

当我们需要了解信号在系统中传输时各节点的时间关系时,可以采用时域分析软件。时域分析软件检查设计的延迟特性,可以用于定位具有延迟问题的信号通道(关键通道)。

3. 版图设计类软件

在设计系统中的版图设计有三种主要方法:采用全自动的版图生成方法,采用计算机辅助版图设计方法,采用人工版图设计方法。对应了三个主要的版图设计软件:版图自动生成软件,辅助版图设计软件和版图编辑软件。

任何版图的设计都必须遵守设计规则的规定。

(1) 版图自动生成技术

所谓版图自动生成,是根据系统逻辑直接由自动设计软件产生与系统和工艺对应的版图,这中间几乎不需要设计者介入,整个版图设计过程是全自动的。版图自动生成软件一旦被启动,它就会根据原始输入(如逻辑、格式要求等)自动地完成相关版图的生成。

每一个版图自动生成软件都将对应一种格式的版图,如门阵列格式、标准单元格式等。版图的布局、布线完全自动进行,同时,也允许用户进行控制以设计复杂的电路。有的软件能够自动地插入时钟缓冲器(Buffer),解决在芯片上时钟的不对称性。或者允许用户对系统提出节点要求以满足性能要求。设计者能够以节点延迟或节点电容指定节点要求。

版图自动生成软件的设计依据除了软件自身算法外,外部所提供的是用户要求信息、几何设计规则和电学设计规则,这里电学设计规则提供了器件的驱动能力参数,以便于软件分析是否需要插入驱动单元。

(2) 计算机辅助版图设计技术

这种设计技术具有比较高的自动化程度,主要的设计过程由软件完成,但它使设计者具有更多的干预入口。对于有一定设计经验的设计者,往往更希望对设计具有一定的控制,以获得性能优越的设计结果。

整个的版图设计过程大致分为 4 个主要的步骤:全局布局、全局布线、详细布局和最终布线。对于每一步,设计者都可以提出具体的要求或对设计提出修改。对于没有设计经验的设计者来说,如果对软件所完成的每一步都表示接受,则这个设计就相当于分步进行的自动设计。

全局布局采用先进的布局算法对单元进行自动布局。全局布局的目标是在满足时延要求的情况下,使布线密度和芯片面积最小。在对内部连线和容量进行估算后优化单元布局。在布局能力范围内,芯片的尺寸、性能和转换时间被控制,有的软件也可以处理混合单元结构,例如彼此隔离的数模混合单元、不同电源系统的标准单元等。I/O 单元可以通过人工或自动放置。当采用自动放置 I/O 单元时,全局布局软件以与内部单元连接最近来考虑 I/O 单元的布局,使总连线长度和 I/O通道小型化。当采用人工 I/O 单元布局时,用户可以人工对 I/O 单元定位。

全局布线器分析设计的连接度和布线资源,它在可用资源的基础上对每个线网建立布线拓扑。全局布线器可以自动运行而不需要人工介入,但同时用户也可以通过附加的设计要求来控制布线。交互式预全局布线软件允许用户指定总线、电源、时钟和其他关键信号。

引线单元的插入和调整也在全局布线期间完成,引线单元的插入是为了弥补远距离相隔的单元布线资源的不足,如果需要,软件将自动地增加引线单元,在全局布局、全局布线和详细布线中都可以插入引线单元。

详细布局是对原布局进行优化,这个过程通常是通过大量的迭代计算完成。详细布局对于设计过程非常重要,它比采用人工方法做同样工作节省了大量的设计时间。通过详细布局的算法,芯片的尺寸被小型化并且性能得到提高。

最终布线由通道布线器完成,先进的布线算法使得布线可以绕过积木块和可变高度标准单元进行,如采用轮廓布线方法。

(3) 版图编辑技术

直观地讲,版图编辑就是在计算机上画版图。当然,版图编辑软件不是简单的画图工具,它支持多种操作,如建立单元、调用单元、单元操作等。版图编辑软件通常都支持层次化的设计,即可以采用分层分级的版图设计方法。有的版图编辑软件除了支持几何版图编辑,还支持参数化的单元。

基本的几何版图编辑是对几何图形的操作。版图编辑软件设置了一些基元,如矩形、多边形、圆等。所谓画图就是在计算机上直接绘制几何图形,所谓编辑就是对图形进行操作,如图形的拉伸、放大、缩小、切割,图形的平移、对称、旋转,图形的逻辑运算(与、或、非、异或),图形的删除与复制。

将一些已建立的图形作为单元,可以在设计中进行调用和操作,实现层次化的设计。

版图编辑对设计者提出了较高的要求,设计者必须具有相关的版图设计知识和经验,对版图有比较全面和较深刻的理解。同时还要求设计者具有相当的器件、工艺与电路基础。较之前两种设计技术,采用版图编辑软件进行 VLSI 系统设计具有比较高的优化能力,可以获得性价比较高的集成系统,前提是设计者的知识结构和能力。

4. 校验检查类软件

在电路设计完成后或者在设计中,可以采用校验检查软件对设计进行检查。

这类软件大致有 4 种:几何设计规则检查软件,电学规则检查软件,版图与电路图一致性检查软件和分布参数提取软件。

(1) 几何设计规则检查(DRC)

几何设计规则检查是检查版图中各掩模(MASK)相关层上图形的各种尺寸,保证无一违反设计规则。几何设计规则检查对通过版图编辑所得到的设计特别重要,因为在版图编辑的过程中很难避免设计错误,几何设计规则检查通过比对工艺文件中的几何设计规则,查出版图上的错误并提示设计者进行修改。

(2) 电学规则检查(ERC)

电学规则检查用于检查由版图所形成的电路是否存在违反一般电学规则的错误。常见的一般性错误包括以下几种:

- 开路错误
- 短路错误
- 接触孔浮空
- 特定层上图形连接错误,如 P 型衬底未接地
- 器件电极连接错误,如 PMOS 衬底未接电源
- 器件端口连接数错误,如漏接或短接
- 器件扇出错误

(3) 版图与电路图一致性检查(LvS)

一致性检查是将由版图所提取的电路网表与原设计的电路网表进行比对,检查两者在结构上是否一致。

需要指出的是一致性检查所查出的错误有时并不是错误。例如,为保证驱动能力,在版图设计时添加了驱动单元或进行了驱动分组,导致版图提取的逻辑电路与原设计出现偏差,一致性检查时将它们也标识成错误。针对这种情况,一些一致性检查软件已能够识别这种差异而不将其

作为错误。

（4）分布参数提取

所谓分布参数主要是指实际电路所存在的寄生电阻和寄生电容，它们是分布在整个芯片上的，对各个节点而言它们通常很小。但随着器件尺寸的缩小和器件延迟特性的优化，这些分布参数将不能被忽略。

当版图设计完成后，相应的分布参数也就可以算出。分布参数提取软件就是用于实现对版图分布参数的提取，通常将这些分布参数折算到各个相关节点。当版图设计完成后所进行的所谓"后仿真"就是将这些分布参数引入到电路中，对引入了分布参数的实际电路进行再仿真。

5．其他应用软件

其他应用软件的种类很多，但大致包括：测试分析和测试生成软件，版图相关数据库维护和更新软件，以及数据转换软件。这里只做一个简单介绍。

测试分析和测试生成软件是两种比较重要的软件。如第 7 章所介绍的，测试分析软件将对 VLSI 系统进行可测试性分析，评估各相关节点的测试难度。测试生成软件则是对设计的结构产生测试矢量，用于将来的测试。

版图相关数据库的维护和更新类软件主要完成单元版图库的管理和更新。随着工艺技术水平的不断提高，工艺特征尺寸的不断缩小，不断地有新的设计规则产生。当引入了新的设计规则后，原有的单元版图数据库就不再适用，必须更新。但重新建一套新的单元版图，其工作量非常庞大。单元版图的更新（再生）软件提供了单元版图的再生方法，它对老的单元版图进行处理，根据新的设计规则产生新的单元版图。

数据转换软件的工作是将不同格式的数据根据需要进行转换。例如，描述版图的数据格式并不能被直接用于掩模版的制作，必须进行转换等。

另外还有一些应用软件和用于系统管理的软件，这里不一一介绍了。

10.2　设计流程与软件的应用

VLSI 系统性能的优劣很大程度上取决于设计者的知识结构，一方面需要设计者具有系统、逻辑、电路、器件和工艺等诸多方面的知识，另一方面也需要设计者对设计系统具有相当的了解，知道哪些设计工具可供使用，它们能够解决什么设计问题。

软件本身的使用并不太困难，难的是如何分析软件运行所提供的数据，以及如何根据这些数据去指导设计或修改设计。

在这一节里，我们将通过对一些设计流程的讨论，说明在设计中如何组织和运用各软件。这里假设设计系统已具备了必须的数据库和相关应用软件。

10.2.1　高度自动化的设计

所谓高度自动化的设计就是充分利用设计系统所提供的自动设计软件完成我们的设计过程。图 10.2 所示是主要的设计流程。

根据集成系统的行为、性能的要求，首先要进行硬件结构设计，这可以通过硬件描述语言 HDL 进行硬件描述。HDL 的描述包括了三个层次：行为描述、数据流描述（寄存器传输描述）和结构描述。在设计中的描述既可以是某一层次的描述，也可以是混合描述。

第二步是利用逻辑综合软件对 HDL 描述的系统进行综合，得到门级或门级/功能级的逻辑结构（网表）。即利用综合软件生成逻辑。

如果在设计时已有了逻辑电路图,则设计将从逻辑图输入开始(图中虚线表示的步骤)。逻辑图输入是通过交互式原理图编辑器进行。当然,也可以根据逻辑图采用 HDL 进行描述。

第三步是对这个生成的逻辑进行仿真,验证设计的正确性。所利用的工具是逻辑仿真软件和电路仿真软件。对于大的逻辑系统,一般采用逻辑仿真软件进行仿真,只在需要时采用电路仿真软件对关键逻辑进行电路仿真,检查关键逻辑的行为细节。

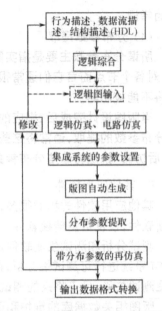

仿真的结果提示设计者逻辑设计是否正确。如果仿真结果表明设计是正确的,性能指标也满足设计要求,则设计继续,进入版图设计阶段。如果仿真结果表明设计不正确,或者设计未达到要求的性能指标,则将修改设计。通常,如果设计出现了明显的不正确,则往往是在 HDL 描述中存在错误,需要检查 HDL描述,如果是性能指标上的偏差,或者是延时配合上的偏差则往往是设计中的细节存在问题,如驱动问题、路径延时问题等。这样的修改需要一定的硬件设计经验来定位问题的发生点。

设计、综合、仿真、修改的过程往往要进行多次,直到设计的硬件逻辑符合设计要求。

图 10.2　高度自动化的设计流程

接下来进入版图设计阶段,首先需设置集成系统的参数,如电源、地线的位置,I/O 引脚单元的排列方式与具体位置,采用何种版图结构等。这些控制参数主要是用于控制将来生成的版图结构模式。

版图生成是利用版图自动生成软件进行,生成的版图以标准版图描述数据格式进行描述,如CIF、GDSII、EDIF 等。

再下一步是对生成的版图进行分布参数提取,利用分布参数提取软件对生成的版图进行分析,提取版图的分布电容和电阻(有些软件只进行分布电容的提取),将这些分布参数折算到各节点,成为该节点所附加的延迟参数。

然后的工作是将带有分布参数的逻辑再进行仿真,即后仿真(后模拟)。这一步的目的是对版图所对应的真实逻辑进行分析,检查逻辑的性能指标是否满足要求。上一步的仿真和这一步的仿真的侧重点各有不同,上一步仿真的主要目的是检查逻辑设计的正确性,初步的检查系统的性能,这一步的仿真则是检查真实系统的性能,当然也不排除最恶劣的情况:因为分布参数导致系统的功能发生变化。如果原先的设计有些工作条件就处于临界状态,例如,逻辑中的某个(些)信号利用了器件的延时特性,属于灵敏信号,由于分布参数改变了这种依赖关系,这将导致功能发生变化。

如果通过带分布参数的仿真发现了设计中的缺陷,将修改设计。根据缺陷的严重程度,修改的层次也将不同。修改完成之后还将重复前面所进行的步骤,直到设计满足系统要求的全部性能指标。

设计完成后的版图是以标准格式描述的数据,往往还将进行数据转换,将这些标准格式描述的版图转变为制版系统(如图形发生器)所需要的数据格式(如 PG 格式)。

整个设计充分利用了设计系统的自动化设计能力,在设计过程中,设计者所要做的主要工作是对系统的描述和检查各步的设计结果是否满足 VLSI 系统的要求。对设计者的知识结构要求主要是硬件的设计能力,虽然 HDL 的行为级描述能力降低了对设计者的要求,但要获得一个好的设计,设计者没有良好的设计基础显然是不行的。

10.2.2　计算机辅助版图设计

在已介绍的自动化设计流程中,版图的设计几乎不需要做任何工作,完全由计算机及其应用软件自动地完成设计。当设计者需要对版图的布局进行修改时,就必须对设计过程进行干预。

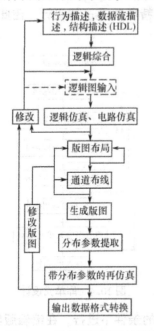

图 10.3　计算机辅助设计流程

例如,因为将来封装形式的限制,芯片的形状和两维方向上的尺寸有所要求,这就需要通过对布局的设置和优化来满足这样的要求。在计算机辅助设计过程中,可以通过人机对话的方式确定布局的格式,并且软件将提供在当前的布局格式下,将来芯片的两维尺寸和芯片面积,供设计者参考。在每一步设计中,如果设计者对结果不满意,都可以进行修改,一直到满意为止。

根据版图形式的不同,如门阵列、标准单元、积木块等,计算机辅助版图设计的过程略有不同。这里以标准单元格式的芯片为对象说明设计流程,并且假设已具备完整的标准单元库。图 10.3 所示为采用标准单元技术设计 VLSI 系统的设计流程。

前面的逻辑设计过程与上面所讨论的流程相同,这里不再讨论。这里从版图设计开始进行介绍。

标准单元格式版图的计算机辅助设计过程大致分为三个步骤:版图布局、通道布线和生成版图。

版图布局就是在两维平面上放置各个逻辑单元。在计算机辅助设计的过程中,通过人机对话的方式"告诉"软件布局设计要求。对于标准单元结构的版图,人机对话的内容主要是电源、地线的位置,各 I/O 引脚的位置,芯片内部阵列的结构,有几列,每列有多少行等(注:标准单元设计的内部阵列采用"行式结构")。设计软件根据设计者提供的信息进行布局,并将由布局结果所得到的芯片外部尺寸通知设计者,由设计者决定是否需要修改布局。

布局完成后进行通道布线。因为标准单元的布局过程是以标准单元的拓扑结构(外部描述)为对象的,因此,此时的布线仅仅是在布线通道内进行。设计者可以指定和修改关键线网的布线要求,由布线软件完成设计者所提交的任务。

当布局与布线完成后,所得到的只是一个对单元版图拓扑的连接方式,并不是真正的版图,还必须通过版图生成软件将有关的单元版图内容"填入"单元拓扑,并将线网的连接变为相应的几何图形。至此,才完成了版图的计算机辅助设计。

接下来和自动设计过程一样,进行分布参数的提取,后仿真,修改设计等工作。与自动设计过程不同的是,修改设计增加了对版图的修改,这将增加修改设计的灵活性。这是因为能够对版图的设计过程进行干预的结果。

因为分布参数值的大小在很大程度上取决于版图的布局,因此,在以标准单元为基本单元的设计中,对于版图的修改主要是对布局的修改,要获得一个性能优良的设计,需要对版图的设计过程反复进行,不断优化。当然,这对设计者提出了比较高的要求,要求设计者不但要有相关的知识,还要有丰富的设计经验。

在上述的两个设计流程中,我们都未讨论可测试性分析和测试码生成的问题。可测试性分析和测试码生成过程是在逻辑设计完成后进行的。实际上,可测试性分析和测试码生成不是同一个任务。我们可以不进行可测试性分析而直接进行测试码生成,但我们可以借助可测试性分析来指导我们对电路进行修改,使测试码生成过程简化,消除不可测试点,提高测试码的覆盖率。

测试码生成和可测试性分析借助于相关的应用软件完成。

10.2.3　单元库设计

任何一个单元库都是针对特定的工艺、技术而成立的。MOS 工艺的单元库不能用于设计双极型逻辑，反之亦然；类似的，特征尺寸 $0.5\mu m$ 的单元不能用于加工精度是 $1\mu m$ 的设计。因此，对一个特定的加工必须有一个特定的单元库与之匹配。

单元库设计有两种方式：一是通过版图编辑设计新的单元库单元；二是通过应用软件将原有单元库再生。

在原有单元库基础上采用模块再生软件对单元库进行处理的方法比较简单，它是将原单元转换成标注了器件参数的参数化版图，然后根据新的设计规则重新生成新的单元的过程。在这里我们介绍的是第一种单元库设计的方法：通过版图编辑软件设计新的单元库单元。

单元库的单元数量很多，但每一个单元的设计过程是相同的，单元的设计流程如图 10.4 所示。

首先要建立单元的网表以便在一致性检查和后仿真中使用。这可以通过逻辑图输入的方式进行。

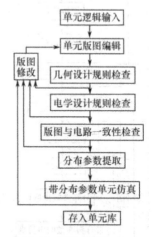

图 10.4　库单元设计

接下来的重要任务是编辑单元版图，与通常版图设计不同的是，单元库的外边界条件是限制的，例如，标准单元的等高限制和电源、地线的位置与线宽的限制等。单元版图的编辑只能在这些限定的条件下进行。在编辑版图过程中要严格地遵循几何设计规则的规定。

单元版图设计完成后要进行检查，几何设计规则的检查是检查版图的几何图形是否有违反设计规则的地方。有些设计系统采用集成的设计环境并支持多进程的协同，可以在编辑几何版图的同时进行设计规则检查，随时指出版图设计的错误。

进一步的检查是电学规则检查，检查设计中是否存在电学规则错误。

最后的检查是版图与电路的一致性检查，软件将提取版图所对应的电路网表并与前面输入的网表相比较，检查是否存在元件连接错误。

在上面的三个检查中如果发现了错误就将修改版图，再进行检查，直至通过所有的检查。

确定版图没有错误后进行版图的分布参数提取，虽然库单元都比较小，内部连线也较短，但分布电容除了和面积有关外，还与金属层或多晶硅层所经过的区域下的氧化层厚度有关，因此，其分布参数并不一定可以忽略，尤其是小尺寸工艺。

接下来是对带有分布参数的单元进行仿真，确定单元的性能指标是否满足设计要求。如不满足设计要求则还要再修改单元版图。

因为单元库是 VLSI 设计的基础，系统的性能很大程度取决于单元库单元的性能，所以，单元版图的设计是一项十分严谨的工作。通常，设计完成的单元库的所有单元还必须经过工艺流片进行实际验证，才能成为真正的库单元装入设计系统。

通过上面三个设计流程的讨论，我们介绍了从侧重硬件逻辑设计到侧重版图设计的基本设计方法，以及设计工具在设计中的作用。掌握并能灵活地应用各种设计工具优化设计是一个积累的过程，这中间既有知识的积累，又有技巧的积累。应该指出的是，设计系统仅仅是一个工具，它只能辅助设计者完成设计，真正意义上的设计是设计者智慧的充分发挥。

10.3　设计综合技术

采用传统的硬件设计方法对系统进行设计并调试完成后,所形成的硬件设计文件,主要是电原理图。在电原理图中详细地标注了各逻辑元件、器件的名称和互相间的信号连接关系。该文件是用户使用和维护的依据。对于小系统,这种电原理图可能只有数十张或数百张,对于大系统,硬件比较复杂,这样的电原理图可能就会达到几千张、几万张,甚至几十万张。如此多的文件给归档、阅读、修改和使用带来了极大的不便。

随着计算机技术和大规模、超大规模集成电路技术的发展,采用硬件描述语言(Hardware Description Language,HDL)对硬件进行描述已成为一个重要的方法。用 HDL 描述电路的功能、信号连接关系以及定时关系能更有效地表述电路的特性。人们利用 HDL 编程来进行系统硬件的设计和仿真,甚至可以将较高抽象层次的描述(如行为描述)自动地转换为较低层次描述(如门级描述)。

逻辑综合是在标准单元库和特定设计约束的基础上,把 HDL 描述转换成优化的门级网表的过程。标准单元库包含简单的单元(与、或、或非门、DFF 等基本逻辑门)和宏单元(如加法器、多路选择器和特殊的触发器等)。目前常采用寄存器传输级(RTL)层次用硬件描述语言编写设计。RTL 采用了数据流和可综合行为结构相结合的描述方式。逻辑综合工具接受寄存器传输级 HDL 描述并把它转化为优化的门级网表。综合过程由三个主要的步骤实现:HDL 语言处理;逻辑优化;目标映射。HDL 语言处理就是读入 HDL 描述,并将语言描述翻译成相应的功能块以及功能块间关系的拓扑结构。这一过程的结果是在综合器内部生成电路的布尔函数表达式,不做任何逻辑重组和优化。逻辑优化是根据所施加的时序和面积等约束,按照一定的算法对翻译结果进行逻辑重组和优化。目标映射就是根据所施加的时序和面积等约束,从目标工艺库中搜索符合条件的单元来构成实际电路的逻辑网表。约束条件是综合过程的重要组成部分。综合正是通过设置约束条件来优化设计,以达到设计要求。

典型的逻辑综合工具有 Synopsys 公司的 DC(Design Compiler)、Cadence 公司的 Ambit BuildGates。

10.3.1　硬件描述语言 HDL

采用 HDL 设计硬件电路的主要技术文件是用 HDL 编写的源程序。用 HDL 的源程序存档的优点很多,一是文件规模小,便于保存;二是可继承性好,可以使用文件中的某些局部设计用于新的硬件设计;三是阅读方便,阅读源程序较之阅读电路图的一个最大优点是很容易了解硬件电路的工作原理和逻辑关系,而阅读电路原理图要推知其工作原理则比较困难,需要较多的硬件知识和经验。

目前成为 IEEE 标准的 HDL 是 VHDL 和 Verilog HDL。VHDL 是由美国国防部开发的,1987 年成为 IEEE 标准(IEEE Std 1706—1987)。Verilog HDL 是由 GDA(Gate Way Design Automation)公司在 1983 年开发的,经过多次修改,1995 年,Verilog HDL 成为 IEEE 标准(IEEE Std 1364—1995)。

本书不对 HDL 进行详细的语法介绍,在这方面有许多参考文献和书籍,在下面描述中出现的一些语句名称可以参考有关文献。本书仅对 HDL 的一些基本性质进行介绍,同样的,后面所列举的逻辑综合示例采用注释对描述结构进行介绍。

1. VHDL

VHDL 是 VHSIC Hardware Description Language 的英文缩写,其中,VHSIC 是 Very High Speed IC 的意思。

(1) VHDL 的主要特点

●覆盖面广,描述能力强。它可以覆盖:行为描述;寄存器传输级描述;门级描述;电路级描述;物理参数描述,包括延时、功耗、频率、几何尺寸等。

●可读性好,既可以被计算机接受,也容易阅读理解。

●硬件描述与技术和工艺实现无关。也就是说,VHDL 中并未嵌入特定的技术和工艺约定。但这些信息的描述可以通过 VHDL 提供的属性包括进去,这为新技术的引入提供了"窗口"。

●通用性强,因为 VHDL 已成为标准,所以 VHDL 对设计的描述可以在与此标准相一致的其他系统上运行。

(2) 一些简单的例子

【例 10-1】 全加器(其信号结构如图 10.5(a)所示)。

说明:全加器的输入端:加数和被加数为 X、Y,前级进位输入为 Cin;

全加器的输出端:本级和为 Sum,本级进位输出为 Cout;

延时特性:从输入到本级和输出时间为 TS=0.11ns,

从输入到本级进位输出时间为 TC=0.1ns。

下面是 VHDL 的文本和注释:

entity Full_Adder **is** —— 全加器实体(模块)说明
generic(TS:TIME:=0.11 ns; TC:TIME:=0.10 ns) ; —— 对 TS、TC 赋值
port (X , Y , Cin:**in** BIT ; Cout , Sum:**out** BIT); —— 定义输入、输出
end Full_Adder ; —— 实体说明结束

architecture Behave **of** Full_Adder **is** —— 结构体部分
begin —— 开始
Sum ＜＝ X **xor** Y **xor** Cin **after** TS ; —— 在 TS 时间之后输出本级和;本级和逻辑
—— 在 TC 时间之后输出本级进位;本级进位逻辑关系
Cout ＜＝ (X **and** Y) **or** (X **and** Cin) **or** (Y **and** Cin) **after** TC ;
end Behave ; —— 结束

以上是一个全加器的 VHDL 描述,其中,为将"关键字"重点突出,特改写成了黑体字。"——"后是注释文本,注释从"——"开始到本行结束。这里的注释文本并不是 VHDL 源程序的必须内容,是为了便于对描述的理解而添加的说明(下同)。

【例 10-2】 调用这个已定义的全加器构成一个 8 位的行波进位加法器电路。电路构成如图 10.5(b)所示。

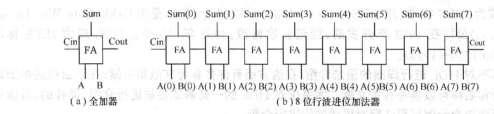

(a) 全加器   (b) 8 位行波进位加法器

图 10.5 加法器电路

以下是 8 位行波进位加法器的 VHDL 描述和注释：

```
entity  Adder8  is   —— 加法器实体说明
  port （A ，B ：in BIT_VECTOR （7 downto 0）；
  Cin ：in BIT ；Cout ：out BIT ；
  Sum ：out BIT_VECTOR （7 downto 0））；—— 以上是对各输入、输出加以定义
end  Adder8 ；—— 结束加法器实体说明
architecture  Structure  of  Adder8  is  —— 结构体部分
component  Full_Adder   —— 调用全加器
port （A ，B ，Cin ：in BIT ；Cout ，Sum ：out BIT）；—— 全加器端口定义
end component ；—— 结束全加器描述
signal C ：BIT_VECTOR(7 downto 0)；—— 内部信号说明
begin   —— 开始加法器具体硬件描述
Stages ：for  i in  7 downto 0 generate   —— 产生 8 个重复单元结构
  LowBit ：if  i ＝0 generate  —— 最低位
  FA ：Full_Adder port map （A(0)，B(0)，Cin ，C(0)，Sum(0)）；——最低位连接
  end generate ；—— 结束最低位定义
  OtherBits ：if  i  /＝0 generate  —— 第 1～7 位重复单元
  FA ：Full_Adder port map(A(i)，B(i)，C(i−1)，C(i)，Sum(i))；——连接关系
  end generate ；—— 结束其他位定义
end generate ；—— 结束单元定义
Cout  ＜ ＝ C(7)；—— 端口 Cout 得到节点 C(7)的信号值
end  Structure ；—— 结束
```

从例 10-2 可以看到了两个重要的描述，一是对已定义单元的调用与描述，二是对重复单元的产生方法与描述。同时，还引入了硬件内部节点 C(i)的定义与描述。

为了说明输入信号和输出信号的对应变化关系，这里给第三个例子：一个计数器的描述与信号变化关系。

【例 10-3】 采用 VHDL 描述一个"黑匣"，这个"黑匣"含有一个计数器和一个 50MHz 的时钟发生器。计数器在时钟的后沿计数增加，计数从 0～7 并且在时钟的作用下反复这个 0～7 计数的过程。

```
entity  Counter_1  is   —— 说明一个计数器"黑匣"实体
end  Counter_1 ；—— 实体说明结束，"黑匣"仅仅是个符号
library STD ；use STD. TEXTIO. all ；—— 使用标准库中的文本输入输出包集合
architecture  Behave_1  of  Count_1  is  —— 结构体部分
  signal  Clock ：BIT ：＝ '0'；—— 时钟信号，初值为 0
  signal  Count ：INTEGER ：＝ 0 ；  —— 计数信号，初值为 0
begin   —— 结构体行为说明开始
  process  begin   —— 时钟发生进程
    wait  for  10 ns ；—— 延迟 10ns，即半个时钟周期
    Clock ＜＝ not Clock ；—— 时钟跳变
    if （now ＞ 340 ns）then  wait ；—— 在 340ns 时模拟停止
    end  if ；—— 与上句配对，结束条件语句
  end process ；  —— 结束时钟发生进程
```

```
process  begin   —— 计数进程,它与其他进程同时运行
    wait  until (Clock = '0') ; —— 等待时钟后沿
    if  (Count = 7) then Count < = 0 ; —— 当计数到 7 时,回 0
    else Count < = Count+1 ; —— 其他情况,计数加 1
    end  if ; —— 结束条件语句
  end process ; —— 结束计数进程
  process  (Count) variable  L : LINE ; —— 输出进程
  begin
    write(L, now); write(L, STRING'(" Count="));
    write(L, Count); writeline(output, L);
  end process ; —— 结束输出进程
end  Behave_1 ; —— 结束
```

从例 10-3 我们看到了 4 点:一是在这段 VHDL 源程序中并未涉及计数器的硬件结构,它仅仅是对计数器外部行为的描述;二是如何生成信号,这里是时钟信号的生成;三是在这段源程序中共有三个进程(process),与一般的程序不同的是,这三个进程并不是按书写的先后次序顺序运行,而是同步的运行,这是采用 VHDL 描述信号行为与一般程序的主要不同;四是一种信号输出方式,它由第三段进程描述。在进行编译后运行时,我们可以看到运行结果输出。其行输出格式如下:

```
0 ns Count = 0
20 ns Count = 1
40 ns Count = 2
    ……
340 ns Count = 1
```

如同许多高级语言一样,采用 VHDL 描述硬件并不是唯一的,如何编写描述和具体的设计者有关,下面以另一种方式对例 10-2 结构体部分重新描述:

```
architecture  Structure  of  Adder8  is  —— 结构体部分
component  Full_Adder   —— 调用全加器
port (A , B , Cin : in BIT ; Cout , Sum : out BIT); —— 全加器端口定义
end component ; —— 结束全加器描述
signal C : BIT_VECTOR(7 downto 0); —— 内部信号说明
begin   —— 开始加法器具体硬件描述
  FA0 : Full_Adder port map (A(0), B(0), Cin , C(0), Sum(0)) ; ——第 0 位
  FA1 : Full_Adder port map (A(1), B(1), C(0), C(1), Sum(1)) ; ——第 1 位
  FA2 : Full_Adder port map (A(2), B(2), C(1), C(2), Sum(2)) ; ——第 2 位
  FA3 : Full_Adder port map (A(3), B(3), C(2), C(3), Sum(3)) ; ——第 3 位
  FA4 : Full_Adder port map (A(4), B(4), C(3), C(4), Sum(4)) ; ——第 4 位
  FA5 : Full_Adder port map (A(5), B(5), C(4), C(5), Sum(5)) ; ——第 5 位
  FA6 : Full_Adder port map (A(6), B(6), C(5), C(6), Sum(6)) ; ——第 6 位
  FA7 : Full_Adder port map (A(7), B(7), C(6), C(7), Sum(7)) ; ——第 7 位
Cout  < = C(7); —— 端口 Cout 得到节点 C(7) 的信号值
```

end Structure ；—— 结束

比较这两段描述，可以看出对于较小数量的重复单元，直接连接关系描述比较规则，但随着重复单元数量的增加，语句数量将明显增加，采用第一种方式，可以很简单的对许多单元进行描述。这也表明对一个硬件电路可以采用不同的描述方式，至于采用何种描述的依据是语句简单、描述清晰。

（3）仿真

上面已经介绍了采用 VHDL 对硬件逻辑进行描述的基本方法。而仿真则是检验设计的一个重要手段。通常，仿真需要借助可视化的仿真工具软件，当然，也可以采用数据输入输出，例 10-3 就是一个这样的例子。

硬件系统是依靠输入信号的驱动而产生相应的输出。用 VHDL 描述的硬件当然也是这样的形式。

VHDL 中的许多语句是对信号变化敏感而启动。因此，如果在 VHDL 的描述中增加了相应的信号随时间变化的描述，则硬件电路也将随之而动。

可以采用 VHDL 来描述（或称为产生）一组信号。例 10-3 中的时钟产生语句段就是一个例子。获得信号的方法有两种：程序直接产生和通过读外部文件的方法。这里，再举一个用程序直接产生信号的方法。图 10.6 描述了一组脉冲信号的波形以及对应的时间关系，可以用三个进程来描述这组信号，下面是 VHDL 的描述：

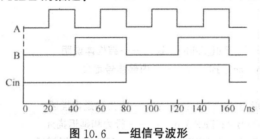

图 10.6 一组信号波形

......
constant   time_basic_unit：TIME：＝20 ns ；—— **定义基本时间单位**
signal   A，B，Cin：BIT ；
......
process   —— **信号 A 的产生进程**
  begin
    A＜＝'0'；
    wait for time_basic_unit；
    A＜＝'1'；
    wait for time_basic_unit；
end process ；
process   —— **信号 B 的产生进程**
  begin
    B＜＝'0'；
    wait for time_basic_unit * 2 ；
    B＜＝'1'；
    wait for time_basic_unit * 2；
  end process ；

```
        process   —— 信号 Cin 的产生进程
            begin
                Cin <='0';
                wait for time_basic_unit * 4 ;
                Cin <='1';
                wait for time_basic_unit * 4 ;
                A <='0';
                B <='0';
                Cin <='0';
                Wait ;
        end process ;
        ……
```

将这组信号波形作为一个如图 10.7 所示的全加器的输入激励,就可以对这个全加器进行模拟。下面来描述一个全加器的逻辑结构,并说明当信号施加到全加器时,各并发描述语句是如何被启动执行的。

```
        entity  Full_Adder  is   ——全加器实体说明
            port  (A , B , Cin : in  BIT ;
                      Cout,Sum : out  BIT);  ——口定义
        end   Full_Adder ;


        architecture  Behav of  Full_Adder  is   ——结构体说明
            signal   aa , ab , ac : BIT ;   ——内部信号定义
        begin
            aa <= A XOR B AFTER 3 ns ;  ——行为和延迟描述
            ab <= A AND B AFTER 1 ns ;  ——行为和延迟描述
            ac <= aa AND Cin AFTER 1 ns ;  ——行为和延迟描述
            Sum <= aa XOR Cin AFTER 3 ns ;  ——行为和延迟描述
            Cout <= ab OR ac AFTER 2 ns ;  ——行为和延迟描述
        end Behav ;
```

现在对应着上面描述的波形说明各语句是如何被启动执行的。在"begin"和"end Behav"之间是 5 条代入语句,其中的任何一条语句只要其敏感信号量有变化,该语句就将被启动执行一次。

由图 10.6 可见,当时间推进到 20ns 时,信号 A 发生了一次上跳变,这个信号将启动与 A 相关的代入语句,即第 1 条和第 2 条代入语句(aa 和 ab),这两个信号变化的时刻分别对应第 23ns 和第 21ns。当第 21ns 时,信号 ab 并没有变化,这是因为它是 A、B 与逻辑的结果,因此并没有新的并发语句被启动。当时间进行到第 23ns 时,信号 aa 发生了变化,从原来的 0 跳变到 1。信号 aa 的变化将启动第 3 条和第 4 条代入语句,并在第 26ns 时,信号 Sum 发生上跳变,本级和为 1。

当时间进行到第 40ns 时,信号 A 和 B 同时发生变化。这将使第 1 条和第 2 条代入语句被启动,在经过 3ns 和 1ns 后,信号真正的被代入,但因为逻辑操作的结果与前相同,因此,实际上 aa、ab 并未变化,当然,也不会有新的语句被启动。

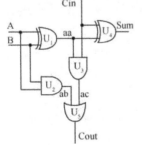

图 10.7 全加器逻辑结构

到第 60ns 时,信号 A 又发生了变化,并因此使第 1、第 2 条语句被启动。当时间进行到第 61ns 时,信号 ab 发生变化,从 0 变到 1。ab 的变化使第 5 条代入语句被启动。第 63ns 时,本级进位 Cout 输出由 0 变到 1,同时,信号 aa 也从 1 变到了 0。aa 的变化使第 4 条语句被启动,并在第 66ns 时,输出 Sum 发生变化,从 1 变到了 0。

随着时间的推进和信号的变化,相应的并发信号代入语句被启动和执行,直至到 160ns 时结束模拟,这里不一一讨论了,图 10.8 所示为采用仿真软件仿真的结果。

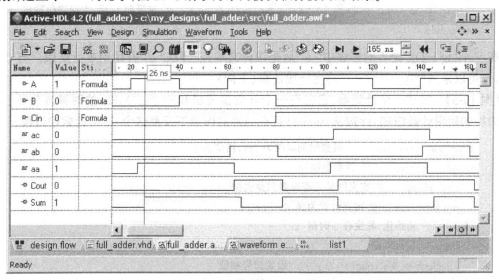

图 10.8 对全加器的仿真结果

从上述的讨论,我们可以体会到语句的启动和执行的基本依据是相应的信号变化。当某个并发语句中的信号发生变化时,该语句被启动,但因为逻辑函数的关系,在设定的延时之后,该语句对应的信号并不一定发生变化,如果它发生变化就将启动新的并发语句。实际上,在上例中当一次并发语句启动执行后,程序回到"begin",等待新的信号发生变化,然后决定启动哪一个并发语句。

在 VHDL 中还有一些其他的语句与规定,不同的软件商对 VHDL 还有一些功能的扩展,由于篇幅的关系,这里就不再讨论了。

2. Verilog HDL

Verilog HDL 是另一个 IEEE 的硬件描述语言标准。从书写格式看,它有着类似 C 语言的书写风格,有许多语句与 C 语言十分相像。

与 VHDL 不同,在 Verilog HDL 中的所有关键字必须小写,同样的,关键字是 Verilog HDL 的保留字。

下面给出一些采用 Verilog HDL 描述的设计例子。

【例 10-4】 全加器。

说明:全加器的输入端:加数和被加数为 a、b,前级进位输入为 cin;

全加器的输出端:本级和为 sum,本级进位输出为 sout;

延时特性:从输入到本级和输出时间为 ts=0.11ns,

从输入到本级进位输出时间为 tc=0.1ns。

下面是 Verilog HDL 的描述和注释:

```verilog
'timescale 100ps/1ps    // 时间单位 100ps,精度为 1ps
module fulladder(a, b, cin, cout, sum);  // 全加器模块
    input a, b, cin;  // 定义输入信号
    output cout, sum;  // 定义输出信号
    parameter  ts=1.1, tc=1;  // 设置时间参数,单位为 100ps
    assign  # tc  sum = a ^ b ^ cin;  // 在延时 tc 后,本级和输出
    assign  # ts  cout = (a & b) | (a & cin) | (b & cin);  // 在延时 ts 后,本级进位输出
endmodule
```

在 Verilog HDL 语言的描述中"//"后是注释文本,注释从"//"开始到本行结束。与 C 语言一样,也可以采用"/* …… */"界定一段注释(下同)。

【例 10-5】 描述一个计数器,它含有一个计数器逻辑和一个 50MHz 的时钟发生器。计数器在时钟的后沿计数增加,计数从 0~7 并且在时钟的作用下反复这个 0~7 计数的过程。

```verilog
'timescale  1ns/1ns   // 设置时间单位为 1ns,精度为 1ns
module  counter;   // 计数器模块
    reg  clock;   // 定义时钟为寄存器数据类型
    integer count;  // 定义计数为整型
initial  // 初始化,发生在 0 时刻
    begin
        clock = 0; count = 0;   // 设定信号初值
        # 340  $finish;  // 在 340ns 时结束
    end
/* 下面生成时钟,因为只有一句语句,因此不需要 begin 语句和 end 语句 */
always
    # 10 clock = ~ clock;   // 延时 10ns,时钟跳变,即时钟周期为 20ns
/* 下面与时钟并发的执行计数功能  */
always
    begin
        @(negedge clock);  // 等在这里,直到时钟从 1 跳变到 0
/* 发生时钟负跳变,执行计数  */
        if (count = = 7)   // 计数值到 7 则回到 0
            count = 0;
        else  // 否则,计数加 1
            count = count + 1;
        $display ( " time = ", $time, "count = ", count);  // 输出
    end
endmodule
```

下面,我们用 Verilog HDL 重写图 10.7 所示的全加器的程序。
【例 10-6】

```verilog
'timescale  1ns / 1ns;
module  Full_Adder (A, B, Cin, Cout, Sum);
    input  A, B, Cin;
    output  Cout, Sum;
```

```
        wire   aa , ab , ac ;

    assign   #3   aa   = A ˆB ;
    assign   #1   ab   = A&B ;
    assign   #1   ac   = aa & Cin ;
    assign   #3   Sum = aa ˆ Cin ;
    assign   #2   Cout = ab | ac ;
    endmodule
```

从上面的三个例子,可以看到 Verilog HDL 的描述风格和语句格式与 VHDL 有较大的不同,但从基本描述角度看,所涉及的描述内容还是相当一致的,描述的主体仍主要由模块的外部端口、模块行为、内部连接以及信号信息所组成,这也是一个逻辑电路的基本信息。

与 VHDL 一样,Verilog HDL 描述一个具体的结构时也有多种方式。

最后,仍然对图 10.7 所示的全加器进行仿真。这里,将模拟的输入波形直接用 Verilog HDL 语句写在程序中。

【例 10-7】

```
    'timescale 1ns/1ns
    module fulladder(sum,cout);
        output sum,cout;
        reg a,b,cin;
        wire aa,ab,ac;

        initial
            begin
                a=0;
                b=0;
                #20 a=1;
                #20 a=0;
                    b=1;
                #20 a=1;
                #20 a=0;
                    b=0;
                #20 a=1;
                #20 a=0;
                    b=1;
                #20 a=1;
                #20 a=0;
                    b=0;
            end
        initial
            begin
                cin=0;
                #80 cin=1;
                #80 cin=0;
            end
```

```
assign #3 aa=a^b;
assign #1 ab=a&b;
assign #1 ac=aa&cin;
assign #3 sum=aa^cin;
assign #2 cout=ab|ac;
```

endmodule

模拟的结果显示在图 10.9 中。

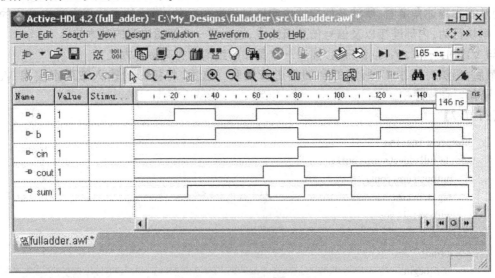

图 10.9 模拟结果

10.3.2 设计优化

如前所述,设计优化是根据所施加的约束条件,按照一定的算法对"翻译"结果进行逻辑重组和优化。

1. 描述风格对结果的影响

在介绍约束之前,首先简单地讨论 HDL 设计风格对综合的影响。实际上,HDL 的设计风格会影响逻辑综合结果,例如,Verilog RTL 设计风格会影响逻辑综合最终产生的门级网表。RTL 描述风格不同,逻辑综合可能产生不同的门级网表。逻辑综合重点考虑的是实际硬件实现问题。在不牺牲高抽象层次优势的情况下,RTL 描述应该尽可能地接近预期结构。在设计抽象层次和控制逻辑综合输出结构之间存在一个折中。设计抽象层次越高,系统行为越清晰,抽象层次越低,电路结构则越明确。但是,在很高的抽象层次进行设计,综合工具会产生不可预料的逻辑结构。编码应使用有意义的信号和变量名称,具有清晰的注释信息,避免混合使用上升沿和下降沿触发的触发器,否则可能在时钟树中引入反向器和缓冲器,这将在电路中引入时钟延迟。即使是同样的逻辑,描述方法的简单差异也会产生不同的延迟效果,这里举一个非常简单的例子:

逻辑"out = a + b + c + d"综合的结果是三个加法器的级联,如果改写为"out=(a+b)+(c+d)",综合的结果是两个并行的加法器再级联一个求和的加法器,延迟级数由三级减小到两级。

这样的例子不胜枚举,行为是相同的,但特性却存在差异。另外,需要特别强调的是,并不是所有的 HDL 命令都是可以综合的,支持的程度与设计者所采用的具体综合软件有关。设计者在描述硬件之前,必须仔细地了解软件对命令的支持范围。

HDL 设计电路的复杂程度除取决于硬件所实现功能的难度外,还受设计工程师对电路描述方法的影响。使电路复杂化的最常见原因之一,是设计中存在许多本不必要的类似 LATCH 的结构,并且这些结构通常都由大量的触发器组成,不仅使电路更复杂,工作速度降低,而且由于时序配合的原因还会导致不可预料的结果。例如,描述译码电路时,由于每个工程师的写作习惯不同,有的喜欢用 IF…ELSE 语句,有的喜欢用 WHEN…ELSE 方式,稍不注意,在描述不需要寄存器的电路时丢失 ELSE,引起电路不必要的增加。

2. 设计约束和优化约束

设计约束通常包含下列内容:

时序——电路必须满足一定的时序要求。

面积——最终的版图面积不能超过一定的限制。

功耗——电路功耗不能超过一定的界限。

一般来说,面积和时序约束之间有一个相反的关系。对于特定的工艺库,为了优化时序(获得更高速的电路),设计需要做并行化处理,导致生成更大的电路。

在设计约束上,工作环境因素,例如,输入输出延迟、驱动强度和负载等会影响针对目标工艺的优化程度。同时,还必须考虑目标硬件能力对综合的影响,例如:最大扇出、最大过渡时间以及最大电容等。

对于具体的逻辑,优化约束包括:速度、面积以及逻辑等。速度优化包括了时钟、输入延迟、输出延迟、最大延迟等。面积优化当然是两维尺寸以及总面积的考虑。逻辑优化和速度、面积相关联,往往存在一些矛盾,需要折中考虑。

速度优化主要考虑两个方面:电路结构和软件使用。这里主要介绍电路结构方面速度优化的主要方法。包括:

① 流水线设计,这是最常用的速度优化技术。采用流水线设计虽然不能缩短总工作周期,但通过把一个工作周期内的逻辑操作分成几步较小操作,并连续同步实现的策略,可大大提高系统总体运行速度。

② 合理使用 IP 单元库和宏单元库。例如,在 DSP、图像处理等领域,乘法器是应用最广泛、最基本的模块,其速度往往制约着整个系统性能。如果能够利用具有高速性能的 IP,可以大幅度提高系统速度。

③ 关键路径优化。所谓关键路径是指从输入到输出延时最长的逻辑通道。关键路径优化是保证系统速度优化的有效方法。

面积优化是提高芯片资源利用率的另一种方法,通过面积优化可以得到尺寸更小的芯片,从而降低成本和功耗,为以后技术升级预留更多资源。面积优化最常用的方法是资源共享和逻辑优化。例如:

对于传输逻辑 $Z = SEL(A_0 \times B) + \overline{SEL}(A_1 \times B)$,其中 SEL 是选择控制。构造这样的逻辑电路可以有两种基本方法:先乘法再选择,先选择再乘法。根据这两种方法写出的 HDL 有所不同,综合结果当然也不同。根据前者,需要两个乘法器和一个二到一 MUX,根据后者,只需要一个二到一 MUX 和一个乘法器,节约了一个昂贵的乘法器,结果是面积优化。

通过逻辑优化以减少资源利用也是常用的面积优化方法(如常数乘法器的应用,并行逻辑串行化处理等),但其代价往往是速度的牺牲。在延时要求不高的情况下,采用这种方法可以达到减少电路复杂度、实现面积优化的目的。

10.4 可制造性设计(DFM)

可制造性设计(Design For Manufacturing,DFM)的目的是,在预先考虑制造方面的问题后再进行设计,力求迅速且准确地得到高成品率、高可靠性的产品。有时甚至在设计之时还要考虑测试、修复、封装等问题。但是制造和设计之间相互交流的数据却因 EDA 公司和制造商的不同而不同。另一方面,因为现在 IC 本身已变得非常复杂,实施 DFM 需要花费大量的成本和时间。因此,确保各相关 DFM 之间的协调成为主要的问题。

实际上,DFM 对我们来说并不陌生,在第 3 章介绍设计规则时,我们强调了"工艺对设计是制约"的概念,设计必须满足设计规则的限制,这就是一个 DFM 的概念。设计规则是对工艺的抽象,要求设计者按照设计规则进行设计,只有这样,用户的设计才能被制造。例如,在 2.4 节版图设计中曾经提到"伪元件(Dummy Element)"的概念,即在正常器件的周围,设计布置一些并不具备实际工作功能的伪元件,目的是克服工艺加工中存在的光刻胶收缩,以及大面积和小面积刻蚀速度差异所导致的器件结构变形问题。在 2.4 节还提到了"天线效应",必须限制多晶硅的面积,将大块的多晶硅分割成小的多晶硅块。目前,关于天线效应的问题已经列入了设计规则限制的范围。因此,可以理解,当一个解决技术可以实现时,这些 DFM 的问题就将变为设计规则。

在本章中,DFM 的重点是讨论在一些不能够用设计规则限定,但又对制造具有重要影响的问题上。将这些 DFM 的内容安排在本章,是因为这些问题的最终解决需要得到设计方法和设计软件的支持。

10.4.1 一些特殊的问题

1. 图形变形

在光刻与刻蚀过程中,因为现有光刻设备的分辨率还不足以将设计的版图完全不失真的转移到硅圆片上,因此,加工出来的图形是变形的,甚至出现图形消失的情况,彩色插页中彩图 22 所示为图形变形的一些例子。

在图(a)中显示了两个图像,上面是设计的版图形状,下面则给出了采用光学仿真软件对图形分析的结果,在图形的拐角处不再是设计的直角,已经退化为圆角。图(b)则给出了更加细致的图像,中间灰色的是实际图像,外部的边框是设计的版图,圆角化的现象非常严重,如果设计的版图是接触孔,则实际的接触面积将缩小,导致可靠性的问题。图(c)和图(d)显示的是多晶硅光刻和刻蚀后的图形形貌,圆角产生的原因既有光刻变形的原因,也有刻蚀所产生的问题。

随着器件特征尺寸的进一步缩小,这种图形的变形所导致的结果也逐渐从器件性能劣化发展到图形加工失败。图 10.10 所示为随着特征尺寸缩小,一个简单图形的变形情况。当特征尺寸在零点几微米量级时(如 $0.25\mu m$),光刻后的图形只在拐角处被圆化,如最左边图形所示,随着特征尺寸缩小,变形发展到直线部分,并进一步发展到图形的形貌严重失真,最后甚至出现图形完全消失的情况。图 10.10 所示的最右边只剩下了设计图形,光刻后图形已消失了。

除了拐角处的圆角情况外,实际上的形变还常常伴随着线条端部长度变化,即线条实际长度变化。图 10.11(a)所示是有源区上的两根多晶硅栅变形,因为多晶硅端部形变,实际延伸出有源区的尺寸变小,设计规则不能得到保证,结果是极有可能发生沟道不能有效截断。彩图 22(c)上能够清楚的看到延伸出有源区的多晶硅变形的情况。在图 10.11(a)左边的多晶硅栅失效的风险比右边的多晶硅栅增加。

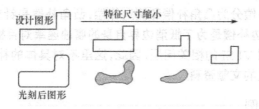

图 10.10 随特征尺寸缩小的图形形变示意图

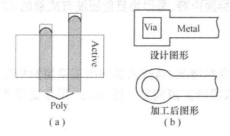

图 10.11 图形变形对线条影响示意图

2. 连接孔接触电阻和失效

可以设想一下，如果线条的端部对应着一个连接孔，如图 10.11(b)所示。由于孔和线条的变形，设计规则中规定的覆盖参数(参见第 3 章)不能够得到保证，孔的有效面积变小。这样的图形形变将引起两个方面的问题：接触电阻变大；实际接触区域不完整。当连接孔变成圆型时，实际接触面积小于设计值，接触电阻将变大。实际接触区域不完整是发生在存在对准误差的情况下，图 10.11(b)所示的加工后图形实际上是理想套准情况，即虽然发生变形但孔和金属图形还是对准的情况。如果发生套准偏差，即使是在允许的误差范围内，也可能出现金属不能完全覆盖接触孔的情况，从图 10.11(b)上可以清楚地看到这种趋势。上面事件的发生将导致系统的可靠性大大降低，甚至出现早期失效。

3. 刻蚀过程的各向异性

是否大尺寸就没有 DFM 的问题了呢？

这里举一个各向异性腐蚀的例子。在 MEMS 器件工艺制造中常采用湿法腐蚀硅(体加工)，由于腐蚀液对硅材料的各个晶面腐蚀速度不同，导致所谓的腐蚀过程各向异性。彩色插页中彩图 23 所示为版图图形与腐蚀结果图形的差异。图(a)是一个台面腐蚀的例子，图(b)是一个凹坑腐蚀的例子。

彩图 23(a)所示图形的设计目标是在硅(100)衬底上刻蚀一个矩形台面的结构，要求得到的上表面是一个矩形。掩模图形设计成矩形，掩模的 4 条直边都是〈110〉方向。但是，采用 KOH 腐蚀液腐蚀的结果却形成了多边形的上表面，在掩模的 4 个直角处都发生了钻蚀。

彩图 23(b)所示图形的设计目标是在硅(100)衬底上刻蚀形成一个菱形的凹坑，要求下表面是一个以〈100〉晶向为直边的菱形。掩模图形设计成菱形，4 条直边都是〈100〉方向。但是，KOH 腐蚀液腐蚀的结果却形成了多边形的下表面，并且如果继续腐蚀下去，最终将形成以〈110〉晶向为直边的矩形。

上面这两个例子说明，对于特定的加工工艺，设计的图形并不一定能够得到目标结构，而且与尺寸大小关系不大。对于这类的工艺问题，通常采用补偿设计方法实现目标结构。所谓补偿设计是在设计时有意使几何图形"偏离"目标图形或增加一些"多余"的图形，利用这些附加的区域保护目标图形，然后在各向异性腐蚀过程腐蚀掉这些偏离或多余的部分，当腐蚀结束时，目标结构才真正出现。图形补偿分为凸角补偿和侧边补偿,凸角补偿是针对各向异性湿法加工中带来的凸角切削现象,而侧边补偿是为了抵消边界自身的腐蚀速率对目标结构的影响。

因为本教材主要介绍 VLSI 的相关问题,因此,这里不对具体的补偿设计技术进行介绍,有兴趣的读者可以参考有关的文献资料。

10.4.2 DFM 技术示例

这里之所以以"示例"为标题内容,是因为目前还没有成熟的 DFM 技术来覆盖所有的 DFM 问题。

1. 图形变形解决方案

分析因光刻导致的图形变形情况,科技人员提出了采用解析度增强技术(Rectile Enhancement Techniques,RET)克服图形变形问题。图 10.12 所示是采用 RET 技术前后的图形变形情况。

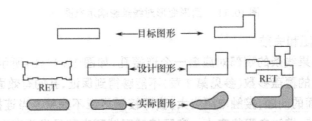

图 10.12 解析度增强技术的效果示意图

显然有两点结论:实际图形的质量明显改善;设计图形的复杂程度明显提高。前者是实际的目的,RET 技术的引入的确部分地达到了目的;后者是技术,实际上它的复杂性不仅表现在设计上,还表现在将来的制版中(Masks)。

除了 RET 技术外,用于改善实际图形质量的技术还有移相掩模(Phase Shift Mask,PSM)技术。移相掩模是由电路图层和与其相匹配的移相图层所组成的双层掩模结构。它将透过掩模的相邻孔进行光反相,即使透过这些移相层的光的相位与相邻透明区透过的光的相位差 180°。通过相邻孔的波间相位差产生相消干涉,使隙缝之间的光强减至最小。相消干涉作用抵消了一些衍射效应,增加了复制图形的空间分辨率。这样的技术属于制版技术问题。

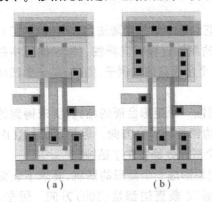

（a） （b）

图 10.13 连接孔方案

2. 连接孔方案的改进

图 10.13 所示为两个版图示例,它们都是两输入的或非门。从连接关系考察,两个设计都是正确的,但是,如果考虑前面所述的连接孔接触电阻和失效的问题,就很容易理解图 10.13(b)的设计是优于图 10.13(a)的。当然,增加连接孔的数量要根据具体的尺寸进行考虑,不能为了增加连接孔而改变器件的有效尺寸。例如,并联的 NMOS 漏输出连接,因为器件的宽长比的限制,如果希望改成两个孔,中间的有源区图形将改为倒"凸"字形,显然将因此增加拐角的数量。

图中所示这类单孔,对金属长度进行了延伸处理,如果金属与多晶硅的连接需要加强,则可以将多晶硅引线端头尺寸加大,开两个或两个以上的连接孔。

3. 设计的限制与 DFM 建议

设计规则是约束设计的强制性准则,而 DFM 的大部分技术目前还只能作为设计的指导或者说设计建议,因为 DFM 的很多技术、方法或技巧在应用时会受到许多其他因素的影响。就像前面所介绍的添加伪元件的技术,它并不是强制性的,只是添加后可以减小器件的失配,或者说提高器件的精度,但这种失配的影响或精度的提高对于不同的电路要求具有不同的影响,不能生搬硬套。又如连接孔的设计问题,一方面受到器件尺寸和形状的制约,另一方面还和设计规则有关,因为在有的设计规则中,已经考虑了连接孔实际变小的影响,设计规则规定的连接孔尺寸已经大于工艺线的特征尺寸,那么,在设计中就应该根据具体情况和技术水平合理的应用连接孔加强技术。

至此,读者应该能够体会到 VLSI 设计除了系统本身的功能和行为外,还是建立在一系列相关信息基础之上的,这些信息有的是限制条件,有的是参考建议,有的是经验的抽象,有的是科学的理论。图 10.14 所示是一些主要的设计依据与参考。

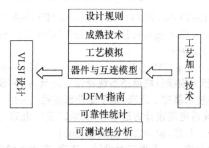

图 10.14 VLSI 设计信息

综上所述,VLSI 设计是一个综合的艺术,需要设计者根据设计依据灵活地进行设计,所有设计依据帮助我们进行设计,避免设计错误,提高设计水平。

本章结束语

这本教材写到这里就已经全部结束了,但总感到意犹未尽,因为确实有太多的内容、太快的发展,每每写出来的东西总觉得有点"过时"了,专业技术课程教材编写的遗憾莫过于此。

作为教材,其内容组织必须符合一定逻辑架构关系,为保持语句的流畅,不能过多的出现"前面 XX 节已经对有关内容进行了阐述"等诸如此类的文字,但作为读者,作为一个 VLSI 的设计者必须要经常的"颠三倒四",看后面的内容要常常复习前面的内容,这样既有利于后续内容的理解,更有助于对前面内容认识程度的提高,所谓温故知新就是这么两层意思。

参 考 文 献

1. [美] O. Brand, G. K. Fedder 著. 黄庆安, 秦明译. CMOS MEMS 技术与应用. 南京: 东南大学出版社, 2007

2. [美] Chang Liu 著. 黄庆安译. 微机电系统基础. 北京: 机械工业出版社, 2007

3. [美] Christopher Saint, Judy Saint 著. 李伟华, 孙伟锋译. 集成电路版图基础——实用指南. 北京: 清华大学出版社, 2006

4. [美] Stephen D. Senturia 著. 刘泽文, 王晓红, 黄庆安等译. 微系统设计. 北京: 电子工业出版社, 2004

5. [美] Phillip E. Allen, Douglas R. Holberg. CMOS Analog Circuit Design(Second Edition). 北京: 电子工业出版社, 2002

6. 李志坚, 周润德. VLSI 器件、电路与系统. 北京: 科学出版社, 2000

7. Randall L. Geriger, Phillip E. Allen, Noel R. Strader. VLSI DESIGN TECHNIQUES FOR ANALOG AND DIGITAL CIRCUITS, McGraw-Hill Publishing Company, 1990

8. Michael John Sebastian Smith: Application-Specific Integrated Circuits, Addison Wesley Longman, Inc., 1998

9. S. M. SZE. VLSI Technology(SECOND EDITION), McGraw-Hill Book Company, 1988

10. Douglas A. Pucknell, Kamran Eshraghian. BASIC VLSI DESIGN—Systems and Circuits(SECOND EDITION), PRENTICE HALL, 1988

11. Behzad Razavi. Design of Analog CMOS Integrated Circuits, McGraw-Hill Company, 2001

12. [美] C. 米德, L. 加威. 超大规模集成电路系统导论. 北京: 科学出版社, 1986

13. 李兴. 超大规模集成电路技术基础. 北京: 电子工业出版社, 1999

14. 杨之廉, 申明. 超大规模集成电路设计方法学导论(第二版). 北京: 清华大学出版社, 1999

15. 朱正涌. 半导体集成电路. 北京: 清华大学出版社, 2001

16. 童勤义. 微电子系统设计导论——专用芯片设计. 南京: 东南大学出版社, 1990

17. 冯耀兰, 李伟华. 微电子器件设计. 南京: 东南大学出版社, 1995

18. 李本俊, 刘丽华, 辛德禄. CMOS 集成电路原理与设计. 北京: 北京邮电大学出版社, 1997

19. 李元. 数字电路与逻辑设计. 南京: 南京大学出版社, 1997

20. 陈光禣, 潘中良. 可测性设计技术. 北京: 电子工业出版社, 1997

21. [美] 艾伦 B. 格里本著. 邵传芬译. 双极与 MOS 模拟集成电路设计. 上海: 上海交通大学出版社, 1989

22. 谢沅清, 解月珍. 模拟集成电路分析与设计. 武汉: 华中理工大学出版社, 1990

23. 候伯亨, 顾新. VHDL 硬件描述语言与数字逻辑电路设计. 西安: 西安电子科技大学出版社, 1999

24. 夏宇闻. 复杂数字电路与系统的 Verilog HDL 设计技术. 北京: 北京航空航天大学出版社, 1998

25. Marlene Wan. Design Methodology for Low Power Heterogeneous Reconfigurable Digital Signal Processors, University of California at Berkeley

26. Marlene Wan. Design Methodology for Low Power Heterogeneous Reconfigurable Digital Signal Processors, University of California at Berkeley

27. http://www.mosis.org/products/vendors/tsmc/

28. Goebel B, Schumann D, Bertagnolli E, "Vertical N-Channel MOSFETs for Extremely High Density Memories: The Impact of Interface Orientation on Device Performance", IEEE Trans. On Electron Device, Vol 48, NO. 5, May 2001, pp. 897-906

29. http://cpu.intozgc.com/095/95397_6.html, Intel 65nm 工艺实现与 45nm 工艺预览

30. Mark Bohr, Kaizad Mistry, Steve Smith, Intel Demonstrates High-k + Metal Gate Transistor Breakthrough on 45 nm Microprocessors, Intel, Jan 2007

31. Laura Peters, Semiconductor International, "双栅促进晶体管革命"

32. ftp://ftp.mosis.com/pub/mosis/vendors/tsmc-025/t6be_mm_non_epi_mtl-params.txt

33. http://www.mosis.com/Technical/Layermaps/lm-scmos_scna.html, 1.5 micron process, $\lambda = 0.8\mu m$

34. http://www.mosis.com/Technical/process-monitor.html#5.0

35. http://www.mosis.org/products/vendors/tsmc/

36. Weon Wi Jang, Jeong Oen Lee and Jun-Bo Yoon. A DRAM-LIKE MECHANICAL NON-VOLATILE MEMORY, School of EECS, Korea Advanced Institute of Science and Technology, TRANSDUCERS'07, 2007